高等院校教材

污染地块土壤及地下水修复工程

（供环境工程、市政工程及相关专业使用）

主　编　刘廷凤　张爱国　许大为
副主编　何　跃　李　芳　崔　键
编　委　丁克强　王慧雅　周春丽
　　　　姚晓君　闫一凡

东南大学出版社
SOUTHEAST UNIVERSITY PRESS
·南京·

内容摘要

土壤及地下水是人类社会的重要自然资源和赖以生存的物质基础。随着社会经济的快速发展，土壤及地下水污染问题日益突出。本书主要针对污染地块土壤及地下水污染问题，系统介绍了土壤及地下水的结构、组成和性质及我国的污染地块管理模式和管理框架；以典型案例具体介绍了污染地块及地下水治理和修复的程序，包括事前污染地块污染调查、污染状况评估、健康风险评估、风险管控与修复方案的制定，事中土壤修复技术和地下水修复技术实施及二次污染防控技术等，事后治理和修复效果评估等内容。

本书理论知识和内容丰富，编写团队有较强的工程实施背景和实际操作经验，内容通俗易懂、图文并茂，专业实用性强。可供从事土壤及地下水污染防控及修复工作的科研、技术、设计人员阅读，也可供环境工程、市政工程及相关专业的本科学生参考。

图书在版编目(CIP)数据

污染地块土壤及地下水修复工程 / 刘廷凤，张爱国，
许大为主编. --南京：东南大学出版社，2025.4.
ISBN 978-7-5766-2035-1

Ⅰ. X52;X53

中国国家版本馆 CIP 数据核字第 2025SZ2262 号

污染地块土壤及地下水修复工程
Wuran Dikuai Turang Ji Dixiashui Xiufu Gongcheng

主　　编	刘廷凤　张爱国　许大为
策划编辑	陈　跃
责任编辑	胡　炼　　封面设计：余武莉　　责任印制：周荣虎
出版发行	东南大学出版社
出 版 人	白云飞
社　　址	南京四牌楼 2 号　邮编：210096　电话：025 - 83793330
网　　址	http://www.seupress.com
电子邮件	press@seupress.com
经　　销	全国各地新华书店
印　　刷	丹阳兴华印务有限公司
开　　本	787 mm×1 092 mm　1/16
印　　张	21.5
字　　数	537 千字
版　　次	2025 年 4 月第 1 版
印　　次	2025 年 4 月第 1 次印刷
书　　号	ISBN 978-7-5766-2035-1
定　　价	65.00 元

本社图书若有印装质量问题，请直接与营销部联系。电话(传真)：025 - 83791830。

序

由于地层结构的复杂性和土壤的高度时空异质性，土壤与地下水环境污染具有隐蔽性、长期累积性、难恢复等特点，使得土壤与地下水环境调查、监测、健康风险评估、管理以及污染修复方法与大气和地表水体环境管理相比显得更为复杂。

在近二十年的发展中，我国在土壤修复项目的实施中取得了宝贵的经验，研究和开发了一些适合我国目前土壤污染特点及治理要求的技术和设备，并在实际工作中应用，但总体而言，我国土壤修复技术水平与发达国家存在一定差距，在行业技术基础、企业自主研发动力和能力等方面相对薄弱。随着相关政策法规及行业规范的逐步完善，未来我国的土壤及地下水修复行业将进入规范式发展阶段，市场需求将呈现有序的增长，整体行业可望逐渐进入良性发展轨道。

土壤及地下水修复是一项系统工程，需要综合考虑各方面因素，在此基础上选择系统化解决方案，采用的技术将可能涉及环境科学与工程、水文地质学、土壤学、物理、化学、化工、生态学、生物学、材料学等多个领域和学科，具有技术复合型的特点，因此对从业人员提出了较高的要求。本书从土壤和地下水相关基础理论以及土壤和地下水修复工程计算等基本步骤着手，融合我国土壤及地下水修复的政策法规和技术导则内容，对于从事土壤及地下水修复工作相关的人员具有很好的参考价值。

本书编著团队具有土壤及地下水修复从业经验。在土壤及地下水修复工程的设计、实施和管理方面具有独到的见解。在本书编著过程中融入了工程经验和成果。对于提升本书质量和指导价值起到了重要作用。

近年来，我国出现过多起"毒地"事件，造成了巨大的经济损失并带来环境和人体健康危害。随着国家和社会公众对土壤及地下水污染治理工作的重视，土壤及地下水污染修复技术、人才培养和工程实践水平也必将得到进一步的发展和提高，为根治类似问题提供重要的政策、科技和人才保障，促进"水绿、山青、天蓝"生态文明建设目标的实现。

中国科学院南京地理与湖泊研究所
中国科学院南京土壤研究所
2025 年 2 月

前 言

污染地块治理与修复是后工业时代城市发展中面临的全球性环境问题和难题。现代城市的快速发展变迁和经济结构转型留下了大量城市工业场地,即污染地块。为了合理开发利用这些污染地块,保障公众健康和经济社会可持续发展,国家和地方政府相继颁布了一系列法律法规、标准、导则。土壤及地下水修复行业发展迅猛,对从事土壤及地下水修复的技术人员提出了一定的技术要求,而专业的环境修复人才相对缺乏。部分高校陆续开设了"污染地块土壤及地下水修复工程"或相关课程,但目前可供选择和适用的对口教材较少,难以满足教师授课和学生学习的迫切需求。

本书针对环境工程、市政工程及相关专业本科学生,从基础理论开始介绍,逐渐过渡到工程计算、技术设计及工程实例等内容,逻辑性好,应用性强。既有国家相关法律法规和技术导则内容介绍,也有工程设计计算及典型案例,内容由浅入深,符合本科教学教材要求,可以为环境工程及相关专业本科教学教师和学生提供学习资料,也能为广大土壤及地下水修复行业从业者和研究者提供参考。

本书取材上主要参考了国内外公开的相关专著和论文成果,以及编委会成员多年积累的工程案例和经验,编写以北京建工环境修复有限责任公司翻译组翻译的 Jeff Kuo 编著的《土壤及地下水修复工程设计》的框架为主线,同时参考了已公开的生态环境部等政府网站已发布或公开的标准技术规范和资料文件。

本书由南京工程学院刘廷凤、生态环境部南京环境科学研究所张爱国和江苏永威环境科技股份有限公司许大为共同主编,生态环境部南京环境科学研究所何跃、江苏省中国科学院植物研究所崔键、南京市鼓楼生态环境监测监控中心李芳为副主编。编委人员还有南京工程学院丁克强、王慧雅,江苏永威环境科技股份有限公司周春丽和姚晓君,生态环境部南京环境科学研究所闫一凡。全书共分九章,第一、三、六、七章由刘廷凤编写,第二章由张爱国、何跃、崔键、丁克强共同编写,第四、五、八章由许大为编写,第九章由李芳编写。本书案例由姜祖明、周春丽、王慧雅和闫一凡共同整理。周春丽、姚晓君、闫一凡对全书进行了校核,张爱国、何跃、崔键对全书内容进行了审定。南京工程学院吴功德教授、生态环境部南京环境科学研究所张洪玲、南京城建土地整理开发有限公司姜祖明等对本书编写给予了大力支持和热忱帮助,提出了许多宝贵意见,特致衷心感谢。本书编写过程中参考了国内外许多著作和论文,在此谨向所有作者表示诚挚的感谢。

由于编者水平有限,书中难免有疏漏和不足之处,恳请同行、专家、使用本书的各院校师生等批评指正。

本教材编委会
2025 年 2 月

目 录

第一章 土壤及地下水资源 ·· 001
  1.1 土壤资源 ·· 002
    1.1.1 土壤形成 ··· 002
    1.1.2 土壤组成 ··· 003
    1.1.3 土壤性质 ··· 008
    1.1.4 土壤污染 ··· 015
  1.2 地下水 ··· 017
    1.2.1 地下水结构 ·· 017
    1.2.2 地下水补给 ·· 019
    1.2.3 地下水排泄 ·· 020
    1.2.4 地下水运动驱动力 ··· 021
    1.2.5 地下水污染 ·· 021
  1.3 我国土壤及地下水资源概况 ·· 023
    1.3.1 我国土壤及地下水资源分布 ·· 023
    1.3.2 我国土壤及地下水资源分类 ·· 024
  思考题 ··· 026

第二章 污染地块概况及管理 ·· 027
  2.1 污染地块的内涵 ·· 028
    2.1.1 "一名单二名录"制度 ·· 028
    2.1.2 疑似污染地块的管控思路 ··· 029
  2.2 污染地块成因与类型 ·· 030
    2.2.1 污染地块成因 ··· 030
    2.2.2 污染地块类型 ··· 031
  2.3 污染地块环境管理 ··· 032
    2.3.1 污染地块管理历史和框架 ··· 032
    2.3.2 污染地块管理工作流程 ·· 033

思考题 036

第三章　污染地块调查及污染源识别 037

3.1　污染地块调查 038
3.1.1　第一阶段 039
3.1.2　第二阶段 041
3.1.3　第三阶段 050

3.2　污染源识别 051
3.2.1　污染来源分析 051
3.2.2　污染程度的确定 054

3.3　土壤钻孔及地下水监测井 069
3.3.1　土壤钻孔的钻屑量 070
3.3.2　填料和膨润土密封材料 070
3.3.3　地下水采样的井体积 071

3.4　不同相态中污染物的质量 072
3.4.1　自由相和气相的平衡 072
3.4.2　液-气平衡 075
3.4.3　固-液平衡 079
3.4.4　固-液-气平衡 082
3.4.5　污染物在不同相中的分配 083

3.5　典型案例 089
3.5.1　地块概况 089
3.5.2　资料收集 090
3.5.3　人员访谈 090
3.5.4　现场踏勘 091
3.5.5　土壤和地下水分析 091

　　思考题 093

第四章　污染地块健康风险评估 095

4.1　污染地块概念模型 096
4.1.1　地块概念模型 096
4.1.2　地块污染模拟和表达 096

4.2　污染物暴露途径 097
4.2.1　人体污染物摄取方式和机制 097
4.2.2　剂量-反应关系 098

4.3　污染地块健康风险评估 101

4.3.1 健康风险评估程序 ·· 102
　　4.3.2 健康风险评估模型及计算 ·· 103
4.4 典型案例 ·· 112
　　4.4.1 地块概况 ··· 112
　　4.4.2 地块利用历史 ·· 113
　　4.4.3 关注污染物 ··· 113
　　4.4.4 污染物的健康风险计算与评估 ····································· 113
　　4.4.5 结果与讨论 ··· 116
　　4.4.6 结论与建议 ··· 118
思考题 ·· 118

第五章 污染地块风险管控与修复方案制定 ······························· 119

5.1 修复方案的编制思路和原则 ··· 120
　　5.1.1 总体思路 ··· 120
　　5.1.2 基本原则 ··· 120
5.2 修复方案制定 ··· 120
　　5.2.1 工作流程 ··· 121
　　5.2.2 修复技术筛选 ·· 122
5.3 典型案例 ·· 123
　　5.3.1 地块利用历史 ·· 123
　　5.3.2 调查与风险评估结果 ·· 123
　　5.3.3 污染土壤修复目标 ··· 124
　　5.3.4 污染土壤修复范围 ··· 124
　　5.3.5 修复模式筛选 ·· 124
　　5.3.6 土壤修复技术筛选 ··· 126
　　5.3.7 结论和建议 ··· 126
思考题 ·· 127

第六章 土壤污染风险管控与修复实施 ······································ 129

6.1 非饱和带污染物的迁移 ··· 130
　　6.1.1 非饱和带中的液体运动 ··· 130
　　6.1.2 非饱和带中气体扩散 ·· 131
　　6.1.3 非饱和带中气相迁移的阻滞因子 ·································· 133
6.2 污染土壤修复工程技术 ··· 134
　　6.2.1 概述 ··· 134
　　6.2.2 物理修复技术 ·· 135

  6.2.3 生物修复技术 …… 163
  6.2.4 化学修复技术 …… 169
 6.3 土壤及地下水修复反应器设计 …… 176
  6.3.1 物质平衡 …… 177
  6.3.2 化学动力学 …… 182
  6.3.3 反应器类型 …… 185
  6.3.4 反应器尺寸确定 …… 192
  6.3.5 反应器组合 …… 194
 6.4 我国土壤修复工程现状 …… 204
 6.5 典型案例 …… 207
  6.5.1 工程概况 …… 207
  6.5.2 修复前地块污染状况及修复目标 …… 207
  6.5.3 修复工程总体思路 …… 208
  6.5.4 修复工程实施情况 …… 209
 思考题 …… 212

第七章 地下水风险管控与污染修复实施 …… 215

 7.1 污染羽在地下水中的迁移 …… 216
  7.1.1 地下水运动 …… 216
  7.1.2 地下水抽水 …… 224
  7.1.3 含水层试验 …… 229
  7.1.4 溶解羽的迁移速度 …… 234
 7.2 地下水污染修复与风险管控技术 …… 242
  7.2.1 概述 …… 242
  7.2.2 物理修复技术 …… 244
  7.2.3 生物修复技术 …… 271
  7.2.4 化学修复技术 …… 277
 7.3 典型案例 …… 281
  7.3.1 地块概况 …… 281
  7.3.2 地下水修复 …… 281
 思考题 …… 283

第八章 修复与风险管控工程二次污染控制 …… 285

 8.1 修复与风险管控工程二次污染 …… 286
  8.1.1 二次污染来源 …… 286
  8.1.2 二次污染防治 …… 286

8.2 修复与风险管控工程中的异味控制 ·············· 289
　8.2.1 挥发性有机物简介 ·············· 289
　8.2.2 风险管控与修复工程中的 VOCs ·············· 290
　8.2.3 VOCs 治理技术 ·············· 291
8.3 典型案例 ·············· 310
　8.3.1 污染地块概况 ·············· 310
　8.3.2 工程施工阶段环境管控 ·············· 311
　8.3.3 二次污染防治 ·············· 314
　8.3.4 污染事故应急措施 ·············· 316
思考题 ·············· 316

第九章 污染地块风险管控与修复效果评估 ·············· 317

9.1 概述 ·············· 318
9.2 风险管控与土壤修复效果评估 ·············· 318
　9.2.1 更新地块概念模型 ·············· 319
　9.2.2 布点采样与实验室检测 ·············· 319
　9.2.3 风险管控与土壤修复效果评估 ·············· 319
　9.2.4 提出后期环境监管建议 ·············· 319
　9.2.5 编制效果评估报告 ·············· 319
9.3 风险管控与地下水修复效果评估 ·············· 320
9.4 典型案例 ·············· 321
　9.4.1 地块概况 ·············· 321
　9.4.2 地块修复方案 ·············· 321
　9.4.3 修复效果评估 ·············· 324
思考题 ·············· 328

参考文献 ·············· 329

后　记 ·············· 331

第一章

土壤及地下水资源

1.1 土壤资源

土壤是陆地表层能够生长植物的疏松多孔物质层及其相关自然地理要素的综合体，是人类赖以生存和发展的物质基础，是无数生命循环的起点和终点。

土壤资源是指具有农、林、牧业生产性能的土壤类型的总称，是人类生活和生产最基本、最广泛、最重要的自然资源，属于地球上陆地生态系统的重要组成部分。土壤资源具有一定的生产力，其生产力的高低，除了与其自然属性有关外，很大程度上取决于人类生产科学技术水平。不同种类和性质的土壤对农、林、牧业具有不同的适宜性，而人类生产技术是合理利用和调控土壤适宜性的有效手段，即挖掘和提高土壤生产潜力的问题。土壤资源具有可更新性和可培育性，人类可以利用它的发展变化规律，应用先进的技术，促使其肥力不断提高，以生产更多的农产品，满足人类生活的需要。

1.1.1 土壤形成

土壤是在母质、气候、植被（生物）、地形、时间综合作用下的产物。

1.1.1.1 母质

土壤形成的物质基础，构成土壤的原始材料，其组成和理化性质对土壤的形成、肥力高低有深刻影响。例如：岩石风化物包括残积物、坡积物、风积物、河流冲积物和黄土状母质。

1.1.1.2 气候

主要是温度和降水，影响岩石风化和成土过程、土壤中有机物的分解及其产物的迁移和水热状况。

1.1.1.3 生物

生物是土壤形成的主导因素。特别是绿色植物选择性地吸收利用分散的、土壤深层的营养元素，同时释放代谢物质，促进土壤微生物菌群生长等，促进土壤肥力发生和发展。

1.1.1.4 地形

主要对水热等资源重新分配，从而使地表物质再分配。例如：不同地形形成的土壤类型不同，其性质和肥力不同。

1.1.1.5 时间

决定土壤形成发展的程度和阶段,影响土壤中物质的淋溶和聚积。

土壤是在上述五大成土因素共同作用下形成的。各因素相互影响,相互制约,共同作用形成不同类型。

在五大自然成土因素之外,人类生产活动对土壤形成的影响亦不容忽视,主要表现在通过改变成土因素作用于土壤的形成与演化。其中,以改变地表生物状况的影响最为突出,典型例子是农业生产活动,它以稻、麦、玉米、大豆等一年生草本农作物代替自然植被,这种人工栽培的植物群落结构单一,必须在大量额外的物质、能量输入和人类精心的护理下才能获得高产和稳产。因此,人类通过耕作,改变了土壤的物理结构、保水性、通气性;通过灌溉,改变土壤的水分、温度状况;通过农作物的收获,将本应归还土壤的部分有机质剥夺,改变土壤的养分循环状况;再通过施用化肥和有机肥补充养分的损失,从而改变土壤的营养元素组成、数量和微生物活动等,最终将自然土壤改造成为各种耕作土壤。人类活动对土壤的积极影响是培育出一些肥沃、高产的耕作土壤,如水稻土等;同时由于违反了自然成土过程的规律,人类活动也造成了水土流失和土壤退化,如土壤酸化、肥力下降、盐渍化、沼泽化、荒漠化和土壤污染等。

1.1.2 土壤组成

1.1.2.1 概述

土壤是由矿物质、有机质、水、空气及生物有机体组成的地球陆地表面的疏松层。形成土壤的化学反应过程会产生微米大小的负电黏土矿物,使得土壤具有保持植物养分的能力。土壤颗粒因其电荷特性,且粒径小、表面积大,而能临时存储雨水以及雪融化后的水,为植物吸收利用水分提供足够的时间。

1.1.2.2 土壤组成

土壤是由固体、液体和气体三相共同组成的多相体系。固相指土壤矿物质(原生矿物和次生矿物)和土壤有机质,液相指土壤水分及其溶解物质(两者合称土壤溶液),气相指土壤空气。此外,土壤中还含有数量众多的细菌等微生物,一般作为土壤有机物而被视作土壤固相物质。论体积,土壤固相约占一半,另一半是液相和气相。

1) 土壤固相

(1) 土壤矿物质

土壤矿物质一般占土壤固体总重量的 90% 以上,被称为土壤的"骨骼"。土壤矿物质一部分直接承自成土母岩,另一部分是在土壤形成过程中新形成的。土壤中的矿物质按其成因可分为两大类。

① 原生矿物

地壳中最先存在的,经风化作用后仍遗留在土壤中的一类矿物,称为原生矿物。主要有石英、长石类、云母类、辉石、角闪石、橄榄石、方解石、赤铁矿、磁铁矿、磷灰石、黄铁矿等,其中前五种最常见。原生矿物构成土壤的骨架(砂粒和粉粒)且为植物提供营养元素。土壤中蕴藏着碳、氮等植物所需的一切营养元素。

原生矿物的组成和比例很少能反映土壤形成过程的特点,但是它能说明成土母质成因的特征。原生矿物具有坚实而稳定的晶格,都是晶质矿物,它们不具物理-化学吸收性能,不膨胀,除少量稳定矿物外,在一定的条件下会被逐渐破坏。

因此,土壤中原生矿物丰富说明土壤较年轻。随着时间的推移,原生矿物逐渐被风化。

② 次生矿物

在土壤的形成过程中,由原生矿物转化形成的新矿物,统称次生矿物,包括各种简单盐类(碳酸盐、重碳酸盐、硫酸盐和氯化物)、游离硅酸、氧化物($R_2O_3 \cdot xH_2O$)和次生铝硅酸盐(蒙脱石、伊利石、高岭石)等。

次生矿物中的简单盐类属水溶性盐,易被淋溶,一般土壤中含量较少,多存在于盐渍土中;而氧化物和次生铝硅酸盐是土壤矿物质中最细小的部分——黏粒,故一般称之为次生黏粒矿物。

与原生矿物不同,许多次生矿物具有活动的晶格,较强的吸收能力,能吸收水分而膨胀,具有明显的胶体特性。次生矿物的特性将影响土壤的性质。层状铝硅酸盐和氧化物为次生矿物的主要成分。

a) 层状铝硅酸盐矿物

层状铝硅酸盐的晶体结构中包括两种基本晶片——四面体片(硅氧片)和八面体片(水铝片)。四面体片由若干硅氧四面体连接而成;八面体片由若干铝氧八面体(一个铝原子和六个配位的氧原子或氢氧根离子,具有八个面)连接而成。硅氧片和水铝片相互重叠时,共用氧离子,使原子价达到饱和,因而其分子构成稳定的晶体,称为晶格或层组。晶格是由一层硅氧片和一层水铝片重叠而成的1∶1型,或由两层硅氧片和一层水铝片组成的2∶1型。

单位晶层相互重叠后形成层状硅酸盐矿物,根据构成层状硅酸盐矿物的单位晶层类型的不同,可以把层状硅酸盐矿物分为以下几类:

(a) 高岭石组,包括高岭石、珍珠陶土、埃洛石等。

单位晶层是由一层硅片和一层铝片组成,硅片∶铝片=1∶1,所以这一组矿物又称1∶1型矿物,以高岭石最为典型,其结晶化学式是$Al_4[Si_4O_{10}](OH)_8$。这类矿物具有非膨胀性、电荷数量少、胶体特性弱等特点。高岭石在我国南方热带和亚热带分布广泛。

(b) 蒙脱石组,包括蒙脱石、拜来石、绿脱石、皂石等黏粒矿物。

蒙脱石的结晶化学式是$(1/2Ca、Mg)_{0.66}(Al、Mg、Fe)_4[(Si、Al)_8O_{20}](OH)_4 \cdot nH_2O$ 是2∶1型黏粒矿物。蒙脱石结晶颗粒的直径常在 $0.01\sim1.0\ \mu m$。这类矿物具有胀缩性大、电荷数量大、胶体特性突出等特点。蒙蛭组在我国东北、华北和西北地区的土壤中分布较广。

(c) 水云母组

分子式可用 $K_{1\sim1.5}Al_4[Si_{7\sim6.5}Al_{1\sim1.5}O_{20}](OH)_4$ 代表,也是2∶1型矿物的晶层结构。与蒙脱石相似,同样是由两层硅片夹一层铝片组成,以伊利石最为典型,这类矿物具有非膨胀性和胶体特性,在热带和亚热带土壤中普遍而大量存在,广泛分布于我国多种土壤中,尤其是华北干旱地区的土壤中含量很高,而南方土壤中含量很低。

b) 氧化物矿物

这类矿物颗粒构造极不规则,无一定形状,常是非结晶的,又叫无定形黏粒矿物。经过一系列变化后,也可转变为结晶形。代表性的氧化物黏粒包括水铝矿 $Al(OH)_3$ 和赤铁矿 Fe_2O_3。

非晶质氧化物比表面大,化学活性高,常与层状硅酸盐矿物或腐殖质结合,脱水老化可以变成晶质矿物。因为铁、铝与亲铁元素的性质相近,经常一起形成矿物共生组合,也极易发生同晶取代,或吸附在胶体矿物表面。铁的氧化还原可逆性在土壤中扮演着重要的角色。铁铝氧化物可在土粒的表面形成胶膜,对土壤聚结体起着胶结的作用,同时在一定的程度上影响土粒的表面性质,使土壤呈现各种颜色。

c) 黏粒矿物的形成和分布规律

黏粒矿物的一部分是在原生矿物分解过程中产生的,但大部分是由于风化产物(铁、铝氧化物和游离硅酸等)在一定的水、热条件下或在土壤微生物的作用下,又重新合成的铝硅酸盐类,具有晶形层状结构。

母岩和环境条件的不同使岩石风化处在不同的阶段,在不同的风化阶段所形成的黏粒矿物的种类和数量也不同,但其最终产物都是铁铝氧化物。

各种黏粒矿物的形成条件不同。因此,不同地区的土壤中的黏粒矿物的种类也不相同。例如,我国南方高温多雨,原生矿物质受到强烈的化学风化后留存于红壤和黄壤中,以高岭石和铁铝的水化物为主。在我国北方,土壤中黏粒矿物则以水化云母和蒙脱石为主。

(2) 土壤有机质

土壤有机质为土壤中由动植物残体及其转化产物所构成的物质的总称,与矿物质一起构成土壤的固相部分。土壤中有机质一般只占固相总质量的10%以下,耕作土壤多在5%以下,但它却是土壤的重要组成部分,是土壤发育过程的重要标志,对土壤性质影响重大。

① 来源

一般来说,土壤有机质主要来源于动植物及微生物的残体。但不同类型的土壤,其有机质来源亦有差别。自然土壤的有机质主要来源于生长于其上的植物残体及土壤生物。耕作土壤有机质的主要来源是人工施入的各种有机肥料和作物根茬以及根的分泌物，其次才是各种土壤生物。

② 组成

土壤有机质的含量是衡量土壤肥力高低的一个重要标志，它和矿物质紧密地结合在一起，被称为土壤的"肌肉"。在一般耕地耕层中有机质含量只占土壤干重的 0.5%～2.5%，耕层以下更少，但它的作用却很大，常把含有机质较多的土壤称为"油土"。土壤有机质按其分解程度分为新鲜有机质、半分解有机质和腐殖质。非腐殖质如蛋白质、糖、有机酸等，占 10%～15%；腐殖质占 85%～90%。腐殖质是地表分布最广的天然有机物，是动植物残体在土地微生物的作用下，通过复杂的反应转化而成的暗色、无定形、难于分解、组成复杂的高分子有机物，包括富里酸、胡敏酸、胡敏素。其中，富里酸溶于稀酸和稀碱；胡敏酸只溶于稀碱，不溶于稀酸；胡敏素不被碱液提取。

有机质的作用主要有以下六点：

a) 作物养分的主要来源

腐殖质既含有氮、磷、钾、硫、钙等大量元素，也含有微量元素，经微生物分解可以释放出来供作物吸收利用。

b) 增强土壤的吸水、保肥能力

腐殖质是一种有机胶体，吸水保肥能力很强，一般黏粒的吸水率为 50%～60%，而腐殖质的吸水率高达 400%～600%，保肥能力是黏粒的 6～10 倍。

c) 改良土壤物理性质

腐殖质是形成团粒结构的良好胶结剂，可以提高黏重土壤的疏松度和通气性，改变砂土的松散状态。同时，由于它的颜色较深，有利于吸收阳光，提高土壤温度。

d) 促进土壤微生物的活动

腐殖质既为微生物活动提供了丰富的养分和能量，又能调节土壤酸碱反应，因而有利于微生物活动，促进土壤养分的转化。

e) 刺激作物生长发育

有机质在分解过程中产生的腐殖酸、有机酸、维生素及一些激素，对作物生长发育有良好的促进作用，可以增强呼吸作用和对养分的吸收，促进细胞分裂，从而加速根系和地上部分的生长。

f) 污染物的固定作用

土壤有机质与重金属离子的络合作用对土壤和水体中重金属离子的固定和迁移有重要影响。

重金属离子的存在形态受腐殖酸物质的络合作用和氧化还原作用的影响。腐殖酸对无机矿物有一定的溶解作用。

土壤有机质对有机污染物在土壤中的生物活性、残留、生物降解、迁移和蒸发等过程有重要影响。对农药的固定与腐殖质功能基的数量、类型和空间排列密切相关，也与农药本身的性质有关。极性有机污染物可以通过离子交换和质子化、氢键、范德华力、配位体交换、阳离子桥和水桥等不同机理与土壤有机质结合,非极性有机污染物可以通过分隔机理与之结合。

2）土壤液相

土壤水,指土粒表面靠分子引力从空气中吸附的气态水并保持在土粒表面的水分、非饱和带土壤孔隙中存在的和土壤颗粒吸附的水分。

土壤水是土壤的重要组成,是影响土壤肥力和自净能力的主要因素之一。通常有下列4种形式:① 吸附在土壤颗粒表面的吸着水,又称强结合水。② 在吸着水外表形成的薄膜水,又称弱结合水。与液态水性质相似,能从薄膜较厚处向较薄处移动。③ 依靠毛细管的吸引力被保持在土壤孔隙中的毛细管水。毛管水可以传递静水压力,被植物根系全部吸收。毛管水又分为毛管支持水、毛管悬着水以及毛管上升水。④ 受重力作用而移动的重力水,具一般液态水的性质。除上层滞水外,不易保持在土壤上层。重力水分为渗透自由重力水和自由重力水等。

1933年Joffe就将土壤溶液比喻成"土体的血液循环"。土壤溶液是土壤与环境间物质交换的载体,是物质迁移与运动的基础,也是植物根系获取养分最基本的途径。由于土壤溶液与土壤固相构成了一个动态平衡体系,因此,土壤溶液的组成在一定程度上反映了发生在土壤中的各种反应。

3）土壤气相

土壤空气:存在于土壤颗粒表面、未被水分占据的孔隙中和溶于土壤水中(溶液中)的空气。土壤空气的数量、组成和更新状况对植物生长,特别是对根系的发育和生长影响极大;土壤的生物学、化学过程和养分的有效性也与土壤空气有关。

① 来源与存在状态

土壤空气主要来源于近地表的大气,但也有部分是土壤呼吸过程和有机质分解过程的产物。

② 组成

土壤空气的组成大体上与大气组成近似。与大气相比,其氧含量较低,而氮和二氧化碳含量较高。渍水土壤的空气中还含有一定数量的还原性气体如甲烷、硫化氢和氢,有时还有磷化氢、二硫化碳、乙烯、乙烷、丙烯和丙烷等。但土壤空气的组成常随季节、昼夜、土壤深度、土壤水分、作物种类和生长期的不同而变化。

4）土壤生物

生活在土壤中的微生物、动物和植物等总称为土壤生物(soil organisms)。土壤生物参与岩石的风化和原始土壤的生成,对土壤的生长发育、土壤肥力的形成和演变,以及高等植物营养供应状况有重要作用。土壤物理性质、化学性质和农业技术措施对土壤生物的生命活动有很大影响。

土壤微生物包括细菌、放线菌、真菌和藻类等类群；土壤动物主要为无脊椎动物，包括环节动物、节肢动物、软体动物、线形动物和原生动物。原生动物因个体很小，故也可视为土壤微生物的一个类群。

土壤生物除参与岩石的风化和原始土壤的生成外，对土壤的生长和发育、土壤肥力的形成和演变以及高等植物的营养供应状况均有重要作用。

1.1.3 土壤性质

1.1.3.1 土壤的物理性质

土壤物理性质包括土壤的颜色、质地、孔隙、结构、水分、热量和空气状况，土壤的机械物理性质和电磁性质等方面。各种性质和过程相互联系和制约，其中以土壤质地、土壤结构和土壤水分居主导地位，它们的变化常引起土壤其他物理性质和过程的变化。

1）土壤质地

按土壤中不同粒径矿物质相对含量的组成而区分的粗细度，与土壤通气、保肥、保水状况及耕作的难易有密切关系，是土壤利用、管理和改良措施的重要依据。

土壤基本质地分为3组，即砂土组、壤土组和黏土组。各自的特点如下所述。

砂土组：保水和保肥能力较差，养分含量少，土温变化较大。但通气透水性良好，容易耕作。

壤土组：是介于砂土和黏土之间的一种土壤质地类型。性质上也兼备砂土和黏土的优点：通气透水、保水保肥能力都较好，适合多数作物生长，适耕范围较宽，耕作方便，易于调节，是农业生产上理想的土壤质地类型。

黏土组：保水和保肥力较强，养分含量较丰富，土温变化小，但通气透水性差，黏结力强，犁耕阻力大，耕作较困难，且有强烈的胀缩性，干时硬结，湿时泥泞，适耕期短。

根据土壤中矿物颗粒组合特点将土壤分为若干类型的检索系统。常见的有国际制、美国农部制、卡钦斯基制、中国土壤质地分类。

国际制分类系统将土壤质地分为3类（砂土、壤土和黏土），并按等边三角图进行检索。根据砂粒（2～0.02 mm）、粉粒（0.02～0.002 mm）和黏粒（<0.002 mm）三粒组含量的比例，划定12个质地名称（图1-1）。查三角图的要点为：以黏粒含量为主要标准，<15%者为砂土质地组和壤土质地组；15%～25%者为黏壤组；>25%者为黏土组。当土壤中粉粒含量>45%时，在各组质地的名称前

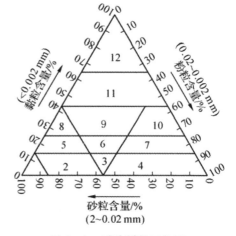

图1-1 质地判断三角图

均冠以"粉质"字样;当砂粒含量在55%～85%时,则冠以"砂质"字样,当砂粒含量>85%时,则称壤砂土或砂土。

肥沃的土壤不仅要求耕层的质地良好,还要求有良好的质地剖面。

2) 土壤孔隙

土壤孔隙指土壤固体颗粒之间空余的空间,是容纳水分和空气的场所。土壤孔隙状况通常用孔隙度和孔隙直径表征。

土壤总孔隙度,指单位土壤总容积中的孔隙容积。土壤中孔隙的大小、形状及其稳定程度与土壤结构有关。土壤孔隙直径不同,其通气、排水能力也不同。一般认为,直径大于0.2 mm的粗大孔隙能保证土壤的通气性;直径0.2～0.03 mm的较大孔隙既能供水又能排水;直径0.03～0.01 mm的中等孔隙,其毛管作用强烈;直径0.01～0.005 mm的小孔隙具有很强的持水能力;直径小于0.005 mm的细微孔隙对土壤水分、空气的调节无效,对植物生长也无益。有时,土壤中的孔隙也可分为毛管孔隙(或称持水孔隙)和非毛管孔隙(或称通气孔隙)。前者指由毛管水占据的孔隙,后者指能通气的孔隙。土壤内大、中、小孔隙的比例因生物气候条件以及特定作物所需的物理环境条件而异。

土壤容重又称土壤假比重,是指单位容积原状土壤烘干后的质量,单位为g/cm^3。其数值大小与土壤质地、结构和有机质含量有关。通常,矿质土壤的容重为1.40～1.70 g/cm^3,有机土壤为1.10～1.25 g/cm^3,黏质土壤为1.10～1.60 g/cm^3,砂质土壤为1.3～1.5 g/cm^3,肥沃的耕层土壤为1.00～1.20 g/cm^3,紧实土壤为1.50～1.80 g/cm^3。容重值低的土壤表明其孔隙多,反之则孔隙少。容重除作为计算土壤孔隙度的必要参数外,也是计算土壤空气容量,换算田间土壤重量以及土体内水分、养分、盐分和有机质贮量的必要参数。

土壤比重又称土壤真比重,是指单位体积土壤颗粒(不包括孔隙在内)的绝对干燥重量与同体积水4 ℃时重量的比值。土壤比重数值的大小与矿物组成和有机质含量有关。土壤矿物的比重一般在2.40～2.80之间,有机质比重一般在1.25～1.4之间。土壤的平均比重为2.65。土壤比重是计算土壤孔隙度的必要参数,也可作为大致判别土壤矿物类型的依据。土壤孔隙度一般为50%左右,松散土壤可高至55%～65%;紧实土壤可低至35%～40%。

3) 土壤结构

土壤颗粒的大小及其不同排列形式使土壤孔隙呈各种几何学特征,从而影响土壤中水、热、气的保持和运行,植物根系的穿插、微生物的活动以及养分的有效性和供应速率,最终直接或间接地影响植物的生长和土壤的生产性能。

土壤颗粒的排列形式大致可分两类,一类是以单粒(又称原生颗粒)为单位的排列,另一类是以复粒(又称次生颗粒)为单位的排列。根据结构体的形态、大小或性质还可分成若干类型。在田间鉴别时,通常指那些不同形态和大小,且能彼此分开的结构体。

土壤按形状可分为块状、片状和柱状三大类型,按其大小、发育程度和稳定性等类型可进一步细分为团粒、团块、块状、棱块状、棱柱状、柱状和片状等结构。

土壤结构除影响植物根系的生长、微生物的活动以及土壤中空气、水分和养分的协调外,还影响土壤的一系列机械物理特性。20世纪30年代,苏联土壤学家B.P.威廉斯提出团粒结构学说,认为由胡敏酸钙结合的直径为10～0.25 mm的水稳团聚体(又称团粒)含量达50%以上时,即为有结构的土壤。这种土壤同时具备团聚体之间的非毛管孔隙和团聚体内的毛管孔隙,因而能协调土壤中水分、空气、养分的保持与释放的矛盾,同时可减少地表径流,防止水土流失。

1.1.3.2 土壤的化学性质

1) 土壤胶体及其特性

(1) 概述

直径为2～0.001 μm土粒构成的土壤胶体,含土壤矿质胶体(无机胶体),主要是次生的黏粒矿物。土壤有机胶体,主要是由多糖、蛋白质和腐殖质组成。多数情况下是以有机矿质复合体的形式存在,其核心部分是黏粒矿物,外面是有机胶膜,被吸附在矿质胶体表面。其特性是其比表面积相当大(1 g胶体大约有200～300 m^2),具有相当大的反应活性和吸附性;荷电性使其有很强的离子交换性,它是土壤各种物质最活跃的部分,因而对土壤性质的影响也最大。

土壤胶体一般可分为无机胶体、有机胶体、有机-无机复合胶体。无机胶体在数量上远比有机胶体要多,主要是土壤黏粒,包括Fe、Al、Si等含水氧化物类黏土矿物以及层状硅酸盐类黏土矿物。有机胶体主要指的是土壤中的腐殖质。在土壤中,有机胶体一般很少单独存在,绝大部分与无机胶体紧密结合在一起形成有机-无机复合胶体,有机胶体与无机胶体的连接方式是多种多样的,但主要是通过二价、三价等多价阳离子(Ca^{2+}、Mg^{2+}、Fe^{3+}、Al^{3+}等)作为桥梁把腐殖质与黏土矿物连在一起,或者通过腐殖质表面的官能团比如—COOH、—OH以氢键的方式与黏土矿物连在一起。

(2) 土壤胶体特性

① 土壤胶体的比表面和表面能

比表面:单位重量或单位体积物体的总表面积,很显然颗粒越小,比表面越大,砂粒与粗粉粒的比表面相对于黏粒来讲很小,可以忽略不计,所以土壤的比表面实际上主要取决于黏粒。

由于土壤胶体有巨大的比表面,所以会产生巨大的表面能,物体内部的分子周围是与它相同的分子,在各个方向上受的分子引力相等而相互抵消。而表面分子与外界的气体或液体接触,内外两面受到的是不同的分子引力,不能相互抵消,所以具有剩余的分子引力,由此而产生表面能,这种表面能可以做功,吸附外界分子。胶体数量越多,比表面越大,表面能也越大,吸附能力也愈强。

② 土壤胶体的带电性

土壤胶体的种类不同,产生电荷的机制也不同,根据土壤胶体电荷产生的机制,一般可分为永久电荷和可变电荷。

a) 永久电荷:这是由于黏土矿物晶格中的同晶置换所产生的电荷。多数情况下黏土矿物的中心离子被低价阳离子所取代:比如 $Al^{3+} \rightarrow Si^{4+}$,$Mg^{2+} \rightarrow Al^{3+}$,所以黏土矿物以带负电荷为主,由于同晶置换一般发生在黏土矿物的结晶过程中,存在于晶格的内部,这种电荷一旦形成就不会受到外界环境(pH、电解质浓度)的影响,因此被称为永久电荷。

b) 可变电荷:土壤中有些电荷不是永久不变的,这些电荷的数量和性质会随着介质pH的改变而改变,称为可变电荷。可变电荷是因为土壤胶体向土壤中释放离子或吸附离子而产生。比如:含水氧化硅的解离、含水氧化 Fe、Al 的解离、黏土矿物晶面上—OH基的解离、腐殖质某些功能团的解离。

c) 土壤胶体的凝集作用和分散作用

土壤胶体有两种不同的状态,一种是土壤胶体微粒均匀地分散在水中,呈高度分散的溶胶,另一种是胶体微粒彼此凝集在一起呈絮状的凝胶。

土壤胶体受某些因素的影响,使胶体微粒下沉,由溶胶变成凝胶的过程称为土壤胶体的凝集作用;反之,由凝胶分散成溶胶的过程称为胶体的分散作用。

土壤中土壤胶体处在凝胶状态时,有利于水稳性团粒的形成,也有利于改善土壤结构。所以向土壤中施用石灰能促进胶体凝集,有利于水稳性团粒的形成,对改良土壤结构有良好作用。当土壤胶体处在溶胶状态时,会使土壤黏结性、黏着性、可塑性增加,降低宜耕期,降低耕作质量。

2) 土壤吸附性(吸收性)

指土壤能吸收、保留土壤溶液中的分子和离子,悬浮液中的悬浮颗粒、气体及微生物的能力。

(1) 土壤的吸收性能的作用

① 与土壤保肥、供肥性关系密切。

因为土壤具有吸收性能,所以施用的肥料(无论是无机的还是有机的,无论是固体的、液体的还是气体的)都能长久的保存在土壤中,而且随时能释放出来供植物吸收利用。

② 影响到土壤的酸碱性以及缓冲性。

③ 直接或间接地影响土壤的结构性、物理机械性、水热状况等。

(2) 土壤吸收性能分类

按照吸收性能产生的机制,分为以下几类:

① 土壤机械吸收性

土壤对物体的机械阻留,土壤机械吸收性能的大小主要取决于土壤的孔隙状况。孔隙过粗,阻留物少,孔隙过细,会造成阻留物下渗困难,容易形成地面径流和土壤冲刷。

② 土壤物理吸收性能

指土壤对分子态物质的保存能力,包括:

a) 正吸附:养分集聚在土壤胶体的表面,胶体表面养分的浓度比溶液中大。

b) 负吸附:土壤胶体表面吸附的物质较少,胶体表面的养分浓度比溶液中低。

③ 土壤的化学吸收性能

易溶性盐在土壤中转变成难溶性盐而沉淀、保存在土壤中的过程,这一过程是以纯化学反应为基础的,称为化学吸收,比如可溶性的磷酸盐在土壤中与 Ca^{2+}、Mg^{2+}、Fe^{2+}、Al^{3+} 等,发生化学反应生成难溶性的磷酸钙、磷酸镁、磷酸铁、磷酸铝。化学吸收性能虽然能使易溶性养分保存下来,减少流失,但同时也降低了这些养分对植物的有效性,所以在生产上要尽量避免有效养分的化学固定的产生,但化学吸收也有一些好处,比如 H_2S、Fe^{2+} 对水稻根系有毒害作用,但是在水田嫌气条件下发生的化学反应 $H_2S + Fe^{2+} \rightarrow FeS \downarrow$ 能降低它们的毒害作用。

④ 土壤的物理化学吸收性能

土壤的物理化学吸收性能是土壤对可溶性物质中的离子态养分的保持能力。由于土壤胶体带正电荷和负电荷,能吸附土壤溶液中电性相反的离子,被吸附的离子还能与土壤溶液中的同电性的离子发生交换而达到动态平衡,这一过程以物理吸附为基础,但又表现出化学反应的某些特征,所以称为土壤的物理化学吸附性能或土壤的离子交换作用。

土壤的物理化学性能,其实质就是土壤的离子交换作用,包括:

a) 土壤的阳离子交换:带负电荷的土壤胶体所吸附的阳离子与土壤溶液中的阳离子发生交换而达到动态平衡的过程。

土壤阳离子交换过程具有以下特点:可逆反应、等当量交换、符合质量作用定律、反应迅速。

土壤的阳离子交换能力受以下因素影响:电荷数量、离子半径、水合半径和离子浓度。

土壤的阳离子交换量(CEC):通常是指在一定的 pH 条件下,1 kg 干土所能吸附的全部交换性阳离子的物质的量,单位是 cmol/kg。土壤的阳离子交换量基本上代表了土壤能够吸附阳离子的数量,也就是土壤的保肥能力。

土壤盐基饱和的程度,一般用盐基饱和度来表示,指交换性盐基离子占阳离子交换量的百分率。

土壤胶体上吸附阳离子基本上可分为两类:当土壤胶体上吸附的阳离子全部是盐基离子时,土壤呈现盐基饱和状态,这种土壤称盐基饱和土壤;当土壤胶体上吸附的阳离子,一部分是盐基离子,另一部分是致酸离子时,土壤呈现盐基不饱和状态,这种土壤称为盐基不饱和土壤。

盐基饱和度可以反映土壤的酸碱性,也可以用于判断土壤肥力水平。

b) 土壤阴离子的交换吸附:带正电荷的土壤胶体所吸附的阴离子与土壤溶液中的阴离子发生交换而达到动态平衡的过程。

土壤胶体虽然以带负电荷为主,但是在某些特定条件下土壤胶体也可带正电荷。比如 Fe、Al 氧化物在酸性条件下的解离,能带正电荷:$pH<4.8$,$Al_2O_3 \cdot 3H_2O \rightarrow Al(OH)_2^+ + 2H^+$;又比如高岭石在酸性条件下表面—OH 的解离,能带正电荷。腐殖质分子中 R—NH_2 的质子化能带正电荷:$R—NH_2 + H^+ \rightarrow RNH_3^+$。这样,这些带正电荷的土壤胶体就能通过静电引力而吸附阴离子,这种通过静电引力而对阴离子产生的吸附称为土壤对阴离子的非专性吸附,被吸附的阴离子可被其他的阴离子所代替,属交换性的阴离子。

一般来讲,带正电荷的土壤胶体主要是 Fe、Al、Mn 的氧化物,所以含 Fe、Al、Mn 的氧化物高的强酸性土壤容易产生阴离子的非专性吸附。

⑤生物吸收性能

生物吸收性能是指土壤中植物根和微生物对营养物质的吸收,它具有选择性,同时能累积和集中养分。

上述几种土壤吸收性能并不是孤立存在的,而是相互联系,相互影响的,在这几种土壤吸收性能中对土壤的供肥性和保肥性贡献最大的是土壤的物理化学吸收性能。

3) 土壤酸碱度

(1) 概述

土壤酸度(soil acidity)包括酸性强度和酸度数量两个方面,或称活性酸度和潜在酸度。活性酸度:指土壤固相与土壤溶液处于平衡状态时,土壤溶液中的 H^+ 浓度的负对数。

(2) H^+ 来源:

① 土壤胶体活性官能团解离 H^+:$R—COOH \rightleftharpoons R—COO^- + H^+$(活性酸);

② 土壤胶体上吸附的 H^+ 被其他阳离子代换("潜性酸度"的一部分);

③ 土壤胶体上吸附的 Al^{3+} 的作用:交换性 Al^{3+} 进入溶液,Al^{3+} 水解,产生 H^+(潜性酸)。

(3) 酸性分类

根据测定时所采用的浸提剂不同(测定方法),潜性酸度可分为交换性酸度和水解性酸度。

酸性强度是指与土壤固相处于平衡的土壤溶液中 H^+ 浓度,用 pH 表示。酸度数量是指酸的总量和缓冲性能,代表土壤所含的交换性氢、铝总量,一般用交换性酸量表示。土壤酸碱度对土壤肥力及植物生长影响很大,我国西北、北方不少土壤 pH 值大,南方红壤 pH 值小。因此,可以种植和土壤酸碱度相适应的作物,如红壤地区可种植喜酸的茶树。土壤酸碱度对养分的有效性影响也很大,如中性土壤中磷的有效性大,碱性土壤中微量元素(锰、铜、锌等)有效性小。在农业生产中应该注意土壤的酸碱度,积极采取措施,加以调节。

土壤酸碱度一般可分为以下几级:pH<4.5 为极强酸性;pH=4.5～5.5 为强酸性;pH=5.5～6.5 为酸性;pH=6.5～7.5 为中性;pH=7.5～8.5 为碱性;pH=8.5～9.5 为强碱性;pH>9.5 为极强碱性

土壤酸性过大,可每年每亩施入 20～25 kg 的石灰,且应施足农家肥,切忌只施石灰不施农家肥,这样土壤反而会变黄变瘦。也可施草木灰 40～50 kg,中和土壤酸性,更好地调节土壤的水、肥状况。而对于碱性土壤,通常每亩用石膏 30～40 kg 作为基肥施入改良。

土壤碱性过高时,可加少量硫酸铝、硫酸亚铁、硫磺粉、腐殖酸肥等。常浇一些硫酸亚铁或硫酸铝的稀释水,可使土壤增加酸性。腐殖酸肥因含有较多的腐殖酸,能调整土壤的酸碱度。我国土壤大部分 pH 在 4.5～8.5 之间,呈"南酸北碱,沿海偏酸,内陆偏碱"的地带性特点。

(4) 土壤缓冲性

① 定义

狭义:把少量的酸或碱加入土壤里,其 pH 的变化却不大,这种对酸碱变化的抵抗能力叫作土壤的缓冲性能或缓冲作用。广义:土壤是一个巨大的缓冲体系,对营养元素、污染物质等同样具有缓冲性,具有抗衡外界环境变化的能力。

② 土壤具有缓冲作用的原因

a) 土壤溶液中有碳酸、硅酸、磷酸、有机酸等弱酸及其盐类存在(弱酸解离度小,其盐解离度大),能形成良好的缓冲体系。b) 盐基离子对酸性物质(H^+)起缓冲作用,致酸离子(H^+ 和 Al^{3+})对碱性物质(OH^-)起缓冲作用。

③ 影响土壤缓冲能力的因素

CEC 越大,缓冲能力越大;黏粒矿物、有机质含量越高缓冲能力越大。盐基饱和度越高,对酸缓冲能力越大;盐基饱和度越低,对碱缓冲能力越大。

4) 土壤的氧化还原性

土壤是一个复杂的氧化还原体系,存在着多种有机、无机的氧化、还原态物质。一般土壤空气中的游离氧、高价金属离子为氧化剂,土壤中的有机质及其厌氧条件下的分解产物和低价金属等为还原剂。土壤氧化还原反应条件受季节变化和人为措施(如稻田的灌水和落干)而经常变化,衡量土壤氧化还原反应状况的指标是氧化还原反应电位(Eh)。在我国自然条件下,一般认为 Eh 低于 300 mV 时为还原状态,淹灌水田的 Eh 值可降至负值。土壤氧化还原电位一般在 200～700 mV 时,养分供应正常。土壤中某些变价的重金属污染物,其价态变化、迁移能力和生物毒性等与土壤氧化还原状况有密切的关系。如土壤中的亚砷酸(H_3AsO_3)比砷酸(H_3AsO_4)毒性大数倍。当土壤处于氧化状态时,砷

的危害较轻,而土壤处于还原状态时,随着 Eh 值下降,土壤中砷酸还原为亚砷酸就会加重砷对作物的危害

常见的氧化还原体系

体系	氧化态	还原态
氧体系	O_2	O^{2-}
氮体系	NO_3^-	NH_4^+
锰体系	Mn^{4+}	Mn^{2+}
铁体系	Fe^{3+}	Fe^{2+}
硫体系	SO_4^{2-}	S^{2-}
有机碳体系	CO_2	CH_4
氢体系	$2H^+$	H_2

土壤中主要氧化剂是 O_2,当土壤 O_2 被消耗后,其他氧化态物质 NO_3^-、Mn^{4+}、Fe^{3+}、SO_4^{2-} 依次作为电子受体被还原。土壤中的还原物质主要是有机质,特别是新鲜有机质。土壤中氧化态和还原态物质相对浓度受 O_2 状况,即通气性的影响。

在通气良好的土壤中,氧体系控制氧化还原反应,使多种物质呈氧化态,如 NO_3^-、Fe^{3+}、Mn^{4+}、SO_4^{2-} 等。在土壤缺 O_2 条件下,将氧化物转化为还原态。无机体系的反应一般是可逆的,有机体系和微生物参与条件下的反应是半可逆或不可逆的。氧化还原反应不完全是纯化学反应,很大程度上有微生物参与,如:$NH_4^+ \rightarrow NO_2^- \rightarrow NO_3^-$(分别在亚硝酸细菌和硝酸细菌作用下完成)。土壤是不均匀的多相体系,不同土壤和同一土层不同部位的氧化还原状况会有差异。土壤氧化还原状况随栽培管理措施特别是灌水、排水而变化。

1.1.4 土壤污染

1.1.4.1 土壤污染的概念和特征

1)土壤污染

土壤污染是指人为因素导致某种物质进入陆地表层土壤,引起土壤化学、物理、生物等方面特性的改变,影响土壤功能和有效利用,危害公众健康或者破坏生态环境的现象。换而言之,人类活动产生的污染物质通过各种途径输入土壤,其数量和速度超过土壤净化作用的速度,破坏了自然动态平衡,从而使污染物质的积累过程逐渐占据优势,从而导致土壤正常功能失调,土壤质量下降并影响到作物的生长发育和质量,并通过食物链最终影响人类的健康。

2）土壤污染特征

① 隐蔽性和潜伏性；② 持久性和不可逆性；③ 间接有害性；④ 土壤污染的累积性；⑤ 难治理性。

3）土壤污染的危害

①土壤污染导致严重的直接经济损失；② 土壤污染导致食品安全和品质下降；③ 土壤污染危害人体健康；④ 土壤污染导致其他环境问题。

1.1.4.2 土壤污染物来源

1）大气沉降

地球大气环境随着地球的演化而变化，形成一个相对稳定的体系。大气中的微量成分在整个地球环境中进行着周而复始的循环，其中包括 S、N 以及某些重金属的循环。由于工业的迅速发展，大量化石燃料燃烧排放的酸性气体和微量金属沉降（如镉等）被排到大气中，破坏了大气系统物质的平衡；在大气湍流等自然过程的作用下，污染物通过干和湿沉降的方式进入土壤和水体等环境，造成了土壤等地表环境的污染风险。

2）工业废水和生活污水排放

废水中有毒有害物质包括汞、六价铬、铅、砷、挥发酚、氰化物、石油类、抗生素、微塑料等。重金属污染物主要来自有色金属的开采和冶炼，抗生素等新兴污染物来自医疗废水、养殖污水和生活污水等。

3）工业固废和城市垃圾

我国工业固体废弃物主要来自采掘业、化学原料及化学制品、黑色冶金及化工、非金属矿物加工、电力煤气生产、有色金属冶炼等行业。这些固废中主要有煤矸石、铬渣、粉煤灰、碱渣以及其他各种矿渣和工业生产废渣。工业废渣量大面广，含有各种重金属元素，占据了大面积土地，会污染和破坏土壤。现代城市垃圾也含有各种重金属和其他有害物质。

4）农药、化肥、农膜等生产与施用

化学农药包括各种杀虫剂、杀菌剂、除草剂和植物生长调节剂等。农药的不合理、不科学施用，不仅污染了农产品，而且还会残留在土壤中。有机氯农药虽已停止生产 40 多年，但是各地的土壤中仍发现含有较高浓度的残留。

1.1.4.3 土壤污染物类型

1）有机污染物

大量使用的农药有杀虫剂、除草剂、杀菌剂等。化学农药主要分为有机氯、有机磷、有机氮、有机硫和有机金属农药等。

2）无机盐类污染物

无机盐类污染物主要来自进入土壤中的工业废水和固体废物。硝酸盐、硫酸盐氯化物、可溶性碳酸盐等是常见的且大量存在的无机污染物。这些无机盐类污染物会使土壤板结，改变土壤结构，发生土壤盐渍化和水质变差等危害。

3）重金属污染物

汞、镉、铅、砷、铬、锌等重金属会引起土壤污染。这些重金属污染物主要来自冶炼厂、矿山、化工厂等工业废水渗入和汽车废气沉降。公路两侧也会被铅污染，砷被大量用作杀虫剂和除草剂，磷肥中含有镉。土壤一旦被重金属污染，重金属是较难被彻底清除的，对人类危害严重。

4）固体废物

固体废物主要指城市垃圾和矿渣、煤渣、煤矸石和粉煤灰等工业废渣。固体废物的堆放占用大量土地而且其中含有大量的污染物，会污染土壤使环境恶化，尤其是城市垃圾中的废塑料包装物已成为严重的"白色污染"物。

5）病原微生物

生活和医院污水，生物制品、制革与屠宰的工业废水，人畜的粪便等都是土壤中病原微生物的主要来源。

6）放射性污染物

主要有两个方面，一是核试验沉降物，二是原子能工业中所排出的"三废"。由于自然沉降、雨水冲刷和废弃物堆积而污染土壤。土壤受到放射性污染是难以排除的，只能靠自然衰变达到稳定元素时才结束。这些放射性污染物会通过食物链进入人体、危害健康。

1.2 地下水

广义上的地下水指赋存于地面以下岩土空隙中的各种形式的水，狭义上指埋藏于地面以下岩土孔隙、裂隙、溶隙饱和层中的重力水。地下水资源因其富水性、水质、水温等特性，可为当前或未来的技术条件所利用，具有现实或潜在经济意义和生态价值。

1.2.1 地下水结构

地下水是指赋存于地面以下岩石空隙（孔隙、裂隙和溶隙）中的水，狭义上是指那些埋藏于地下水面以下饱和含水层中的水。

地下水是水资源的重要组成部分，由于水量稳定、水质好，是农业灌溉、工矿和城市的重要水源之一。但在一定条件下,地下水的变化也会引发沼泽化、盐渍化、滑坡、地面沉降等不利的自然现象。

地下水储量庞大,据估算,全世界的地下水总量多达 15 300 万亿 m^3 ~22 600 万亿 m^3,几乎占地球总水量的十分之一,比整个大西洋的水量还要多。

1.2.1.1 地下水组成结构

地下水流系统在空间上的立体性,是地下水与地表水之间存在的主要差异之一;而地下水垂向的层次结构,则是地下水空间立体性的具体表征。

典型水文地质条件下,地下水垂向层次结构的基本模式是自地表面起至地下某一深度出现不透水基岩为止,可区分为非饱和水带和饱和水带两大部分。其中,非饱和水带又可进一步区分为土壤水带、中间过渡带及毛细水带等3个亚带;饱和水带则可区分为潜水带和承压水带两个亚带。

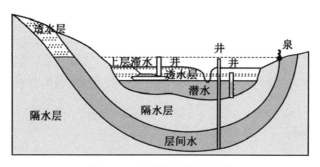

图 1-2 地下水结构示意图

从贮水形式来看,与非饱和水带相对应的是存在结合水(包括吸湿水和薄膜水)和毛管水,与饱和水带相对应的是重力水(包括潜水和承压水)。以上是地下水层次结构的基本模式。

地下水在垂向上的层次结构,表现为在不同层次的地下水所受到的作用力亦存在明显的差别,形成不同的力学性质。如非饱和水带中的吸湿水和薄膜水,均受分子吸力的作用而紧密结合在岩土颗粒的表面。通常,岩土颗粒愈细小,其颗粒的比表面积愈大,分子吸附力亦愈大,因此吸湿水和薄膜水的含量便愈多。

吸湿水:又称强结合水,水分子与岩土颗粒表面之间的分子吸引力可达到几千甚至上万个大气压,因此不受重力的影响,不能自由移动,密度大于1,不溶解盐类,无导电性,也不能被植物根系所吸收。

薄膜水:又称弱结合水,它们受分子力的作用,但薄膜水与岩土颗粒之间的吸附力要比吸湿水弱得多,并随着薄膜的加厚,分子力的作用不断减弱,直至向自由水过渡。所以薄膜水的性质亦介于自由水和吸湿水之间,能溶解盐类,但溶解力低。薄膜水还可以由薄膜厚处向薄膜水层薄的颗粒表面移动,直到两者薄膜厚度相当时为止。而且其外层的水可被植物根系所吸收。

毛管水：当岩土中的空隙小于1 mm，空隙之间彼此连通，就象毛细管一样。当这些细小空隙贮存液态水时，就形成毛管水。如果毛管水是从地下水面上升上来的，则称为毛管上升水；如果与地下水面没有关系，水源来自地面渗入而形成的毛管水，则称为悬着毛管水。毛管水受重力和负的静水压力的作用，其水分是连续的，并可以把饱和水带与非饱和水带连起来。毛管水可以传递静水压力，并能被植物根系所吸收。

重力水：当含水层中空隙被水充满时，地下水分将在重力作用下在岩土孔隙中发生渗透移动，形成渗透重力水。饱和水带中的地下水正是在重力作用下由高处向低处运动，并传递静水压力。

综上所述，地下水在垂向上不仅形成结合水、毛细水与重力水等不同的层次结构，而且各层次上所受到的作用力亦存在差异，形成垂向力学结构。

1.2.1.2 地下水分类

1）按含水层性质分类

可分为孔隙水、裂隙水、岩溶水。

孔隙水：存在于岩土孔隙中的地下水，如松散的砂层、砾石层和砂岩层中的地下水。

裂隙水：存在于坚硬岩石和某些黏土层裂隙中的水。

岩溶水：又称喀斯特水，指存在于可溶岩石（如石灰岩、白云岩等）的洞隙中的地下水。

2）按埋藏条件不同分类

可分为上层滞水、潜水、承压水。

上层滞水：埋藏在离地表不深、非饱和带中局部隔水层之上的重力水。一般分布不广，呈季节性变化，在雨季出现，在干旱季节消失，其动态变化与气候、水文因素的变化密切相关。

潜水：指埋藏在地表以下、第一个稳定隔水层以上、具有自由水面的重力水。潜水在自然界中分布很广，一般埋藏在第四纪松散沉积物的孔隙及坚硬基岩风化壳的裂隙、溶洞内。

承压水：指埋藏并充满两个稳定隔水层之间的含水层中的重力水。具有受静水压、补给区与分布区不一致、动态变化不显著等特征。承压水不具有潜水那样的自由水面，所以它的运动方式不是在重力作用下的自由流动，而是在静水压力的作用下，以水交替的形式进行运动。

1.2.2 地下水补给

含水层或含水系统从外界获得水量的过程称作补给。地下水补给来源有天然与人工补给。天然补给包括大气降水、地表水、凝结水和来自其他含水层或含水系统的水；与人类活动有关的地下水补给有灌溉回归水、水库渗漏水，以及专门性的人工补给（利用钻孔）。

通常，每一个地下水域在地表上均存在相应的补给区与排泄区，其中补给区由于地表水不断地渗入地下，地面常呈现干旱缺水状态；而在排泄区则由于地下水的流出，增加了地面上的水量，使得该区域呈现相对湿润的状态。如果地下水在排泄区以泉的形式排泄，则可称这个地下水域为泉域。

地下水的补给方式主要有降水入渗、灌溉水入渗、地表水入渗补给、越流补给和人工补给。在一定条件下，还有侧向补给。

1.2.3 地下水排泄

地下水排泄是含水层或含水系统失去水量的过程。地下水的排泄主要有泉、潜水蒸发、向地表水体排泄、越流排泄和人工排泄。泉是地下水天然排泄的主要方式。

1.2.3.1 泄流排泄

当河流切至含水层地下水位之下时，地下水沿河流呈带状排泄补给河水，形成河川径流的基流量，称之地下水泄流排泄，其排泄量可用基流分割等方法获得。

1.2.3.2 泉水排泄

泉是地下水天然排泄露头点。山前地带的沟谷，坡脚地带常有泉水排泄点，而平原地区则很少出现。地下水集中排泄于河底、湖底、海底等水域时则为水下泉。

1.2.3.3 蒸发排泄

1) 非饱和带土壤水的蒸发

非饱和带土壤的悬挂毛细水、孔角毛细水等，由液态转化为气态而蒸发排泄。土壤水的蒸发强度取决于气候与非饱和带的岩性。

2) 饱水带-潜水蒸发

饱水带上部的非饱和带分布着支持毛细水（毛细破碎带），支持毛细水是沿潜水毛细孔隙上升而成。当潜水面埋藏较浅，支持毛细水带上缘离地表较近时，大气相对湿度小于饱和湿度，毛细弯液面的水不断由液态转为气态而蒸发，潜水在毛细作用下上升补给支持毛细水，使蒸发持续不断地进行。

3) 植被蒸腾排泄

植被生长过程中，由根系吸收的水分，由叶面及茎转化成气态水而蒸发，称之为蒸腾。蒸腾作用的影响深度受植被根系发育深度控制。

1.2.4 地下水运动驱动力

绝大多数地下水的运动属层流运动。在宽大的空隙中,如水流速度高,则易呈紊流运动。

地下水体系作用势:所谓"势",是指单位质量的水从位势为零的点移到另一点所需的功,它是衡量地下水能量的指标。根据理查兹(Richards)的测定,发现势能(Φ)是随距离(L)呈递减趋势,并证明势能梯度($-d\Phi/dL$)是地下水在岩土中运动的驱动力。地下水总是由势能较高的部位向势能较低的方向移动。

1.2.5 地下水污染

地下水污染(ground water pollution)主要指人类活动引起地下水化学成分、物理性质和生物学特性发生改变而使质量下降的现象。

地表以下地层复杂,地下水流动极其缓慢,因此,地下水污染具有过程缓慢、不易发现和难以治理的特点。地下水一旦受到污染,即使彻底消除其污染源,也得十几年甚至几十年才能使水质复原。至于要进行人工的地下含水层的更新,问题就更复杂了。

1.2.5.1 地下水污染来源

进入地下水的污染物来自人类活动或自然过程。地下水污染源包括工业污染源、农业污染源和生活污染源等。

1)生活污水和生活垃圾

会造成地下水的总矿化度、总硬度、硝酸盐和氯化物含量的升高,有时也会造成病原体污染。

2)工业废水和工业废物

可使地下水中有机和无机化合物的浓度增加。

3)农业施用的化肥和粪肥

会造成大范围的地下水硝酸盐含量增高。农药对地下水的污染较轻,且仅限于浅层。农业耕作活动可促进土壤有机物的氧化,如有机氮氧化为无机氮(主要是硝态氮),随渗水进入地下水。天然的咸水会使地下天然淡水受咸水污染等。

1.2.5.2 地下水污染途径

地下水污染途径是指污染物从污染源进入地下水中所经过的路径,主要包括入渗型、越流型、径流型和注入型。

1）间歇入渗型

大气降水或其他灌溉水使污染物随水通过非饱水带，周期地渗入含水层，主要是污染潜水。淋滤固体废物堆引起的污染即属此类。

2）连续入渗型

污染物随水不断地渗入含水层，主要也是污染潜水。废水聚集地段（如废水渠、废水池、废水渗井等）和受污染的地表水体连续渗漏造成地下水污染即属此类。

3）越流型

污染物是通过越流的方式从已受污染的含水层（或天然咸水层）转移到未受污染的含水层（或天然淡水层）。污染物或者是通过整个层间，或者是通过地层的天窗，或者是通过破损的井管，从而污染潜水和承压水。地下水的开采改变了越流方向，使已受污染的潜水进入未受污染的承压水，即属此类。很多地区出现的浅层地下水污染向深层扩散，多是这种污染途径导致。

4）径流型

污染物通过地下径流进入含水层，污染潜水或承压水。污染物通过地下岩溶孔道进入含水层，即属此类。

5）注入型

一些企业或单位通过构建或废弃的水井违法向地下水含水层注入废水，已成为需要高度关注的地下水污染途径。

1.2.5.3 地下水污染特点

地表以下地层复杂，地下水流动极其缓慢，因此，地下水污染具有过程缓慢、不易发现和难以治理的特点。地下水一旦受到污染，即使彻底消除其污染源，也得十几年甚至几十年才能使水质复原。至于要进行人工的地下含水层的更新，问题就更复杂了。

地下水污染与地表水污染有一些明显的不同。

隐蔽性：主要体现为地下水赋存于地表以下的地层空隙中，地下水一旦被污染，很难被发现，不像地表水污染直观明显而易于监测，因而不会引起人们的关注。

复杂性：主要体现为含水层介质类型、结构和岩性复杂，地下水在含水层中的运动特征复杂。样品的获取难度大、分析检测要求的技术水平高、污染源识别困难。

缓效性：主要体现为地下水多数情况下地下水的运动极其缓慢。污染物不仅会存在于水中，而且会吸附、残留在含水层介质中，不断缓慢地向水中释放，污染往往是逐渐发生的，若不进行专门监测，则很难及时发觉。

难恢复性：主要体现为，地下水一旦受到污染，即使彻底清除了污染源，地下水质恢复也需要很长时间。加上含水层介质类型、结构和岩性复杂,流动极其缓慢,地下水恢复治理的难度要远远大于地表水。排除污染源之后,地表水可以在较短时期内达到净化;而地下水,即便排除了污染源,已经进入含水层的污染物仍将长期产生不良影响。

1.3 我国土壤及地下水资源概况

1.3.1 我国土壤及地下水资源分布

1.3.1.1 我国土壤资源及其分布

我国地域辽阔,自然条件复杂,拥有种类繁多的土壤,它们直接或间接地生产大量农、林、牧、副产品,为国民经济建设和保证人民生活作出巨大贡献。自然资源部发布的《2023年中国自然资源公报》显示,全国共有耕地12 758.0万公顷、园地2 011.3万公顷、林地28 354.6万公顷、草地26 428.5万公顷、湿地2 356.9万公顷。然而,人均土壤资源占有量低,人均耕地和林地分别仅为0.09公顷和0.19公顷,低于世界平均水平。据统计,2023年,我国共计完成造林399.8万公顷,其中人工造林133.4万公顷,飞播造林6.6万公顷,封山育林107.3万公顷,退化林修复152.5万公顷,森林覆盖率达24.0%;完成种草改良437.9万公顷,其中人工种草105.4万公顷,草原改良332.5万公顷,草原综合植被覆盖度达50.3%。

整体看来,全国耕地资源主要集中在东北、华北、长江中下游、珠江三角洲等平原、山间盆地以及广阔的丘陵地区,约占全国耕地面积的90%以上,西部地区耕地面积小,分布零星。牧业土壤资源分为农区和草原区两部分,农区各类土壤上种植的农作物,可利用其副产品(如茎叶、糠麸等)和加工产品来做牲畜饲料;草原区,包括东北西部、内蒙古草原和青藏高原等广布的天然草场,土壤类型有黑钙土、栗钙土、棕钙土、灰钙土、漠土和草甸土等,约有3.3亿公顷。全国林地资源主要分布在东北、东南和西南地区,其中东北地区是我国最大的天然林区。

1.3.1.2 我国地下水资源及其分布

地下水资源是我国水资源的重要组成部分,也是影响生态与环境的重要因素。2020年全国地下水资源量8 553.5亿m^3,其中,与地表水不重复的地下水资源量为1 198.2亿m^3。地下水资源对我国可持续发展具有不可替代的重要支撑作用。我国每年地下水开采量,从2012年达到最高1 134亿m^3后,2020年回落至892亿m^3。全国总供水量的20%取自地下水。目前,全国21个省区市存在不同程度的超采问题,个别地区甚至存在开采深层地下水问题。地下水超采区总面积达 28.7 万 m^2,年均超采量 158 亿 m^3,其中华北地区地下水超采问题最为严重。超采导致地下水水位下降、含水层疏干、水源枯竭,引发地面沉降、河湖萎缩、海水入侵、生态退化等问题。

我国地下水资源占有量最高的是西南和西北片,西南片的人均地下水资源占有量为全国平均水平的 2 倍,亩均地下水天然资源占有量为全国平均水平的 2.7 倍。人均、亩均地下水资源平均占有量的差异对各地经济发展有至关重要的制约作用。

1.3.2 我国土壤及地下水资源分类

1.3.2.1 我国土壤资源分类

1) 概述

土壤分类是指根据土壤自身的发生、发展规律,系统地认识土壤,通过比较土壤之间的相似性和差异性,对客观存在的形形色色土壤进行区分和归类,系统地编排它们的分类位置的过程。土壤分类能反映不同土壤类型间的自然发育联系,同时又能对所划分的土壤类型给予恰当的名称。依据土壤性状质与量的差异,系统地划分土壤类型及其相应的分类级别,从而拟定土壤分类系统。土壤分类不仅是在不同的概括水平上认识和区分土壤的线索,也是进行土壤调查、土地评价、土地利用规划和交流有关土壤科学和农业生产实践研究成果以及转移地方性土壤生产经营管理经验的依据。

按照土壤质地和特性进行分类,包括砂质土、黏质土、壤土三类。砂质土含有较多的沙粒,颗粒粗糙,渗水速度快,保水性能差,但通气性能好,这种土壤适合种植一些喜欢干燥环境的植物;黏质土含有较少的沙粒,颗粒细腻,渗水速度慢,保水性能好,但通气性能差,这种土壤适合种植一些喜欢湿润环境的植物;壤土的含沙量适中,颗粒大小适中,渗水速度和保水性能都处于砂质土和黏质土之间,通风性能也适中,这种土壤适合大多数作物的生长。

随着近代土壤科学的发展,国际土壤分类正朝着定量化、标准化、国际化的方向发展,出现了以诊断层、诊断特性为基础的美国土壤系统分类(ST 制)和世界土壤资源参比基础分类(WRB)。我国土壤分类也逐渐从土壤发生分类发展到土壤系统分类的阶段,其中土壤发生分类在全国第二次土壤普查中得到广泛应用和发展。为了更好的与国际接轨和突出我国土壤资源的特色,经过近几十年的研究和积累,以定量化的诊断层和诊断特性为基础的中国土壤系统分类已逐步建立和完善,为土壤资源的科学管理和国际交流提供了工具。

2) 土壤发生分类

受成土母质、气候和人为等因素的影响,我国土壤资源丰富、类型繁多。土壤发生分类是一种定性分类,主要依据环境条件、成土过程和土壤属性进行分类。它强调土壤与环境的关系,分类系统包括土纲、亚纲、土类、亚类、土属、土种和变种等多个等级。按土壤发生分类我国土壤可以分为红壤、砖红壤、赤红壤、黄壤、黄棕壤、黄褐土、棕壤、暗棕壤、白浆土、漂灰土、灰化土、燥红土、褐土、灰褐土、黑土、灰色森林土、黑钙土、栗钙土、栗褐土、黑垆土、棕钙土、灰钙土、灰漠土、黄绵土、红黏土、新积土、龟裂土、风沙土、石灰土、火山灰土、紫色土、磷质石灰土、潮土、盐土、碱土、石质土、粗骨土、草甸土、砂姜黑土、沼泽土、泥炭土、水稻土、灌淤土、灌漠土、草毡土、黑毡土、寒漠土、冷漠土、寒冻土等。

空间上,形成了以东部地区由南而北分布的砖红壤—赤红壤—红壤、黄壤—黄棕壤—棕壤—暗棕壤—漂灰土、西部地区由东向西分布的黑土—灰褐土—栗钙土—棕钙土—灰钙土—灰漠土的地带性土壤资源。此外,部分区域土壤资源,也随地势的增高而呈现演替的垂直地带性分布。

3)土壤系统分类

系统分类则是一种定量分类,以诊断层和诊断特性为基础,采用土纲、亚纲、土类、亚类、土族、土系等六级分类单元。中国土壤系统分类侧重于土壤的性状及土层特点,采用定量化、标准化的方法。按土壤系统分类我国土壤分为14个纲:有机土、人为土、灰土、火山灰土、铁铝土、变性土、干旱土、盐成土、潜育土、均腐土、富铝土、淋溶土、雏形土和新成土。

由于自然条件和知识背景的不同,世界上还没有一个统一的土壤分类系统,各个国家的土壤分类系统还不尽相同。世界上几个影响大的土壤分类体系为:① 美国土壤系统分类;② 苏联的土壤发生分类;③ 西欧的土壤形态发生学分类;④ FAO/UNESCO的土壤分类等。例如,美国土壤系统分类的12个土纲包括:冻土、有机土、灰土、氧化土、变性土、干旱土、老成土、软土、淋溶土、始成土、新成土和火山灰土。

1.3.2.2 我国地下水资源分类

地下水资源划分为允许开采资源和尚难利用的资源两类。

允许开采资源是具有现实经济意义的地下水资源。即通过技术经济合理的取水构筑物,在整个开采期内出水量不会减少,动水位不超过设计要求,水质和水温变化在允许范围内,不影响已建水源地正常开采,不发生危害性的环境地质问题并符合现行法规规定的前提下,从水文地质单元或水源地范围内能够取得的地下水资源。

尚难利用的资源是具有潜在经济意义的地下水资源。指在当前的技术经济条件下,在一个地区开采地下水,将在技术、经济、环境或法规方面出现难以克服的问题和限制,目前难以利用的地下水资源。

思考题

1. 土壤的三相组成有哪些？
2. 土壤的"肌肉"是什么？其功能是什么？
3. 土壤的"骨骼"是什么？
4. 土壤的"血液"是什么？
5. 土壤的"呼吸"是指什么？
6. 土壤的物理性质有哪些？
7. 土壤的化学性质有哪些？
8. 我国土壤分布有什么特点？
9. 土壤水分为哪几类？
10. 地下水的赋存形式有哪几类？
11. 地下水污染的途径有哪些？
12. 地下水污染源有哪几类？有什么污染特点？
13. 请简述土壤的组成
14. 请简述土壤矿物质的组成
15. 请简述土壤有机质的组成
16. 请简述土壤水的组成。
17. 土壤酸度有哪几种常用的评价指标？
18. 土壤溶液中常见的氧化还原体系有哪些？请分别介绍。
19. 中国污染地块大致分为几类？
20. 土壤污染的类型有哪些？
21. 土壤污染物的来源有哪些？

第二章

污染地块概况及管理

2.1 污染地块的内涵

2016年12月31日,环境保护部发布了《污染地块土壤环境管理办法(试行)》(环保部令第42号),明确提出了建立疑似污染地块名单制度和污染地块名录制度,其中疑似污染地块是指从事过有色金属冶炼、石油加工、化工、焦化、电镀、制革等行业生产经营活动,以及从事过危险废物贮存、利用、处置活动的用地。按照国家技术规范确认超过有关土壤环境标准的疑似污染地块称为污染地块。实际上,污染地块和棕地(Brown fields)在一定程度上是一个概念。美国早在1980年的《环境应对、赔偿和责任综合法》(Comprehensive Environmental Response, Compensation, and Liability Act, CERCLA)中就关注了污染地块的环境问题,并启动超级基金对这些地块进行调查评估和治理修复。另外,英国、荷兰和加拿大等发达国家对污染地块的开发利用都提出了相应的环境管理体系和制度。

2.1.1 "一名单二名录"制度

2019年1月1日实施的《中华人民共和国土壤污染防治法》第58条明确提出实行"建设用地土壤污染风险管控和修复名录制度"。到目前为止,疑似污染地块名单制度、污染地块名录制度、建设用地土壤污染风险管控和修复名录制度(以下简称"一名单二名录")构成了我国特色的污染地块环境管理基本制度。

2.1.1.1 疑似污染地块名单制度

县级生态环境主管部门及工业和信息化、城乡规划、国土资源等部门为制定的责任部门。根据国家有关保障工业企业地块再开发利用安全的规定,会同工业和信息化、城乡规划、国土资源等部门,共同建立本行政区域疑似污染地块名单。制度主要内容为:① 将疑似污染地块名单及时上传至全国污染地块土壤环境管理信息系统(简称污染地块信息系统);② 实行动态更新;③ 对于列入疑似污染地块名单的地块,所在地县级生态环境主管部门应当书面通知土地使用权人。土地使用权人应当自接到书面通知之日起6个月内完成土壤环境初步调查,编制初步调查报告、向社会公开调查报告内容等。

2.1.1.2 污染地块名录制度

市级生态环境主管部门为主要责任部门。名录进入条件:根据土地使用权人提交的土壤环境初步调查结论,确认超过国家有关土壤环境质量标准的地块。制度主要内容:① 建立污染地块名录,及时上传至全国污染地块土壤环境管理信息系统,同时向社会公开;② 通报各污染地块所在地县级人民政府;③ 污染地块名录实行动态更新;④ 对列入污染地块名录的地块,市级生态环境主管部门应当书面通知土地使用权人。土地使用权人应按照国家有关环境标准和技术规范开展土壤环境详细调查。

2.1.1.3 污染地块土壤污染风险管控和修复名录制度

省级人民政府生态环境主管部门和自然资源等主管部门为责任部门。进入名录条件:经详细调查和风险评估后确定的需要实施风险管控、修复的地块。制度内容:① 将需要实施风险管控、修复的地块纳入污染地块土壤污染风险管控和修复名录,按照规定向社会公开;② 根据风险管控、修复情况适时更新;③列入名录的地块,不得作为住宅、公共管理与公共服务用地。退出名录条件:达到土壤污染风险评估报告确定的风险管控、修复目标且经评估确认可以安全利用的地块。

2.1.2 疑似污染地块的管控思路

目前,针对疑似污染地块的管理主要依据《污染地块土壤环境管理办法(试行)》(环境保护部令 2016 第 42 号)和《工矿用地土壤环境管理办法(试行)》(生态环境部令 2018 第 3 号),将疑似污染地块按照在产企业和关闭企业进行管控,具体管理思路见图 2-1。

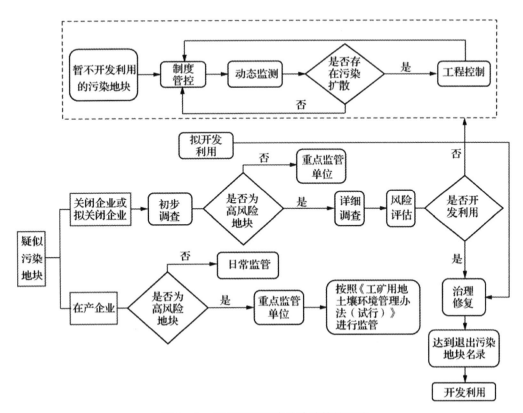

图 2-1 目前疑似污染地块的管控思路

针对关闭企业或拟关闭企业的管理,主要依照《污染地块土壤环境管理办法(试行)》进行。该办法适用于拟收回土地使用权的,已收回土地使用权的,以及用途拟变更为居住用地和商业用地、学校、医疗、养老机构等公共设施用地的棕地和污染地块相关活动及其环境保护监督管理。该办法系统地介绍了要对棕地开展土壤环境初步调查活动,以及对污染地块开展土壤环境详细调查、风险评估、风险管控、治理与修复及其效果评估等活动。

针对在产企业的管理,主要依照《工矿用地土壤环境管理办法(试行)》进行。该办法主要针对土壤环境污染重点监管单位,要做好土壤污染预防工作和企业日常监管工作,主要涉及8项制度,分别为土壤和地下水环境现状调查制度、设施防渗漏管理制度、有毒有害物质地下储罐备案制度、土壤和地下水污染隐患排查制度、企业自行监测制度、土壤和地下水污染风险管控和修复制度、企业拆除活动污染防控制度、企业退出土壤和地下水修复制度。

2.2 污染地块成因与类型

2.2.1 污染地块成因

我国污染地块的产生历史可以追溯到50多年前"大跃进"时期甚至更早的一些高污染工业企业的建设。由于早期工业规划选址不注重环境因素,大多数工厂建在城市中心或周边地区,经营管理粗放,环保措施不完善,土地污染状况严重。

20世纪90年代以来,我国社会经济发展迅速,城市化进程加快,产业结构调整深化,导致土地资源紧缺,许多城市开始将主城区的工业企业迁移出城,产生大量污染地块。这些污染地块的存在带来了双重问题:一方面是环境和健康风险,另一方面是阻碍了城市建设和经济发展。我国的污染地块主要由历史上一批老工业企业产生。

根据《全国土壤污染状况调查公报》显示,全国土壤总的点位超标率为16.1%,其中轻微、轻度、中度和重度污染点位比例分别为11.2%、2.3%、1.5%和1.1%。几乎所有流转的工业地块均有不同程度的土壤和地下水污染;矿山开采区、尾矿坝、尾矿库及其下游流域土壤和地下水均有不同程度污染。垃圾和电子废弃物堆场及其附近土壤污染严重。从污染类型看,以无机型为主,有机型次之,复合型污染比重较小,无机污染物超标点位数占全部超标点位的82.8%。从污染源、污染特征、保护目标和受体等方面大致可以将我国土壤污染分为农田耕地污染、矿山开采污染、工业生产厂址污染、石油开采污染。

根据《2020年中国生态环境状况公报》,以浅层地下水水质监测为主的10 242个监测点中,Ⅰ~Ⅲ类水质的监测点只占到22.7%,Ⅳ类占到33.7%,Ⅴ类占到43.6%。除受水文地质化学背景影响外,污染是影响地下水水质的主要原因。

2022年国家地下水监测结果表明,全国可以直接作为饮用水源的Ⅰ~Ⅲ类水占比为10.4%,经过过滤吸附处理后可达到生活饮用水标准(GB 5749—2022)的Ⅳ类水占比为70.3%,Ⅴ类水占比为19.3%。影响水质的主要指标为锰、铁、硫酸盐、氟化物、砷、耗氧量等,其中锰的超标率达43.9%,其余指标的超标率均>10%。

总体上,在经济快速发展形势下,我国污染地块土壤与地下水污染防治工作压力逐渐增加,表现出污染面积大、污染物种类多、污染类型叠加的趋势。污染地块的成因和来源多样,大致可分为以下四类:

(1) 由于目前大多城市进行产业结构调整,"退二进三",导致一些污染企业腾退搬迁,遗留下的污染地块数量大;

(2) 矿山和石油开采引起的污染地块,该类污染地块面积比较大,污染的深度也比较深;

(3) 由历史上的一些污水灌溉造成的污染农田;

(4) 由工业、运输、污染事故、电子垃圾、固废和生活垃圾非卫生填埋而形成的污染地块。

2.2.2 污染地块类型

污染地块可以根据不同的分类标准进行划分,主要包括以下五类:

(1) 根据污染源的不同,污染地块可以分为物理性、化学性、生物性污染地块。物理性污染地块是由物理因素如噪声、放射性、电磁波等造成的污染地块。化学性污染地块则是由于化学物质对人类、动植物存在危害,这些化学物质的危害不是立即显现的,有的需要较长时间才能显现。生物性污染地块则是由于在分解动植物的尸体中产生的病原体(如病毒、细菌、寄生虫等)对环境或建筑物造成一定的危害。

(2) 根据污染地块的改造目的,可以将污染地块分为工业性、商业性、住宅性和公众性污染地块。一般情况下工业性污染地块适合改造成工业性用地,商业性棕地适合改造成商业场所,住宅性棕地适合改造成居民居住地,而公众性棕地则适合改造成公众设施,方便公众日常生活。

(3) 根据土地症状的不同,污染地块可以分为实事和疑似污染地块。实事污染地块是经过专家评估,存在的症状已被确诊为污染地块。疑似污染地块是经过专家评估,存在的症状未能肯定是不是符合污染地块的标准,存在着不确定性。

(4) 根据土地污染程度的不同,污染地块可以分为轻度污染、中度污染和重度污染地块。其划分标准可以根据环保部门制定的统一标准进行污染等级度量。

(5) 2020年11月,自然资源部在整合原《土地利用现状分类》《城市用地分类与规划建设用地标准》《海域使用分类》等分类基础上,建立全国统一的国土空间用地用海分类标准,制定《国土空间调查、规划、用途管制用地用海分类指南》。该指南采用三级分类体系,共设置24种一级类、106种二级类及39种三级类。

2.3 污染地块环境管理

2.3.1 污染地块管理历史和框架

我国在快速城市化和污染土地开发过程中,发生了一些严重的污染事件。其中有些事件经过媒体报道,引起了公众的广泛关注。例如,2004年北京市宋家庄地铁工程施工工人的中毒事件,成为中国重视工业污染地块的环境修复与再开发的开端。该事件后,国家环保总局于2004年6月1日印发了《关于切实做好企业搬迁过程中环境污染防治工作的通知》(环办〔2004〕47号),要求关闭或破产企业在结束原有生产经营活动,改变原土地使用性质时,必须对原址土地进行调查监测,报环保部门审查,并制定土壤功能修复实施方案。对于已经开发和正在开发的外迁工业区域,要对施工范围内的污染源进行调查,确定清理工作计划和土壤功能恢复实施方案,尽快消除土壤环境污染。

随后,2014年环境保护部相继制定发布了《场地环境调查技术导则》(HJ 25.1—2014)、《场地环境监测技术导则》(HJ 25.2—2014)、《污染场地风险评估技术导则》(HJ 25.3—2014)、《污染场地土壤修复技术导则》(HJ 25.4—2014)和《污染场地术语》(HJ 682—2014)等5项污染地块系列技术规范,为各地规范开展地块环境状况调查、风险评估、修复治理提供技术指导和支持。

2016年5月28日,国务院印发《土壤污染防治行动计划》(以下简称"土十条"),旨在切实加强土壤污染防治,逐步改善土壤环境质量。同年还出台了《污染地块土壤环境管理办法(试行)》(环境保护部令2016第42号)(自2017年7月1日起施行)。

2018年8月31日,十三届全国人大常委会第五次会议通过了《中华人民共和国土壤污染防治法》(以下简称"土壤污染防治法")。同年,国家标准《土壤环境质量 建设用地土壤污染风险管控标准》(GB 36600—2018)发布实施。土壤污染防治法共七章九十九条规定,将"预防为主、保护优先、分类管理、风险管控、污染担责、公众参与"的原则系统地呈现出来。土壤污染防治法的制定意义重大,一是贯彻落实党中央有关土壤污染防治的决策部署;二是完善中国特色社会主义法律体系,尤其是生态环境保护、污染防治的法律制度体系;三是为我国开展土壤污染防治工作,扎实推进"净土保卫战"提供法治保障。

至此,我国土壤和地下水污染防治的法律法规标准体系基本建立,为我国进行建设用地土壤调查评估、治理修复、效果评估和环境监管,管控污染地块对人体健康的风险,保障人居环境安全提供了技术和法律保障。

随着国际国内土壤和地下水技术进步和管理需求的变化,2019年国家相继更新出台了《建设用地土壤污染状况调查技术导则》(HJ 25.1—2019)、《建设用地土壤污染风险管控和修复监测技术导则》(HJ 25.2—2019)、《建设用地土壤污染风险评估技术导则》(HJ 25.3—2019)、《建设用地土壤修复技术导则》(HJ 25.4—2019)和《建设用地土壤污染风险管控和修复术语》(HJ 682—2019)等,同时2014版对应的各技术规范废止。

2.3.2 污染地块管理工作流程

当前国内污染地块的管理思路,主要基于用地功能、环境和健康风险考虑。两项重要的政策法规文件《土壤污染防治行动计划》和《土壤污染防治法》基于该思路进行制定和实施。基于上述思路,根据筛选值和管制值开展风险筛查与风险分级,建立污染地块名录及开发利用负面清单,按功能进行明确管理。具体流程如下:

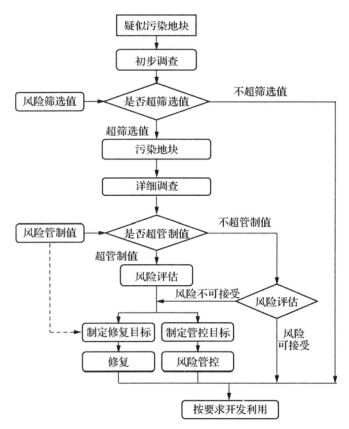

图 2-2 污染地块风险管控及修复管理流程

2.3.2.1 建立疑似污染地块名单

疑似污染地块和污染地块的土地使用权人应当按照生态环境部的规定,通过污染地块信息系统,在线填报并提交疑似污染地块和污染地块相关活动信息。

2.3.2.2 地块环境初步调查

土地使用权人应当自接到书面通知之日起六个月内完成土壤环境初步调查，编制调查报告，及时上传至污染地块信息系统，并将调查报告主要内容通过其网站等便于公众知晓的方式向社会公开。

土壤环境初步调查应当按照国家有关环境标准和技术规范开展，调查报告应当包括地块基本信息、疑似污染地块是否为污染地块的明确结论等主要内容，并附具采样信息和检测报告。

2.3.2.3 建立污染地块名录

设区的市级环境保护主管部门根据土地使用权人提交的土壤环境初步调查报告建立污染地块名录，及时上传至污染地块信息系统，同时向社会公开，并通报各污染地块所在地县级人民政府。

对列入名录的污染地块，设区的市级环境保护主管部门应当按照国家有关环境标准和技术规范，确定该污染地块的风险等级。污染地块名录实行动态更新。

2.3.2.4 详细调查

县级以上地方环境保护主管部门应当对本行政区域具有高风险的污染地块，优先开展环境保护监督管理。对列入污染地块名录的地块，设区的市级环境保护主管部门应当书面通知土地使用权人。

土地使用权人应当在接到书面通知后，按照国家有关环境标准和技术规范，开展土壤环境详细调查，编制调查报告，及时上传至污染地块信息系统，并将调查报告主要内容通过其网站等便于公众知晓的方式向社会公开。土壤环境详细调查报告应当包括地块基本信息，土壤污染物的分布状况及其范围，以及对土壤、地表水、地下水、空气污染的影响情况等主要内容，并附具采样信息和检测报告。

2.3.2.5 风险评估

土地使用权人应当按照国家有关环境标准和技术规范，在污染地块土壤环境详细调查的基础上开展风险评估，编制风险评估报告，及时上传至污染地块信息系统，并将评估报告主要内容通过其网站等便于公众知晓的方式向社会公开。

风险评估报告应当包括地块基本信息、应当关注的污染物、主要暴露途径、风险水平、风险管控以及治理与修复建议等主要内容。

2.3.2.6 风险管控

污染地块土地使用权人应当按照国家有关环境标准和技术规范，编制风险管控方案,及时上传至污染地块信息系统,同时抄送所在地县级人民政府,并将方案主要内容通过其网站等便于公众知晓的方式向社会公开。

风险管控方案应当包括管控区域、目标、主要措施、环境监测计划以及应急措施等内容。土地使用权人应当按照风险管控方案要求,采取以下主要措施:

(1) 及时移除或者清理污染源;

(2) 采取污染隔离、阻断等措施,防止污染扩散或向周边环境迁移;

(3) 开展土壤、地表水、地下水、空气环境监测;

(4) 发现污染扩散的,及时采取有效补救措施。

2.3.2.7　治理修复方案编制

对需要开展治理与修复的污染地块,土地使用权人应当根据土壤环境详细调查报告、风险评估报告等,按照国家有关环境标准和技术规范,编制污染地块治理与修复工程方案,并及时上传至污染地块信息系统。

2.3.2.8　治理修复工程实施

土地使用权人应当在工程实施期间,将治理与修复工程方案的主要内容通过其网站等便于公众知晓的方式向社会公开。工程方案应当包括治理与修复范围和目标、技术路线和工艺参数、二次污染防范措施等内容。

污染地块治理与修复期间,土地使用权人或者其委托的专业机构应当采取措施,防止对地块及其周边环境造成二次污染;治理与修复过程中产生的废水、废气和固体废物,应当按照国家有关规定进行处理或者处置,并达到国家或者地方规定的环境标准和要求。

治理与修复工程原则上应当在原址进行。确需转运污染土壤的,土地使用权人或者其委托的专业机构应当将运输时间、方式、线路和污染土壤数量、去向、最终处置措施等,提前五个工作日向所在地和接收地设区的市级环境保护主管部门报告。修复后的土壤再利用应当符合国家或者地方有关规定和标准要求。

治理与修复期间,土地使用权人或者其委托的专业机构应当设立公告牌和警示标识,公开工程基本情况、环境影响及其防范措施等。

2.3.2.9　修复效果评估

治理与修复工程完工后,土地使用权人应当委托第三方机构按照国家有关环境标准和技术规范,开展治理与修复效果评估,编制治理与修复效果评估报告,及时上传至污染地块信息系统,并通过其网站等便于公众知晓的方式公开,公开时间不得少于两个月。

治理与修复效果评估报告应当包括治理与修复工程概况、环境保护措施落实情况、治理与修复效果监测结果、评估结论及后续监测建议等内容。

思考题

1. 什么是"污染地块"？起源是什么？
2. "土十条"编制的总体考虑是什么？
3. 我国现有的土壤环境保护标准有哪些？
4. 企业防治土壤污染的责任有哪些？
5. 污染地块管理工作的流程如何？
6. 土壤污染风险主要有哪些？如何进行风险评估和管控？
7. 污染地块治理与修复责任怎样界定？
8. 污染地块治理与修复一般包括哪几个阶段？
9. 污染地块修复中的筛选值、管控值、背景值、修复目标值各是什么数值？
10. 依据土壤污染防治法，土壤污染风险管控和修复包括哪些活动？

第三章

污染地块调查及污染源识别

3.1 污染地块调查

地块土壤和地下水污染问题,是世界关注的重要环境问题之一。目前,发达国家在污染地块调查、风险评估乃至地块修复治理方面,无论是工作程序还是技术标准都已程序化和标准化。2019年我国出台了《建设用地土壤污染状况调查技术导则》(HJ 25.1—2019),规定了土壤污染状况调查的概念,即指采用系统的调查方法,确定地块是否被污染及污染程度和范围的过程(图3-1)。

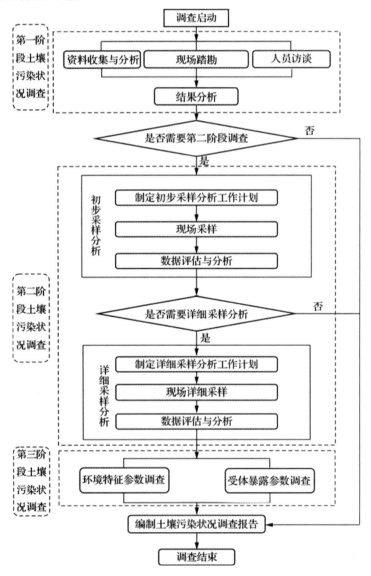

图3-1 土壤污染状况调查的工作内容与程序

土壤污染状况调查可分为以下三个阶段：

3.1.1 第一阶段

第一阶段土壤污染状况调查是以资料收集、现场踏勘和人员访谈为主的污染识别阶段，原则上不进行现场采样分析。若第一阶段调查确认地块内及周围区域当前和历史上均无可能的污染源，则认为地块的环境状况可以接受，调查活动可以结束。

3.1.1.1 资料收集

主要包括：地块利用变迁资料、地块环境资料、地块相关记录、有关政府文件，以及地块所在区域的自然和社会信息。当调查地块与相邻地块存在相互污染的可能时，须调查相邻地块的相关记录和资料。

地块利用变迁资料包括：用来辨识地块及其相邻地块的开发及活动状况的航片或卫星图片，地块的土地使用和规划资料，其他有助于评价地块污染的历史资料，如土地登记信息资料等。地块利用变迁过程中的地块内建筑、设施、工艺流程和生产污染等的变化情况。

地块环境资料包括：地块土壤及地下水污染记录、地块危险废物堆放记录以及地块与自然保护区和水源地保护区等的位置关系等。

地块相关记录包括：产品、原辅材料及中间体清单、平面布置图、工艺流程图、地下管线图、化学品储存及使用清单、泄漏记录、废物管理记录、地上及地下储罐清单、环境监测数据、环境影响报告书或表、环境审计报告和地勘报告等。

由政府机关和权威机构所保存和发布的环境资料，如区域环境保护规划、环境质量公告、企业在政府部门相关环境备案和批复以及生态和水源保护区规划等。

地块所在区域的自然和社会信息包括：自然信息，包括地理位置图、地形、地貌、土壤、水文、地质和气象资料等；社会信息，包括人口密度和分布、敏感目标分布及土地利用方式，区域所在地的经济现状和发展规划，相关的国家和地方的政策、法规与标准，以及当地地方性疾病统计信息等。

3.1.1.2 资料的分析

调查人员应根据专业知识和经验识别资料中的错误和不合理的信息，如资料缺失影响判断地块污染状况时，应在报告中说明。

3.1.1.3 现场踏勘

1) 安全防护准备

在现场踏勘前，根据地块的具体情况掌握相应的安全卫生防护知识，并装备必要的防护用品。

2）现场踏勘的范围

以地块内为主,并应包括地块的周围区域,周围区域的范围应由现场调查人员根据污染可能迁移的距离来判断。

3）现场踏勘的主要内容

现场踏勘的主要内容包括:地块的现状与历史情况,相邻地块的现状与历史情况,周围区域的现状与历史情况,区域的地质、水文地质和地形的描述等。

地块现状与历史情况:可能造成土壤和地下水污染的物质的使用、生产、贮存,三废处理与排放以及泄漏状况,地块过去使用中留下的可能造成土壤和地下水污染的异常迹象,如罐、槽泄漏以及废物临时堆放污染痕迹。相邻地块的现状与历史情况:相邻地块的使用现况与污染源,以及过去使用中留下的可能造成土壤和地下水污染的异常迹象,如罐、槽泄漏以及废物临时堆放污染痕迹。周围区域的现状与历史情况:对于周围区域目前或过去土地利用的类型,如住宅、商店和工厂等,应尽可能观察和记录;周围区域的废弃和正在使用的各类井,如水井等;污水处理和排放系统;化学品和废弃物的储存和处置设施;地面上的沟、河、池;地表水体、雨水排放和径流以及道路和公用设施。地质、水文地质和地形的描述:地块及其周围区域的地质、水文地质与地形应观察、记录并加以分析,以协助判断周围污染物是否会迁移到调查地块,以及地块内污染物是否会迁移到地下水和地块之外。

4）现场踏勘的重点

重点踏勘对象一般应包括:有毒有害物质的使用、处理、储存、处置;生产过程和设备,储槽与管线;恶臭、化学品味道和刺激性气味,污染和腐蚀的痕迹;排水管或渠、污水池或其他地表水体、废物堆放地、井等。同时应该观察和记录地块及周围是否有可能受污染物影响的居民区、学校、医院、饮用水源保护区以及其他公共场所等,并在报告中明确其与地块的位置关系。

5）现场踏勘的方法

可通过对异常气味的辨识、摄影和照相、现场笔记等方式初步判断地块污染的状况。踏勘期间,可以使用现场快速测定仪器。

3.1.1.4 人员访谈

访谈内容:应包括资料收集和现场踏勘所涉及的疑问,以及信息补充和已有资料的考证。访谈对象:受访者为地块现状或历史的知情人,应包括:地块管理机构和地方政府的官员,环境保护行政主管部门的官员,地块过去和现在各阶段的使用者,以及地块所在地或熟悉地块的第三方,如相邻地块的工作人员和附近的居民。访谈方法:可采取当面交流、电话交流、电子或书面调查表等方式进行。内容整理：应对访谈内容进行整理，并对照已有资料，对其中可疑处和不完善处进行核实和补充，作为调查报告的附件。

3.1.1.5 结论与分析

本阶段调查结论应明确地块内及周围区域有无可能的污染源，并进行不确定性分析。若有可能的污染源，应说明可能的污染类型、污染状况和来源，并应提出第二阶段土壤污染状况调查的建议。

本阶段主要任务：

1) 确定相应的调查技术与工作方法（如调查采用的技术组合，调查布点方法等）；
2) 确定污染地块土壤和地下水的测试清单（污染物及其他物理、化学、微生物等测试指标）；
3) 形成详细调查阶段的工作方案；
4) 初步建立地块的污染概念模型。

3.1.2 第二阶段

第二阶段土壤污染状况调查是以采样与分析为主的污染证实阶段。若第一阶段土壤污染状况调查表明地块内或周围区域存在可能的污染源，如化工厂、农药厂、冶炼厂、加油站、化学品储罐、固体废物处理等可能产生有毒有害物质的设施或活动；以及由于资料缺失等原因造成无法排除地块内外存在污染源时，进行第二阶段土壤污染状况调查，确定污染物种类、浓度（程度）和空间分布。

第二阶段土壤污染状况调查通常可以分初步采样分析和详细采样分析两步进行，每步均包括制订工作计划、现场采样、数据评估和结果分析等步骤。初步采样分析和详细采样分析均可根据实际情况分批次实施，逐步减少调查的不确定性。

根据初步采样分析结果，如果污染物浓度均未超过 GB 36600 等国家和地方相关标准以及清洁对照点浓度（有土壤环境背景的无机物），并且经过不确定性分析确认不需要进一步调查后，第二阶段土壤污染状况调查工作可以结束；否则认为可能存在环境风险，须进行详细调查。标准中没有涉及的污染物可根据专业知识和经验综合判断。详细采样分析是在初步采样分析的基础上，进一步采样和分析，确定土壤污染程度和范围。

3.1.2.1 初步采样分析工作计划

根据第一阶段土壤污染状况调查的情况制订初步采样分析工作计划，内容包括核查已有信息、判断污染物的可能分布、制定采样方案、制订健康和安全防护计划、制定样品分析方案和确定质量保证、质量控制程序等任务。

3.1.2.2 核查已有信息

对已有信息进行核查,包括第一阶段土壤污染状况调查中重要的环境信息,如土壤类型和地下水埋深;查阅污染物在土壤、地下水、地表水或地块周围环境的可能分布和迁移信息;查阅污染物排放和泄漏的信息。应核查上述信息的来源,以确保其真实性和适用性。

3.1.2.3 判断污染物的可能分布

根据地块的具体情况、地块内外的污染源分布、水文地质条件以及污染物的迁移和转化等因素,判断地块污染物在土壤和地下水中的可能分布,为制定采样方案提供依据。

3.1.2.4 制定采样方案

采样方案一般包括:采样点的布设、样品数量、样品的采集方法、现场快速检测方法,样品收集、保存、运输和储存等要求。

采样点水平方向的布设参照表3-1进行,并应说明采样点布设的理由。布点原则为全面性、代表性、客观性和可行性。采样点垂直方向的土壤采样深度可根据污染源的位置、迁移和地层结构以及水文地质等进行判断设置。若对地块信息了解不足,难以合理判断采样深度,可按 0.5~2.0 m 等间距设置采样位置,具体见 HJ 25.2。对于地下水,一般情况下应在调查地块附近选择清洁对照点。地下水采样点的布设应考虑地下水的流向、水力坡降、含水层渗透性、埋深和厚度等水文地质条件及污染源和污染物迁移转化等因素;对于地块内或临近区域内的现有地下水监测井,如果符合地下水环境监测技术规范,则可以作为地下水的取样点或对照点。

表3-1 几种常见的布点方法及适用条件

布点方法	适用条件
系统随机布点法	适用于污染分布均匀的地块
专业判断布点法	适用于潜在污染明确的地块
分区布点法	适用于污染分布不均匀,并获得污染分布情况的地块
系统布点法	适用于各类地块情况,特别是污染分布不明确或污染分布范围大的情况

根据地块土壤污染状况调查阶段性结论确定的地理位置、地块边界及各阶段工作要求,确定布点范围。在所在区域地图或规划图中标注出准确地理位置,绘制地块边界,并对场界角点进行准确定位。地块土壤环境监测常用的监测点位布设方法包括系统随机布点法、系统布点法及分区布点法等,参见图3-2。

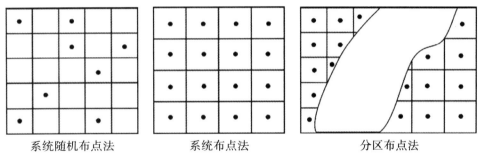

图 3-2 监测点位布设方法示意图

系统随机布点法：将监测区域分成面积相等的若干工作单元，从中随机（随机数的获得可以利用掷骰子、抽签、查随机数表的方法）抽取一定数量的工作单元，在每个工作单元内布设一个监测点位。抽取的样本数要根据地块面积、监测目的及地块使用状况确定。

系统布点法：是将监测区域分成若干工作单元，每个工作单元内布设一个监测点位。如地块土壤污染特征不明确或地块原始状况遭到严重破坏，可采用系统布点法进行监测点位布设。

分区布点法：将地块划分成不同的小区，再根据小区的面积或污染特征确定布点的方法。对于地块内土地使用功能不同及污染特征有明显差异的地块，可采用分区布点法进行监测点位的布设。地块内土地使用功能的划分一般分为生产区、办公区、生活区。原则上生产区的工作单元划分应以构筑物或生产工艺为单元，包括各生产车间、原料及产品储库、废水处理及废渣贮存场、场内物料流通道路、地下贮存构筑物及管线等。办公区包括办公建筑、广场、道路、绿地等，生活区包括食堂、宿舍及公用建筑等。对于土地使用功能相近、单元面积较小的生产区，也可将几个单元合并成一个监测工作单元。

一般情况下，应在地块外部区域设置土壤对照监测点位。对照监测点位可选取在地块外部区域的四个垂直轴向上，每个方向上等间距布设 3 个采样点，分别进行采样分析。如因地形地貌、土地利用方式、污染物扩散迁移特征等因素致使土壤特征有明显差别或采样条件受到限制时，监测点位可根据实际情况进行调整。对照监测点位应尽量选择在一定时间内未经外界扰动的裸露土壤，应采集表层土壤样品，采样深度应尽可能与地块表层土壤采样深度相同。如有必要也应采集下层土壤样品。

3.1.2.5 制订健康和安全防护计划

根据有关法律法规和工作现场的实际情况，制定地块调查人员的健康和安全防护计划。

3.1.2.6 制定样品分析方案

检测项目应根据保守性原则，按照第一阶段调查确定的地块内外潜在污染源和污染物，依据国家和地方相关标准中的基本项目要求，同时考虑污染物的迁移转化，判断样品的检测分析项目；对于不能确定的项目，可选取潜在典型污染样品进行筛选分析。一般工业地块可选择的检测项目有：重金属、挥发性有机物、半挥发性有机物、氰化物和石棉等。如土壤和地下水明显异常而常规检测项目无法识别时，可进一步结合色谱-质谱定性分析等手段对污染物进行分析，筛选判断非常规的特征污染物，必要时可采用生物毒性测试方法进行筛选判断。

3.1.2.7 质量保证和质量控制

现场质量保证和质量控制措施应包括：防止样品污染的工作程序，进行运输空白样分析、现场平行样分析、采样设备清洗空白样分析、采样介质对分析结果影响分析，以及样品保存方式和时间对分析结果的影响分析等，具体参见 HJ 25.2。实验室分析的质量保证和质量控制的具体要求见 HJ 164 和 HJ/T 166。

3.1.2.8 详细采样分析工作计划

在初步采样分析的基础上制订详细采样分析工作计划。详细采样分析工作计划主要包括：评估初步采样分析工作计划和结果，制定采样方案，以及制定样品分析方案等。详细调查过程中监测的技术要求按照 HJ 25.2 中的规定执行。

3.1.2.9 评估初步采样分析的结果

分析初步采样获取的地块信息，主要包括土壤类型、水文地质条件、现场和实验室检测数据等；初步确定污染物种类、程度和空间分布；评估初步采样分析的质量保证和质量控制。

3.1.2.10 详细采样分析

1）制定采样方案

根据初步采样分析的结果，结合地块分区，制定采样方案。应采用系统布点法加密布设采样点。对于需要划定污染边界范围的区域，采样单元面积不大于 1 600 m²（40 m×40 m 网格）。垂直方向采样深度和间隔根据初步采样的结果判断。

2）制定样品分析方案

根据初步调查结果，制定样品分析方案。样品分析项目以已确定的地块关注污染物为主。

3）现场采样

（1）采样前的准备

现场采样应准备的材料和设备包括：定位仪器、现场探测设备、调查信息记录装备、监测井的建井材料、土壤和地下水取样设备、样品的保存装置和安全防护装备等。

（2）定位和探测

采样前,可采用卷尺、GPS卫星定位仪、经纬仪和水准仪等工具在现场确定采样点的具体位置和地面标高,并在图中标出。可采用金属探测器或探地雷达等设备探测地下障碍物,确保采样位置避开地下电缆、管线、沟、槽等地下障碍物。采用水位仪测量地下水位,采用油水界面仪探测地下水非水相液体。

（3）现场检测

可采用便携式有机物快速测定仪、重金属快速测定仪、生物毒性测试仪等现场快速筛选技术手段进行定性或定量分析,可采用直接贯入设备现场连续测试地层和污染物垂向分布情况,也可采用土壤气体现场检测手段和地球物理手段初步判断地块污染物及其分布,指导样品采集监测点位布设。采用便携式设备现场测定地下水水温、pH值、电导率、浊度和氧化还原电位等。

（4）土壤样品采集

土壤样品分为表层土壤和下层土壤。下层土壤的采样深度应考虑污染物可能释放和迁移的深度（如地下管线和储槽埋深）、污染物性质、土壤的质地和孔隙度、地下水位和回填土等因素。可利用现场探测设备辅助判断采样深度。对于每个工作单元,表层土壤和下层土壤垂直方向层次的划分应综合考虑污染物迁移情况、构筑物及管线破损情况、土壤特征等因素确定。采样深度应扣除地表非土壤硬化层厚度,原则上应采集 $0\sim0.5\ m$ 表层土壤样品,0.5 m 以下下层土壤样品。根据判断布点法采集,建议 $0.5\sim6\ m$ 土壤采样间隔不超过 2 m,不同性质土层至少采集一个土壤样品。同一性质土层厚度较大或出现明显污染痕迹时,应根据实际情况在该层位增加采样点。一般情况下,应根据地块土壤污染状况调查阶段性结论及现场情况确定下层土壤的采样深度,最大深度应直至未受污染的深度为止。

深部土壤污染调查-钻孔布设原则：钻孔应主要布置在污染浓度高的区域和污染区域外围地带。一般在污染浓度高的区域内较少布置钻孔,在表层污染区域和深部污染区域形成的外包络线地带较多布置钻孔,原则上包络线的拐点处应有钻孔控制,在包络线拐点稀疏处应适当增加钻孔。

深部土壤污染调查-钻探过程技术要求如下：

第一步：钻进取样

采用的钻进方式应保证地层结构及性质受到最小扰动,钻孔岩芯采取率不低于95%。

第二步：标识钻进深度段岩芯

应在每一回次岩芯底部,用标签纸标明钻孔编号和岩芯深度范围。

第三步：拍摄岩芯并记录

应选用近距离、垂直俯瞰式拍摄方式,拍摄岩芯及标签纸,并在钻探编录表中记录照片的编号。

第四步：岩性分层及描述

① 沿岩芯的纵剖面用刀削出新鲜面,观察和触摸颜色、岩性随深度的变化;在纵断面岩性变化段选取几个断面,用刀横切,观察横断面岩芯的结构变化。

② 按《岩土工程勘察规范》进行岩性分层。一般分为砂土层、粉土层、粉质黏土层、黏土层四大类型,砂土层根据颗粒大小又细分为粉砂层、细砂层、中砂层、粗砂层。在某一岩性层中,颜色、结构等有变化时可以细分。岩性描述的顺序一般是,特殊结构特征/污染特征→颜色→岩性层。如:含钙质结核、根系发育、污迹明显的灰黑色粉质黏土层。对于具有特殊结构的岩性样品,应拍照并记录编号。

第五步:现场便携式仪器跟进检测

选用便携式仪器(如测土壤 VOCs 的 PID 仪,测土壤的电导率、温度、湿度仪,测土壤的 pH 仪等),依据岩性分层情况,选择适当的深度测定,一般便携式仪器测试点数应大于等于岩性分层数,并在专用表格内记录测试点的深度及测量结果。

第六步:采集污染分析样品

综合考虑岩性分层、便携式仪器测试结果确定取样位置。一般原则是:

① 浅部取样的密度要大于深部;

② 在岩性、颜色、结构、便携式仪器测量值有较大变化的深度段取样;

③ 岩性厚度较大或位于地下水波动带时加密取样;

④ 最大取样间隔不超过 5 m;

⑤ 采样点最好与便携式仪器的测量点一致。样品袋上应贴标签,标签上应注明钻孔编号和取样深度。编录人员应在钻孔编录表中记录取样深度段、取样类型(污染组样品,还是工程土样),用标签镶嵌在取样的岩芯段,作为取样标识。注意:一定不能把被钻进液污染的表层土混进样品中。

第七步:采集土工/物理分析样品

① 一般在大类岩性层内(砂土层,粉土层,粉质黏土层,黏土层)采集土工/物理分析样品,采样密度应小于污染样品采样密度。

② 一般用铝皮盒装土工/物理分析样品,用胶带固定铝盒侧面和顶底面。

③ 铝皮盒上应粘贴标签,标签上应注明钻孔编号、取样深度和时间。

④ 装有样品的铝皮盒应放置在阴凉处或挖坑填埋于地下。

⑤ 编录人员应在钻孔编录表中记录采集土工样品位置、取样类型(样品污染组分分析还是样品物理性质分析);用标签镶嵌在取样的岩芯段,作为取样标识。

土壤采样时应进行现场记录,主要内容包括:样品名称和编号、气象条件、采样时间、采样位置、采样深度、样品质地、样品的颜色和气味、现场检测结果以及采样人员等。采集含挥发性污染物的样品时,应尽量减少对样品的扰动,严禁对样品进行均质化处理。土壤样品采集后,应根据污染物理化性质等,选用合适的容器保存。汞或有机污染的土壤样品应在 4 ℃以下的温度条件下保存和运输,具体参照 HJ 25.2。

挥发性有机物污染、易分解有机物污染、恶臭污染土壤的采样,应采用无扰动式的采样方法和工具。钻孔取样可采用快速击入法、快速压入法及回转法，主要工具包括土壤原状取土器和回转取土器。槽探可采用人工刻切块状土取样。采样后立即将样品装入密封的容器，以减少暴露时间。

挥发性有机物污染的土壤样品和恶臭污染土壤的样品存放：用密封性强的采样瓶封装，样品应充满容器整个空间；含易分解有机物的待测定样品，可采取适当的封闭措施（如甲醇或水液封等方式保存于采样瓶中）。样品应置于 4 ℃以下的低温环境（如冰箱）中运输、保存，避免运输、保存过程中的挥发损失，送至实验室后应尽快分析测试。挥发性有机物浓度较高的样品装瓶后应密封在塑料袋中，避免交叉污染，应通过运输空白样来控制运输和保存过程中交叉污染情况。

(5) 地下水水样采集

地下水采样一般应建地下水监测井。监测井的建设过程分为设计、钻孔、过滤管和井管的选择和安装、滤料的选择和装填，以及封闭和固定等。监测井的建设可参照 HJ/T164 中的有关要求。所用的设备和材料应清洗除污，建设结束后需及时进行洗井。监测井建设记录和地下水采样记录的要求参照 HJ 164。现场采样时，应避免采样设备及外部环境等因素污染样品，采取必要措施避免污染物在环境中扩散。现场采样的具体要求参照 HJ 25.2。

对于地下水流向及地下水位，可结合土壤污染状况调查阶段性结论间隔一定距离按三角形或四边形至少布置 3～4 个点位监测判断。地下水监测点位应沿地下水流向布设，可在地下水流向上游、地下水可能污染较严重区域和地下水流向下游分别布设监测点位。

确定地下水污染程度和污染范围时，应参照详细监测阶段土壤的监测点位，根据实际情况确定，并在污染较重区域加密布点。应根据监测目的、所处含水层类型及其埋深和相对厚度来确定监测井的深度，且不穿透浅层地下水底板。地下水监测目的层与其他含水层之间要有良好止水性。

一般情况下采样深度应在监测井水面下 0.5 m 以下。对于低密度非水溶性有机物污染，监测点位应设置在含水层顶部；对于高密度非水溶性有机物污染，监测点位应设置在含水层底部和不透水层顶部。一般情况下，应在地下水流向上游的一定距离设置对照监测井。如果地块面积较大，地下水污染较重，且地下水较丰富，则可在地块内地下水径流的上游和下游各增加 1～2 个监测井。

如果地块内没有符合要求的浅层地下水监测井，则可根据调查阶段性结论在地下水径流的下游布设监测井。如果地块地下岩石层较浅，没有浅层地下水富集，则应在径流的下游方向可能的地下蓄水处布设监测井。若前期监测的浅层地下水污染非常严重，且存在深层地下水时，则可在做好分层止水条件下增加一口深井至深层地下水，以评价深层地下水的污染情况。

(6) 地下水污染羽调查

① 经验法

借鉴世界发达国家积累的大量地块调查、修复的经验和案例，针对不同污染地块类型，估计地下水流向上污染羽的长度。

表 3-2　经验法判断污染羽长度

污染地块类型	污染羽长度/m
燃料碳氢化合物污染地块	76
苯污染地块	<76
苯系物(BTEX)污染地块	65
氯化溶剂（PCE\TCE\DCE\VC)污染地块	305

② 地下水监测井调查确定

a) 监测井结构及分类

为准确把握地下水环境质量状况和地下水体中污染物的动态分布变化情况而设立的水质监测井。地下水环境监测井通常包含井口保护装置、井壁管、封隔止水层、滤水管、围填滤料、沉淀管和井底等组成部分。按设立目的可分为简易监测井和标准监测井；按井结构可分为单管单层监测井、单管多层监测井、巢式监测井和丛式监测井等。

b) 地下水污染调查孔及监测井布设

为了进行污染羽的确定，地下水污染调查孔及监测井布设由以下四步组成。

步骤一：确定地下水流向；

步骤二：调查地下水污染源；

步骤三：初步测定地下水污染羽；

步骤四：最终圈定地下水污染羽。

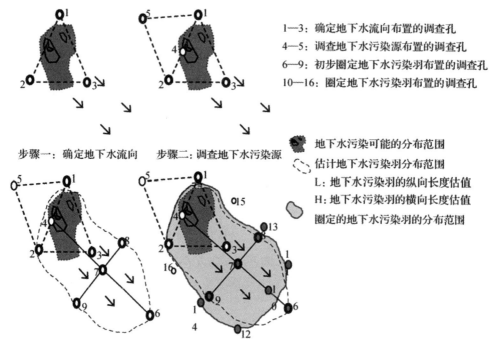

图 3-3　地下水污染调查孔及监测井布设

c) 建井

参照《地下水环境监测技术规范》(HJ 164—2020),监测井建设包括监测井设计、施工、成井、抽水试验等内容,具体如下:

◇钻孔

钻进方法有取芯钻进、全面钻进和扩孔钻进。典型的开孔工艺有一径成孔(井)、多径成孔(井),在条件具备时,应采用一径成孔(井)工艺。

◇监测井安装

监测井的材料:内径为5.0 cm带锯孔的硬质聚氯乙烯管(含氯释放量低于饮用水的标准),筛管依据ASTM480-2标准开0.25 mm切缝;井管端包括顶端1.0 m和底端0.5 m的管套和中间为3.5 m的检测管;井管与周围孔壁用清洁的石英砂填充作为地下水过滤层,石英砂填至筛管顶部0.5 m处。过滤层上方用膨润土和水泥密封,防止地表物质流入监测井内。

◇扩井

扩井的目的是去除安装过程中进入监测井的泥沙等颗粒物;方式:监测井安装后,使用气提、装有单向阀的PVC管进行监测井的疏通作业。

◇地下水水位测量

测量内容是监测井进口绝对标高和地面标高,井口管顶至水位距离。使用工具有电子水位计、有刻度的卷尺、油水界面仪、水准仪。水位标高计算:用井口标高减去地下水水位埋深即可计算出地下水水位标高。地下水水流向用水位标高评估。

注意点:电子水位计、有刻度的卷尺、油水界面仪使用前和测试结束时要进行清洗,测量水位精确到1 mm。

发现有不溶于水的自由相液体或油膜的监测井,使用油水界面仪测定水位,不含自由相液体或油膜的监测井用电子水位计或有刻度的测量带测定水位。

◇地下水监测井清洗

使用工具有一次性聚乙烯采样管、潜水泵、装有单向阀的PVC管、电子水位计、抽出地下水放置容器等。

清洗工作程序如下:

- 将洗井使用的设备放在监测井旁边摊设的干净塑料薄膜上。
- 测量水位、管径、井总深度,计算井管地下水体积。
- 开始抽水洗井,测量pH、电导率和水温,同时记录颜色、气味等地下水状况参数。
- 如监测井的回水率较快,用低流量水泵进行清洗,清洗过程中每隔3~5分钟测量地下水位,注意在洗井期间地下水的降深不超过30 cm。定期(隔3~5分钟)测量地下水的pH、电导率和水温,直到连续三次读数稳定为止,即pH≤±0.1,电导率≤±10%,水温<±1 ℃。
- 如监测井里的地下水水量不足,则清洗一直持续到至少抽出3倍井体积的地下水为止。
- 收集贮存抽出的地下水。

注意点：
- 所有进入监测井的洗井和水位测量工具使用前、测试结束时要进行清洗；
- 洗井过程中抽出的地下水要妥善保存，根据地下水的检测结果，做相应的处理；
- 洗井过程中地下水化学参数的测量一般为 pH、电导率、水温、溶解氧、氧化还原电位 5 个参数；
- 污染较重的地下水监测井洗井，注意做好洗井人员安全防护工作。

(7) 样品追踪管理

应建立完整的样品追踪管理程序，内容包括样品的保存、运输和交接等过程的书面记录和责任归属，避免样品被错误放置、混淆及保存过期。

(8) 数据评估和结果分析

委托有资质的实验室进行样品检测分析，整理调查信息和检测结果，评估检测数据的质量，分析数据的有效性和充分性，确定是否需要补充采样分析等，对数据进行全面评估；然后，对土壤和地下水检测结果进行统计分析，确定地块关注污染物种类、浓度水平和空间分布，获得结果和结论。

3.1.3 第三阶段

该阶段以补充采样和测试为主，获得满足风险评估及土壤和地下水修复所需的参数，包括地块特征参数和受体暴露参数。本阶段的调查工作可单独进行，也可在第二阶段调查过程中同时开展。

地块特征参数包括：不同代表位置和土层或选定土层的土壤样品的理化性质分析数据，如土壤 pH 值、容重、有机碳含量、含水率和质地等；地块(所在地)气候、水文、地质特征信息和数据，如地表年平均风速和水力传导系数等。根据风险评估和地块修复实际需要，选取适当的参数进行调查。受体暴露参数包括：地块及周边地区土地利用方式、人群及建筑物等相关信息。地块特征参数和受体暴露参数的调查可采用资料查询、现场实测和实验室分析测试等方法。

本阶段主要任务包括三个方面，具体如下：
◇ 确定地块污染物的空间分布及状态(物态、化态、聚集)特征；
◇ 完善地块的污染概念模型；
◇ 为地块污染风险评估、地块污染防控或治理方案提供数据支持。

3.2 污染源识别

3.2.1 污染来源分析

污染源识别简称源识别,是对污染物的来源进行判别、解析与评价。企业在生产作业过程中产生的污染源主要有:废水、废气、一般固体废物、危险废物等。疑似污染区域识别确定要重点关注污染物排放点及污染防治设施区域,包括生产废水排放点、废液收集和处理系统、废水处理设施、固体废物堆放区域等。土壤污染源的识别方法有历史档案和文献资料查阅法、土壤污染物排放清单、环境调查与风险评估、同位素技术、微生物群落分析、遥感和地理信息系统(GIS)。查阅历史工业、农业等活动记录,寻找潜在污染源头线索;分析文献报道、专家咨询等信息,掌握土壤污染历史演变。土壤污染物排放清单可以识别排放源点,确定污染物种类和数量;调查工业、农业、生活等各领域污染源排放情况;建立污染物排放数据库,为污染源头治理提供数据基础。环境调查与风险评估需要实施现场调查,收集土壤样品进行分析。评估土壤污染程度和风险,确定污染范围和影响;根据风险等级,制定有针对性的治理方案,控制污染扩散。利用稳定同位素或放射性同位素,追踪污染物的起源和迁移途径。识别污染源点和扩散范围,避免混淆污染源头;提供科学证据,支持土壤污染源头归责。利用微生物群落分析,分析土壤中微生物群落组成和功能,反映污染特征;识别与污染物代谢相关的微生物,推断污染源头;评估微生物修复潜力,为生态修复提供依据。利用遥感和地理信息系统,利用多光谱遥感数据,识别土壤污染异常区域;通过 GIS 技术,整合污染数据和空间信息,建立污染源头分布图;辅助污染源识别,缩小调查范围,提高治理效率。

地下水污染源主要包括点源和非点源两类。点源污染源通常指工业废水排放口、废弃物填埋场等明显的人为污染来源,主要特征为排放位置确定、污染物组成较为单一;非点源污染源则更为复杂,包括农业、城市排水等多种来源,主要特征为分布广泛、污染物类型多样。地下水污染源的特征主要包括污染物的种类、浓度、迁移速度、扩散范围等。在地下水污染源识别方面,常用的技术方法包括地质勘探、水文地质调查、水文地球化学分析等。地质勘探主要通过钻孔、地层观测等手段获取地下水文地质信息,包括地下水位、水文地质条件等,从而推断潜在污染源的位置。水文地质调查则通过分析地下水流动规律、水质变化趋势等信息,识别可能存在的污染源迁移路径。水文地球化学分析则是通过对地下水中污染物的浓度、化学成分等进行监测和分析,确定地下水污染源的类型和污染程度。

地下水污染源溯源技术是地下水污染源排查的关键技术,旨在通过分析地下水中的污染物,追溯污染物的来源和扩散路径,确定地下水受污染的具体原因和污染源位置。

通常,利用水文地质勘探和地球化学分析手段进行地下水污染源溯源。先对地下水样品进行采集和分析。分析地下水中污染物的种类、含量和分布特征,可以初步推断污染源的类型和位置。结合地质与水文地质条件,利用地下水流动模型,展开水文地质调查,掌握污染物在地下水中的迁移和扩散规律,进一步推测污染源的位置。还可以借助地球物理勘探技术,如地电法、地磁法等,对地下水位、地下水流速和地下水污染物的分布情况进行探测和监测,为污染源的溯源提供更直接的证据。

明确和定义修复项目的问题是典型土壤和地下水修复项目的第一步,也是最关键的一步,通常需要经过地块评价及修复调查工作来完成。

地块评价(也称为地块特征描述)的目的是了解地块的污染历史。修复调查将在确定地块修复的必要性时启动,修复调查活动由补充的地块特征描述和数据收集组成。这些数据对于做控制污染羽迁移和选择修复方案的工程决策是必要的。修复调查活动通常要回答的问题包括如下方面:

地块评价(也称为地块特征描述)的目的是了解地块的污染历史。修复调查将在确定地块修复的必要性时启动,修复调查活动地块特征描述和数据收集组成。这些数据对于做控制污染羽迁移和选择修复方案的工程决策是必要的。修复调查活动通常要回答的问题包括如下方面:

- 受污染介质(表层土、非饱和带、地下含水层、空气等)是什么?
- 污染羽存在于哪个位置?
- 污染物浓度大小如何?
- 污染羽已经存在的时间?
- 污染羽迁移去向?
- 污染羽是否迁移出地块边界?
- 污染羽的迁移速度?
- 污染物现场的污染源是什么?
- 是否有潜在的异地污染源影响污染羽(过去和现在)?

由于地下储罐(USTs)溢洒或泄漏产生的污染物而引起的环境问题通常需要采取修复措施,污染物可能以不同相态存在于不同介质中。其中,非饱和带中的污染物为:孔隙中的气相、孔隙中的自由相、溶解于土壤水中、吸附在土壤基质上和漂浮在毛细区边缘上(非水相液体 NAPLs)。

地下水的污染物为溶解于地下水中、吸附在含水层土壤中和存在于基岩顶板上(重质非水相液体 DNAPLs)。

地块特征描述及修复调查(RI)过程活动一般包括以下内容:
◇污染源的移除,如泄漏的地下储罐;

◇安装钻孔；
◇安装地下水监测井；
◇土壤样品采集和分析；
◇地下水样品采集和分析；
◇地下水高程数据的采集；
◇含水层试验；
◇对于可能成为影响含水层污染源的土壤的移除。

调查活动获取的信息内容：
◇土壤和地下水中污染物的类型；
◇土壤和地下水样品中污染物的浓度数据；
◇土壤和地下水中污染羽的垂直和水平分布范围；
◇自由漂浮相或重质非水相液体（DNAPLs）的垂直和水平分布范围；
◇土壤特性：类型、密度、孔隙率、含水率；
◇地下水高程；
◇含水层试验中收集的水位降深数据。

工程计算内容包括以下内容：
◇地下储罐移除所需开挖土壤的质量和体积；
◇非饱和带中剩余的污染土壤的质量和体积；
◇非饱和带中污染物的质量；
◇自由相（LNAPLs 和 DNAPLs）的质量和体积；
◇溶解相污染羽在含水层中的大小；
◇含水层中污染物的质量（溶解和吸附相）；
◇地下水流动的方向和水力梯度；
◇含水层的水力传导系数/渗透系数。

除最后两项的计算外，本章将阐述所有上述需要的工程计算，最后两项的计算将在第 7 章涉及。本章也将讨论与地块评价活动相关的计算过程，包括钻孔切削土壤量和地下水取样洗井等有关计算。本章最后部分将介绍污染物在不同相态中的分配计算，清晰地理解相分配现象对于研究地下污染物归趋与运移及修复方式的选择至关重要。

补充：

非饱和带（vadose zone，aeration zone）：地面以下、潜水面以上的地带，又称非饱和带。它是大气水、地表水同地下水进行水分交换的地带。地下水面以下称为饱水带。

非饱和带自上而下分为三部分：

① 土壤水带，降雨下渗、土壤蒸发和植物散发直接影响土壤水带水分的消长，植物通过根系吸收土壤水分生长。

② 中间带（或渗流水过渡带），分布于土壤水带与毛细管水带之间，当地下水埋藏较浅时，此带消失，土壤水带直接和毛细管水带相接。

③ 毛细管水带，水从地下水面沿着岩土的毛细管孔隙上升到一定高度构成，它的位置随地下水位的升降而变化。

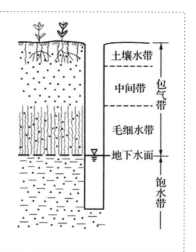

3.2.2 污染程度的确定

3.2.2.1 质量和浓度的关系

污染物可能以不同相态存在于不同介质中，在环境工程实际应用中，污染物的浓度表达通常采用百万分之一（mg/L；mg/kg，ppm）、十亿分之一（μg/L 或 μg/kg，ppb）、万亿分之一（ng/L 或 ng/kg，ppt）等几种形式。

对于液体、固体和气体样品，1 ppm 代表的含义并不相同。液相和固相中，ppm 单位表示质量/质量；对气相而言，ppm 即一百万体积的空气中所含污染物的体积数，大部分气体检测仪器测得的气体浓度都是体积浓度（ppm）。而按我国规定，特别是环保部门，ppm、ppb 和 ppt 基本已经弃用，如为气体则要求其浓度以质量浓度的单位（如：mg/m^3）表示，我国的标准规范也都采用质量浓度单位（如：mg/m^3）表示。这两种气体浓度单位 mg/m^3 与 ppm 可以换算。

使用质量浓度单位（mg/m^3）作为空气污染物浓度的表示方法，可以方便计算出污染物的真正量。但质量浓度与检测气体的温度、压力和环境条件有关，其数值随着温度、气压等环境条件的变化而不同；实际测量时需要同时测定气体的温度和大气压力。而使用 ppm 作为描述污染物浓度时，由于采取的是体积比，不会出现这个问题。

浓度单位 ppm 与 mg/m^3 的换算按下式计算：

$$mg/m^3 = MW/22.4 \text{ ppm} [273/(273+T)] \times (Pa/101\,325)$$

$$1 \text{ ppmV} = \begin{cases} MW/22.4 \, [mg/m^3], 0\,°C \\ MW/24.05 \, [mg/m^3], 20\,°C \\ MW/24.5 \, [mg/m^3], 25\,°C \end{cases}$$

以苯为例来确定 ppmV 与 mg/m^3 之间的换算因子（压力 $P=1$ atm）。苯的相对分

子质量为 78.1,因此,1 ppmV 苯相当于

$$1 \text{ ppmV 苯} = \begin{cases} 78.1/24.05 \approx 3.25 [\text{mg/m}^3], 20\ ℃ \\ 78.1/24.5 \approx 3.19 [\text{mg/m}^3], 25\ ℃ \end{cases}$$

作为比较,1 ppmV 的四氯乙烯(PCE,C_2Cl_4,$MW=165.8$)在 20 ℃和 1 atm 时相当于

$$1 \text{ ppmV 四氯乙烯} = \begin{cases} 165.8/24.05 \approx 6.89 [\text{mg/m}^3], 20\ ℃ \\ 165.8/24.5 \approx 6.77 [\text{mg/m}^3], 25\ ℃ \end{cases}$$

从该例可知,由于相对分子质量不同,不同化合物的换算因子也不同。在 20 ℃时,1 ppmV 的四氯乙烯是 1 ppmV 苯质量浓度的两倍多(质量浓度分别为 6.89 mg/m³ 和 3.25 mg/m³)。另外,化合物的换算因子取决于温度,因为其分子体积随温度而变化。对于同一化合物的 ppmV 值,温度越高则质量浓度越小。

在修复工程设计中,常要确定污染物在介质中的质量,污染物的质量=浓度×含有污染物的介质体积,液相中溶解的污染物的浓度(C)=污染物质量/液体体积,如 mg/L。因此,污染物在液相中的质量可以由其浓度乘以液相体积得到:

污染物在液相中质量=液相体积×液相浓度=$V_l \times C$

土壤表层的污染物浓度(X)通常表示为:污染物的质量/土壤质量,如 mg/kg。

污染物的质量可以由其浓度乘以土壤质量(M_s)得到。土壤质量等于土壤体积(V_s)和土壤密度(ρ_b)的乘积,土壤中污染物的质量=$XM_s=X[V_s\rho_b]$。

气相中污染物的浓度(G)通常表示为体积/体积,如 ppmV;或质量/体积,如 mg/m³。计算质量时,首先需要把浓度换算成质量/体积的形式,然后气相中污染物的质量可以由其浓度乘以气相体积(V_a)得到:气相中污染物的质量=气相体积×浓度=V_aG。

> **补充**:
>
> 道尔顿分压定律
>
> 组分气体:理想气体混合物中每一种气体叫作组分气体。分压:组分气体 B 在相同温度下占有与混合气体相同体积时所产生的压力,叫作组分气体 B 的分压。
>
> 混合气体的总压等于混合气体中各组分气体分压之和。
>
> $$p = p_1 + p_2 + \cdots + p_i \text{ 或 } p = \sum p_B$$

【例 3-1】质量和浓度的关系

以下哪种介质中含有二甲苯($C_6H_4(CH_3)_2$)的量最大?

a. 3 875 m³ 的水中含有 10 ppm 的二甲苯;

b. 76.46 cm³ 土壤(总堆积密度=1.8 g/cm³)含有 10 ppm 二甲苯;

c. 一个空仓库(61 m×15 m×6.1 m)的空气中含有 10 ppmV 的二甲苯。

哪种介质中二甲苯的量最大?

解答：

a. 二甲苯在液相中质量＝液相体积×液相浓度
＝(3 875 m³)×(1 000 L/m³)×(10 mg/L)≈3.88×10⁷ mg

b. 土壤中二甲苯的质量＝土壤体积×总堆积密度×土壤中二甲苯浓度
＝(76.46 cm³)×(1.8 g/cm³)×(10 mg/kg)≈1.38×10⁶ mg

二甲苯摩尔质量＝106 g/mol

c. 当 $T=20\ ℃, P=1\ atm$ 时，有 10 ppmV＝10×(二甲苯摩尔质量/24.05)mg/m³
＝10×(106÷24.05)mg/m³＝44.07 mg/m³

气相中二甲苯的质量＝气相体积×气相浓度
＝(61 m)×(15 m)×(6.1 m)×(44.07 mg/m³)≈2.46×10⁵ mg

由此，水中含有的二甲苯量最大。

> **讨论**
> 1. 在进行 ppmV 与质量密度的单位转换时，需要指定相应的温度和压力。
> 2. 应当指出的是，二甲苯有三种异构体，即邻、对和间二甲苯。

【例 3-2】质量和浓度的关系

以下哪种介质中含有甲苯($C_6H_5(CH_3)$)的量最大？

a. 5 000 m³ 的水中含有 5 ppm 的甲苯；

b. 5 000 m³ 土壤(总堆积密度＝1 800 kg/m³)含有 5 ppm 甲苯；

c. 一个空仓库(5 000 m³)的空气中(25 ℃)含有 5 ppmV 的甲苯。

哪种介质中甲苯的量最大？

解答：

a. 甲苯在液相中质量＝液相体积×液相浓度
＝(5 000 m³)×(1 000 L/m³)×(5 mg/L)＝2.5×10⁷ mg

b. 土壤中甲苯的质量＝土壤体积×总堆积密度×土壤中甲苯浓度＝(5 000 m³)×(1 800 kg/m³)×(5 mg/kg)＝4.5×10⁷ mg

c. 甲苯摩尔质量＝92 g/mol，当 $T=25\ ℃, P=1\ atm$ 时，有 5 ppmV＝5×(甲苯相对分子质量/24.5)mg/m³＝5×(92/24.5)mg/m³＝18.78 mg/m³

气相中甲苯的质量＝气相体积×气相浓度＝(5 000 m³)×(18.78 mg/m³)≈9.39×10⁴ mg，由此，土壤中含有的甲苯量最大。

【例 3-3】质量和浓度的关系

假设某人一天喝了 2 L 含有 10 ppb 的苯和吸入了 20 m³ 含有 10 ppbV 苯的空气($T=20\ ℃$)，问哪种情况摄取或吸入的量多？假设水摄入量为 2 L/d，空气吸入量为 15.2 m³/d

苯摄取量＝液体体积×浓度＝(2 L/d)×(10×10⁻³ mg/L)＝2×10⁻² mg/d

苯吸入量＝蒸汽体积×G＝(15.2 m³/d)×(0.032 4 mg/m³)≈0.49 mg/d

当 T＝20 ℃，P＝1 atm 时，有 10 ppbV＝10×10⁻³ ppmV＝10×10⁻³×(78/24.05) mg/m³≈0.032 4 mg/m³

显然，空气中苯的吸入量远大于水中苯的摄取量。

【例 3-4】质量和浓度的关系

一玻璃瓶盛有 900 mL 的二氯甲烷(CH_2Cl_2)，比重为 1.335，不慎未盖瓶盖，在一个通风条件很差的房间(5 m×6 m×3.6 m)里放了一周。在下个周一发现时已有 2/3 的二氯甲烷挥发。计算最坏的情况下，室内空气(20℃)中二氯甲烷的浓度是否会超过 125 ppmV 的短期接触限值(STEL)？

解答：

二氯甲烷的挥发量＝液体体积×比重＝[(2/3)×(900 mL×1 cm³/mL)]×(1.335 g/cm³)≈801 g＝8.01×10⁵ mg

气相浓度＝质量÷体积＝8.01×10⁵ mg/[(5 m×6 m×3.6 m)]≈7 417 mg/m³

二氯甲烷的相对分子质量＝85，1 ppmV＝(85/24.05)mg/m³≈3.53 mg/m³

气相浓度用体积/体积＝7 417 mg/m³÷[3.53(mg/m³)/ppmV]≈2 100 ppmV

由此，二氯甲烷的浓度会超过短期接触限值(STEL)。

【例 3-5】质量和浓度的关系

某儿童进入一个乙苯[$C_6H_5(C_2H_5)$]的污染地块玩耍。在此期间，他吸入了 2 m³ 含有 10 ppbV 乙苯的空气(T＝20 ℃)，同时摄取了少许(约为 1 cm³)含有 5 ppm 乙苯的土壤。问哪种情况摄取或吸入的乙苯量多？假设土壤总堆积密度为 1.8 g/cm³。

解答：

a. 乙苯的摩尔质量＝106 g/mol

当 T＝20 ℃，P＝1 atm 时，有 10 ppbV 乙苯＝10×10⁻³ ppmV＝10×10⁻³×(106/24.05)mg/m³＝0.044 1 mg/m³

乙苯吸入量＝空气体积×G＝(2 m³)×(0.044 1 mg/m³)＝0.088 2 mg

b. 乙苯摄取量＝土壤体积×土壤密度×土壤中污染物的浓度
＝(1 cm³)×1.8 g/cm³×(1 kg/1 000 g)×(5 mg/kg)＝0.009 mg

由此，呼吸系统吸入的乙苯更多。

【例 3-6】气体 ppmV 浓度

汞的蒸气压在 25 ℃和 1 atm 时为 0.001 7 毫米汞柱(mmHg)。假设汞在密闭空间蒸发至平衡状态时，求空气中汞的理论浓度(ppm)。

解：

a. 空气中汞的摩尔分数＝汞的分压/总气压＝(0.001 7 mmHg)/(760 mmHg)
＝2.24×10⁻⁶

b. 汞的蒸气浓度＝空气中汞摩尔分数(2.24×10⁻⁶)＝2.24 ppm(或 ppmV)

【例 3-7】气体 ppmV 与质量浓度间的单位转换

美国国家环境空气质量标准(NAAQS)规定二氧化氮的浓度上限为 100 ppb(一小时平均值)。一个弥散模型分析出一个二氧化氮扩散源排放至受体环境的浓度为 180 μg/m³。受体环境的海拔为 1 828.8 m,压力为 609.6 mmHg,环境温度为 20 ℃。求在此环境下 NAAQS 的一小时平均二氧化氮值(以 μg/m³ 为单位)。

解答:

当 $T=20\ ℃,P=609.6$ mmHg 时,有理想气体摩尔体积=22.4 L/mol×(760/609.6)×[(273.13+20)/273.13]=29.97 L/mol

二氧化氮(NO_2)的摩尔质量=46 g/mol,在此环境下,0.100 ppmV 二氧化氮=0.100×(MW/29.97)mg/m³=0.153 mg/m³=153 μg/m³(<180 μg/m³)

由此,环境受体的最高二氧化氮浓度超过了 NAAQS 的一小时平均限定值。

讨论

1. 该案例有可能会在注册工程师考试中遇到。在本案例的 ppmV 和质量浓度的单位转换中,温度和压力均需要考虑,而之前的案例则假设 $P=1$ atm。

2. 在计算理想气体体积时,可以使用理想气体状态方程 $PV=nRT$。在计算时需要选择一个合适的气体状态常数(R)。为了便于记忆,这里以在 $T=0\ ℃,P=1$ atm,$R=22.4$ L/mol 时开始。由于气体体积与温度成正比,与气压成反比,所以 $\frac{V_2}{V_1}=\left(\frac{T_2}{T_1}\right)\left(\frac{P_1}{P_2}\right)$ 这一关系成立。

【例 3-8】土壤密度、含水率和饱和度

某地块的平均土壤比重为 2.65,孔隙度为 0.4,含水率(水分质量/土壤干重)为 0.12,求土壤的干燥堆积密度、总堆积密度、基于体积的土壤含水率和土壤饱和度。

解答:假设计算基于 1 m³ 土壤,有

土壤总孔隙体积=土壤体积×孔隙度=1×0.4=0.4 m³

土壤颗粒体积=1−0.4=0.6 m³

土壤质量=体积×密度=(0.6 m³)×(2.65 kg/m³)=1 590 kg

土壤水分质量=含水率×干燥土壤质量=0.12×(1 590 kg/m³)×1 m³=190.8 kg

土壤湿重=土壤水分质量+土壤干燥质量=190.8+1 590=1 781 kg

总堆积密度=土壤湿重/土壤体积=1 781 kg/1 m³=1.78 g/cm³

水分体积=水分质量/水密度=(190.8 kg)/(1.0 kg/m³)≈0.19 m³

土壤体积含水率=水分体积/土壤体积=0.19/1=19%

饱和度=水分体积/土壤孔隙体积=0.19/0.4=47.5%

> 讨论
> 1. 本案例中使用 $1\ m^3$ 土用于举例计算,也可以使用其他体积(如 $10\ m^3$)得到同样的结果。
> 2. 尽管质量和重量的概念不同,但是为了方便,这两个术语在本书(和很多其他工程类文章)中互换使用。
> 3. 很多涉及上述参数的公式可以在其他技术文章中找到。在案例计算过程中不展示这些公式是为了对其建立更好的概念和理解。
> 4. 本案例结果和预期一样,土壤的总堆积密度($1.78\ g/cm^3$)大于其干燥堆积密度($1.59\ g/cm^3$)。
> 5. 在土木工程中,含水率的计算通常是基于重量单位,然而在环境工程应用中,基于体积的含水率和饱和度更为常用。正如在本案例中,含水率为 0.12 时,水占据了 19% 的总土壤体积和 47.5% 的孔隙体积(空气占据了剩余体积,即 52.5% 的孔隙体积)。

3.2.2.2 储罐移除或污染区域挖掘产生的土壤量

地下储罐移除通常需要挖掘土壤,如挖掘出的是清洁土壤(例如,土壤没有被污染或在容许水平之内),可以作为回填材料再次利用或在卫生填埋场处置;如挖掘的是受污染土壤,则需要处理或在危险废物填埋场处置。

挖掘出的土壤通常以料堆的方式先存放在地块内。移除储罐挖掘出的土壤量可以通过测量料堆的体积来确定。但料堆的形状通常不规则而难以测量。简单且精确的替代方案是:

步骤1:测量储罐坑的尺寸

步骤2:由所测尺寸计算储罐坑的体积

步骤3:确定移除的储罐数量和体积

步骤4:储罐坑的体积减去储罐总体积

步骤5:由步骤4所得乘以疏松因子得到待挖掘土方量

计算所需数据信息:

- 储罐坑的尺寸(现场测量)
- 移除储罐的数量和体积(由图纸或现场测得)
- 土壤密度(测量或估计)
- 土壤疏松因子(估计)

【例 3-9】确定从储罐坑挖掘土壤的质量和体积

确定从储罐坑挖掘土壤的质量和体积。两个 $20\ m^3$ 的储罐和一个 $25\ m^3$ 的储罐被移除,挖掘的储罐坑尺寸为 $15.0\ m \times 7.0\ m \times 6.0\ m$;开挖土壤在地块内堆放,土壤的原位(开挖前)密度是 1.8 g/cm³,料堆中土壤的总堆积密度是 1.5 g/cm³。计算开挖土壤的质量和体积。

解答：

储油罐坑的体积＝15.0 m×7.0 m×6.0 m＝630 m³

储油罐的总体积＝2×20 m³＋1×25 m³＝65 m³

移除前储罐坑内的土壤体积＝储油罐坑的体积－储油罐的总体积＝630－65＝565 m³

开挖的土方量(堆放土堆处)＝储油罐坑的土壤体积×疏松因子＝565 m³×1.2＝678 m³

土壤的原位总堆积密度＝1.8 g/cm³＝1.8×10³ kg/m³

土堆的总堆积密度＝1.5 g/cm³＝1.5×10³ kg/m³

开挖土壤的质量＝(565 m³)×(1.8×10³ kg/m³)＝1 017×10³ kg＝1 017 t

或＝(678 m³)×(1.5×10³ kg/m³)＝1 017×10³ kg＝1 017 t

> **讨论**
>
> 1. 考虑到土壤从地下开挖后的膨胀因素,案例中疏松因子取 1.2。通常原位土壤较密实,疏松因子取 1.2 意味着土壤从原位到地面以上其体积增加 20%。另外,由于土壤开挖后的"膨胀",料堆中土壤的堆积密度比原位密度要小。
>
> 2. 无论土壤体积用的是储油罐坑体积还是土堆体积,计算的挖掘土壤质量应该都是一样的。
>
> 3. 在国际单位制中,1 t＝1 000 kg。
>
> 4. 现在的汽油储油罐更大,通常容积在 38 m³ 左右。

【例 3-10】开挖土壤质量和浓度关系

某地下储罐体积为 20 m³,由于泄露被移除,开挖形成了 4 m×4 m×5 m 的储罐坑;开挖后土壤在地块内堆放,从土堆中取 3 个样品,土壤中总石油烃浓度分别为未检出(小于 100 ppm),1 500 ppm 和 2 000 ppm。问这个土堆中总石油烃(TPH)的量是多少？用 kg 和 L 表示。

解答：

储油罐坑的体积＝4 m×4 m×5 m＝80 m³

移除前储罐坑内的土壤体积＝储油罐坑的体积－储油罐的总体积＝80－20＝60 m³

TPH 的平均浓度

$$=\frac{0 \text{ ppm}+1\,500 \text{ ppm}+2\,000 \text{ ppm}}{3}≈1\,167 \text{ ppm}=1\,167 \text{ mg/kg}$$

土壤的 TPH 质量＝(60 m³)×(1 800 kg/m³)×1 167 mg/kg

＝126 kg

土堆的总堆积密度 $= 1.5 \text{ g/cm}^3 = 1.5 \times 10^3 \text{ kg/m}^3$

土壤中 TPH 的体积 = TPH 的质量/TPH 的密度 $= (126 \text{ kg})/(0.8 \text{ kg/L}) = 157.5 \text{ L}$

> **讨论**
>
> 1. 土壤密度假设为 $1\,800 \text{ kg/m}^3 (1.8 \text{ g/cm}^3)$,且总石油烃(TPH)的密度假设为 $0.8 \text{ kg/L}(0.8 \text{ g/cm}^3)$。
>
> 2. 所取三个土样中有一个土样的 TPH 浓度小于检测限值(ND 或<100 ppm)。通常有以下四种方法处理这种低于检测限值的数据。① 用检测限值代替该值;② 取检测限值的一半;③ 取零值;④ 基于统计学方法选择一个数值(特别在采集了多组样品,并有一些样品低于检测限值时)。本题采取了较为保守的方法,以检测限值作为浓度值。
>
> 3. 《土壤环境监测技术规范》(HJ 166)规定:平行样的测定结果用平均数表示,一组测定数据用 Dixon 法、Grubbs 法检验剔除离群值后以平均值报出;低于分析方法检出限的测定结果以"未检出"报出,参加统计时按二分之一最低检出限计算。

3.2.2.3 非饱和带中污染土壤的量

储罐泄漏的化学物质可能会迁移并超出储罐坑的范围。如果怀疑存在地下污染,常采用土壤钻孔取样来评估非饱和带的污染程度。从钻孔样品中按每隔 1.5 m 或 3 m 的固定间隔采样以分析土壤性质,分析污染物的浓度,绘制污染物分布剖面图,描述污染羽的范围。

选择修复方法时,需要知道污染羽的位置、土壤的类型、污染物类型、污染土壤的质量或体积及污染物的质量。若污染羽的位置较浅(在地表以下不深)且污染土壤的量不大,则开挖至地面上采用异位处理。若污染土壤的量大且位置深,更适宜用土壤通风等原位修复方法。

因此,正确估计残留在非饱和带中的污染土壤量是修复设计必要的前期工作。通过污染羽的垂直和水平等浓度图,采用以下步骤确定非饱和带中污染土壤量。

步骤 1:确定每个取样深度的污染源的面积 A_i;

步骤 2:确定以上每个计算面积的间隔厚度 h_i;

步骤 3:确定污染土壤的体积 V_s,$V_s = \Sigma A_i h_i$;

步骤 4:确定污染土壤的质量 M_s,$M_s = \rho_b V_s$

必须信息:

污染源的水平和垂直范围 A_i 和 h_i

土壤密度 ρ_b

【例 3-11】确定非饱和带中污染土壤质量

对于例 3-9 所述项目,地下储罐在搬移之后安装了 5 个土壤钻孔。自地表以下每隔

1.5 m 采取土壤样品。基于实验室分析结果及地下地质情况,每个土样间隔的污染羽的面积确定如下表所示。

深度(自地表以下)/m	相应深度的污染羽面积/m^2
4.5	0
6.0	33
7.5	39
9.0	52
10.5	75
12.0	0

利用上表求残留在非饱和带中的污染土壤的体积和质量。

解答: 每隔 1.5 m 采土样分析

污染土壤体积 = $1.5 \times 33 + 1.5 \times 39 + 1.5 \times 52 + 1.5 \times 75 = 298.5$ m^3

污染土壤质量 = 298.5 $m^3 \times 1.8$ $g/cm^3 = 537.3$ t

3.2.2.4 汽油中各组分的质量分数和摩尔分数

地下储罐泄漏中常见的污染物质为汽油。汽油本身是各种碳氢化合物的混合物,含有 200 多种不同的化合物,其中一些组分比重相对较轻且更易挥发。土壤样品中的汽油以总石油烃(TPH,Total Petroleum Hydrocarbons)表示。汽油的某些组分比其他组分毒性更大,苯、甲苯、乙苯、二甲苯(称为苯系物,BTEX)由于其毒性,是汽油中应关注的组分。为了减少空气污染,许多石油公司开发了所谓"新配方"的汽油,其苯的含量有所减少。苯系物(BTEX)的一些理化特性见表 3-5。

有时候由于以下原因有必要确定汽油的组分,如质量和摩尔分数。

(1) 识别潜在责任方。有两个或更多加油站的繁忙十字路口,地块下面发现的自由漂浮相也许并不是来自其自身的地下储罐。每个品牌的汽油有自己不同的配方,多数石油公司有能力识别汽油中的生物标志物或确定自由漂浮相是否与其配方相符。

(2) 确定健康风险。汽油中一些成分比其他成分更有毒性,在健康风险评估中应给予不同的考虑。

(3) 确定污染羽年代。某些化合物比其他的化合物更易挥发。在新近溢洒的汽油中,挥发性组分所占比例大于风蚀汽油中的比例。

为确定汽油组分中的质量分数,可采用以下步骤:

步骤 1:确定混合物(如总石油烃,TPH)和每种污染物的质量;

步骤 2:通过污染物的质量除以总 TPH 的质量来确定该物质的质量分数。

确定汽油中各组分的摩尔分数:

步骤 1:确定污染土壤中总石油烃(TPH)的质量和每种化合物的质量;

步骤2:确定每一个污染物的相对分子质量;

步骤3:由所有组分的组成及相对分子质量来确定汽油的相对分子质量。这步比较烦琐,且数据不易获得。假定汽油相对分子质量为100相对合理,相当于庚烷(C_7H_{16})相对分子质量;

步骤4:根据每种污染物的质量除以其摩尔质量来计算其物质的量;

步骤5:计算每种污染物的物质的量占总物质的量的比例,即摩尔分数。

以上计算所需要的信息包括污染土壤的质量、污染物浓度和污染物摩尔质量。

【例3-12】汽油中各组分的质量分数和摩尔质量

从一个土堆中(84.2 m³)取出3个样品,以分析TPH。TPH平均浓度为1 000 mg/kg,其中BTEX各组分的浓度各为20 mg/kg。确定汽油中BTEX的质量和摩尔分数,土堆密度1.65 g/cm³。

解答:

a. 污染土壤质量=土壤体积×土壤密度=84.2 m³×1.65×10³ kg/m³=139 000 kg

b. 污染物的质量=污染土壤质量×污染物浓度

TPH的质量=139 000 kg×1 000 mg/kg=1.39×10⁵ g

苯的质量=139 000 kg×20 mg/kg=2.78×10³ g

甲苯的质量=139 000 kg×20 mg/kg=2.78×10³ g

乙苯的质量=139 000 kg×20 mg/kg=2.78×10³ g

二甲苯的质量=139 000 kg×20 mg/kg=2.78×10³ g

c. 单个化合物的质量分数=化合物的质量/TPH质量

苯的质量分数=2.78×10³ g/(1.39×10⁵ g)=0.020=2.0%

甲苯的质量分数=2.78×10³ g/(1.39×10⁵ g)=0.020=2.0%

乙苯的质量分数=2.78×10³ g/(1.39×10⁵ g)=0.020=2.0%

二甲苯的质量分数=2.78×10³ g/(1.39×10⁵ g)=0.020=2.0%

d. 单个化合物的物质的量=该化合物的质量/该化合物的相对分子质量

TPH的物质的量=1.39×10⁵ g÷(100 g/mol)=1 390 mol

苯的物质的量=2.78×10³ g÷(78 g/mol)≈35.6 mol;摩尔分数=35.6/1 390≈0.025 6

甲苯的物质的量
=2.78×10³ g/(92 g/mol)≈30.2 mol;摩尔分数=30.2/1 390≈0.021 7

乙苯的物质的量
=2.78×10³ g/(106 g/mol)≈26.2 mol;摩尔分数=26.2/1 390≈0.018 9

二甲苯的物质的量
=2.78×10³ g/(106 g/mol)≈26.2 mol;摩尔分数=26.2/1 390≈0.018 9

> **讨论**
> 1. 每种污染物的质量分数也可以直接由该污染物与 TPH 的浓度比率决定。以苯为例，苯的质量分数＝(20 mg/kg)÷(1 000 mg/kg)＝0.020＝2.0%
> 2. 案例中 BTEX 有相同的质量分数(2.0%)，是因为他们的浓度一样(20 mg/kg)，而由于 BTEX 的相对分子质量不同，他们的摩尔分数则不一样。

3.2.2.5 毛细高度

毛细区是非承压含水层中紧邻地下水面以上的区域。由于水的毛细上升作用，它从地下水面的顶面开始扩展。

地块修复项目中，毛细带的存在通常带来其他问题。一般而言，由于地下水中溶解污染羽的扩散，地下水中的污染羽的尺寸比其在非饱和带中大。若地下水位波动，则毛细带会随着地下水面向上或向下运动。因此，位于溶解污染羽之上的毛细带会受到污染。此外，若存在自由漂浮相，则地下水面的波动会引起自由相的垂直或侧向移动，这种情形下地块修复会变得更加复杂和困难。大多数常用的修复技术难以有效地处理非饱和带污染区域。

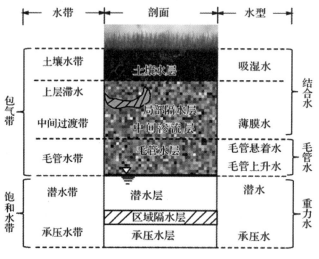

图 3-4　土壤及地下水结构示意图

毛细带的高度对 LNAPL 污染物的最终水平方向污染范围至关重要，毛细带高度越大，LNAPL 污染物的最终水平扩展范围越小，进入毛细带后，在浮力作用下，LNAPL 污染物的运动以横向扩展为主，垂向迁移相对小很多，LNAPL 污染物的迁移速度越来越小，LNAPL 污染物的迁移到一定程度后停止下来。受毛细水的顶托力作用，垂向迁移速率减缓，横向扩散速度增加。

一个地块的毛细区高度取决于地块的地质情况。20 ℃时，干净玻璃试管中纯水的毛细上升高度可以由以下公式近似地表示：

$$h_c = 0.153/r \tag{3-1}$$

式中，h_c 是用 cm 表示的毛细上升高度；r 是用 cm 表示的毛细管的半径。

表 3 - 3 典型毛细区边缘的高度

材料	颗粒尺寸/mm[a]	孔半径/cm[b]	毛细上升高度/cm	
粗砾		0.4		0.38[b]
细砾	5～2		2.5[a]	
砾砂	2～1		6.5[a]	
粗砂	1～0.5	0.05	13.5[a]	3.0[b]
中砂	0.5～0.2		24.6[a]	
细砂	0.2～0.1	0.02	42.8[a]	7.7[b]
粉砂	0.1～0.05	0.001	105.5[a]	150[b]
粉土	0.05～0.02		200[a]	
黏土		0.000 5		300[b]

[a]Reid R C, Prausnitz J M, Poling B E. The Properties of Liquids and Gases, 4th ed., MeGraw-Hill, NewYork,1987.
[b]Fetter C W. Jr. Applied Hydrogeology, Charles E. Merrill Publishing, Columbus, OH,1980.

该式可以用来估计毛细带的高度。从公式可以看出，毛细带的厚度随土壤孔隙的变化而变化。毛细区的厚度随土壤孔隙的变化而变化，颗粒尺寸变小，孔隙半径变小，毛细上升高度增大。黏土含水层的毛细区的厚度可以高达 328 cm。

【例 3 - 13】毛细区厚度

从污染的非承压含水层采集一个土芯样品，分析孔隙尺寸分布，有效孔隙尺寸经确定为 5 μm。估算该含水层的毛细区厚度。

解答： 孔径 $= 5 \times 10^{-6}$ m $= 5 \times 10^{-4}$ cm 用公式 $h_c = 0.153/r$，可得到毛细上升高度 $= (0.153) \div (5 \times 10^{-4}) = 306$ cm $= 3.06$ m

讨论

1. 公式（3-1）是一个经验公式，式中毛细上升高度 h_c 和孔隙半径 r 的单位均为 cm。观察这个公式可以发现，两个参数均以 cm 为单位似乎并不匹配，其实其中常数（0.153）起到了单位转换的作用，因此，如果需要使用其他单位，常数的值也需要改变。

2. 计算得出的毛细上升高度（306 cm）与表 3-2 中给出的孔隙半径为 0.000 5 cm 的黏土的毛细上升高度（300 cm）相一致。

3.2.2.6 计算自由漂浮相的质量和体积

由地下储罐泄漏进入地下的污染物有可能积聚在地下水面的顶部的毛细区或承压含水层的顶部而形成自由相层。

对于土壤修复工程，估算自由漂浮相的质量和体积非常必要。监测井测量的自由相厚度可以直接用于估算其井外的体积,但估算值和土层构造中存在的自由相体积不一致。

众所周知,土层构造中发现的自由相厚度(实际厚度)要比漂浮于监测井水面上的(表观厚度)小,用未做任何修正的表观厚度值来估计自由相的体积,有可能过高地估算自由相的量并造成修复系统的过度设计。修复调查(RI)阶段过高估计自由相的体积,会导致难以通过修复效果评估,因为修复工程回收的自由相永远不可能达到地块评价中所估算的量。

自由相的实际厚度和表观厚度的差异受自由相、地下包水的密度(或比重)及土层结构(特别是孔隙尺寸)的影响。已有不少研究提出了修正这两种厚度的几种方法。近年来,Ballestero 等提出了一个采用不同流体流动机制和流体静力学来确定非承压含水层中的自由相实际厚度的公式。

$$t_g = t(1-S_g) - h_a \tag{3-2}$$

式中,t_g 为实际土层中的自由相厚度,t 为表观(井孔中)的自由相厚度,S_g 为自由相的比重,h_a 为从自由相底部到地下水面的距离。若没有 h_a 数据,则可用平均的毛细上升高度来代替。

为了估算自由相的实际厚度,可采用以下步骤:

步骤 1:确定自由相的比重(若没有足够信息获得的话,则汽油的比重假设为 0.75~0.85 比较合理);

步骤 2:确定井中自由相的表观厚度;

步骤 3:将以上参数代入公式 $t_g = t(1-S_g) - h_a$,以确定自由相的实际厚度。

必须信息:自由相的比重(或密度)S_g;测量井中自由相厚度 t;毛细上升高度 h_a。

确定自由漂浮相的质量和体积的步骤:

步骤 1:确定自由漂浮相的水平范围;

步骤 2:确定自由漂浮相的实际厚度;

步骤 3:确定自由漂浮相的体积,用实际厚度得到的体积乘以该土层的孔隙度;

步骤 4:确定自由漂浮相的质量,用其体积乘以其密度。

必须信息:

- 漂浮相的水平范围
- 自由漂浮相的实际厚度
- 该地层土壤的孔隙度
- 自由漂浮相的密度或比重

【例 3-14】确定自由漂浮相的质量和体积

最近来自一个地下水监测井的调查显示水面上漂浮有 190 cm 厚的汽油层。汽油的密度是 0.8 g/cm³,地下水面以上毛细区的厚度是 30 cm。估算自由漂浮相在该地层中的实际厚度。

解答: 由公式 $t_g = t(1-S_g) - h_a$ 可得实际轻质自由相厚度 $190 \times (1-0.8) - 30 = 8$ cm

> **讨论**
> 1. 某一物质的比重是该物质密度与参考物质(通常为 4 ℃的水)密度的比率。
> 2. 从本例可以看出,自由相实际厚度仅有 8 cm,而在监测井中的表观厚度比实际厚度高得多,达到 190 cm(近 24 倍差异)。

【例 3–15】估计自由漂浮相的质量和体积

某污染地块最近的地下水检测结果显示,其自由漂浮相的水平面积范围近似为一个 15 m×12 m 的长方形。污染羽内四个监测井中自由漂浮相的实际厚度分别是 61.0、79、85、91 cm。土壤的孔隙度是 0.35。估算该地点目前自由漂浮相的质量和体积(假定该自由漂浮相的比重是 0.8)。

解答:

a. 该自由漂浮相的水平面积范围为 15 m×12 m=180 m^2

b. 自由漂浮相的平均厚度=(61+79+85+91)/4=79 cm=0.79 m

c. 自由漂浮相的体积=面积×厚度×土壤的孔隙度

=180 m^2×0.79 m×0.35=49.77 m^3

d. 自由漂浮相的质量=自由漂浮相的体积×自由漂浮相的密度(0.8 g/mL=800 kg/m^3)=49.77 m^3×800≈3 980 kg=3.98 t

> **讨论**
> 在此类估算中,孔隙度需要使用有效孔隙度。有效孔隙度代表孔隙空间中有助于流体(如本案例中的自由漂浮相)在多孔介质中流动的那一部分。

> **补充:基本概念**
> - 非水相液体(Nonaqueous Phase Liquids,NAPL):不与水发生混合的液体称为 NAPL;
> - 重非水相液体:比重大于水的 DNAPL;轻非水相液体:比重小于水的 LNAPL;
> - 自由相:在水动力条件下可流动的连续 NAPL;
> - 残余相:因在空隙中,在水动力条件下不易流动的 NAPL。

3.2.2.7 确定污染范围–综合计算案例

【例 3–16】污染范围的确定

某加油站位于洛杉矶地区的 Santa Ana(圣安娜)河平原内,该地块主要由粗颗粒河流冲积土层构成。2013 年移除了三个 18.927 m^3 的钢制储罐,并打算由三个双层纤维玻璃罐在原地替代。在储罐移除过程中，发现储罐回填土有强烈的汽油气味。基于目测，土壤中的燃料烃来源于往油箱中加油溢出。以及储罐东部少数管道泄漏，开挖形成了一个 6.096 m×9.144 m×5.486 m(长×宽×高)的坑，开挖的土壤堆放在现场，从土堆中取出 4 个样品，分析总石油烃 TPH 的含量。分别为未检出（＜10 ppm），200 ppm、400 ppm 和 800 ppm。干净土壤回填储罐坑。现场施工 6 个钻孔（其中 2 个在开挖区内），钻孔采用中空螺旋钻成孔法，用一个直径为 0.050 8 m 的铜质对开式取样器，每间隔 1.524 m 采集土样。水位线位于地面以下 15.24 m。所有钻孔钻至地面以下 21.336 m，随后被转建为 0.101 6 m 的地下水监测井。

用从钻孔中选取的土壤样品分析 TPH 和 BTEX，结果显示开挖区外土壤检测值均为未检出，其余结果如下：

钻孔	深度/m	TPH/(mg/L)	苯/(μg/L)	甲苯/(μg/L)
B1	7.5	800	10 000	12 000
B2	10.5	2 000	25 000	35 000
B3	13.5	500	5 000	7 500
B4	7.5	＜10	＜100	＜100
B5	10.5	1 200	10 000	12 000
B6	13.5	800	2 000	3 000

开挖区内两个监测井中有自由漂浮相出现。表观厚度换算为实际厚度分别为 0.306 8 m 和 0.609 6 m。土壤和含水层基质的孔隙度和密度分别为 0.35 和 1.8 g/cm³

估算：

a. 土堆总体积；

b. 土堆中 TPH 的质量；

c. 残留于非饱和带的污染土壤体积；

d. 非饱和带中的 TPH，苯和甲苯的质量；

e. 泄漏汽油中的苯和甲苯的质量分数和摩尔分数；

f. 自由相的体积；

g. 泄漏汽油的总体积（忽略含水层以下的溶解相）。

解答：

a. 土堆总体积＝（储罐坑体积－储罐体积）×土壤疏松因子

＝[(6.096 m×9.144 m×5.486 m)－3×18.927 m³]×1.15

≈[305.799－56.781]×1.15≈286.37 m³

b. 土堆中 TPH 的质量＝土壤体积×土壤密度×浓度

平均浓度＝（10＋200＋400＋800）/4＝352.5 mg/kg

TPH 质量 = $286.37 \times 1.8 \times 10^6 \times 352.5 \times 10^{-6} \approx 181\,701.8$ g ≈ 181.7 kg

c. 残留于非饱和带的污染土壤体积
= 6.096 m × 9.144 m × (15.24 m − 5.486 m) = 543.7 m³

d. 非饱和带中的 TPH、苯和甲苯的质量

质量 = 土壤体积 × 土壤密度 × 污染物浓度

平均浓度 TPH = 885   质量 = 543.7 m³ × 1.8 × 10⁶ × 885 × 10⁻⁶ = 866 kg

平均浓度苯 = 8.68   质量 = 543.7 m³ × 1.8 × 10⁶ × 8.68 × 10⁻⁶ = 8.5 kg

平均浓度甲苯 = 11.6   质量 = 543.7 m³ × 1.8 × 10⁶ × 11.6 × 10⁻⁶ = 11.35 kg

e. 泄漏汽油中的苯和甲苯的质量分数和摩尔分数

	质量/kg	质量分数	相对分子质量	×10³ mol	摩尔分数
TPH	866		100	866/100=8.66	
苯	8.50	8.5/866≈0.009 8	78	8.5/78≈0.109	0.109/8.66≈0.012 6
甲苯	11.35	11.35/866≈0.013 1	92	11.35/92≈0.123	0.123/8.66≈0.014 2

f. 自由相的体积

$V = hA\emptyset$ = [(0.304 8 m + 0.609 6 m)/2] × (6.096 m × 9.144 m) × 0.35 ≈ 8.919 m³

漂浮相质量 = ρV = 8.919 m³ × 0.75 kg/L ≈ 6 689 kg

g. 泄漏汽油的总体积（忽略含水层以下的溶解相）

$V_{总} = V_{开挖} + V_{非饱和} + V_{自由相} + V_{溶解相}$
= (181.7 + 866 + 6 689) kg ÷ 0.75 kg/L ≈ 10 315.6 L

3.3 土壤钻孔及地下水监测井

本节介绍关于土壤钻孔及地下水监测井的设置以及地下水取样前的洗井计算。

土壤钻孔中的钻屑在最终处理前常常暂时存储在 0.2 m³ 存储桶中，因而有必要估算钻屑量和所需存储桶的数量。计算步骤如下：

步骤 1：确定钻孔的直径，d_b；

步骤 2：确定钻孔的深度，h；

步骤 3：采用下面的公式计算钻屑的体积。

钻屑（土壤）的体积 = $\Sigma(\pi d_b^2/4) \times (h) \times$（疏松因子）

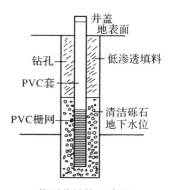

监测井结构示意图

3.3.1 土壤钻孔的钻屑量

【例 3-17】土壤钻孔的钻屑量

为安装 10 cm 口径的地下水监测井,钻了 4 个口径 25.4 cm(10 in),15 m 深的钻孔。估算钻屑(土壤)量及所需的 208 L 存储桶的数量。

解答:

a. 单个钻孔的钻屑量=$[(\pi/4) \times 25.4^2] \times (1\,500) \times (1.2) = 0.912 \text{ m}^3$

所有钻孔的钻屑体积=$0.912 \text{ m}^3 \times 4 = 3.648 \text{ m}^3$

b. 所需的 208 L 的存储桶数量=$(3.648 \text{ m}^3 \times 1\,000 \text{ L/m}^3)/208 \text{ L} = 17.5$(桶)

需要 208 L 存储的桶 18 个。

3.3.2 填料和膨润土密封材料

在监测井安装之前,需要购买填料及黏土密封材料并运送到修复地点。对于地块修复有必要准确地估算填料和密封黏土材料的量。为计算所需的填料及黏土等材料的用量,采用以下步骤计算:

步骤 1:确定钻孔的直径 d_b;
步骤 2:确定井套管的直径 d_c;
步骤 3:确定填料或密封材料的深度 h;
步骤 4:用下式计算填料或密封材料的体积

$$\text{所需填料或密封材料的体积} = \left(\frac{\pi}{4}\right)(d_b^2 - d_c^2) \times h \tag{3-3}$$

步骤 5:确定所需填料或密封材料的质量,由其体积乘以其密度可得。

【例 3-18】所需填料的量

例 3-17 中安装的 4 个监测井深入地下水含水层 5 m。监测井在地下水位以下 5 m 及地下水位以上 3 m 之间开有 0.05 cm 的狭缝。选取密度 1.8 g/cm³ 的某种砂作为填充材料,估算所需 23 kg/袋的砂砾的袋数,填充超高为 0.5 m。

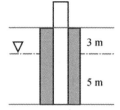

a. 单个井的填充区间=打孔区间+0.5 m=(3+5)+0.5=8.5 m

b. 单个井所需的砂的体积=$\{(\pi/4)[(0.254)^2 - (0.10)^2]\} \times 8.5 \approx 0.364 \text{ m}^3$

c. 四个井所需的砂的体积=$4 \times 0.364 \text{ m}^3 \approx 1.46 \text{ m}^3$

d. 所需要砂砾的数量$(1.46 \text{ m}^3) \times (1\,800 \text{ kg/m}^3) \div (23 \text{ kg/袋}) \approx 114.26$ 袋

答:需要 115 袋。

【例 3-19】所需膨润土密封材料的用量

例 3-18 中安装的 4 个监测井在顶部灰浆层以下用膨润土止水,止水层厚度为

1.5 m。估算该项应用所需要 23 kg/袋的膨润土的数量。假设膨润土的总堆积密度是 1.8 g/cm³。

解答:

a. 单个井所需膨润土的体积=$\{(\pi/4) \times [(0.254\text{m})^2 - (0.10 \text{ m})^2]\} \times 1.5$ m= 0.064 m³;

四个井所需的膨润土的体积=4×0.064 m³=0.256 m³

b. 所需要砂砾的数量=$(0.256 \text{ m}^3)(1\,800 \text{ kg/m}^3)/(23 \text{ kg/袋}) \approx 20.03$ 袋

答:需要 21 袋。

> **讨论**
> 考虑到孔的形状可能不是规整的圆柱形,在估计膨润土的用量时应附加 10% 作为安全因子。

3.3.3 地下水采样的井体积

地下水采样前需要通过洗井从监测井中移除污浊井水(井套管和砂滤料中的水)。污浊井水包括存在于井套管和砂滤料中的水。为确保地下水采样取得一致连续的数据,采样前常要监测一些参数。如电导率、pH 及温度等。

洗井水量依地块而变化,没有固定的洗井水量,很大程度上取决于地块的地质情况。在地下水采样前可粗估 3~5 倍的井体积作为初始的洗井水量。

估算所需洗井水量的步骤

步骤 1——确定钻孔的直径 d_b;

步骤 2——确定井套管的直径 d_c;

步骤 3——确定井中水的深度 h;

步骤 4——用下式计算井的体积:井的体积=井套管内的地下水体积+填料孔隙间的地下水体积

$$\text{监测井的容量} = \left[\left(\frac{\pi}{4}\right) \times d_c^2\right] \times h + \left[\left(\frac{\pi}{4}\right) \times (d_b^2 - d_c^2) \times h\right] \times \emptyset \tag{3-4}$$

必须信息:

钻孔的直径 d_b;井套管的直径 d_c;填料的孔隙度 $\emptyset$;井中水的深度 h

【例 3-20】地下水采样的井体积

例 3-18 的 4 个监测井中,一个井的水位深度测得是 4.42 m。取样前需要清洗 3 倍于井体积的水。计算洗井水量及所需 208 L 的存储桶的数量。假定井中填料的孔隙度为 0.40。

解答:

a. 体积=$[(\pi/4) \times d_c^2] \times h + [(\pi/4) \times (d_b^2 - d_c^2) \times h] \times \emptyset$

$= (\pi/4) \times 0.10^2 \times 4.42 + (\pi/4) \times (0.254^2 - 0.10^2) \times 4.42 \times 0.40 \approx 0.111 \text{ m}^3$

b. 三倍井的体积 $= 3 \times 0.111 \text{ m}^3 = 0.333 \text{ m}^3$

c. 所需 208 L 存储桶的数量 $= (0.333 \text{ m}^3 \times 1\,000 \text{ L/m}^3)/208 \text{ L} \approx 1.6$ 桶

d. 4 口井所需 208 L 存储桶的数量 $= 4 \times 2$（取整为 2 桶）$= 8$ 桶

需要 8 个 208 L 的存储桶

3.4 不同相态中污染物的质量

非水相液体（NAPL）一旦进入非饱和带，最终可能以四种相态形式存在。其分子会离开自由相进入空气中，在空气中或在自由相中的化合物，由于接触到土壤水相也许会溶解在液相中，在空气、自由相以及土壤水相中的化合物也许会吸附在土壤颗粒上。总结来说，NAPL 可以分配进入以下四个相态：

◇ 自由相（液相）

◇ 土壤孔隙中的气相（气相）

◇ 土壤水中的溶解态（土壤水相）

◇ 土壤颗粒的吸附态（土壤固相）

存在于空气中、土壤水分中及土壤固体颗粒上的污染物的浓度相互关联，很大程度上受自由相存在与否的影响。

污染物在这四个相中的分配对于化合物的归趋和运移，以及地块修复的需求有很大的影响。

3.4.1 自由相和气相的平衡

蒸气压受温度影响很大。一般来说，温度越高蒸气压越高，可通过各个关联蒸气压和温度的方程或经验公式表述。Clausius-Clapeyron 方程是常用的一个方程，该方程假定蒸发焓与温度无关。

$$\ln \frac{P_1^{\text{sat}}}{P_2^{\text{sat}}} = -\frac{\Delta H^{\text{vap}}}{R}\left(\frac{1}{T_1} - \frac{1}{T_2}\right) \tag{3-5}$$

式中，P^{sat} 为纯液相组分的蒸气压，T 是绝对温度，R 是理想气体常数，蒸发焓可从化学手册查得。

Antoine 方程：

$$\ln P^{\text{sat}} = A - \frac{B}{T+C} \tag{3-6}$$

式中，A、B、C 是 Antoine 经验常数，从化学手册中可以查得。对于理想液体混合物，气-

液平衡符合 Raoult 定律(仅适用于理想溶液)。

$$P_A = P^{vapA} X_A \tag{3-7}$$

式中,P_A 为组分 A 在气相中的分压,P^{vapA} 为组分 A 作为纯液相的蒸气压,X_A 为组分在纯液相中的摩尔分数。

> **补充:拉乌尔定律(Raoult's law)**
>
> 在一定温度下,稀薄溶液中溶剂的蒸气压等于纯溶剂的蒸气压乘以溶剂的物质的量分数。其数学表达式为:$p_A = p x_A$
>
> 式中,p_A 是溶液中溶剂的蒸气分压;p 是纯溶剂的蒸气压;x_A 是溶剂的物质的量分数。
>
> 该定律是法国物理学家 F. M. 拉乌尔于 1887 年在实验基础上提出的,它是稀薄溶液的基本规律之一。对于不同的溶液,虽然定律适用的浓度范围不同,但在 $x_A \rightarrow 1$ 的条件下任何溶液都能严格遵从该定律。
>
> 亨利定律:等温等压下,某种挥发性溶质(一般为气体)在溶液中的溶解度与液面上该溶质的平衡压力成正比。
>
> $P_B = K_{x,B} \cdot x_B$ x_B 是溶质的物质的量分数;
>
> $P_B = K_{b,B} \cdot b_B$ b_B 是溶质的质量摩尔浓度;
>
> $P_B = K_{c,B} \cdot c_B$ c_B 是溶质的物质的量浓度
>
> 式中,p_B 是稀薄溶液中溶质的蒸气分压;$K_{x,B}$、$K_{b,B}$、$K_{c,B}$ 为亨利常数,其值与温度以及溶质和溶剂的本性有关,亨利常数基本不受压力影响。
>
> 由于亨利定律中溶液组成标度的不同,亨利系数的单位不同,一定温度下同一溶质在同一溶剂中的数值也不一样,$K_{x,B}$、$K_{b,B}$、$K_{c,B}$ 的单位可以为 Pa、Pa·kg/mol、Pa/mol·dm³。

【例 3-21】自由相存在时土壤孔隙中的气相浓度

某地块地下储罐泄漏的苯进入非饱和带,估算地下土壤孔隙气相中苯的最大浓度(用 ppmV 表示)。地下的温度为 25 ℃。

解答:

25 ℃ 苯的蒸气压是 95 mmHg,95 mmHg = (95 mmHg)/(760 mmHg/1 atm) = 0.125 atm

土壤孔隙气相中苯的分压是 0.125 atm(125 000×10⁻⁶ atm)即土壤孔隙气相中苯的最大浓度为 125 000 ppmV。

> **讨论**
>
> 125 000 ppmV 是苯与其纯液体相平衡的气相浓度,平衡会发生在受限空间或停滞阶段,若介质未完全受限,则气相趋向于移离介质表面而产生浓度梯度(蒸气的浓度随与自由液体的距离而下降),然而在自由相附近的气相浓度会等于或接近平衡值。

> 阿玛加分体积定律：
> 混合气体中某一组分 B 的分体积 V_B 是该组分单独存在并具有与混合气体相同温度和压力时所占有的体积。

【例 3-22】用 Clausius-Clapeyron 方程估算气相压力

已知苯的蒸发焓是 33.83 kJ/mol，25 ℃苯的蒸气压是 95 mmHg。用 Clausius-Clapeyron 方程估算 20 ℃苯的蒸气压。

蒸发热 = 33.83 kJ/mol = 33 830 J/mol；$R = 8.314$ J/(mol·K)

$$\ln \frac{95}{P_{20}^{sat}} = \frac{33\,830}{8.314}\left[\frac{1}{(273+25)} - \frac{1}{(273+20)}\right]$$

20 ℃苯的 P^{sat} 约为 75 mmHg，正如所估算的，20 ℃苯的蒸气压比 25 ℃苯的蒸气压要低，其差值约为 21%。

【例 3-23】用 Antoine 方程估算气相压力

苯的 Antoine 经验常数 $A = 15.900\,8, B = 2\,788.51, C = -52.36$。用 Antoine 方程估算苯在 20 ℃及 25 ℃的蒸气压。

a. 用 Antoine 公式，20 ℃时，

$$\ln P^{sat} = A - \frac{B}{T+C} = 15.900\,8 - \frac{2\,788.51}{(293.15-52.36)} \approx 4.481$$

因此，$P^{sat} \approx 88.4$ mmHg

b. 用 Antoine 公式，25 ℃时，

$$\ln P^{sat} = A - \frac{B}{T+C} = 15.900\,8 - \frac{2\,788.51}{(298.15-52.36)} \approx 4.556$$

因此，$P^{sat} \approx 95.3$ mmHg

【例 3-24】自由相存在时土壤孔隙中的气相浓度

按重量百分比由 50%甲苯和 50%乙苯组成的工业溶剂从某地块的地下储罐泄漏，进入土壤非饱和带。估算地下土壤孔隙中甲苯和乙苯的最大气相浓度（用 ppmV 表示），设地下温度为 20 ℃。

查表：20 ℃甲苯（相对分子质量为 92）的蒸气压是 22 mmHg，乙苯（相对分子质量为 106）的蒸气压是 7 mmHg。

由甲苯的重量百分比 50%，得其相应的摩尔百分比为：甲苯的物质的量÷（甲苯的物质的量＋乙苯的物质的量）×100 =（50/92）÷[（50/92）+（50/106）]×100 ≈ 53.5%

孔隙中甲苯的分压可由拉乌尔定律确定

$$22 \times 0.535 = 11.77 \text{ mmHg} \approx 0.015\,5 \text{ atm} = 15\,500 \text{ ppmV}$$

孔隙中乙苯的分压可由拉乌尔定律确定：

$$7 \times (1 - 0.535) = 3.26 \text{ mmHg} \approx 0.043 \text{ atm} = 4\,300 \text{ ppmV}$$

> **讨论**
>
> 气相浓度是与纯液体相平衡时的浓度。平衡会发生在受限空间或停滞阶段。若系统未完全受限,则气相趋向于移离介质表面而产生浓度梯度,气相浓度随着其与溶剂的距离增加而降低。然而在溶剂附近的气相浓度会等于或接近平衡值。

3.4.2 液-气平衡

土壤非饱和带孔隙中的污染物趋向于通过溶解作用或吸收作用进入液相,当污染物进入液相的速率与污染物从液相中挥发的速率相等时,达到气液平衡。亨利定律用于描述液相浓度和气相浓度之间的平衡关系。平衡状态时,液体之上的气体的分压与液体中化学物质的浓度成比例。亨利定律可表示为:

$$P_A = k_A \cdot C_A \tag{3-8}$$

式中,P_A 为组分 A 在气相中的蒸气分压,K_A 为组分 A 的常数,C_A 为组分 A 在液相中的浓度。

> **补充:拉乌尔定律和亨利定律的区别**
>
> 1. 拉乌尔定律适用范围
>
> 稀溶液中的溶剂,方能较准确地遵守拉乌尔定律。在稀溶液中,由于溶质分子很稀疏地散布于大量溶剂中,溶剂分子之间的相互作用受溶质的影响很小,所以溶剂分子的周围环境与纯溶剂分子的几乎相同。因此溶剂的饱和蒸气压只与单位体积(或单位面积表面层)中溶剂分子数成正比,而与溶质分子的性质无关,即 P_A 正比于 x_A(比例系数为 P_A^*)。当溶液的浓度增加,溶质分子对溶剂分子的作用显著,此时溶剂的蒸气压不仅与溶剂的浓度有关,而且与溶质与溶剂的相互作用(即溶质的浓度和性质)有关。因此,在较高浓度下,溶剂的蒸气压与其摩尔分数就不成正比关系,即不遵守拉乌尔定律。
>
> 2. 亨利定律的适用范围
> (1) 稀溶液;
> (2) 溶质在气相中和在溶液相中的分子状态必须相同。
>
> 如果溶质分子在溶液中与溶剂形成了化合物(或水合物),或发生了聚合或解离(电离),就不能简单地套用亨利定律。使用亨利定律时,溶液的浓度必须是与气相分子状态相同的分子的浓度。

亨利定律也可以用下式表示:

$$G = KC \tag{3-9}$$

式中,C 是液相中污染物的浓度,G 是气相中污染物的浓度,亨利定律常数(或亨利常数)

单位有所不同。通常见到的是 atm/mol、atm/M、atm/(mg/L)以及无量纲等。

往公式中代入亨利常数值时,需检查其量纲是否和另外两个参数的量纲匹配。亨利常数的单位并不是"(摩尔分数)/(摩尔分数)"的无量纲单位。

无量纲形式的亨利常数的实际意义是气相中溶质的浓度/液相中溶质的浓度,可以表示为(M/M)或$[(mg/L)/(mg/L)]$。

任意给定化合物的亨利常数随温度而变,亨利常数实际上是相同温度条件下测定的气相压力除以溶解度的比值。

$$H = \frac{蒸气压}{溶解度} \tag{3-10}$$

该方程意味着气相压力越高,亨利常数值越大。此外,溶解度越小(或微溶性化合物),亨利常数值越大。对于多数有机化合物随温度增加其气相压力增加,溶解度减少。

表 3-4 常数换算表

常数单位	换算方程
atm/M 或 atm L/mol	$H = H^*RT$
atm m³/mol	$H = H^*RT/1\,000$
M/mol	$H = 1/(H^*RT)$
atm/(液相摩尔分数),或 atm	$H = (H^*RT)[1\,000\gamma/\omega]$
(气相摩尔分数)/(液相摩尔分数),或 atm	$H = (H^*RT)[1\,000\gamma/\omega]/P$

注:H^*为无量纲的亨利常数,γ为溶液的比重(稀溶液为1),ω为溶液的等价相对分子质量(低浓度溶液为18),R为 0.082 atm/(kM),T为开尔文表示的体系温度,P为用 atm 表示的体系压力(通常=1 atm),M为溶液用[g/(mol·L)]表示的当量浓度。

表 3-5 常见污染物的物理特性

组分	MW /(g/mol)	H /(atm/M)	P^{vap} /mmHg	D /(cm²/s)	lgK_{ow}	溶解度 /(mg/L)	T/℃
苯	78.1	5.55	95.2	0.092	2.13	1 780	25
溴甲烷	94.9	106		0.108	1.10	900	20
2-丁酮	72	0.0274			0.26	268 000	
二硫化碳	76.1	12	260		2.0	2 940	20
氯苯	112.6	3.72	11.7	0.076	2.84	488	25
氯乙烷	64.5	14.8			1.54	5 740	25
三氯甲烷	119.4	3.39	160	0.094	1.97	8 000	20
氯甲烷	50.5	44			0.95	6 450	20
溴氯甲烷	208.3	2.08			2.09	0.2	

续表

组分	MW/(g/mol)	H/(atm/M)	P^{vap}/mmHg	D/(cm²/s)	$\lg K_{ow}$	溶解度/(mg/L)	$T/℃$
二溴甲烷	173.8	0.998				11 000	
1,1-二氯乙烷	99.0	4.26	180	0.096	1.80	5 500	20
1,2-二氯乙烷	99.0	0.98	61		1.53	8 690	20
1,1-二氯乙烯	96.9	34	600	0.084	1.84	210	25
1,2-二氯乙烯	96.9	6.6	208		0.48	600	20
1,2-二氯丙烷	113.0	2.31	42		2.00	2 700	20
1,3-二氯丙烯	111.0	3.55	38		1.98	2 800	25
乙苯	106.2	6.44	7	0.071	3.15	152	20
二氯甲烷	84.9	2.03	349		1.3	16 700	25
芘	202.3	0.005			4.88	0.16	26
苯乙烯	104.1	9.7	5.12	0.075	2.95	300	20
1,1,1,2-四氯乙烷	167.8	0.381	5	0.077	3.04	200	20
1,1,2,2-四氯乙烷	167.8	0.38			2.39	2 900	20
四氯乙烯	165.8	25.9		0.077	2.6	150	20
四氯甲烷	153.8	23			2.64	785	20
甲苯	92.1	6.7	22	0.083	2.73	515	20
三溴乙烷	252.8	0.552	5.6		2.4	3 200	20
1,1,1-三氯乙烷	133.4	14.4	100		2.49	4 400	20
1,1,2-三氯乙烷	133.4	1.17	32		2.47	4 500	20
三氯乙烯	131.4	9.1	60		2.38	1 100	25
三氟甲烷	137.4	58	667	0.083	2.53	1 100	25
氯乙烯	62.5	81.9	2 660	0.114	1.38	1.1	25
二甲苯	106.2	5.1	10	0.076	3.0	198	20

【例 3-25】亨利常数单位换算

25 ℃苯在水中的亨利常数是 5.55 atm/M，将该值换算为无量纲单位及 atm 单位的值。

由表 3-4 中 $H=H^*RT=5.55=H^*(0.082)\times(273+25)$ $H^*=0.227$(无量纲)

同样，由表 3-4，$H=(H^*RT)[1\,000\gamma/w]$

$H=[(0.227)\times(0.082)\times(273+25)][(1\,000)\times(1)/(18)]\approx 308.2$ atm

> **讨论**
>
> 1. 之前提到,无量纲亨利常数的应用逐渐流行。苯是一种受关注的 VOC,其亨利常数数值在大多数的数据库都有。环境条件下,苯的无量纲常数为 0.23。
> 2. 换算数据库中其他污染物的亨利常数时,仅用该污染物的亨利常数与苯的亨利常数的比率(任意单位)乘以 0.23 即可。例如,为了得到二氯甲烷的无量纲亨利常数,首先,由表 3-5 查得二氯甲烷的亨利常数为 2.03 atm/M,苯的亨利常数为 5.55 atm/M;然后计算这两个值的比率,乘以 0.23,就可得到二氯甲烷的无量纲亨利常数为 $[(2.03)/(5.55)] \times 0.23 \approx 0.084$。

【例 3-26】由溶解度及蒸气压计算亨利常数

如表 3-5 所示,25 ℃时苯的蒸气压是 95.2 mmHg,水中苯的溶解度是 1 780 mg/L。求给定条件下的亨利常数。

解答:

由公式 $H = \dfrac{\text{蒸气压}}{\text{溶解度}}$ 可知亨利常数是蒸气压与溶解度之比,因此,

$$H = (95.2 \text{ mmHg}) \div (1\,780 \text{ mg/L}) \approx 0.053\,5 \text{ mmHg/(mg/L)}$$

为了与表 3-5 中给出的值进行比较,需要转换蒸气压和溶解度的单位。

$$P^{vap} = 95.2/760 \approx 0.125 \text{ atm}$$

$$S = 1\,780 \text{ mg/L} = 1.78 \text{ g/L} = (1.78 \text{ g/L}) \div (78.1 \text{ g/mol}) \approx 0.022\,8 \text{ mol/L}$$
$$= 0.022\,8 \text{ M}$$

因此,$H = (0.125 \text{ atm}) \div (0.022\,8 M) \approx 5.48 \text{ atm}/M$

> **讨论**
>
> 1. 例 3-26 的计算结果 5.48 atm/M 基本上和表 3-4 中的值 5.55 atm/M 相当。
> 2. 需要注意的是在技术文章中使用的蒸气压、溶解度和亨利常数可能有不同的数据来源。因此,从蒸气压和溶解度的比率派生出来的亨利常数可能会与上面提到的值不完全一致。

【例 3-27】用亨利定律计算平衡浓度

某地块地下受到四氯乙烯(PCE)的污染。最近的土壤气体浓度调查显示土壤气体中含有 1 250 ppmV 的 PCE。估算土壤水分中 PCE 的浓度。设地下的温度是 20 ℃。

解答:

由表 3-5 可知,对于 PCE:$H = 25.9 \text{ atm}/M$;相对分子质量 $MW = 165.8$

同时,$1\,250 \text{ ppmV} = 1\,250 \times 10^{-6} \text{ atm} = P_A$

a. 由公式 $P_A = H_A C_A$ 可得 $P_A = H_A C_A = 1.25 \times 10^{-3} \text{ atm} = (25.9 \text{ atm}/M) C_A$

$$C_A = 4.82 \times 10^{-5} M = (4.82 \times 10^{-5} \text{ mol/L}) \times (165.8 \text{ g/mol})$$
$$\approx 8 \times 10^{-3} \text{ g/L} = 8 \text{ mg/L} = 8 \text{ ppm}$$

b. 也可以采用无量纲亨利常数解答这个问题

$$H = H^* \times RT = 25.9 = H^* \times (0.082)(273+20)$$

$$H^* = 1.08(无量纲)$$

由公式 1 250 ppmV = (1 250)(165.8/24.05)mg/m³ = 8 620 mg/m³ = 8.62 mg/L

由公式 $G=HC$ 可得：$G=HC=8.62$ mg/L $=1.08\,C$，因此 $C=8$ mg/L $=8$ ppm

> **讨论**
> 1. 两种方法得出的结果相同。
> 2. PCE 的亨利常数相对较高(约为苯的 5 倍,1.08 与 0.227)。
> 3. 平衡时,土壤水分中 PCE 的浓度是 8 mg/L,而气相浓度为 1 250 ppmV,
> 4. 气相中的浓度数值(1 250 ppm)远高于相应液相中的浓度数值(8 ppm)。

3.4.3 固-液平衡

1. 吸附的概念

吸附是组分穿过两相的界面从液相向固相迁移的过程,吸附由以下三个不同成分之间相互作用引起。

- 吸附剂(如非饱和带土壤,含水层基质以及活性炭)
- 吸附质(如污染物)
- 溶剂(如土壤水相及地下水)

吸附过程中,吸附质被从溶剂中去除并被吸附剂吸附。吸附作用是影响污染物在环境中归趋和运移的一个重要机理。

2. 吸附等温线

在固相和液相共存的体系中,吸附等温线描述固相和液相间的平衡关系。等温线表示的是恒定温度下的固体液体关系。

最常见的等温线是 Langmuir 等温线和 Freundlich 等温线,两者都是 20 世纪初推导出的。Langmuir 等温线的理论基础是假定吸附质单层覆盖吸附剂的表面,而 Freundlich 等温线是一个半经验关系。对于 Langmuir 等温线来说,土壤中污染物的浓度随液体中污染物浓度的增加而增加,直至达到固体浓度最大值。Langmuir 等温式如下式所示

$$S = S_{max} \frac{KC}{1+KC} \tag{3-11}$$

式中 S 是在固体表面的吸附浓度,C 是液体中溶解相的浓度,K 是平衡常数,S_{max} 是饱和吸附浓度。需要指出,本书中符号 S 和 X 都将用于表示土壤中污染物的浓度。其中,S 代表"污染物质量/土壤干重",而 X 代表"污染物质量/土壤湿重"。

另外,Freundlich 等温式如下式表示：

$$S = KC^{\frac{1}{n}} \tag{3-12}$$

K 和 $1/n$ 都是经验常数,因吸附剂、吸附质和溶剂的不同而不同。对于给定的任一化合物,经验常数值因温度不同而不同。使用等温式的时候,要确保所用参数的单位和经验常数的单位一致。

这两种等温线都是非线性的。将 Langmuir 等温线和 Freundlich 等温线并入质量平衡方程以评估污染物的归趋和运移会使得计算机模拟变得更难、更费时。幸运的是,研究发现在许多环境应用中,可使用 Freundlich 等温线的线性形式,称为线性吸附等温式,即 $1/n=1$,因此有

$$S = KC \tag{3-13}$$

该式在归趋和运移模型中简化了质量平衡方程。

> **补充:**
>
> 美国物理化学家 Langmuir(朗格缪尔),1881 年 1 月 31 日生于纽约的一个贫民家庭。1903 年毕业于哥伦比亚大学矿业学院。不久去德国留学,1906 年获得哥廷根大学的博士学位。1932 年,因表面化学和热离子发射方面的研究成果获得诺贝尔化学奖。

对于土-水体系,吸附达到平衡时,线性等温吸附式常写成以下形式

$$S = K_p C \text{ 从而 } K_p = S/C \tag{3-14}$$

式中,K_p 称为分配系数,用于预测化合物被土壤或底泥从液相中吸附的趋势并描述该化合物本身在两介质间的分配程度。前面提到的亨利常数,可以看作气-液分配系数。

对于给定的有机化合物,分配系数因土壤不同而不同,有机吸附的主要机理是化合物与土壤中的自然有机质之间的疏水键合作用,已发现 K_p 随土壤中的有机物的百分含量 f_{oc} 增加而增加。从而:

$$K_p = f_{oc} K_{oc} \tag{3-15}$$

有机物碳分配系数 K_{oc},可以认为是有机化合物进入假定的纯天然有机质中的分配系数由于土壤不是 100% 的有机物,因此分配系数要用折减因子 f_{oc} 折减。黏土常常与更多的天然有机质相关联,对有机污染物有很强的吸附能力。

实际上,K_{oc} 是一个理论参数,是由实验确定的 K_p-f_{oc} 曲线斜率,很多化合物没有可供使用的 K_{oc} 值。大量研究把 K_{oc} 和其他更为常见易得到的化学特性关联起来,诸如水中的溶解度(S_w)、辛醇-水分配系数 K_{ow}。辛醇-水分配系数是一个无量纲常数,定义为:

$$K_{ow} = \frac{C_{ow}}{C_w} \tag{3-16}$$

式中,C_{ow} 为辛醇中有机物的浓度,C_w 为水中有机物的浓度。

K_{ow} 可作为有机物在有机相和水之间分配的指示器。K_{ow} 值的范围很广,在 10^{-3}

~10^7 之间变化,亲水性有机物的 K_{ow} 值低,土壤对其的吸附作用较弱。文献中报道了 K_{oc} 与 K_{ow}(或在水中的溶解度 S_w)之间有许多关联方程。通常采用以下简单的关联式:

$$K_{oc} = 0.63 K_{ow} \tag{3-17}$$

表 3-6　K_{oc} 和 K_{ow} 之间的一些关联方程

方程	基本数据
$\lg K_{oc} = 0.544(\lg K_{ow}) + 1.377$ 或 $\lg K_{oc} = -0.55(\lg S_w) + 3.64$	芳香族,羟基的酸和酯,杀虫剂,尿素以及嘧啶,三嗪类化合物及其混合物
$\lg K_{oc} = 1.00(\lg K_{ow}) - 0.21$ 或 $\lg K_{oc} = -0.56(\lg S_w) + 0.93$	多环芳烃,氯代烃,PCBs,农药,卤代乙烷和丙烷,PCE,1,2-二氯苯

注:S_w 是在水中的溶解度,mg/L

$$K_{ow}(\text{或 }S_w) \xrightarrow{K_{oc}=0.63K_{ow}} K_{oc} \xrightarrow{K_p=f_{oc}K_{oc}} K_p \xrightarrow{X=K_pC} C$$

或 X(已知 K_p 和 C 可以计算 S_w,已知 K_p 和 S_w 可以计算 C)

为计算与液相相平衡的固相浓度(或反之),需要确定分配系数的值,可以采用以下步骤确定土壤的固相浓度(或反之);需要确定分配系数的值,可以采用以下步骤确定土壤-水体系种的分配系数:

步骤 1:查得相关组分的 K_{ow} 或 S_w;

步骤 2:采用关联式或公式 $K_{oc} = 0.63 K_{ow}$ 以确定 K_{oc};

步骤 3:确定土壤 f_{oc};

步骤 4:由公式 $K_p = f_{oc} K_{oc}$ 确定 K_p。

【例 3-28】固-液平衡浓度

某地块的含水层受到了四氯乙烯(PCE)的污染,所采地下水样品中含有 200 ppb 的 PCE。计算吸附于含水层土壤中的 PCE 的浓度,该含水层土壤有机质含量为 1%。假设吸附作用符合线性模型。

解答:

a. 查表,对于 PCE,$\lg K_{ow} = 2.6 \rightarrow K_{ow} = 398$

b. 查表,PCE 为一种氯代烃,K_{ow} 和 K_{oc} 关联公式为

$\lg K_{oc} = 1.00(\lg K_{ow}) - 0.21 = 2.6 - 0.21 = 2.39$

$K_{oc} = 245 \text{ mL/g} = 245 \text{ L/kg}$

$K_{oc} = 0.63 K_{ow} = 0.63 \times 398 = 251 \text{ mL/g} = 251 \text{ L/kg}$

$K_p = f_{oc} K_{oc} = 1\% \times 251 = 2.51 \text{ mL/g} = 2.51 \text{ L/kg}$

c. 由公式 $S = K_p C$ 求 S:$S = K_p C = (2.51 \text{ L/kg}) \times (0.2 \text{ mg/L}) = 0.50 \text{ mg/kg}$

> **讨论**
> 1. 由非常直观的公式(3-17)($K_{oc}=0.63K_{ow}$)得到的 K_{ow} 估计值(251 L/kg),与从表 3-6 中的关联方程得出的 K_{oc} 值(245 L/kg)相一致。
> 2. 大多数技术文章中并没有谈到 K_p 的单位。实际上 K_p 的单位为"溶剂体积/吸附质量",多数情况下它相当于 mL/g 或 L/kg。

3.4.4 固-液-气平衡

非水相液体(NAPL)进入非饱和带后可能以四种不同的相态存在,前面仅讨论了气液两相及固液两相的平衡体系,现在进一步讨论包括液、气、固相(在一些应用中也有自由相)的体系。

非饱和带中的土壤水分与土壤颗粒及孔隙间的空气都接触,且每相中的污染物能够迁移到另一相。例如,液相中污染物的浓度受其他相(如土壤固相、气相、自由相)的影响。如果整个系统处于平衡状态,则这些浓度与前面提到的平衡方程相关联。换句话说,研究系统处于一个平衡体系中,只要知道污染物其中一个相的浓度,就可用平衡关系计算其他相的浓度。尽管实际应用中平衡条件并不总是成立,但基于平衡条件得出的估计值是一个好的起点,或者可以作为真实值的上限或下限。

【例 3-29】固-液-气平衡浓度

某地块地下发现有 1,1,1-三氯乙烷(1,1,1-TCA)的自由相。土壤质地为淤泥质土,其有机质含量为 2%。地下温度为 20℃。计算土壤孔隙气体、液相及土壤里 TCA 的最大浓度。

解答:

a. 气相浓度。由于自由相的存在,蒸气浓度的最大值是该温度下 TCA 液相的蒸气压。查表,20 ℃ TCA 的蒸气压是 100 mmHg。

$$100 \text{ mmHg} = (100 \text{ mmHg})/(760 \text{ mmHg}/1 \text{ atm}) \approx 0.132 \text{ atm}$$

$$G = 0.132 \text{ atm} = 132\,000 \text{ ppmV}$$

将 ppmV 换算为 mg/m³,132 000 ppmV = $(13\,200) \times [(133.4/24.05)]$ mg/m³

$$G = 732\,000 \text{ mg/m}^3 \to G = 732.0 \text{ mg/L}$$

b. 液相浓度。查表,$H = 14.4$,将 H 换算为无量纲亨利常数。

$$H = H^* RT = 14.4 = H^*(0.082) \times (273+20) \quad H^* = 0.60\text{(无量纲)}$$

用公式 $G = HC$ 得到液相浓度,$G = HC = 732.2 \text{ mg/L} = 0.60C$,

因此 $C = 1\,220 \text{ mg/L} \to C = 1\,220 \text{ ppm}$

c. 固相浓度。查表,对于 TCA,$\lg K_{ow} = 2.49 \to K_{ow} = 309$

查表,TCA 是一种氯代烃,关联式为 $\lg K_{oc} = 1.0(\lg K_{ow}) - 0.21 = 2.28$

$$K_{oc} = 191 \text{ mL/g} = 191 \text{ L/kg}$$
$$K_{oc} = 0.63 K_{ow} = 0.63 \times 309 = 195 \text{ mL/g} \approx 195 \text{ L/kg}$$
$$K_p = f_{oc} K_{oc} = 2\% \times 191 = 3.82 \text{ mL/g} = 3.82 \text{ L/kg}$$
$$X = K_p C = 3.82 \text{ L/kg} \times 1\ 220 \text{ mg/L} \approx 4\ 660 \text{ mg/kg}$$

计算所得液相浓度 1 220 mg/L 比溶解度 4 400 mg/L 的值要低，计算所得浓度是可能的最大值，若体系不处于平衡状态，则实际值要低一些。

【例 3-30】 固-液-气-平衡浓度（无自由相）

某地块地下发现有 1,1,1-三氯乙烷(1,1,1-TCA)的自由相。土壤气体中 TCA 的浓度为 1 320 ppmV。土壤质地为淤泥质土，其有机质含量为 2%。地下温度为 20 ℃。计算土壤孔隙水及土壤颗粒里 TCA 的最大浓度。

解答：

a. TCA 气体浓度为 1 320 ppmV，为浓度值的 1%。即：$G = 1\ 320$ ppmV $\approx 7\ 326$ mg/m³

b. 无量纲亨利常数为 0.60，即 $G = HC = 7.326$ mg/L $= (0.60)C$，

因此，$C \approx 12.2$ mg/L $= 12.2$ ppm

c. 由 $K_p = 3.82$ L/kg 可得 $S = K_p C = (3.82 \text{ L/kg}) \times (12.2 \times 10^3 \text{ mg/L}) \approx 46.6 \times 10^3$ mg/kg

> **讨论**
>
> 1. $G = HC$ 和 $S = K_p C$ 的平衡关系为线性关系。当气相浓度为 1 320 ppmV 时，其浓度值为例 3-30 中的值(132 000 ppmV)的 1%，其对应的液相和固相浓度也相应为 1%。应当指出的是，这种情况仅在两个系统具有相同的特性（相同的 H 和 K_p）时才成立。
>
> 2. 计算结果是基于系统处于平衡状态这一假设，如果系统处于非平衡状态，则实际浓度值将会不同。

3.4.5 污染物在不同相中的分配

非饱和带中污染物的总质量为四个相（气相、液相、固相及自由相）中污染物质量的总和。以非饱和带内体积为 V 的污染羽为例。

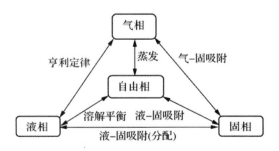

设总孔隙度为 ϕ，ϕ_w 为体积水含量，ϕ_a 为空气的孔隙率，$\phi=\phi_w+\phi_a$
溶解在土壤水相中污染物的质量 $=V_l\times C=V\times\phi_w\times C$
吸附在土壤颗粒表面的污染物质量 $=M_s\times S=V\times\rho_b\times X$
挥发到孔隙空间的污染物质量（气相）$=V_a\times G=V\times\phi_a\times G$
设污染物的总质量为 M_t，M_t 则代表了以上液、气、固相以及自由相（若有），从而
$$M_t=V\times\phi_w\times C+V\times\rho_b\times S+V\times\phi_a\times G+自由相质量$$

自由相的质量以自由相的体积乘以它的密度计算得到。若自由相不存在，则公式可简化为：
$$M_t=V\times\phi_w\times C+V\times\rho_b\times S+V\times\phi_a\times G \qquad (3-18)$$

若体系处于平衡状态，且亨利定律和线性吸附适用，则其中一相的浓度可用其他相的浓度乘以一个因子（系数）来表示，以下关系成立

$$G=HC=H\left(\frac{S}{K_p}\right)=\left(\frac{H}{K_p}\right)S \quad C=\left(\frac{S}{K_p}\right)=\left(\frac{G}{H}\right)$$

$$S=K_pC=K_p\left(\frac{G}{H}\right)=\left(\frac{K_p}{H}\right)G$$

$$\frac{M_t}{V}=\left[\frac{\phi_w}{K_p}+\rho_b+(\phi_a)\frac{H}{K_p}\right]S=\left[\frac{\phi_w}{H}+K_p\frac{\rho_b}{H}+(\phi_a)\right]G$$
$$=[\phi_w+K_p\rho_b+(\phi_a)H]C$$

若已知污染羽的体积 V，乘以平均质量浓度 M_t/V 可确定污染羽中污染物的总质量。若在无自由相存在，且平均液相浓度、土壤浓度、气相的浓度已知的情况下，可用上式估算非饱和带内污染物的总质量。

对地下水污染羽中的溶解相（$\phi_a=0$ 及 $\phi_w=\phi$），上式可以改写成
$$\frac{M_t}{V}=\left[\rho_p+\frac{\phi}{K_p}\right]S=[\phi+K_p\rho_b]C \qquad (3-19)$$

本部分所用方程中，建议使用以下单位：V(L)，C(mg/L)、S(mg/kg)、M_t(mg)、ρ_b(kg/L)、K_p(L/kg)、ϕ_a、ϕ_w、ϕ 及 H 无量纲。

本书中 S（吸附于土壤表面的污染物浓度）与 X（土壤样品中污染物浓度）的值均表示污染物在土壤中的浓度。S 的含义是"污染物质量/干燥土壤质量"，用于表示吸附于固体表面的浓度。X 则是代表"污染物质量/湿土质量"，用于表示土壤样品中污染物的浓度。假设当样品土壤孔隙空气中的污染物也被分析测出时，单位体积内污染物的总质量 M_t/V 与污染物在土壤里的浓度（X）有如下关系。
$$M_t/V=X\rho_t \qquad (3-20)$$

土壤样品浓度 X 与 G、C、S 间的关系虽然复杂，但一般可以表达为：

$$X=\left\{\frac{[(\phi_w)+(\rho_b)K_p+(\phi_a)H]}{\rho_t}\right\} \quad C=\left\{\frac{\left[\frac{(\phi_w)}{H}+\frac{(\rho_b)K_p}{H}+(\phi_a)\right]}{\rho_t}\right\}G$$

$$=\left\{\frac{\left[\frac{(\o_w)}{K_p}+(\rho_b)+(\o_a)\frac{H}{K_p}\right]}{\rho_t}\right\}S \qquad (3-21)$$

【例3-31】气、液两相间的质量分配

一个技术新手被安排从监测井中采集地下水样,他所采的苯污染地下水样仅装了 40 mL 样品瓶的一半($T=20$ ℃)。经分析所采集地下水中苯的浓度为 5 mg/L,求:

a. 样品瓶打开前瓶内上部空间苯的浓度(ppmV);

b. 密封样品瓶水相中的苯占样品瓶中苯总质量的百分比;

c. 若样品瓶的顶部空间也充满了地下水样,地下水中苯的实际浓度。假定苯的无量纲亨利常数值为 0.22。

解答:

a. 容器顶部空间气相中苯的浓度为

$HC_1 = 0.22 \times (5\text{mg/L}) = 1.1 \text{ mg/L} = 1\,100 \text{ mg/m}^3$

$1 \text{ ppmV} = (MW/24.05)\text{mg/m}^3 = (78/24.05)\text{mg/m}^3 \approx 3.24 \text{ mg/m}^3$

容器顶部空间气相中苯的浓度 $= 1\,100/3.24 \approx 340$ ppmV

b. 液相中苯的质量 $CV = (5\text{mg/L}) \times 0.5 \text{ L} = 2.5 \text{ mg}$

容器顶部空间气相中苯的质量 $GV = (1.1 \text{ mg/L}) \times 0.5 \text{ L} = 0.55 \text{ mg}$

苯的总质量 = 液相中的质量 + 容器顶部空间气相中的质量

$= 2.5 \text{ mg} + 0.55 \text{ mg} = 3.05 \text{ mg}$

水相中苯的质量百分比 $= (2.5 \text{ mg})/(3.05 \text{ mg}) \approx 82\%$

c. 实际的液相浓度为 $(3.05 \text{ mg})/(0.5 \text{ L}) = 6.1 \text{ mg/L}$

> **讨论**
> 1. 尽管取样体积只有 40 mL,但为了使计算简化,选取基准体积为 1 L。
> 2. 由于样品瓶中顶部空间的存在,液相表观浓度比实际浓度要低。

【例3-32】含水层中固液两相间的质量分配

某地块的地下含水层受到了四氯乙烯(PCE)的污染,该含水层孔隙为 0.4,含水层土壤(干燥)堆积密度为 1.6 g/cm³,地下水样品中含有 200 ppb 的 PCE。假设吸附符合线性吸附模型。

计算:a. 吸附在含水层土壤上的 PCE 浓度,该含水层土壤含有 1% 的有机质(质量分数);

b. PCE 在溶解相及吸附在固相中的分配。

解答:

a. 吸附于固相的 PCE 浓度已在例 3-28 中确定为 0.50 mg/kg。

b. 基准:含水层体积为 1 L。

液相中 PCE 的质量为 $CV\phi = (0.2 \text{ mg/L}) \times [(1 \text{ L}) \times 0.4] = 0.08 \text{ mg}$

吸附于固相的 PCE 质量 $XV\rho_b = 0.5 \times 1 \text{ L} \times 1.6 \text{ g/cm}^3 = 0.8 \text{ g}$

PCE 的总质量＝液相质量＋固相质量＝0.08 mg＋0.8 mg＝0.88 mg

含水相中 PCE 的总质量百分比＝0.08/0.88＝9.1%

> **讨论**
> 污染含水层中大部分 PCE(90.9%)吸附于含水层土壤中,这从某种程度上解释了为什么抽出处理方法处理含水层需要更长的时间。

【例 3-33】液固两相间的质量分配

废水中含有 5 000 mg/L 的悬浮固体,悬浮固体中有机质的质量分数为 1%。过滤后废水中苯的浓度为 5 mg/L,苯的 K_{oc} 为 85 mL/g。

求:

a. 吸附于悬浮固体表面上苯的浓度;

b. 溶解于未过滤废水中苯的总质量百分比。

解答:用公式(3-15),得到 $K_p = f_{oc} K_{oc} = 1\% \times (85 \text{ mL/g}) = 0.85 \text{ mL/g} = 0.85 \text{ L/kg}$

用公式(3-13),得 S 为 $S = K_p C = (0.85 \text{ L/kg}) \times (5 \text{ mg/L}) = 4.25 \text{ mg/kg}$

a. 基准:1 L 的溶液

液相中苯的质量为 $CV = (5 \text{ mg/L}) \times (1 \text{ L}) = 5 \text{ mg}$

吸附在固体上苯的质量为 $(S)[V_{悬浮相固体浓度}]$

$= (4.25 \text{ mg/kg}) \times [(1 \text{ L}) \times (5 000 \text{ mg/L}) \times (1 \text{ kg}/1 000 000 \text{ mg})] = 2.125 \times 10^{-2} \text{ mg}$

b. 苯的总质量＝液体中的质量＋固体中的质量＝$5 \text{ mg} + 2.125 \times 10^{-2} \text{ mg}$

＝5.021 25 mg

水相中苯的质量百分比＝$5 \div 5.0215 \times 100\%$＝99.6%

> **讨论**
> 由于只有少量的悬浮固体存在且其有机质含量较低,苯相对比较亲水,因此固相中仅出现少量的苯;几乎所有的苯(99.6%)存在于溶解相中。

【例 3-34】气、液、固三相间的质量分配

某垃圾填埋场非饱和带土壤中的苯和芘的气相浓度分别为 100 ppmV 和 10 ppbV。非饱和带土壤的孔隙度为 40%,其 30% 被水占据。土壤密度是 1.8 g/cm³。假设无自由相存在,确定每种化合物在孔隙气体、液体及固相三相中的质量分数。苯和芘的无量纲亨利常数值分别为 0.22 和 0.000 2。苯和芘的 K_p 值分别为 1.28 和 717。

分析:

以 1 m³ 土壤为基准,用 Excel 表格计算。对于这两种化合物,大多数污染物都吸附于土壤固相,对芘而言尤甚,芘具有高 K_p 值和低 H 值,芘在气相中的浓度很低,但在土壤固相中的浓度很高。

解答: 基准:1 m³ 的土壤

	确定孔隙气体中污染物质量	苯	芘
Air	分子量	78	202
	G(ppmV)	100	0.01
	G(mg/m³)	324.324 324 3	0.084 099 792
	气相体积 V_a(m³)=1 m³×40%×(1−30%)	0.28	0.28
	气相中的质量(mg)=气相体积(m³)×G(mg/m³)	90.810 810 81	0.023 547 942
Water	确定溶解在液相中的质量		
	H	0.22	0.000 2
	C(mg/m³)=G/H	1474.201 474	420.498 960 5
	液相体积 V_l(m³)=1 m³×40%×30%	0.12	0.12
	液相中的质量 M_l(mg)=V_l(m³)×C(mg/m³)	176.904 176 9	50.459 875 26
Soil	确定吸附在固体上的质量		
	K_p	1.28	717
	C(mg/L)=C(mg/m³)/1 000	1.474 201 474	0.420 498 96
	X(mg/kg)=$K_p C$(mg/L)	1.886 977 887	301.497 754 7
	固相(土壤)质量(kg)=1 m³×1 000 L/m³×ρ_b(kg/L)	1 600	1 600
	固相中的质量(mg)=固相质量(kg)×X(mg/kg)	3 019.164 619	482 396.407 5
Total		3 286.879 607	482 446.890 9
M_i	确定各相质量分数		
	孔隙气体中%	2.762 827 413	4.880 94×10⁻⁶
	水中%	5.382 131 324	0.010 459 156
	固相中%	91.855 041 26	99.989 535 96

讨论

对于这两种化合物,大多数污染物都吸附于土壤固相(苯为 91.8%;芘为 99.99%),对具有高 K_p 值和低 H 值的芘而言尤甚。芘在气相中的浓度非常低,但在土壤固相中的浓度很高。

【例 3-35】土壤中的关注污染物浓度:S 与 X 的比较

在例 3-34 中,苯和芘吸附于土壤颗粒表面的浓度分别为 1.89 mg/kg 和 287 mg/kg。假如从该地块取样对苯与芘在土壤里的浓度进行实验室分析,求土壤中的浓度值,并用此浓度计算土壤中污染物的总质量。

解答：

a. X 和 S 的关系由公式(3-21)得

$$X = \left\{ \frac{\left[\frac{(\Phi_w)}{K_p} + (\rho_b) + (\Phi_a)\frac{H}{K_p}\right]}{\rho_t} \right\} S = \left\{ \frac{\left[\frac{(0.12)}{1.28} + (1.6) + (0.28)\frac{0.22}{1.28}\right]}{1.8} \right\} \times 1.89$$

$$\approx 1.83 \text{ mg/kg（苯浓度）}$$

$$X = \left\{ \frac{\left[\frac{(\Phi_w)}{K_p} + (\rho_b) + (\Phi_a)\frac{H}{K_p}\right]}{\rho_t} \right\} S = \left\{ \frac{\left[\frac{(0.12)}{717} + (1.6) + (0.28)\frac{0.0002}{717}\right]}{1.8} \right\} \times 287$$

$$\approx 255 \text{ mg/kg（芘浓度）}$$

b. 假如关注污染物在土壤孔隙气体中的质量未被分析至总质量时，公式可变为：

$$X = \left\{ \frac{\left[\frac{(\Phi_w)}{K_p} + (\rho_b)\right]}{\rho_t} \right\} S = \left\{ \frac{\left[\frac{(0.12)}{1.28} + (1.6)\right]}{1.8} \right\} \times 1.89 \approx 1.78 \text{ mg/kg（苯浓度）}$$

$$X = \left\{ \frac{\left[\frac{(\Phi_w)}{K_p} + (\rho_b)\right]}{\rho_t} \right\} S = \left\{ \frac{\left[\frac{(0.12)}{717} + (1.6)\right]}{1.8} \right\} \times 287 \approx 255 \text{ mg/kg（芘浓度）}$$

c. 利用公式得出关注污染物的总质量为：

$$[(V_s)(\rho_t)]X = M_s X = [(1 \text{ m}^3)(1\,800 \text{ kg/m}^3)] \times 1.83 \text{ mg/kg} = 3\,294 \text{ mg（苯质量）}$$

$$[(V_s)(\rho_t)]X = M_s X = [(1 \text{ m}^3)(1\,800 \text{ kg/m}^3)] \times 255 \text{ mg/kg} = 459\,000 \text{ mg（芘质量）}$$

> **讨论**
>
> 1. 本例说明了 X 与 S 间的区别。对于苯来说，X 与 S 的值非常接近。而对于芘，X 与 S 的比值约等于干堆积密度与总堆积密度的比值。这主要是因为绝大部分的芘吸附于土壤颗粒的表面。
> 2. 忽略土壤孔隙空气中的质量不会对 X 的估值带来明显影响。
> 3. 土壤中关注污染物总质量的计算值基本上与例 3-35 的结果一致。

【例 3-36】土壤气相与土壤样品浓度之间的关系

某垃圾填埋场非饱和带土壤孔隙中苯和芘的气相浓度经土壤气调查分别为 100 和 0.01 ppmV。非饱和带土壤的孔隙度为 40%，其中 30% 被水占据，土壤密度是 1.8 g/cm³。苯的无量纲常数值分别为 0.22 和 0.000 2。苯和芘的 K_p 值分别为 1.28 和 717。土壤样品取自土壤气探头所在位置，并送实验室分析土壤中污染物的浓度。计算土壤中污染物的浓度。

解答： 基准：1 L 的土壤

a. 气相浓度 ppmV 必须换算为 mg/L。由上例计算结果，苯：$G = 324$ mg/m³ = 0.324 mg/L。用下式估计土壤中苯的浓度。

$$\frac{M_t}{V} = \left\{\left[\left(\frac{\emptyset_w}{H}\right) + \frac{(\rho_b)K_p}{H} + (\emptyset_a)\right]\right\}G = \left\{\frac{(0.12)}{0.22} + \frac{(1.6 \times 1.28)}{0.22} + 0.28\right\} \times (0.324)$$

$$\approx 3.28 \text{ mg/L}(苯浓度)$$

将土壤质量换算为 mg/kg,把上面所得的值除以总土壤堆积密度得:

$$苯土壤浓度(X) = (3.28 \text{ mg/L}) \div (1.8 \text{ kg/L}) = 1.82 \text{ mg/kg}$$

b. 对于芘而言,$G = 0.000\,084$ mg/L。用公式估算土壤中芘的质量浓度,有:

$$\frac{M_t}{V} = \left\{\left[\left(\frac{\emptyset_w}{H}\right) + \frac{(\rho_b)K_p}{H} + (\emptyset_a)\right]\right\}G = \left\{\frac{(0.12)}{0.000\,2} + \frac{(1.6 \times 717)}{0.000\,2} + 0.28\right\} \times (0.000\,084)$$

$$\approx 482 \text{ mg/L}(芘浓度)$$

将土壤质量换算为 mg/kg,将上面所得的值除以总土壤堆积密度得:

$$芘土壤浓度(X) = (482 \text{ mg/L}) \div (1.8 \text{ kg/L}) \approx 268 \text{ mg/kg}$$

讨论

1. 在本例中,含有 1.82 mg/kg 苯的土样,其气相浓度达到了 100 ppmV。土堆中芘的浓度为 268 mg/kg,比苯的浓度高 150 倍,但其气相浓度却是万分之一。

2. 假设土壤中污染物的浓度一定,土壤中污染物的 K_p 值越小且亨利常数 H 值越大,土壤中气相的浓度会越高(换句话说,土壤中有机质的含量越少,污染物的疏水性越差,越易挥发)。对于砂质土壤,土壤气相浓度可能高些,但吸附在颗粒上的污染物浓度相对较低。这也解释了 PID(Photoionization Detector,光离子化检测器)或 OVA(Organic Vapor Analyzer,有机气体分析仪)读数中有关砂质土壤样品中污染物的浓度会高一些,而实验室结果测出的砂质土壤中污染物的浓度值要低些的原因。

3. 本例中芘的浓度为 268 mg/kg,意味着 1 kg 湿土(土壤+水分)中含有 268 mg 芘,而在例 3-35 中,芘的浓度为 255 mg/kg,意味着 1 kg 干土中含有 255 mg 芘。需要注意的是,一般实验室测得的结果是基于湿土样品。

3.5 典型案例

3.5.1 地块概况

地块位于淮河流域。通过历史资料收集、现场踏勘和人员访谈,结合地块的历史影像图片,地块历史为农用地和居住用地。根据 2012—2022 年历史影像图,地块有被周边居民零星种菜进行使用无工业生产的历史。调查单位接受项目委托后,调查工作组对地块资料进行收集,进行现场踏勘,调查走访,并使用无人机进行航拍。

3.5.2 资料收集

经走访当地政府管理部门、常住居民,搜集了地块相关资料,具体资料收集清单详见表 3-7。

表 3-7 地块资料收集清单

序号	资料信息	有/无	资料来源
1	地块利用变迁资料		
1.1	用来辨识地块及其邻近区域的开发及活动状况的影像图片	有	地图软件
1.2	土地管理机构的土地登记资料	无	—
1.3	地块的土地使用和规划资料	有	县自然资源和规划局
1.4	其他有助于评价地块污染的历史资料如平布置情况、地形情况	有	街道工作人员访谈
1.5	地块利用变迁过程中的地块内建筑、设施等的变化情况	有	街道工作人员访谈
2	地块环境资料		
2.1	地块内土壤及地下水污染记录	无	—
2.2	地块内危险废弃物堆放记录	无	—
3	地块相关记录		
3.1	产品和原辅材料清单、平面布置图、工艺流程图	无	—
3.2	地下管线图、化学品储存和使用清单、泄漏记录、废物管理记录	无	—
3.3	地勘报告	有	街道主管部门
4	由政府机关和权威机构所保存和发布的环境资料		
4.1	环境质量公告	有	环保主管部门
4.2	企业在政府部门相关环境备案和批复	无	—
4.3	生态和水源保护区规划	有	环保主管部门
5	地块所在区域的自然和社会经济信息		
5.1	地理位置图、地形、地貌、土壤、水文、地质、气象资料,当地地方性基本统计信息	有	网络查询
5.2	地块所在地的社会信息,如人口密度和分布,敏感目标分布	有	网络查询、现场踏勘
5.3	土地利用的历史、现状和规划,相关国家和地方的政策、法规标准	有	业主提供、网络查询

3.5.3 人员访谈

调查走访了地块所在社区政府工作人员、业主和地块周边居住人员,选取年龄较长,长期居住于此的人员对地块信息历史情况进行了解核实。

从人员访谈的资料得出结论:地块历史2007年以前为农田,农田主要耕作方式为稻麦轮作,2007年为村居住点建设,本地块为空地。历史上未有工业生产活动,地块及周边无危险废物堆存痕迹,不涉及危险化学品储存和使用。

根据资料收集,地块2007年前为农田,之后建设新村,2021年建设暖心房。结合地块历史卫星影像资料、人员访谈等,得到地块内土地利用历史演变情况见表3-8。

表3-8 地块历史沿革一览表

序号	时间	地块用途	信息来源
1	2021年至今	2021年至今,地块内为村暖心房项目住宅	人员访谈、现场踏勘、历史影像图
2	2007—2020年	新村居住点,闲置空地	人员访谈、历史影像图
3	2007年以前	农田	人员访谈

通过人员访谈可知,地块历史最初为农用地、空地,无工业企业生产活动。

3.5.4 现场踏勘

现场踏勘发现,地块内无异味,无垃圾及其他包装物,无有毒有害物质的堆存、使用和处置。地块内无槽罐、无有害物质泄漏的痕迹。地块内无固体废物及危险废物的堆存。地块内无管线和污水收集管线。

本地块地形总体上较平坦开阔,无较大起伏,海拔约10 m。底层较齐全,地块无不良地质作用,历史上无工业企业生产活动,污染物渗入可能性较小,不易发生污染物迁移,造成地块土壤和地下水污染的潜在风险较小。为保证调查结果,排除不确定因素,进行了地块土壤样品现场快速检测,辅助验证初步判断得出不是疑似污染地块的结论。

3.5.5 土壤和地下水分析

3.5.5.1 采样布点

对于调查区域,每个采样点按0~0.5 m、0.5~1.0 m、1.0~1.5 m、1.5~2.0 m、2.0~2.5 m、2.5~3.0 m、3.0~4.0 m、4.0~5.0 m、5.0~6.0 m 9个层次(层深依次编号1—9)分层取样;现场采样时,采用重金属快速检测仪(XRF)和光离子化检测仪(PID)现场测试土壤样品中重金属和挥发性有机污染物含量是否异常,若发现异常则应增加采样深度。采用专业判断法,在地块西南角离疑似污染源近处取一个采样点(见下图)。地块内的土壤及地下水采样点数量为1个,如下图。

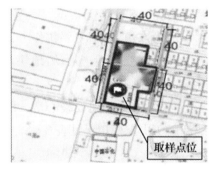
图 3‑4　水土复合样采样点位示意图

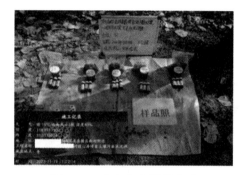
图 3‑5　水土复合样样品照

采用直接贯入技术的取样设备采集土壤样品。土壤采集方法参照《土壤环境监测技术规范》(HJ/T 166—2004)和《地块土壤和地下水中挥发性有机物采样技术导则》(HJ 1019—2019)中规定进行。

表 3‑8　水土复合检测点位信息表

点位名称	点位坐标		钻孔深度/m	点位类型
	E(东经)	N(北纬)		
S1/W1	118.851 350 2°	33.017 807 4°	6.0	水土复合点

3.5.5.2　采样过程前

取靠近附近加油站和村工业园区的西南角采集水土复合样一个。综合考虑周边实际情况(加油站油罐埋深约 6 m),此次调查地块内共布设 1 个地下水点位,钻探深度设置为 6.0 m。土孔钻探完成后,在套管中放入内径 60 mm 的聚氯乙烯(PVC)管直至孔底。管子底部是由均匀切割出的带细缝的筛管,筛管以上到地面是白管。筛管长度由现场工程师根据地下水初见水位及地下水季节性的变化决定。筛管的位置应能够过滤最上层含水层,并适当高于地下水位,从而能够监测潜在的非水溶性有机污染物(LNAPL)。地下水采样深度在监测井水面 0.5 m 以下。

3.5.5.3　采样过程中

土壤采样包括:钻探取孔,样品筛查,样品采集,样品保存与流转。地下水采样包括:监测井建设,样品采集,样品保存与流转。土壤和地下水采样过程的质量保证符合 HJ25.1、HJ25.2、HJ/T164 和 HJ/T166 中的相关要求。土壤和地下水平行样及空白样的采集分别执行相关土壤和水质环境监测分析方法标准的规定。采样过程中,现场采样人员按要求佩戴防护器具,减少挥发性有机物的吸入和摄入,并避免皮肤与污染土壤和地下水的直接接触。

土壤采集方法参照《土壤环境监测技术规范》(HJ/T166—2004)和《地块土壤和地下水中挥发性有机物采样技术导则》(HJ 1019—2019)中规定进行。

3.5.5.4 采样结束后

废物处置：土壤采样过程中产生的剩余土壤回填原采样处。地下水采样过程中产生的洗井及设备清洗废水使用固定容器进行收集，执行 GB 8978 的相关规定，不任意排放。

本案例采样调查共设置 1 个土壤采样点(含 1 个对照点)，共计采集 9 个土壤样品，送检 4 个土壤样品及 1 个土壤平行样品；共布设 1 个地下水采样点，共采集 1 个地下水样品及 1 个地下水平行样送检。

3.5.5.5 检测结果分析

本调查地块内共送检 4 个土壤样品和 1 个土壤平行样。地块内铜、镍、铅、镉、砷、汞、六价铬和石油烃(C_{10}~C_{40})有检出，其他均未检出。本地块土壤样品中污染物含量均低于《土壤环境质量 建设用地土壤污染风险管控标准(试行)》(GB 36600—2018)中第一类用地筛选值。

本案例调查地块内共布设 1 口地下水监测井，共送 1 个地下水样品和 1 个地下水平行样。地下水样品镍、砷、石油烃(C_{10}~C_{40})、甲基叔丁基醚有检出，其他检测项目均未检出。其中，石油烃(C_{10}~C_{40})含量低于《上海市建设用地土壤污染状况调查、风险评估、风险管控与修复方案编制、风险管控与修复效果评估工作的补充规定(试行)》(沪环土[2020] 62 号)中建设用地地下水污染风险管控第一类用地筛选值，镍和砷含量满足《地下水质量标准》(GB/T 14848—2017)Ⅳ类标准值，甲基叔丁基醚含量满足 EPA《美国饮用水健康建议值》(0.02 mg/L)。

3.5.5.6 结论

地块内土壤所检污染物含量均低于《土壤环境质量 建设用地土壤污染风险管控标准(试行)》(GB 36600—2018)中一类用地筛选值标准，铬含量低于《深圳市建设用地土壤污染风险筛选值和管制值》(DB 4403/T 67—2020)的一类用地筛选值。本地块不属于污染地块。

思考题

1. 地块调查分为几个阶段？各阶段工作内容有哪些？
2. 建设用地污染地块布点常用的方法有哪些？
3. 污染地块调查第一阶段的目的是什么？
4. 专业判断布点法的布点原则是什么？
5. 土壤中挥发性有机物采样和保存的要点是什么？
6. 某儿童进入一个含有苯污染的土壤地块玩耍。在他待在这个地块期间，他吸入了 2 m^3 含有 10 ppbV 苯的空气(20 ℃)，同时摄取了少许(约为 5 cm^3)含有 3 mg/kg 苯的土壤。问哪种暴露途径摄入的苯更多？假设土壤密度为 1.8 g/cm^3。

7. 某地下储罐体积为 4.5 m³,由于泄漏被移除。开挖形成了一个 4 m×4 m×5 m(长×宽×高)的储罐坑,开挖后土壤在地块内堆放。从土堆中取了 3 个样品,土壤中的总石油烃(TPH)的浓度分别小于 100 ppm、1 500 ppm 和 2 000 ppm。请计算这个土堆中总石油烃(TPH)的量是多少? 分别用 kg 和 L 来表示。土壤密度假设为 1 800 kg/m³(即 1.8 g/cm³,且总石油烃(TPH)的密度假设为 0.8 kg/L(即 0.8 g/cm³)。

8. 某加油站位于由粗颗粒河流冲积土层构成的平原。移除了 3 个 19 m³ 的钢制储罐,并打算由 3 个双层纤维玻璃罐在原地替代。在储罐移除过程中,发现储罐回填土有强烈的汽油气味。经初步分析,土壤中的燃料烃来源于往油箱加油时因过满而溢出的油料,以及储罐东部的少数管道泄漏。开挖形成了一个 6.0 m×9.0 m×5.5 m(长×宽×高)的坑,开挖的土壤堆放在现场。从土堆中取出 4 个样品,经分析总石油烃(TPH)的土壤中 TPH 的浓度分别为未检出(<10 ppm)、200 ppm、400 ppm 和 800 ppm。储罐坑用干净土壤回填井压实。为表征地下地质状况和描述污染羽情况,现场施工了 6 个钻孔(其中 2 个在开挖区内),钻孔采用中空螺旋钻成孔方法,用一个直径为 5.0 cm 的铜质对开式取样器,每间隔 1.5 m 采集土样。

水位线位于地面以下 15 m,所有的钻孔钻至地面以下 21 m,随后被转建为 20 cm 的地下水监测井。从钻孔中选取的土壤样品用于分析 TPH 和 BTEX,分析结果显示自开挖区域外来的土样检测值均为未检出。检测结果如下:

钻孔编号	深度/m	TPH/(mg/kg)	苯/(μg/kg)	甲苯/(μg/kg)
B1	7.5	800	10 000	12 000
B1	10	2 000	25 000	35 000
B1	12.5	500	5 000	7 500
B2	7.5	<10	<100	<100
B2	10	1 200	10 000	12 000
B2	12.5	800	2 000	3 000

[计算时,如检测含量未检出,可按检测限保守取值、计算]此外,发现位于开挖区域内的两个监测井中有自由漂浮汽油出现。这两个监测井中的自由漂浮相的表观厚度换算为实际厚度分别为 30 cm 和 61 cm。土壤和含水层基质的孔隙度和密度分别为 0.35 g/cm³ 和 1.8 g/cm³。

9. 一个技术新手被安排从监测井中采集地下水样,他所采的苯污染地下水样仅装了 40 mL 样品瓶的一半($T=20$ ℃)。经分析所采集地下水中苯的浓度为 5 mg/L,请计算确定:

a. 样品瓶打开前瓶内上部空间苯的浓度(ppmV)。

b. 密封样品瓶水相中的苯占样品瓶中苯总质量的百分比。

c. 若样品瓶的顶部空间也充满了地下水样,计算确定地下水中苯的实际浓度。

假定苯的无量纲亨利常数值为 0.22。

10. 某地块的地下含水层受到了四氯乙烯(PCE)的污染,该含水层孔隙度 $\varnothing$ 为 0.4,含水层土壤密度 ρ_b 为 1.8 g/cm³,有机质含量 f_{oc} 为 1%(质量比),地下水样品中含有 200 ppb 的 PCE。假设 PCE 在土壤上的吸附行为符合线性吸附模型,计算:

(1) 吸附在含水层土壤上的 PCE 浓度;

(2) PCE 在溶解相及吸附在固相中的分配。

第四章

污染地块健康风险评估

4.1 污染地块概念模型

4.1.1 地块概念模型

根据《建设用地土壤污染风险管控和修复术语》(HJ 682—2019),地块概念模型是指用文字、图、表等方式来综合描述污染源、污染迁移途径、人体或生态受体接触污染介质的过程和接触方式。总的来说,地块概念模型包括了与污染地块有关的所有数据和信息,涉及的信息包括了地块的基本信息,地质、水文地质条件,污染来源、历史、分布、程度、迁移途径,可能的污染暴露介质、途径和潜在的污染受体。

从地块概念模型的定义和其包含的内容可以看出,地块概念模型是对整个污染地块的集中反映。建立地块概念模型在污染地块修复过程中至关重要,地块概念模型能够充分反映一个污染地块的过去、现在和未来。地块概念模型在污染地块调查过程中也至关重要,在不同阶段建立不同程度的概念模型既可以充分指导下一阶段的调查工作,又可以作为不同阶段的调查成果。

4.1.2 地块污染模拟和表达

4.1.2.1 二维数值模拟

污染物二维平面模型是利用平面图和剖面图表达污染物分布状况的一种方法,其实质是将三维地质环境中的地质现象投影到某一平面进行表达。由于污染地块中污染物的分布呈现区域化、连续性及空间性的特点,所以,二维平面模型可被用于表述污染物在地块非饱和带的分布特征及其分布范围。目前,国内外对于污染物在二维平面上的分布做了大量研究,这些研究主要集中于:基于统计学插值方法来调查和监测污染物分析、各向同性范围内的空间变异模型参数作为克里格插值的参数选择及其对插值精度的影响、污染物区域分布影响因素分析、插值方法分析和预测污染物空间分布特征等方面。

4.1.2.2 三维数值模拟

随着科学计算可视化与三维 GIS 的发展,三维可视化模型得到了广泛应用。主要是在获取各种地质信息的条件下,结合地质解译、地统计分析、空间预测及图形可视化等技术,建立三维环境地质模型。三维地质模型可以解决二维平面不能直观展现地形高程变化等问题，多方式多角度展示复杂地质信息，反映地块地层结构形态。地块地层普遍具有异质性，地块污染分布与地层结构密切相关。传统的数据分析方法将地块概化为二维平面进行污染特征分析，忽略了污染垂直分布上的异质性特征，造成地块污染范围及修复土方量的计算误差相对较大。三维可视化建模技术可以充分利用地块地层信息和地块不同深度样品检测数据，更加准确地分析地块污染分布状况，减少预测误差。

污染地块三维可视化模型由地块地层模型及污染分布模型构成。具体建模方法：① 建立地块地层模型。依据地块地质资料整理钻孔数据，依据地层分布情况由上至下设置土壤属性信息；然后依据钻孔地理位置坐标及钻孔纵向地层信息完成钻孔三维可视化，再采用三维插值方法实现地质体网格构建，最后依据调查边界条件进行裁剪，完成地块三维地层模型构建。② 建立地块污染分布模型。在地块地层模型构建基础上，将土壤钻孔样品检测分析结果与钻孔地层数据相结合，选择三维插值方法对钻孔节点检测结果进行插值计算，完成地块污染分布模型构建。

> **补充**
>
> **克里格插值法**
>
> 克里格（Kriging）插值法，又称空间局部估计法或空间局部插值法，是地统计学的主要内容之一。克里格法是建立在变异函数理论及结构分析基础之上的，实质是利用区域化变量的原始数据和变异函数的结构特点，对未采样点的区域化变量的取值进行线性无偏最优估计。南非矿产工程师克里格（D. R. Krige）首先将该方法用于寻找金矿，因此 G. Matheron 就以"克里格"的名字命名了该方法。

4.2 污染物暴露途径

4.2.1 人体污染物摄取方式和机制

人体摄取污染物质的途径主要包括三条：口、呼吸和皮肤接触，如图 4-1 所示。

污染物对人体健康的危害程度，与人体摄入污染物的剂量有关。通常，摄入剂量包括潜在剂量、实用剂量、内部剂量和有效剂量等。其中：① 潜在剂量指可能被人体吸收的污染物质的数量，在呼吸和饮食途径中，指达到或进入人体口鼻部分的污染物质数量；皮肤接触途径中，潜在剂量指可能和皮肤接触的污染物质数量。② 实用剂量指实际达到人体皮肤表面、肺和胃肠的交换边界上可被吸收或利用的污染物质数量，与潜在剂量相比，实用剂量扣除了污染物质到达皮肤表面或肺泡和胃肠过程中的损失量。③ 内部剂量指

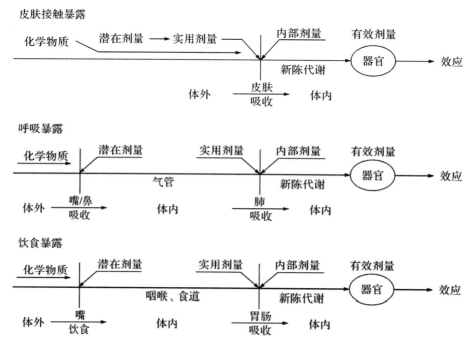

图 4-1 人体摄取污染物质的 3 种途径的剂量示意图

进入人体血液可与人体细胞等发生作用的污染物质数量,在皮肤暴露评价时,常称为吸收剂量。④ 有效剂量指污染物进入人体血液后,通过血液输运,部分可能进入人体细胞和器官并最终引起负面效应的污染物质数量。

无论通过何种途径,污染物质只有最终进入人体血液中才会对人体健康产生影响。因此,原则上估计人体污染物的摄取量应以内部剂量或吸收剂量为依据。

4.2.2 剂量-反应关系

4.2.2.1 概述

剂量-反应关系指毒物作用于机体时的剂量与所引起的生物学效应的强度或发生频率之间的关系。它反映毒性效应和接触特征,以及它们之间的关系,是评价毒物的毒性和确定安全接触水平的基本依据,是毒理学所有分支领域的最基本的研究内容。

反应(response)指化学物质与机体接触后引起的生物学改变。计量资料有强度和性质的差别,可以某种测量数值表示。这类效应称为量反应(graded response)。用于表示化学物质在个体中引起的毒效应强度的变化。

计数资料没有强度的差别,不能以具体的数值表示,而只能以"阴性或阳性"、

"有或无"来表示,如死亡或存活、患病或未患病等,称为质反应(quantal response)。用于表示化学物质在群体中引起的某种毒效应的发生比例,如阳性率、死亡率、发病率等。

剂量-效应关系(Dose-effect relationship)指接触剂量与个体或群体中产生生物学变化强度之间的关系。剂量-反应关系(Dose-response relationship)指接触剂量与接触群体中产生效应发生率之间的关系。

4.2.2.2 剂量反应关系的表示

剂量-反应关系可以用曲线表示,即以表示量反应强度的计量单位或表示质反应的百分率为纵坐标、以剂量为横坐标绘制散点图,可得到一条曲线。常见的剂量-反应曲线有以下几种形式:

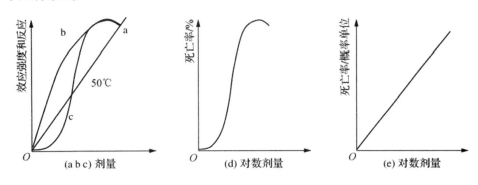

图4-2 剂量-反应关系曲线示意图

4.2.2.3 非致癌效应

污染物质对人体产生的不良效应以剂量-效应关系表示对于非致癌物质如具有神经毒性、免疫毒性和发育毒性等物质,通常认为存在阈值现象,即低于该值就不会产生可观察到的不良效应。对于致癌和致突变物质,一般认为无阈值现象,即任意剂量的暴露均可能产生负面健康效应。

非致癌效应的阈值的表征方法有3种:不可见有害作用水平(no observed adverse effect level, NOAEL)、最低可见有害作用水平(lowest observed adverse effect level, LOAEL)和基准剂量(benchmark dose, BMD)。传统上主要以实验所得的 NOAEL 和 LOAEL 表示,但由于该两种表述方法均为实验观察值,且没有考虑剂量-反应曲线的特征和斜率,不能真实地表达受试物的毒性与效应,有逐渐被基准剂量法取代的趋势,基准剂量是根据污染物质的某种接触剂量可引发某种不良健康效应的反应率发生预期变化而推算出的一种剂量,与 NOAEL 和 LOAEL 相比较,基准剂量法可全面评价整个剂量-反应曲线,并应用可信限来衡量变异因素。非致癌风险的标准建议值根据参考剂量/浓度(R_fD/R_fC)、可容忍日摄取量(TDI)和可接受日摄取量(ADI)等而定,它们均指单位时间单位体重可摄取的在一定时间内不会引起人体不良反应的污染物质最大数量,通常以NOAEL~LOAEL或基准剂量为依据,经过安全系数和不确定因子校正计算而得。

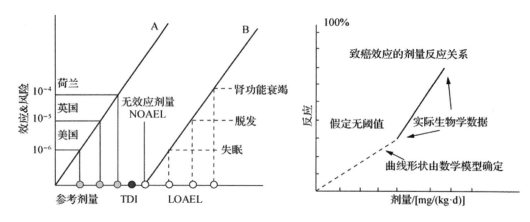

图4-3 剂量-效应&风险关系示意图

4.2.2.4 致癌效应

致癌效应的剂量-反应关系是以各种关于剂量和反应的定量研究为基础建立的,如动物实验学实验数据、临床学和流行病学统计资料等。由于人体在实际环境中的暴露水平通常较低而实验学或流行病学研究中的剂量相对较高,因此,在估计人体实际暴露情形下的剂量-效应关系时,常常利用实验获取的剂量-效应关系数据推测低剂量条件下的剂量-效应关系,称为低剂量外推法。

实验数据的剂量-效应关系的建立常常采用毒性动力学方法或经验模型。如果有充分的证据确定受试物的作用模式,可较准确描述肿瘤出现前各种症候发生的速率和顺序(即毒性效应发生的生物过程)时,可采用毒性动力学方法。经验模型指对各种剂量下的肿瘤发生率或主要症候出现率进行曲线拟合,是一种统计学方法。当建立起了实验数据的剂量-效应关系曲线后,即可确定触发点,采用低剂量外推法推测低剂量条件下的剂量-效应关系。低剂量外推法包括线性和非线性两种模型。模型的选择主要基于污染物的作用模式。当作用模式信息显示低于出发点剂量的剂量-反应曲线可能为线性,则选择线性模型。如污染物为DNA作用物或具有直接的诱导突变作用,其剂量-效应曲线常常为线性。当证据不充分,对污染物的作用模式不确定时,线性模型为默认模型。当充分的证据表明污染物的作用模式为非线性,且证实该物质不具有诱导突变作用时,可采用非线性模型。线性模型直观表示为连接原点和出发点的直线,其斜率为斜率因子(slope factor,SF),表示不同剂量水平的风险上限,可用于估计各种剂量下的风险概率。非线性外推可用于计算参考剂量或参考浓度。

线性模型直观表示为连接原点和出发点的直线,其斜率为斜率因子(slope factor,

SF),表示不同剂量水平的风险上限,可用于估计各种剂量下的风险概率。非线性外推可用于计算参考剂量或参考浓度。

4.3 污染地块健康风险评估

污染地块健康风险评估指对已经或可能造成污染的工厂、加油站、地下储油罐、垃圾填埋场、废物堆放场等地块污染物质排放或泄漏对人体健康的危害程度进行概率估计。它是一项多学科交叉的复杂的系统工程,不仅需要调查污染地块土壤、空气、水体等介质的污染状况和污染物种类,还需分析污染物迁移途径和转化机制以及暴露人群结构和分布情况。并利用毒理学研究成果以数学—统计学等为工具估算人体健康的危害概率和可能程度。在充分保护人体健康的原则下选择切合实际的污染防治措施并开展污染治理。

20世纪80年代以来,欧美国家在环境风险评估的理论基础上先后建立起了污染地块健康风险评估体系。美国环保局于1980—1988年先后颁布了《环境响应补偿与义务综合法案》(常称为"超级基金")、《超级基金修正与授权法案》和《国家石油与有毒有害物质污染应急计划》作为响应污染物排放和突发污染事件的法律性文件并制定了一系列诸如《健康风险评价手册》《地块治理调查和可行性分析指南》《超级基金暴露评价手册》《土壤污染筛选导则》等风险评估导则,形成了包括法律法规导则指南和技术文件在内的一整套完善的污染地块健康风险评估体系。同时建立了国家污染地块数据库,选择其中1 000个典型的污染地块逐步开展地块污染治理。欧盟16国于1994年成立欧盟污染地块公共论坛并于1996年完成污染地块风险评估协商行动指南,加强欧盟国家污染地块调查和治理的理论指导和技术交流。加拿大、澳大利亚和芬兰等国基本沿用美国的风险评估方法,同时构建了适合本国实际的健康风险评估体系。英国、荷兰考虑不同用地条件下,污染地块土壤和地下水对人居环境健康暴露风险评价,并已开发出专门的评估软件如英国的CLEA软件、荷兰的Csoil软件。

近30年来经济迅猛发展,而城市基础设施建设与管理相对滞后,带来了严重的环境问题。工厂"三废"排放,加油站和地下储存罐的泄漏,矿山尾矿处理和垃圾废物处置等对环境的危害极为严重。

20世纪90年代,我国开始了以介绍和应用国外研究成果为主的环境风险评估研究,但大部分集中在事前风险评估。同时,我国环境保护法和环境影响评价法也只对规划和建设项目开展环境影响评价做出了规定,尚未涉及污染地块健康风险评估方面的内容。开展污染地块健康风险评估将有利于充分了解地块污染状况,污染物迁移转化途径和对人体健康和环境的危害,是地块污染治理的基础和依据。

4.3.1 健康风险评估程序

在土壤污染状况调查的基础上,分析地块土壤和地下水中污染物对人群的主要暴露途径,评估污染物对人体健康的致癌风险或危害水平。参照《建设用地土壤污染风险评估技术导则》(HJ 25.3—2019),污染地块健康风险评估方法基本包括3个步骤5方面内容:危害识别、暴露评估、毒性评估、风险表征和控制值计算(图4-4)。

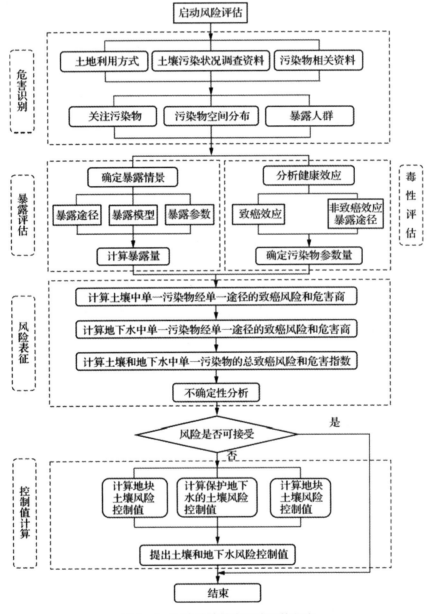

图4-4 污染地块健康风险评估程序

4.3.2 健康风险评估模型及计算

4.3.2.1 危害识别

危害识别是风险评价的基础。指根据土壤污染状况调查获取的资料,结合地块土地(规划)利用方式,确定地块的关注污染物、地块内污染物的空间分布和可能的敏感受体,如儿童、成人、生态系统、地下水体等。

通常需收集已有资料,开展实地调查和采样分析,并建立数据质量管理和质量控制目标体系。具体包括4类数据:① 地块背景资料,主要包括地块物理特征(如气候、气象、土壤、地质与水文地质条件等)、地块利用历史和地块布局等,这是暴露评估中暴露背景以及建立污染物迁移转化模型的资料来源。② 地块污染状况,主要指地块污染历史和现状,包括地块空气、地表水、地下水和土壤污染程度、污染分布。③ 与污染物有关的资料,包括污染类型、污染物种类、污染物物理化学性质和毒理学证据等。④ 与暴露人群有关的资料包括人群分布、人群结构、人群生活方式等。

4.3.2.2 暴露评估

1) 暴露评估概念

确定受体如何暴露于污染源以及暴露程度的过程,需要定性或定量估计暴露量、暴露频率、暴露期和暴露方式,可概述为3步:描述暴露背景、识别暴露途径和暴露量化。根据收集的资料和实地调查分析地块物理特征,识别污染源和污染物排放方式、污染物迁移转化路径、暴露点和人群暴露方式,建立污染物从源到人体的各种可能的暴露途径,并确定人群暴露频率和暴露期。在此基础上,针对不同暴露人群,分暴露途径对各种暴露方式进行暴露点的污染物浓度和人体摄取量估算。

2) 暴露情景

暴露剂量分析首先要分析暴露情景。暴露情景是指,在特定土地利用方式下,地块污染物经由不同途径迁移和到达受体人群的情况。根据不同土地利用方式下人群的活动模式,有2个类典型用地方式下的暴露情景,即以住宅用地为代表的第一类用地(简称"第一类用地")和以工业用地为代表的第二类用地(简称"第二类用地")的暴露情景。

第一类用地方式下,儿童和成人均可能会长时间暴露于地块污染而产生健康危害。对于致癌效应,考虑人群的终生暴露危害,一般根据儿童期和成人期的暴露来评估污染物的终生致癌风险;对于非致癌效应,儿童体重较轻、暴露量较高,一般根据儿童期暴露来评估污染物的非致癌危害效应。

第一类用地方式包括城市建设用地中的居住用地、公共管理与公共服务用地中的中小学用地、医疗卫生用地和社会福利设施用地,以及公园绿地中的社区公园或儿童公园用地等。

第二类用地方式下,成人的暴露期长、暴露频率高,一般根据成人期的暴露来评估污染物的致癌风险和非致癌效应。第二类用地包括城市建设用地中的工业用地、物流仓储用地、商业服务业设施用地、道路与交通设施用地、公用设施用地、公共管理与公共服务用地以及绿地与广场用地(社区公园或儿童公园用地除外)等。

3)暴露途径

对于第一类用地和第二类用地,有9种主要暴露途径和暴露评估模型,其中包括6种土壤污染物暴露途径(经口摄入土壤、皮肤接触土壤、吸入土壤颗粒物、吸入室外空气中来自表层土壤的气态污染物、吸入室外空气中来自下层土壤的气态污染物、吸入室内空气中来自下层土壤的气态污染物)和3种地下水污染物暴露途径(吸入室外空气中来自地下水的气态污染物、吸入室内空气中来自地下水的气态污染物、饮用地下水)。本书仅介绍土壤污染的3种暴露途径。

特定用地方式下的主要暴露途径应根据实际情况分析确定,暴露评估模型参数应尽可能根据现场调查获得。地块及周边地区地下水受到污染时,应在风险评估时考虑地下水相关暴露途径。进行土壤中污染物筛选值的计算时,应考虑全部6种土壤污染物暴露途径。

暴露点的污染物浓度值主要根据日常监测数据确定或采用污染物迁移转化模型进行预测。污染物摄取量以不同剂量为基础,采用单位时间单位体重摄取量表示。呼吸途径和饮食途径一般采用潜在剂量进行估算,皮肤接触途径采用吸收剂量进行估算。

(1)第一类用地性质暴露评估

a)呼吸途径

对于单一污染物的致癌效应,考虑人群在儿童期和成人期暴露的终生危害,吸入土壤颗粒物途径对应的土壤暴露量采用公式(4-1)计算:

$$PISER_{ca} = \frac{PM_{10} \times DAIR_c \times ED_c \times PIAF \times (fspo \times EFO_c \times fspi \times EFI_c)}{BW_c \times AT_{ca}} \times 10^{-6}$$
$$+ \frac{PM_{10} \times DAIR_a \times ED_a \times PIAF \times (fspo \times EFO_a \times fspi \times EFI_a)}{BW_a \times AT_{ca}} \times 10^{-6}$$

(4-1)

公式(4-1)中:

$PISER_{ca}$——吸入土壤颗粒物的土壤暴露量(致癌效应),kg 土壤/(kg 体重·d);

PM_{10}——空气中可吸入浮颗粒物含量,mg/m³;推荐值见表 4-1;

$DAIR_a$——成人每日空气呼吸量,m³/d;推荐值见表 4-1;

$DAIR_c$——儿童每日空气呼吸量,m³/d;推荐值见表 4-1;

$PIAF$——吸入土壤颗粒物在体内滞留比例,无量纲;推荐值见表 4-1;

$fspi$——室内空气中来自土壤的颗粒物所占比例,无量纲;推荐值见表 4-1;

$fspo$——室外空气中来自土壤的颗粒物所占比例,无量纲;推荐值见表 4-1;

EFI_a——成人的室内暴露频率,d/a;推荐值见表 4-1;

EFI_c——儿童的室内暴露频率,d/a;推荐值见表 4-1;

EFO_a——成人的室外暴露频率,d/a;推荐值见表 4-1;

EFO_c——儿童的室外暴露频率,d/a;推荐值见表 4-1。

ED_c——儿童暴露期,a;推荐值见表 4-1;

ED_a——成人暴露期,a;推荐值见表 4-1;

BW_c——儿童体重,kg;推荐值见表 4-1;

BW_a——成人体重,kg;推荐值见表 4-1;

AT_{ca}——致癌效应平均时间,d;推荐值见表 4-1。

对于单一污染物的非致癌效应,考虑人群在儿童期暴露受到的危害,吸入土壤颗粒物途径。对应的土壤暴露量采用公式(4-2)计算:

$$PISER_{nc} = \frac{PM_{10} \times DAIR_c \times ED_c \times PIAF \times (fspo \times EFO_c \times fspi \times EFI_c)}{BW_c \times AT_{nc}} \times 10^{-6}$$

(4-2)

$PISER_{nc}$——吸入土壤颗粒物的土壤暴露量(非致癌效应),kg 土壤/(kg 体重·d)。

b) 经口途径

对于单一污染物的致癌效应,考虑人群在儿童期和成人期暴露的终生危害,经口摄入土壤途径的土壤暴露量采用公式(4-3)计算:

$$OISER_{ca} = \frac{\left(\frac{OSIR_c \times ED_c \times EF_c}{BW_c} + \frac{OSIR_a \times ED_a \times EF_a}{BW_a} \times ABS_o\right)}{AT_{ca}} \times 10^{-6} \quad (4-3)$$

公式(4-3)中:

$OISER_{ca}$——经口摄入土壤暴露量(致癌效应),kg 土壤/(kg 体重·d);

$OSIR_c$——儿童每日摄入土壤量,mg/d;推荐值见表 4-1;

$OSIR_a$——成人每日摄入土壤量,mg/d;推荐值见表 4-1;

ED_c——儿童暴露期,a;推荐值见表 4-1;

ED_a——成人暴露期,a;推荐值见表 4-1;

EF_c——儿童暴露频率,d/a;推荐值见表 4-1;

EF_a——成人暴露频率,d/a;推荐值见表 4-1;

BW_c——儿童体重,kg;推荐值见表 4-1;

BW_a——成人体重,kg;推荐值见表 4-1;

ABS_o——经口摄入吸收效率因子,无量纲;推荐值见表 4-1;

AT_{ca}——致癌效应平均时间,d;推荐值见表 4-1。

对于单一污染物的非致癌效应，考虑人群在儿童期暴露受到的危害，经口摄入土壤途径的土壤暴露量采用公式(4-4)计算：

$$OISER_{nc}=\frac{OSIR_c \times ED_c \times EF_c \times ABS_o}{BW_c \times AT_{ca}} \times 10^{-6} \qquad (4-4)$$

公式(4-4)中：

$OISER_{nc}$——经口摄入土壤暴露量（非致癌效应），kg 土壤/(kg 体重·d)；

AT_{nc}——非致癌效应平均时间，d；推荐值见表4-1。

3) 皮肤接触途径

对于单一污染物的致癌效应，考虑人群在儿童期和成人期暴露的终生危害，皮肤接触土壤途径土壤暴露量采用公式(4-5)计算：

$$DCSER_{ca}=\frac{SAE_c \times SSAR_c \times EF_c \times ED_c \times E_v \times ABS_d}{BW_c \times AT_{ca}} \times 10^{-6} +$$
$$\frac{SAE_a \times SSAR_a \times EF_a \times ED_a \times E_v \times ABS_d}{BW_a \times AT_{ca}} \times 10^{-6} \qquad (4-5)$$

公式(4-5)中：

$DCSER_{ca}$——皮肤接触途径的土壤暴露量（致癌效应），kg 土壤/(kg 体重·d)；

SAE_c——儿童暴露皮肤表面积，cm^2；

SAE_a——成人暴露皮肤表面积，cm^2；

$SSAR_c$——儿童皮肤表面土壤黏附系数，mg/cm^2；推荐值见表4-1；

$SSAR_a$——成人皮肤表面土壤黏附系数，mg/cm^2；推荐值见表4-1；

ABS_d——皮肤接触吸收效率因子，无量纲；推荐值见表4-1；

E_v——每日皮肤接触事件频率，次/d；推荐值见表4-1。

SAE_c 和 SAE_a 的参数值分别采用公式(4-6)和公式(4-7)计算：

$$SAE_c = 239 \times H_c^{0.417} \times BW_c^{0.517} \times SER_c \qquad (4-6)$$
$$SAE_a = 239 \times H_a^{0.417} \times BW_a^{0.517} \times SER_a \qquad (4-7)$$

公式(4-6)和公式(4-7)中：

H_c——儿童平均身高，cm，推荐值见表4-1；

H_a——成人平均身高，cm，推荐值见表4-1；

对于单一污染物的非致癌效应，考虑人群在儿童期暴露受到的危害，皮肤接触土壤途径对应的土壤暴露量采用公式(4-8)计算：

$$DCSER_{nc}=\frac{SAE_c \times SSAR_c \times EF_c \times ED_c \times E_v \times ABS_d}{BW_c \times AT_{nc}} \times 10^{-6} \qquad (4-8)$$

公式(4-8)中：

$DCSER_{nc}$——皮肤接触的土壤暴露量（非致癌效应），kg 土壤/(kg 体重·d)。

表 4-1 计算模型中各参数推荐值

参数符号	参数名称	单位	取值 第一类用地	取值 第二类用地	参数符号	参数名称	单位	取值 第一类用地	取值 第二类用地
$DAIR_a$	成人每日空气呼吸量	m³/d	14.5	14.5	ED_c	儿童暴露期	a	6	/
$DAIR_c$	儿童每日空气呼吸量	m³/d	7.5	/	ED_a	成人暴露期	a	24	25
$PIAF$	吸入土壤颗粒体内滞留比	无量纲	0.75	0.75	BW_a	成人体重	kg	61.8	61.8
fsp_i	室内空气土壤颗粒物占比	无量纲	0.8	0.8	BW_c	儿童体重	kg	19.2	/
fsp_o	室外空气土壤颗粒物占比	无量纲	0.5	0.5	AT_{nc}	非致癌效应平均时间	d	2 190	9 125
EFI_a	成人室内暴露频率	d/a	262.5	187.5	AT_c	致癌效应平均时间	d	27 740	27 740
EFI_c	儿童室内暴露频率	d/a	262.5	/	EF_c	儿童暴露频率	d/a	350	/
PM_{10}	空气可吸入浮颗粒物	mg/m³	0.119	0.119	EF_a	成人暴露频率	d/a	350	250
EFO_a	成人室外暴露频率	d/a	87.5	62.5	$OSIR_c$	儿童每日摄入土壤量	mg/d	200	/
EFO_c	儿童室外暴露频率	d/a	87.5	/	ABS_o	经口摄入吸收效率因子	无量纲	1	1
$OSIR_a$	成人每日摄入土壤量	mg/d	100	100	E_v	每日皮肤接触事件频率	次/d	1	1

(2) 第二类用地暴露评估模型

a) 经口摄入土壤途径

对于单一污染物的致癌效应,考虑人群在成人期暴露的终生危害,经口摄入土壤途径对应的土壤暴露量采用公式(4-9)计算:

$$OISER_{ca} = \frac{OISER_a \times EF_a \times ED_a \times ABS_o}{BW_a \times AT_{ca}} \times 10^{-6} \qquad (4-9)$$

对于单一污染物的非致癌效应,考虑人群在成人期的暴露危害,经口摄入土壤途径对应的土壤暴露量采用公式(4-10)计算:

$$OISER_{nc} = \frac{OISER_a \times EF_a \times ED_a \times ABS_o}{BW_a \times AT_{nc}} \times 10^{-6} \qquad (4-10)$$

b) 皮肤接触土壤途径

对于单一污染物的致癌效应,考虑人群在成人期暴露的终生危害。皮肤接触土壤途径的土壤暴露量采用公式(4-11)计算:

$$DCSER_{ca} = \frac{SAE_a \times SSAR_a \times EF_a \times ED_a \times E_v \times ABS_d}{BW_a \times AT_{ca}} \times 10^{-6} \qquad (4-11)$$

对于单一污染物的非致癌效应,考虑人群在成人期的暴露危害,皮肤接触土壤途径对应的土壤暴露量采用公式(4-12)计算:

$$DCSER_{nc} = \frac{SAE_a \times SSAR_a \times EF_a \times ED_a \times E_v \times ABS_d}{BW_a \times AT_{nc}} \times 10^{-6} \qquad (4-12)$$

c) 吸入土壤颗粒物

对于单一污染物的致癌效应,考虑人群在成人期暴露的终生危害,吸入土壤颗粒物途径对应的土壤暴露量采用公式(4-13)计算:

$$PISER_{ca} = \frac{PM_{10} \times DAIR_a \times ED_a \times PIAF \times (fspo \times EFO_a + fspi \times EFI_a)}{BW_a \times AT_{ca}} \times 10^{-6}$$

$$(4-13)$$

对于单一污染物的非致癌效应,考虑人群在成人期的暴露危害,吸入土壤颗粒物途径对应的土壤暴露量采用公式(4-14)计算:

$$PISER_{nc} = \frac{PM_{10} \times DAIR_a \times ED_a \times PIAF \times (fspo \times EFO_a + fspi \times EFI_a)}{BW_a \times AT_{nc}} \times 10^{-6}$$

$$(4-14)$$

4.3.2.3 毒性评估

在危害识别的工作基础上,分析关注污染物对敏感受体的危害效应,确定与关注污染物相关的毒性参数。一般分为危害识别和剂量-反应评估两个步骤。危害识别指分析暴露于某种物质是否会引起负面健康效应发生率的升高。剂量-反应评估指定量评估污染物毒性。描述污染物暴露剂量和暴露人群负面健康效应发生率之间的关系。污染物毒性有急性和慢性之分,暴露于大剂量污染物质,特别是直接摄取大剂量污染物质产生的急性反应,例如死亡不在本书考虑之内。本书中长期暴露于小剂量化学污染物引起的致癌和非致癌风险如前所述,非致癌物质的毒性评估采用参考剂量表述。污染物的致癌毒性评估包括两方面内容,首先对污染物质进行致癌毒性分类,然后根据剂量-反应关系确定标准建议值,用来估算暴露期内人体暴露于一定剂量污染物产生致癌效应的风险,基于短期暴露于较大剂量污染物和长期暴露于小剂量污染物所带来的致癌作用具有等价效应的假设。致癌风险评估常采用人体终生暴露可能造成的健康风险表示。美国环保局将污染物质的致癌毒性分为5大类,并用剂量-反应曲线所确定的斜率因子表示人体终生暴露于一定剂量某种污染物质而产生致癌效应的最大概率。

呼吸吸入致癌斜率因子(SF_i)和呼吸吸入参考剂量(RfD_i),分别采用公式(4-15)和公式(4-16)计算:

$$SF_i = \frac{IUR \times BW_a}{DAIR_a} \quad (4-15)$$

$$RfD_i = \frac{RfC \times DAIR_a}{BW_a} \quad (4-16)$$

SF_i——呼吸吸入致癌斜率因子,1/[mg 污染物/(kg 体重·d)];

RfD_i——呼吸吸入参考剂量,mg 污染物/(kg 体重·d);

IUR——呼吸吸入单位致癌因子,m^3/mg;

RfC——呼吸吸入参考浓度,mg/m^3。

皮肤接触致癌斜率系数和参考剂量分别采用公式(4-17)和公式(4-18)计算:

$$SF_d = \frac{SF_o}{ABS_{gi}} \quad (4-17)$$

$$RfD_d = RfD_o \times ABS_{gi} \quad (4-18)$$

SF_d——皮肤接触致癌斜率因子,1/[mg 污染物/(kg 体重·d)];

SF_o——经口摄入致癌斜率因子,1/(mg 污染物/kg 体重·d);

RfD_o——经口摄入参考剂量,mg 污染物/(kg 体重·d);

RfD_d——皮肤接触参考剂量,mg 污染物/(kg 体重·d);

ABS_{gi}——消化道吸收效率因子,无量纲。

4.3.2.4 风险表征

1) 风险表征内容

综合暴露评估与毒性评估的结果,对风险进行量化计算和空间表征,并讨论评估中所使用的假设、参数与模型的不确定性的过程。风险表征内容是连接风险评估与风险管理的桥梁和最终地块治理决策的重要依据。对暴露人群不会产生不良或有害健康效应的风险水平,包括致癌物的可接受致癌风险水平和非致癌物的可接受危害商。我国对于单一污染物的可接受致癌风险水平为 10^{-6},单一污染物的可接受危害商为1。

2) 风险估算

以致癌风险和非致癌危害指数表示。致癌风险是人群暴露于致癌效应污染物,诱发致癌性疾病或损伤的概率。危害商是污染物每日摄入剂量与参考剂量的比值,用于表征人体经单一途径暴露于非致癌污染物而受到危害的水平。目前国外通常采用单污染物风险和多污染物总风险以及多暴露途径综合健康风险 3 种方式表示单污染物风险。

(1) 土壤中单一污染物致癌风险

a) 经口摄入：经口摄入土壤途径的致癌风险采用公式(4-19)计算：
$$CR_{ois}=OISER_{ca}\times C_{sur}\times SF_o \quad (4-19)$$

b) 皮肤接触：皮肤接触土壤途径的致癌风险采用公式(4-20)计算：
$$CR_{dcs}=DCSER_{ca}\times C_{sur}\times SF_d \quad (4-20)$$

c) 吸入土壤颗粒物：吸入土壤颗粒物途径的致癌风险采用公式(4-21)计算：
$$CR_{pis}=PISER_{ca}\times C_{sur}\times SF_i \quad (4-21)$$

d) 总致癌风险：土壤中单一污染物经所有暴露途径的总致癌风险采用公式(4-22)计算：
$$CR_n=CR_{ois}+CR_{dcs}+CR_{pis} \quad (4-22)$$

CR_n——土壤中单一污染物（第 n 种）经所有暴露途径的总致癌风险，无量纲。

(2) 土壤中单一污染物危害商

a) 经口摄入
$$HQ_{ois}=\frac{OISER_{nc}\times C_{sur}}{RfD_o\times SAF} \quad (4-23)$$

HQ_{ois}——经口摄入土壤途径的危害商，无量纲；

SAF——暴露于土壤的参考剂量分配系数，无量纲。

b) 皮肤接触
$$HQ_{dcs}=\frac{DCSER_{nc}\times C_{sur}}{RfD_d\times SAF} \quad (4-24)$$

HQ_{dcs}——皮肤接触土壤途径的危害商，无量纲。

c) 吸入土壤颗粒物
$$HQ_{pis}=\frac{PISER_{nc}\times C_{sur}}{RfD_i\times SAF} \quad (4-25)$$

d) 总危害商

人群经多种途径暴露于单一污染物的危害商之和，用于表征人体暴露于非致癌污染物受到危害的水平称为危害指数。土壤中单一污染物经所有暴露途径的危害指数采用公式计算：
$$HI_n=HQ_{ois}+HQ_{dcs}+HQ_{pis} \quad (4-26)$$

HI_n——土壤中单一污染物（第 n 种）经所有暴露途径的危害指数，无量纲。

4.3.2.5 不确定性分析

对风险评估过程的不确定性因素进行综合分析评价，称为不确定性分析。不确定性来源于风险评估的各个阶段，野外取样、实验分析、模型参数获取、模型的适用性和假设、毒理学数据等均存在客观和主观的不确定因素。

4.3.2.6 风险控制值

规定的用地方式、暴露情景和可接受风险水平,采用规定的风险评估方法和土壤污染状况调查获得相关数据,计算获得的土壤中污染物的含量限值和地下水中污染物的浓度限值。

计算基于致癌效应的土壤和地下水风险控制值时,采用的单一污染物可接受致癌风险为 10^{-6};计算基于非致癌效应的土壤和地下水风险控制值时,采用的单一污染物可接受危害商为 1。

比较上述计算得到的基于致癌效应和基于非致癌效应的土壤风险控制值,以及基于致癌效应和基于非致癌风险的地下水风险控制值,选择较小值作为地块的风险控制值。如地块及周边地下水作为饮用水源,则应充分考虑到对地下水的保护,提出保护地下水的土壤风险控制值。

确定地块土壤和地下水修复目标值时,应将基于风险评估模型计算出的土壤和地下水风险控制值作为主要参考值。

4.3.2.7 土壤修复常用各种"标准值"

1) 土壤和地下水风险控制值

根据规定的用地方式、暴露情景和可接受风险水平,采用规定的风险评估方法和地块调查获得相关数据,计算获得的土壤污染物的含量限值和地下水中污染物的浓度限值。

在风险表征的基础上,判断计算得到的风险值是否超过可接受风险水平。如污染地块风险评估结果未超过可接受风险水平,则结束风险评估工作;如污染地块风险评估结果超过可接受风险水平,则计算土壤、地下水中关注污染物的风险控制值;如调查结果表明,土壤中关注污染物可迁移进入地下水,则计算保护地下水的土壤风险控制值;根据计算结果,提出关注污染物的土壤和地下水风险控制值。

2) 地块修复目标

由地块环境调查和风险评估确定的目标污染物对人体健康和生态受体不产生直接或潜在危害,或不具有环境风险的污染修复终点。

分析比较按照导则计算的土壤风险控制值和地块所在区域土壤中目标污染物的背景含量和国家有关标准中规定的限值,合理提出土壤目标污染物的修复目标值。

3) 建设用地土壤污染风险筛选值

指在特定土地利用方式下,建设用地土壤中污染物含量等于或者低于该值的,对人体健康的风险可以忽略;超过该值的,对人体健康可能存在风险,应当开展进一步的详细调查和风险评估,确定具体污染范围和风险水平。

4) 建设用地土壤污染风险管制值

指在特定土地利用方式下,建设用地土壤中污染物含量超过该值的,对人体健康通常存在不可接受风险,应当采取风险管控或修复措施。

5) 土壤环境背景值

指基于土壤环境背景含量的统计值。通常以土壤环境背景含量的某一分位值表示。其中土壤环境背景含量是指在一定时间条件下,仅受地球化学过程和非点源输入影响的土壤中元素或化合物的含量。

可以发现,风险管制值是作为修复目标值的参考,但并不一定是最终目标值。风险筛选值则是一种类似指示剂作用的值,通过和该值的比对,来判定这块地块是否需要进行地块调查和风险评估。

1. 污染物含量≤风险筛选值,建设用地土壤污染风险一般情况下可以忽略。
2. 通过初步调查确定建设用地土壤中污染物含量＞风险筛选值,应当依据 HJ 25.1、HJ 25.2 等标准及相关技术要求,开展详细调查。
3. 通过详细调查确定建设用地土壤中污染物含量≤风险管制值,应当依据 HJ 25.3 等标准及相关技术要求,开展风险评估,确定风险水平,判断是否需要采取风险管控或修复措施。
4. 通过详细调查确定建设用地土壤中污染物含量＞风险管制值,对人体健康通常存在不可接受风险,应当采取风险管控或修复措施。

4.4 典型案例

4.4.1 地块概况

4.4.1.1 地理位置

本地块位于长三角某煤制气地块,地块北面紧邻已关闭拆迁的重油制气厂地块,西侧紧邻原煤制气厂地块,西侧为运行中的某加气站和已停产的轻油制气厂,东侧紧邻居民小区,南侧为某道路。

4.4.1.2 土壤类型

地表物质以粒径较小的淤积物和沉积物为主,在地质构造单元上系扬子准地台组成部分。土壤以黄棕壤、乌沙土、夹沙土为主。

4.4.1.3 地块利用状况

煤气厂于1985年7月18日开工建设,厂区占地面积24公顷,主要工程项目有:82英寸连续式直立炉,WG型直径3 m机械发生炉,UGI型直径3 m水煤气炉,1万 m^3 水煤气柜,5万 m^3 煤气柜,各备煤、煤气净化、化学产品加工、压送、动力、机修、供电、给排水等设施,以及与煤制气厂配套的输配工程等。

4.4.2 地块利用历史

4.4.2.1 地块功能区划

原煤制气厂主要产品为含 $CO+H_2$ 90%以上的煤制气,产量为26万 Nm^3/d。

4.4.2.2 生产工艺部分

此原煤制气厂的生产工艺主要分为三个部分:备煤系统、煤气化和黑水处理(激冷工艺剩余激冷水和文丘里洗涤的溢流水因含有大量气化残炭,被称为黑水,送入黑水处理系统处理)。其污染物在土壤中存在的可能性较大,因此对于土壤污染物的环境健康风险评估是有必要的。

4.4.3 关注污染物

通过对此厂的地块的污染状况进行调查,根据炼焦煤气行业生产工艺调查和布局分析,识别出了该厂现场可能存在的各类污染源及相关的敏感区域。对污染地块进行进一步分析,确定了地块污染特征因子主要为:多环芳烃(polycyclic arorqatic hydrocarbons,PAHs)类物质:萘、苊烯、苊、芴、菲、蒽、荧蒽、芘、苯并(a)蒽、䓛、苯并(b)荧蒽、苯并(k)荧蒽、苯并(a)芘、茚并(1,2,3-cd)芘、二苯并(a,h)蒽、苯并(g,h,i)苝等。

4.4.4 污染物的健康风险计算与评估

4.4.4.1 材料与方法

本案例中分析地块经修复后将成为居民区用地,主要评估该地块对人体的致癌风险和危害商,致癌风险用于表征人体暴露于致癌物质受到的危害水平,危害商用于表征人体暴露于非致癌物质受到的危害水平。人体摄入土壤有三种途径:①经口途径,主要是摄入被PAHs污染的土壤;②经皮肤接触途径,主要是被PAHs污染的土壤;③经吸入途径,主要是呼吸吸入被 PAHs 污染的土壤颗粒物。

4.4.4.2 毒性评估

污染物引起暴露人群健康反应的各种证据称为毒性评估,用于评估人群对污染物的暴露程度和产生负面效应发生率之间的关系。本案例中分析的土壤总共检测到 18 种多环芳烃,其中 16 种为 USEPA 优先控制的 PAH,占总检测 18 种的 88.9%,本案例将以 USEPA 优先控制的 PAH 为评价对象。获得 2 种 PAH 毒性参数(SF 为具有致癌效应 PAHs 的致癌斜率因子;RfD 为具有非致癌效应 PAHs 的参考剂量)。

4.4.4.3 计算模型

参照原国家环保部提出的《建设用地土壤污染风险评估技术导则》,被 PAHs 污染土壤的健康风险可认为包括致癌风险和危害商两部分,计算公式如下所示。

1) 经口摄入被 PAHs 污染的土壤
致癌风险:

$$CR_{ois} = OISER_{ca} \times C_{sur} \times SF_a$$

式中,CR_{ois} 为经口摄入被 $PAHs$ 污染土壤的致癌风险;C_{sur} 为土壤中 $PAHs$ 含量;SF_a 为经口摄入致癌斜率因子;$OISER_{ca}$ 为经口摄入土壤暴露量(致癌效应),计算公式为:

$$OISER_{ca} = \frac{\left(\dfrac{OISR_c \times ED_c \times EF_c}{BW_c} + \dfrac{OSIR_a \times ED_a \times EF_a}{BW_a}\right) \times ABS_o}{AT_{ca}}$$

危害商:

$$HQ_{ois} = \frac{OISER_{nc} \times C_{sur}}{RfD_o \times SAF}$$

式中,HQ_{ois} 为经口摄入被 PAHs 污染土壤的危害商;RfD_o 为经口摄入参考计量;$OISER_{nc}$ 为经口摄入土壤的暴露量(非致癌效应),计算公式为:

$$OISER_{nc} = \frac{OISR \times ED \times EF \times ABS_o}{BW \times AT_{nc}} \times 10^{-6}$$

2) 经皮肤接触被 PAHs 污染的土壤致癌风险

$$CR_{dcs} = DSCER_{ca} \times C_{sur} \times SF_d$$

式中,CR_{dcs} 为皮肤接触土壤中 PAHs 的致癌风险;SF_d 为皮肤接触致癌斜率因子;$DSCER_{ca}$ 为皮肤接触途径的土壤暴露量(致癌效应),计算公式为:

$$DSCER_{ca} = \frac{SAE \times SSAR \times ED \times EF \times E_v \times ABS_o}{BW \times AT_{nc}} \times 10^{-6}$$

危害商:$$HQ_{dcs} = \frac{DSCER_{nc} \times C_{sur}}{RfD_d \times SAF}$$

式中,HQ_{dcs} 为皮肤接触被 PAHs 污染土壤途径危害的危害商;RfD_d 为皮肤接触参考计量；$DSCER_{nc}$ 为皮肤接触途径的土壤暴露量（非致癌效应），其计算公式为：

$$DSCER_{nc} = \frac{SAE \times SSAR \times ED \times EF \times E_v \times ABS_d}{BW \times AT_{nc}} \times 10^{-6}$$

3) 经呼吸吸入被 PAHs 污染的土壤颗粒物致癌风险

$$CR_{pis} = PISER_{ca} \times C_{sur} \times SF_i$$

式中，CR_{pis} 为吸入 PAHs 污染土壤颗粒物的致癌风险；SF_i 为呼吸吸入的斜率因子；$PISER_{ca}$ 为吸入土壤颗粒物的土壤暴露量（致癌效应），计算公式为：

$$PISER_{ca} = \frac{PM_{10} \times DAIR \times ED \times PIAF}{BW} \times \frac{fsp_a \times EFO + fsi_i \times EFI}{AT_{ca}} \times 10^6$$

危害商：

$$HQ_{pis} = \frac{PISER_{nc} \times C_{sur}}{RfD_i \times SAF}$$

式中，HQ_{pis} 为吸入 PAHs 污染土壤颗粒的危害商；RfD_i 为呼吸吸入参考计量；$PISER_{nc}$ 为吸入土壤颗粒暴露量（非致癌效应），计算公式为：

$$PISER_{nc} = \frac{PM_{10} \times DAIR \times ED \times PIAF}{BW} \times \frac{fsp_a \times EFO + fsi_i \times EFI}{AT_{nc}} \times 10^6$$

4) 吸入室外空气中来自表层土壤的气态污染物途径的致癌风险

$$CR_{ivol} = IOVER_{cal} \times C_{sur} \times SF_i$$

式中，CR_{iovl} 为吸入室外空气中来自表层土壤的气态污染物途径的致癌风险；C_{sur} 为表层土壤污染物浓度；SF_i 为呼吸吸入致癌斜率因子；$IVOER_{cal}$ 为吸入室外空气中自表层土壤的气态污染物途径的土壤暴露量，计算公式为：

$$IOVER_{cal} = VF_{suioa} \times \left(\frac{DAIR_c \times EFO_c \times ED_c}{BW_c \times AT_{ca}} + \frac{DAIR_a \times EFO_a \times ED_a}{BW_a \times AT_{nc}} \right)$$

5) 总健康风险水平

总致癌风险：$TCR = \sum_{i=1}^{n} (CR_{ois,n} + CR_{pis,n} + CR_{ivol})$

式中，n 取值为 1～6，依次表示苯并(b)荧蒽、苯并(k)荧蒽、苯并[a]芘、苯并(a)蒽、䓛、茚并(1,2,3-cd)芘、二苯并(a,h)蒽 6 种具有致癌效应的 PAHs，TCR 表示 6 种具有致癌效应 PAHs 的总致癌风险。

总危害商：$THQ = \sum_{i=1}^{m} (HQ_{ois,m} + HQ_{dcs,m} + HQ_{pis,m})$

式中，m 取值为 1～9，依次表示苊烯、萘、荧蒽、苊、芴、菲、蒽、芘、苯并(g,h,i)苝这 9 种具有非致癌效应 PAHs 的总危害商。

根据监测数据，得到表 4-2 地块土壤中 PAHs 的含量分布情况，土壤样品采集于污染地块的原生产工段，共布置 18 个采样点，每个采样点位有 3 个以上不同深度，每个采样深度的点位包含 16 种 PAHs 的监测数据。上述公式中其他参数来源于《建设用地土壤污染风险评估技术导则》(HJ 25.3—2019)。

表 4-2 地块土壤中 PAHs 含量　　　　单位:mg/kg

致癌效应 PAHs				非致癌效应 PAHs			
PAHs	最小值	最大值	平均值	PAHs	最小值	最大值	平均值
苯并(b)荧蒽	0.01	60.50	3.46	苊烯	0.01	128.00	4.18
苯并(k)荧蒽	0.01	16.20	1.14	萘	0.01	225.00	5.45
苯并(a)芘	0.01	11.00	1.19	荧蒽	0.01	90.60	3.93
苯并(a)蒽	0.01	45.90	2.66	苊	0.01	23.00	1.32
䓛	0.01	34.00	1.84	芴	0.01	22.20	1.57
茚并(1,2,3-cd)芘	0.01	7.83	0.64	菲	0.01	124.00	4.35
二苯并(a,h)蒽	0.01	1.64	0.17	蒽	0.01	104.00	3.81
				芘	0.01	103.00	4.70
				苯并(g,h,i)苝	0.01	11.50	0.82

4.4.5　结果与讨论

本案例地块为江苏省某化工企业,遭到多种 PAHs 不同程度的污染,采样所得的土壤样品来自地块内不同深度的土壤,其 PAHs 污染主要来源于企业生产。该企业目前已关停,地块进行修复之后将用于居住用地。该地块是江苏省普通化工企业,具有较好的代表性。在风险评价过程中,综合暴露期、暴露频率、摄入量等因素,发现成人受到各暴露污染因子的影响大于儿童,比例为 1.71。不确定性主要来自风险表征和暴露量化,这些因素不同程度地都会影响到计算结果对实际风险值的真实反映,造成了致癌风险的不确定性。

4.4.5.1　人体健康风险

由上述公式可以得出该地 PAHs 污染造成的风险,该地块造成的总致癌风险(TC)最小值为 4.39×10^{-6},最大值为 5.91×10^{-3},平均值为 7.78×10^{-5},USEPA 推荐的可接受致癌风险值为 1.0×10^{-6},致癌风险值上限为 1.0×10^{-4}。若风险值小于 1.0×10^{-6} 则可以接受,若风险值大于 1.0×10^{-4} 则潜在风险较大。该地块总致癌风险平均值超过 1.0×10^{-6},最大值为可接受致癌风险值上限的 7.78 倍,所以需要对污染土壤进行修复和综合治理。土壤中 PAHs 造成的总危害商(THQ),最小值为 0.000 48,最大值为 1.37,平均值为 0.14。如果危害商值小于等于 1,则可以接受;大于 1,则可能产生毒性。本地块研究中,危害商平均值低于 1,但最高值为可接受限值的 1.37 倍,说明这些污染物对人群有可能产生健康危害,需要针对这些因子对污染土壤进行修复和综合治理。

表 4-3 总健康风险统计值

风险	最小值	最大值	平均值
TCR	4.39×10^{-6}	5.91×10^{-3}	7.78×10^{-5}
THQ	4.8×10^{-4}	1.37	0.140

4.4.5.2 每种 PAHs 的健康风险

由上述公式可得每种 PAHs 的健康风险及每种暴露途径对人体造成的健康风险,如表 4-4 所示。

表 4-4 PAHs 的健康风险

PAHs	致癌效应					百分比/%
	经口	皮肤	吸入	吸入室外	总和	
苯并(b)荧蒽	1.96×10^{-6}	5.03×10^{-6}	4.83×10^{-9}	1.24×10^{-6}	8.99×10^{-6}	14.76
苯并(k)荧蒽	1.30×10^{-7}	1.65×10^{-7}	1.59×10^{-7}	4.07×10^{-12}	2.95×10^{-7}	0.48
苯并(a)芘	1.37×10^{-5}	1.73×10^{-5}	1.67×10^{-5}	4.03×10^{-8}	3.10×10^{-5}	50.90
苯并(a)蒽	3.05×10^{-6}	7.73×10^{-6}	2.68×10^{-9}	6.86×10^{-12}	1.08×10^{-5}	17.71
䓛	1.44×10^{-8}	2.90×10^{-10}	1.85×10^{-11}	4.47×10^{-14}	1.47×10^{-8}	0.02
茚并(1,2,3-cd)芘	7.76×10^{-7}	1.87×10^{-6}	6.46×10^{-10}	1.66×10^{-12}	2.65×10^{-6}	4.35
二苯并(a,h)蒽	1.97×10^{-6}	4.99×10^{-6}	1.73×10^{-7}	4.43×10^{-12}	7.13×10^{-6}	11.71
总和	2.36×10^{-5}	3.71×10^{-5}	1.70×10^{-5}	4.03×10^{-8}	7.78×10^{-5}	/
百分比/%	30.33	47.67	21.90	0.05	/	/

PAHs	非致癌效应				百分比/%
	经口	皮肤	吸入	总和	
苊烯	4.20×10^{-3}	9.39×10^{-3}	2.57×10^{-5}	1.36×10^{-2}	9.73
萘	8.22×10^{-3}	1.84×10^{-2}	1.17×10^{-3}	2.78×10^{-2}	19.83
荧蒽	5.93×10^{-3}	1.32×10^{-2}	8.46×10^{-4}	2.00×10^{-2}	14.30
苊	1.32×10^{-3}	2.96×10^{-3}	8.09×10^{-6}	4.29×10^{-3}	3.06
芴	2.37×10^{-3}	4.73×10^{-3}	1.45×10^{-5}	7.11×10^{-3}	5.08
菲	8.74×10^{-3}	1.96×10^{-2}	5.35×10^{-5}	2.84×10^{-2}	20.25
蒽	7.65×10^{-4}	1.71×10^{-3}	4.68×10^{-6}	2.48×10^{-3}	1.77
芘	9.45×10^{-3}	2.11×10^{-2}	5.78×10^{-5}	3.06×10^{-2}	21.89
苯并(g,h,i)芘	1.66×10^{-3}	3.71×10^{-3}	1.01×10^{-5}	5.37×10^{-3}	3.84
总和	0.043	0.95	0.002	0.140	/
百分比/%	30.46	67.71	1.567	/	/

4.4.5.3 暴露途径和因子对健康风险的影响

从人体暴露途径的角度分析,对于PAHs的致癌风险,经口摄入土壤途径和经皮肤摄入土壤途径的比重最大,分别为30.33%和47.67%。对于PAHs造成的危害商,仍然是上述两种途径的比重最大,其中经口摄入对健康风险的影响最大。从7种PAHs的角度分析,苯并(a)芘、苯并(b)荧蒽、苯并(a)蒽对致癌风险的影响最大,比重分别为50.9%、14.76%、17.71%;芘对危害商的影响最大,比重为21.89%。

4.4.6 结论与建议

(1) PAHs的16种物质中,苯并(a)芘、苯并(b)荧蒽、苯并(a)蒽是主要的致癌风险贡献物质,芘是主要非致癌效应贡献物质。

(2) 暴露途径中,经皮肤摄入途径是导致致癌健康风险的主要途径,对于致癌风险和危害商,其贡献率分别为47.67%和67.71%;其次是经口摄入途径,致癌风险和危害商的贡献率分别为30.33%和30.46%。

(3) 应采取措施重点治理修复和风险管控贡献率较高的3种PAHs。并且,应减少土壤经口摄入和经皮肤接触,从而有效防范风险。

(4) 建议在该地块二次开发过程中,对PAHs物质要进行适当处置管理,以将其对人体的危害降到最低。

(5) 为了阻断后续入住居民对污染土壤的暴露途径,建议对部分区域开展覆土绿化或水泥硬化覆盖处理。

思考题

1. 健康风险分为哪几类?
2. 我国地块污染特点如何?
3. 什么是地块污染概念模型?有什么用途?
4. 污染地块健康风险评估流程如何?
5. 如何确定污染地块土壤及地下水的修复目标值?
6. 风险管控值有何用途?与风险筛选值有何区别?
7. 第一类建设用地包括哪些类型?
8. 在进行污染地块致癌风险评估时,致癌风险水平高于多少被认为不能接受?
9. 如何进行风险表征?
10. 人体对污染物的主要暴露途径有哪些?
11. 哪一类风险在评估的时候要考虑儿童期和成人期?

第五章

污染地块风险管控与修复方案制定

5.1 修复方案的编制思路和原则

5.1.1 总体思路

修复方案编制的总体思路是在综合考虑地块条件、污染介质、污染物属性、污染浓度与范围、修复目标、技术可行性,以及资金需求、时间要求、成本效益、法律法规要求和环境管理需求等因素基础上,遵循科学性、可行性、安全性原则,经修复策略选择、修复技术筛选与评估、技术方案编制等过程确定的适用于特定污染地块的可行方案,最终达到将地块污染物移除、削减、固定或将风险控制在可接受水平。

5.1.2 基本原则

修复方案的编制应遵循科学性、安全性、规范性、可行性、经济性的总体原则。

科学性原则:采用科学的方法,综合考虑污染地块修复目标、土壤修复技术的处理效果、修复时间、修复成本、修复工程的环境影响等因素,制定修复方案。

安全性原则:在污染土壤处置的各个阶段,保证人员安全和环境安全,防止产生污染转移和二次污染。

规范性原则:土壤污染清理与修复中的各项工作均应遵循相关环保标准、规范以及相关环保部门批复的清理与修复方案的要求。

可行性原则:综合考虑气候条件、地块条件、技术条件和时间因素,采取因地制宜的措施,应对工程实施过程中遇到的问题制定可操作性强、易于工程实施的实施方案。

经济性原则:在保证修复效果的前提下,选择处理费用较低的修复方案或方案组合,以有效降低处理成本。

5.2 修复方案制定

修复方案编制主要从以下几个方面开展工作:

1)根据地块环境调查与风险评估结果细化地块概念模型并确定地块修复总体目标,通过初步分析修复模式、修复技术类型与应用条件、地块污染特征、水文地质条件、技术经济发展水平,制订相应修复策略。

2)通过修复技术筛选,找出适用于目标地块的潜在可行技术,并根据需要进行相应的技术可行性试验与评估,确定目标地块的可行修复技术。

3）通过各种可行技术合理组合,形成能够实现修复总体目标的潜在可行的修复技术备选方案,在综合考虑经济、技术、环境、社会等指标进行方案比选的基础上,确定适合于目标地块的最佳修复技术方案。

4）制订配套的环境管理计划,防止地块修复过程的二次污染,为目标地块修复工程的实施提供指导,并为地块修复和环境监管提供技术支持。

5）基于上述选择修复策略、筛选与评估修复技术、形成修复技术备选方案与方案比选、制订环境管理计划的工作,编制修复方案。

5.2.1 工作流程

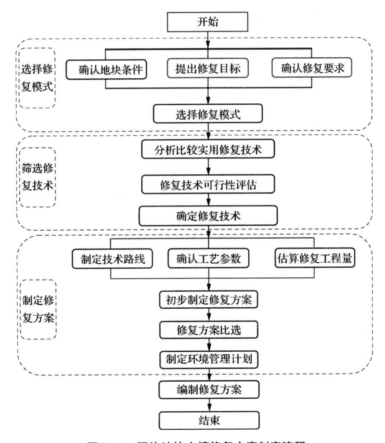

图 5-1 污染地块土壤修复方案制定流程

5.2.1.1 选择修复模式

在分析前期污染土壤污染状况调查和风险评估资料的基础上,根据地块特征条件、目标污染物、修复目标、修复范围和修复时间长短,选择确定地块修复总体思路。

5.2.1.2 筛选修复技术

根据地块的具体情况,按照确定的修复模式,筛选实用的土壤修复技术,开展必要的实验室小试和现场中试,或对土壤修复技术应用案例进行分析,从适用条件、对本地块土壤修复效果、成本和环境安全性等方面进行评估。

5.2.1.3 制定修复方案

根据确定的修复技术,制定土壤修复技术路线,确定土壤修复技术的工艺参数,估算地块土壤修复的工程量,提出初步修复方案。从主要技术指标、修复工程费用以及二次污染防治措施等方面进行方案可行性比选,确定经济、实用和可行的修复方案。

5.2.2 修复技术筛选

依据经济可行、技术可行和环境友好等原则与特点,结合地块现实环境条件,从修复成本、资源要求、技术可达性、人员与环境安全、修复时间需求、修复目标要求,以及符合国家法律法规等方面综合考虑与分析,通过软件模拟或矩阵评分等技术方法与程序,从备选技术中筛选出适合修复特定地块的可行技术。

在筛选修复技术时,达到修复目标的可行性、施工的安全性、避免造成周边环境敏感点二次损害等因素都是决定地块修复技术筛选修复成败的关键。污染地块修复的最终目的是地块的开发再利用,受城市土地经济价值的驱动,采用的地块修复技术应具有修复周期短、二次污染风险小、对土壤结构扰动小、稳定性高等特点。技术筛选方法主要有修复技术筛选矩阵、多目标决策支持技术、费用效果分析(CBA)、环境效益净值分析等评估模型。总的来说,修复技术的筛选评价指标分为3个指标。具体如下:

1) 经济指标

经济指标主要包括总成本、设备投资、运行成本等3个方面。地块修复工程应避免过度修复,地块修复工程技术筛选的经济指标策略是:在保证质量的情况下,严格把控资金投入,所选技术应能达到通过强化管理降低设备投资和运行成本的功能。

2) 环境指标

环境指标主要包括二次污染、环境风险等方面。地块的二次污染问题主要包括噪声、扬尘和地下水二次污染,技术筛选策略为:待选技术应该能有效地避免或减少噪声、扬尘,同时还需能有效地控制地下水的二次污染。风险方面的筛选策略为:修复工程技术本身必须是小风险技术,施工产生的环境风险必须能通过技术控制而有效降低,最好能从风险的根源切断风险生成链。

3) 技术指标

技术指标主要包括技术可行性、技术成熟度,以及技术处理时间等方面。技术指标是地块修复首要考虑的指标。如地块污染物为苯系易挥发污染物,有针对性的技术储备多,化学氧化、热脱附等方法可符合技术可行性的要求,因而技术指标着重考虑修复技术的成熟度和处理时间2个方面。

修复技术筛选的目的是遴选可行的地块修复技术,这些技术可称为"备选修复技术"(Remedial Alternatives)。修复技术筛选主要是通过针对具体地块的关注污染物的适用性、修复效果、可操作性和相对成本四方面来初步确定可能的修复技术。修复技术选择的目的是通过对各种备选修复技术进行详尽的科学评估,选择出最优修复技术。结合国际通用方法和国内发展现状,对备选修复技术进行选择时需评估的指标包括:① 人体健康和生态环境的充分保护;② 满足相关法律法规的程度;③ 长期有效性;④ 污染物毒性、迁移性和总量的减少程度;⑤ 短期有效性;⑥ 可实施性;⑦ 修复成本;⑧ 有关部门接受程度;⑨ 周边社区接受程度。依据以上指标对污染地块修复技术进行选择的评分表,评分表采用10分制,按照分值越高指标效果越好的原则对备选修复技术进行评分,从而为修复技术文件的编制提供依据。

5.3 典型案例

5.3.1 地块利用历史

江苏某化工地块占地面积约20亩,生产区和办公区无显著分界线,2009年3月地块投产运行,主要从事化学品、危险化学品的安全存储和中转。从事经营生产的时间从2010年至2016年,共6年。

5.3.2 调查与风险评估结果

地块初步调查阶段布设土壤采样点位9个(LXS-1~LXS-9),采集土壤样品送检,检测结果显示土壤中重金属、总石油烃等检出均未超标,仅LXS-6氯乙烯、三氯乙烯、1,2-二氯乙烷、1,1,2-三氯乙烷超标,LXS-9 1,2-二氯乙烷、1,1,2-三氯乙烷超标。

布设3口地下水监测井(LXG-1~LXG-3),采集地下水样品送检,检测结果显示地下水无机物、重金属、有机物等检出均未超标。

人体健康风险评估结果显示,LXS-6点位5.8~6.0 m的1,2-二氯乙烷和1,1,2-三氯乙烷超标,且致癌风险超1.0×10^{-6},不可接受,需要修复;LXS-6'为LXS-6点位旁加深点位,5.8~6.0 m的1,2-二氯乙烷和1,1,2-三氯乙烷超标,且致癌风险

超 1.0×10^{-6},不可接受,需要修复;LXS-9 点位 5.8～6.0 m 的 1,2-二氯乙烷超标,且致癌风险超 1.0×10^{-6},不可接受,需要修复。

5.3.3 污染土壤修复目标

根据前期地块调查报告,计算的致癌风险和危害商综合控制值,结合《土壤环境质量 建设用地土壤污染风险管控标准(试行)》(GB 36600—2018)等相关规范的要求,确定了本地块的修复目标值,见表 5-1。

表 5-1 本地块污染土壤修复目标

序号	污染物	综合控制值(致癌风险可接受水平 1×10^6) 计算值	《土壤环境质量 建设用地土壤污染风险管控标准(试行)》二类用地		修复目标值
		计算值	筛选值	管制值	
1	1,2-二氯乙烷	5.41	5.0	21	5.41
2	1,1,2-三氯乙烷	3.34	2.8	15	3.34
3	三氯乙烯	2.29	2.8	20	2.80

5.3.4 污染土壤修复范围

根据建议修复目标值和点位监测数据,使用 ArcGIS 软件泰森多边形模拟各土层受污染土壤的修复边界,且修复深度应到达未受污染的土层。经核算,地块最大修复深度达 7.5 m,修复面积为 417 m²,修复土方量共约 2 710.5 m³。

5.3.5 修复模式筛选

污染土壤修复工程可考虑的基本修复模式主要包括三种:原位处理、原地异位处理、异地处理或处置。

5.3.5.1 原位处理

原位处理是指对地块内污染土壤不进行挖掘或清理,采用物理、化学或生物方法对污染土壤中有机污染物进行处理。

修复工程基本在地块范围内完成,污染土壤在修复过程中以及修复结束后都不离开地块,可有效避免污染土壤转移处理可能造成的二次污染。

5.3.5.2 原地异位处理

原地异位处理是指将地块污染土壤进行清理,在地块范围内对土壤中污染物进行处理后,并在地块内资源化利用。修复工程基本在地块范围内完成,污染土壤在修复过程中以及修复结束后都不离开地块,可有效避免污染土壤转移处理可能造成的二次污染。

5.3.5.3 异地处理或处置

异地处理处置是指将地块内污染土壤进行挖掘清理后,运至地块外的专门场所处理处置。与原位或原地处理相比,因涉及污染土壤的运输和处理,容易造成二次污染,必须在污染土壤转运、处理、处置的全过程中进行严格监督,对管理上的要求较高。

综合考虑环境管理要求、工程实施时间要求、处理成本、地块施工条件、场地规划用地方式、施工过程中的风险、对周边情况环境的影响以及对地块所在区域配套设施条件(如填埋场、焚烧炉等)的需求,同时结合地块修复区域污染物分布特征,本方案建议采取原位修复模式进行修复具体筛选过程见表5-2。

表5-2 原位修复模式筛选过程

考虑因素	本项目条件	修复模式选择
环境管理要求	《土壤污染防治行动计划》规定"治理与修复工程原则上在原址进行"	原则上选择原位或原地异位修复模式
工程实施时间要求	根据相关政府部门要求尽快修复结束	选择时间短的修复模式
周边环境敏感目标	地块周边分布着居住区;化工集中区部分生产企业处于生产状态,存在大量生产相关人员。	应尽量选择少产生扬尘、气味的修复模式
地块施工条件	地块土壤污染区域构筑物未拆除,污染区域存在部分硬化地面,具有原位或原地异位施工条件。	可以选择原位或原地异位的修复模式
规划用地方式	工业用地	需要开挖的可以选择异位修复模式(含填埋物),不开挖的可以选择原位修复模式
土壤污染特征	本地块土壤污染物为VOCs,修复深度为1.0～7.5 m,污染土壤面积为417 m^2,污染方量为2 710.5 m^3	污染深度较深,污染物主要为VOCs,建议采用原位修复模式
是否具有异地处置条件	具备水泥窑焚烧条件	有条件可以采用异地模式

地块周边分布着居住区,化工集中区部分生产企业处于生产状态,存在大量生产相关人员,不建议开挖。

该地块土壤污染区域面积为417 m^2左右,深度为1.0～7.5 m,修复方量为2 710.5 m^3,污染物为挥发性有机物(1,2-二氯乙烷、1,1,2-三氯乙烷、三氯乙烯)。综合考虑地块处理费用、施工过程中的风险、对周边情况环境的影响及对地块所在区域配套设施条件的需求,同时结合地块修复区域污染物分布特征,建议地块内采用原位修复模式。

5.3.6 土壤修复技术筛选

修复技术的筛选与污染物种类、地块特征、修复成本、修复过程对环境的影响、修复时间、技术可获得性等各种因素相关。本方案修复技术筛选的依据如下:

(1) 地块内污染物特征:本地块污染土壤中待修复污染物主要为挥发性有机物氯代烃类,可采取的修复技术有热脱附、气相抽提、化学氧化技术等。

(2) 修复效果好:污染地块修复的最终目标是满足地块未来的土地规划要求,确保环境安全及居民健康。

(3) 修复技术成熟可靠:目前,国内外有多种污染地块清理技术,有些技术已经成熟,有些还在研究阶段。为了保证该地块的修复顺利完成,本方案设计采用成熟可靠的修复技术,避免采用不成熟的修复技术。

(4) 减少修复风险及对周边环境的影响:选择工程安全性高,且对周边居民、环境影响小的修复方式。另外在修复施工过程中,控制二次污染,减少废气、废水、扬尘、噪声等排放,尽量减小对周边居民、环境的影响。

(5) 修复时间合理:为尽快完成该地块污染土壤修复工作,降低地块污染土壤修复过程中的潜在环境风险,在选择修复技术时,同等条件下选择地块修复时间短的技术。

(6) 费用经济合理:本方案将结合地块中的污染物特性,选择几种经济可行的地块清理技术,既满足修复要求,又尽量控制清理费用。

地块污染土污染方量较小、污染浓度较低、深度较深,土壤污染物为氯代烃,近年来在多个工程案例中化学氧化对氯代烃污染土壤的修复取得了很好的效果。综合考虑修复技术成熟度、修复效果以及根据业主对于修复费用及时间的要求,本地块建议优先采用原位化学氧化修复技术。

5.3.7 结论和建议

结合地块前期调查和风险评估结果,按照我国相关法律、法规、标准、规范等文件的要求,以"消除污染,恢复环境"为出发点,遵循"安全性、规范性、可行性、经济性"的原则,并结合当地的实际情况,编制了本方案。通过修复方案的组织实施,能够有效消除该地块污染土壤的环境风险,保证该地块土地的安全使用,满足相应用地功能的土壤环境要求。地块污染土壤采用原位化学氧化的修复技术方案,估算的修复费用为 329.10 万元,估算的施工周期为 93 天。

本地块污染物异味较大,本地块周边存在敏感保护目标以及在产企业,修复处置实施过程中必须加强管理,防止二次污染事故的发生,减少对周边环境和生态的影响,强化人员防护,及时处理信访投诉,做好舆论导向。

思考题

1. 土壤修复方案编制的流程是什么?
2. 土壤修复模式有哪些?
3. 土壤修复技术分类有哪几类?
4. 修复技术筛选主要考虑哪些因素?
5. 土壤修复技术筛选的方法有哪些?
6. 土壤修复工程与普通建设工程有何不同?

第六章

土壤污染风险管控与修复实施

6.1 非饱和带污染物的迁移

污染物在非饱和带按以下三种方式运动：① 挥发进入孔隙，空气以气相形式迁移；② 溶解于土壤水中随液体迁移；③ 作为不混溶相通过重力向下运动。本节重点介绍以上污染物在非饱和带的迁移途径。

6.1.1 非饱和带中的液体运动

液体流经非饱和带可通过微分方程来描述，其一维形式为：

$$\frac{\partial}{\partial z}\left[K\frac{\partial \psi}{\partial z}\right]+\frac{\partial K}{\partial z}=\frac{\partial \theta_w}{\partial \psi}\frac{\partial \psi}{\partial t} \qquad (6-1)$$

式中，K 是水力传导系数/渗透系数，θ_w 是容积含水率，ψ 是土壤水压头（重力势和水分势之和），t 为时间。

该式与地下水流动的一维公式（即达西定律）的主要不同为：①非饱和带的渗透系数是关于 ψ 的函数，因此也是关于 θ_w 的函数；②压头是关于时间的函数。以上两点使得公式(6-1)为非线性，依赖于时间，且比简单的达西定律更难求解[如果 K 是常数且压力独立于时间，则公式(6-1)可简化为达西定律]。

非饱和带的渗透系数在水饱和时达到最大值，且随着水分的降低而降低。随着含水率的降低，因空气占据了大部分的孔隙而导致水迁移面积较小。因此，渗透系数降低，含水率非常低时，覆盖于土壤颗粒上的水膜变得非常薄。水分子和土壤颗粒之间的吸引力变大以致水无法流动。此时，渗透系数接近于零。在土壤湿度不变的情况下，渗透系数可以由相对渗透率 k_r（无量纲）和饱和的 K_s，按下式求得：

$$K=k_r K_s \qquad (6-2)$$

相关的水力传导系数/渗透系数在100%饱和度时的1.0和0%饱和度时的0.0之间变化。

非饱和带溶解相的迁移可以通过对流弥散方程求得，且它的量纲形式为：

$$\frac{\partial (\theta_w C)}{\partial t}=\frac{\partial^2 (\theta_w DC)}{\partial z^2}-\frac{\partial (\theta_w vC)}{\partial z}\pm RXNs \qquad (6-3)$$

该式与饱和带的公式相似，但土壤含水率 θ_w 为变量，且流速和弥散系数取决于含水率。弥散系数类似于饱和带里的弥散项，但 v 是含水率的函数，如

$$D=D_d+D_h=\xi D_0+\alpha v(\theta_w) \qquad (6-4)$$

【例 6-1】计算非饱和带中渗透系数

某砂质土壤在饱和时的渗透系数为 20 m/d。计算渗透系数：a. 当水饱和度为 40%；

b. 当水饱和度为90%。砂的相对渗透率在饱和度40%和90%时分别为0.02和0.44。

解答：

a. 用公式(6-2)求40%水饱和度时的渗透系数，有
$$K = 0.02 \times (20 \text{ m/d}) = 0.4 \text{ m/d}$$

b. 用公式(6-2)求90%水饱和度时的渗透系数，有
$$K = 0.44 \times (20 \text{ m/d}) = 8.8 \text{ m/d}$$

> **讨论**
> 水饱和度是孔隙被水占据的百分数。对饱和土壤为100%，而干土为0%。在40%水饱和度时，渗透系数可能接近零；而在90%水饱和度时，渗透系数能有最大值44%。

6.1.2　非饱和带中气体扩散

在不抽水的情形下，分子扩散是气相迁移的主要机理。迁移公式可用菲克定律来表达，其一维形式为：

$$\xi_a \emptyset_a D \frac{\partial^2 G}{\partial x^2} = \frac{\partial (\emptyset_a G)}{\partial t} \tag{6-5}$$

式中，D 是自由空气扩散系数，G 是气相中污染物浓度，$\emptyset_a$ 是充气孔隙度，ξ_a 是气相曲折因子。ξ_a 说明扩散发生在多孔介质中而不是在开放空间，该参数可由经验公式求得，如 Millington-Quirk 公式。

$$\xi_a = \frac{\emptyset_a^{10/3}}{\emptyset_t^2} \tag{6-6}$$

式中，$\emptyset_t$ 是总孔隙度，即充气孔隙度和体积含水率的和（$\emptyset_t = \emptyset_a + \emptyset_w$）。气相曲折因子可从当整个孔隙空间被水占据（饱和状态）的0，变到当孔隙度高且介质干燥时的0.8。选定化合物的自由空气扩散系数值可以查得。自由空气中的扩散系数通常是稀溶液里的10 000倍，扩散系数也可从其他类似化合物的扩散系数和相对分子质量按以下关系式求得，即

$$\frac{D_1}{D_2} = \sqrt{\frac{MW_2}{MW_1}} \tag{6-7}$$

扩散系数与其相对分子质量的平方根成反比。污染物相对分子质量越大，越难通过空气扩散。温度对扩散系数有影响，扩散系数随着温度而增加，适用以下关系式

$$\frac{D_0 @ T_1}{D_0 @ T_2} = \left(\frac{T_1}{T_2}\right)^m \tag{6-8}$$

式中，T 是以开尔文为单位的温度。理论上，指数 m 应该为1.5；然而，实验数据显示它的范围在1.75~2.0之间。

【例 6-2】求气相的曲折因子

某砂质土壤孔隙度为 0.45,求它的气相曲折因子:a. 当含水率是 0.3;b. 当含水率是 0.05。

解答:

a. 对 $\Phi_w=0.3$ 和 $\Phi_t=0.45$ 则 $\Phi_a=0.45-0.3=0.15$

用公式(6-6)求在 $\Phi_w=0.3$ 时气相的曲折因子

$$\xi_a=\frac{(0.15)^{10/3}}{(0.45)^2}\approx 0.00886$$

b. 对 $\Phi_w=0.05$ 和 $\Phi_t=0.45$ 则 $\Phi_a=0.45-0.05=0.40$

用公式(6-6)求在 $\Phi_w=0.05$ 时气相的曲折因子

$$\xi_a=\frac{(0.40)^{10/3}}{(0.45)^2}\approx 0.233$$

讨论

本例的体积含水率指的是水占据总土壤体积(而不是孔隙体积)的百分数,在本案例中,当含水率从 0.3 降至 0.05 时,综合考虑其他因素,气相曲折因子升高了 26 倍多。

【例 6-3】计算不同温度下的扩散系数

20 ℃时苯在稀溶液中的扩散系数为 1.02×10^{-5} cm²/s(见表 3-5),25 ℃时苯的自由空气扩散系数为 0.092 cm²/s。用以上数据计算:

a. 20 ℃时苯在自由空气和稀溶液里扩散系数的比;

b. 20 ℃时甲苯的自由空气扩散系数。

解答:

a. 用公式(6-8),并假设 $m=2$,确定苯在 20 ℃时的自由空气扩散系数

$$\frac{D_0 @T_1}{D_0 @T_2}=\frac{D_0 @(273+25)}{D_0 @(273+20)}=\left(\frac{298}{293}\right)^2=\frac{0.092 \text{ cm}^2/\text{s}}{D_0 @T_2}$$

$$D_0 @T_2=0.089 \text{ cm}^2/\text{s}$$

因此,20 ℃时苯的自由空气扩散系数=0.089 cm²/s。

自由空气中和在稀溶液中的比(0.089 cm²/s)/(1.02×10⁻⁵ cm²/s)=8 720

b. 甲苯($C_6H_5CH_3$)的相对分子质量为 92,苯(C_6H_6)的相对分子质量为 78。用公式(4-40)求扩散系数,有

$$\frac{D_1}{D_2}=\sqrt{\frac{MW_2}{MW_1}}=\sqrt{\frac{92}{78}}=\frac{0.089 \text{ cm}^2/\text{s}}{D_2}$$

$$D_2=0.082 \text{ cm}^2/\text{s}$$

因此,20 ℃时甲苯的自由空气扩散系数=0.082 cm²/s。

> **讨论**
> 1. 苯在自由空气中的扩散系数为 0.089 cm²/s，是其在稀溶液里的扩散系数 8 720 倍。
> 2. 由苯的相对分子质量关系计算得到甲苯的扩散系数为 0.082 cm²/s，与文献中的 0.083 cm²/s 数值相当。

6.1.3 非饱和带中气相迁移的阻滞因子

污染物质气相流经多孔介质时，气相阻滞因子可按下式求得

$$R_a = 1 + \frac{\rho_b K_p}{\phi_a H} + \frac{\phi_w}{\phi_a H} \tag{6-9}$$

式中，ρ_b 为土壤干堆积密度，K_p 为土壤-水分配系数，H 为亨利常数，ϕ_a 是充气孔隙度，ϕ_w 为体积含水率。

如果含水率 ϕ_w 不变，该阻滞因子将会是一个常数，类似于污染物在含水层中迁移时的阻滞因子 R。污染物在非饱和带孔隙里的迁移因气相阻滞因子 R_a 而延缓。公式(6-9)右边第二项代表了关注污染物在气相和土壤水相之间的分配。气相中的污染物在充气的孔隙迁移的过程中由于发生向土壤水分和土壤有机质的质量损失，污染物在孔隙空气中的迁移速率小于单纯在空气中的迁移速率。

在非平流条件下，气相阻滞因子可以定义为惰性化合物(如氮气)的扩散速率与污染物扩散速率的比。平流条件下，不同化合物的阻滞因子不同，可以衡量化合物迁移速度。对于土壤通风应用，气相阻滞因子是一个无量纲的比值或系数。它反映了污染物在土壤中迁移的受阻程度。采用最小值是因为该方法忽略了传质阻力、地下的非均一性，以及从污染羽外缘到抽提井距离不等等因素。

如公式(6-9)中所示，气相阻滞因子随着土壤含水率 ϕ_w 和土壤-水分配系数 K_p 的增大而增大，随亨利常数的增大而减小。ϕ_w 越高意味着留住污染物的储水量越大，且 K_p 值越大表示土壤有机质含量越高或污染物疏水性越强。另外，亨利常数高的化合物更易挥发进入土壤孔隙。亨利常数随温度升高而增大，但气相阻滞因子随温度升高而减小。因此，对土壤通风应用而言，温度越高，所需流经污染区域来去除污染物的空气孔隙体积量越小。

【例 6-4】求气相的阻滞因子

某垃圾填埋场的非饱和带受到垃圾浸出液的污染，主要污染物为苯、1,2-二氯乙烷(1,2-DCA)和芘。用以下地块评估得到的数据，求气相的阻滞因子。

非饱和带土壤的孔隙度＝0.40；含水率＝0.15；

解答：

a. 从表3-5可知,苯在25 ℃时,$H=5.55$ atm/M,用表3-4将其转换为无量纲值,有

$H^*=H/RT=5.55/[0.082\times298]=0.227$;同理,对于1,2-二氯乙烷和芘(表中的亨利常数值是适用于20 ℃的,在此作为近似值用于25 ℃)

1,2-二氯乙烷: $\quad H^*=H/RT=0.98/[0.082\times298]\approx0.04$

芘: $\quad H^*=H/RT=0.005/[0.082\times298]\approx0.000\ 2$

b. 由文献数据可知,

苯: $\quad K_p=0.015\times85=1.275$

1,2-二氯乙烷: $\quad K_p=0.015\times21=0.32$

芘: $\quad K_p=0.015\times47\ 800=717$

c. 用公式(6-9)求阻滞因子,有

苯: $\quad R=1+\dfrac{\rho_b K_p}{\phi_a H}+\dfrac{\phi_w}{\phi_a H}=1+\dfrac{1.6\times1.275}{0.25\times0.227}+\dfrac{0.15}{0.25\times0.227}=39.6$

1,2-二氯乙烷: $\quad R=1+\dfrac{\rho_b K_p}{\phi_a H}+\dfrac{\phi_w}{\phi_a H}=1+\dfrac{1.6\times0.32}{0.25\times0.04}+\dfrac{0.15}{0.25\times0.04}=67.2$

芘: $\quad R=1+\dfrac{\rho_b K_p}{\phi_a H}+\dfrac{\phi_w}{\phi_a H}$

$\quad=1+\dfrac{1.6\times717}{0.25\times0.000\ 2}+\dfrac{0.15}{0.25\times0.000\ 2}=2.3\times10^7$

> **讨论**
> 芘的疏水性强且亨利常数很低,它的气相阻滞因子远高于苯和1,2-二氯乙烷。

6.2 污染土壤修复工程技术

6.2.1 概述

污染土壤修复是指通过物理、化学、生物、生态学原理,并采用人工调控措施,使土壤污染物浓(活)度降低,实现污染物无害化和稳定化,以达到人们期望的解毒效果的技术措施。

对污染地块进行修复的总体思路,包括原地修复、异地修复、异地处置、自然修复、污染阻隔、居民防护和制度控制等,又称修复策略。修复模式可分为三类,污染源处理、途径阻断和制度控制。目前,理论上可行的修复技术有植物修复、微生物修复、化学修复、物理修复和综合修复等几大类。有些修复技术已经进入现场应用阶段并取得了较好的

效果。污染土壤实施修复，对阻断污染物进入食物链，防止对人体健康造成危害，促进土地资源保护和可持续发展具有重要意义。目前关于该技术的研发主要集中于可降解有机污染物和重金属污染土壤的修复两大方面。

6.2.2 物理修复技术

6.2.2.1 土壤气相抽提

1）原理及系统组成

土壤气相抽提（SVE），又称为土壤通风、原位真空抽提、原位挥发、土壤吹脱，已经成为一种非常普遍采用的挥发性有机物（VOCs）污染土壤修复技术。通过气体在污染区域内的流动，该技术能够将挥发性有机组分从污染土壤中去除。真空泵（常被叫作抽风机）通过对一个或一组井的抽提形成气流。

非饱和带孔隙内的土壤气体抽出后，新鲜空气会自然地（通过被动通风井或空气渗透）或机械地（通过空气注射井）进入并重新填满这些孔隙。新鲜空气的流动会产生如下作用：①破坏污染物在孔隙、土壤水分和土壤颗粒表面的已有平衡，促进吸附相和溶解相中污染物的挥发；②为土著微生物降解污染物提供氧气；③带走生物降解过程中产生的有毒代谢副产物。携带 VOCs 的抽出气体由真空泵带到地面，通常需要在抽出气体排放至大气之前对其进行处理。第 8 章将会介绍含 VOCs 的空气处理的设计计算。

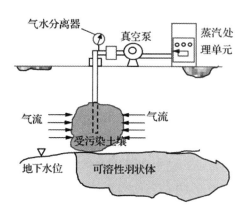

图 6-1 土壤气相抽提原理示意图

典型的气相抽提系统包括：抽提井、真空泵（风机）、除湿设备（气-液分离装置）、尾气收集管道、尾气净化处理设备和附属设备等。土壤通风系统的初步设计中，最重要的参数是待抽提 VOCs 的浓度、空气流量、通风井影响半径、井的数量和位置，以及真空泵的规格。

2）土壤气相抽提技术原理

在污染土壤内引入清洁空气产生驱动力。利用土壤固相、液相和气相之间的浓度梯度，在气压降低的情况下将其转化为气态的污染物排出土壤外的过程。利用真空泵产生负压驱使空气流过污染的土壤孔隙而解吸并夹带挥发性组分流向抽取井，最终于地上进行处理。

3）适用条件

① 抽提技术的基础是土壤污染物的挥发特性。

② 当空气在孔隙中流动时，土壤中的污染物质不断挥发，形成的蒸气随着气流迁移至抽提井，集中收集抽提出来，再进行地面净化处理。因此，抽提技术可行与否取决于污染物质的挥发特性和气流在土层中的渗透特性。

③ 抽提技术适合应用在均匀性和渗透性比较好的不饱和带。

4）技术优势

① 能够原位操作，比较简单，对周围的干扰能够限定在尽可能小的范围之内；

② 非常有效地去除挥发性有机物；

③ 在可接受的成本范围之内能够尽可能多地处理受污染土壤；

④ 系统容易安装和转移；

⑤ 容易与其他技术组合使用。

5）影响因素

① 土壤渗透性

土壤的渗透性影响土壤中空气流速和气相运动，所以土壤渗透性的降低会减弱气相抽提的效果；气流迁移路径的长度增加以及气流横断面积的减少也会降低气相抽提的效果；渗透性较差的土壤需要高的真空度来维持相同的气流率；同时，影响区域也会受到影响，此时需要更多的井来弥补。

② 土壤吸附性

污染物吸附到土壤的有机质或者矿物黏土的表面上，不但会增加土体中污染物的含量，而且会降低气相抽提的效率。因此，特别是在旱田的条件下，土壤的吸附作用变得尤为重要。黏土能吸收水分，且水分的输运性较差。土壤中孔隙水的存在会减少气体迁移的空间，并使气体迁移的路径变得更长，这些都会降低气相抽提的效率；黏土表面往往会带有负电荷，在某些情况下它也会影响对一些化合物的吸附作用。对于带正电荷的物质（例如重金属）或者极性有机化合物来说，黏土是一种很好的吸附剂。

③ 土壤含水量

土壤含水量是指单位体积土壤中水分的体积或单位重量土壤中水分的重量。土壤含水量过高会占据大量的空隙，从而限制空气的流动路径，降低扩散速率；挥发性有机物在气相中的迁移速率大于液相，所以降低土壤水分可以提高去除挥发性有机物的速率。土壤含水量降低会使污染物更易于吸附到土壤表面，当土壤吸附能力较强时，一定量的水分子可以逐出吸附在土壤表面的有机物，因此湿润的环境在一定程度上可以提高气相抽提的运行效果；如果土壤的吸附能力较弱，则在相对干燥的状况下进行气相抽提效果会更好。

④ 地块地形

在理想状况下，地块表面应覆盖一层不具有渗透性的物质（如混凝土），使空气在更大范围内扩散，使有限的空气通过更多的土体。覆盖层有两个作用：a）可以使入渗到土壤中的雨水最少,从而可以在一定程度上控制土壤的含水量;b) 可以避免抽提井发生垂直短路的可能性。

⑤ 地下水位埋深

当水位太浅或井的设计不合理时,可能造成蒸气抽提井浸没在地下水中时,井内的水位会在真空度的作用下上升,从而阻碍过滤器的正常使用;当水位太浅时,为避免上述情况发生,可以使用水平井,以增加过滤器的长度;减小井头的真空度,降低地下水位抬升。在进行该工艺设计时,蒸气抽提井的底部至少应距水面1 m。

⑥ 介质均匀性

地块的均匀性是保证气流到达全部修复区域的重要因素。气流必须流经污染物并发生质量传递才能使污染物得到清除。土壤的结构和分层会影响气相在土壤基质中的流动程度及路径。特殊的地层结构(如夹层、裂隙的存在)会产生优先流,若不正确引导就会使修复效率大大降低。

减少地块不均匀性的影响的措施主要包括:

a) 在低渗透区域增加抽提井,在高渗透区域减少抽提井,以保证污染区域的气流运移;

b) 高渗透区的井可以连接中等强度的引风机,而低渗透区的井可以连接到高真空液体循环泵;

c) 如果有市政沟槽(通常由高渗透性材料构成)等高渗透性的气流通道存在,使蒸气抽提地块中出现垂直短路,则可以加大过滤器深度和抽提井数目。

6) 设计及运行参数

① 抽提气体浓度

挥发性有机污染物在非饱和带中以四种相态存在:a. 溶解在土壤水相中;b. 吸附在土壤颗粒表面;c. 挥发到孔隙空间;d. 自由相。如果有自由相存在,孔隙空间的气体浓度可由拉乌尔定律计算。

由拉乌尔定律计算可得SVE所能达到的抽提气体污染物的浓度上限。该上限浓度可用于在项目开始前计算初始气体浓度,最初的抽提气体浓度会相对稳定,随着持续地土壤抽提,自由相消失,然后抽提气体浓度会开始下降。抽提气体浓度取决于污染物在其他三种相态中的分配。随着气体流过孔隙并带走污染物,溶解在土壤水分中的污染物会从液相挥发到孔隙中;同时,污染物还会从土壤颗粒表面解吸进入到土壤水分中(假设土壤颗粒被湿润层覆盖),随着抽提过程的继续,三种相态的浓度均会下降。

除用于单一组分污染地块修复外,SVE还广泛应用于汽油等混合物污染地块。在混合物污染地块修复中,气体浓度从抽提开始后就会连续下降,不存在开始时气体浓度恒定的阶段,原因是混合物中各种物质的蒸气压不同,更易挥发的物质倾向于更早离开自由相、土壤水分和土壤表面,从而更早地被抽出。

表 6-1 汽油及风蚀汽油的物理参数

混合物	摩尔质量	20 ℃的 P^{vap}/atm	饱和蒸汽浓度 G_{rest}	
			ppmV	mg/L
汽油	95	0.34	340 000	1 343
风蚀汽油	111	0.049	49 000	220

计算抽提气体与自由相平衡时初始浓度的计算步骤:

步骤 1——获得污染物的蒸气压数据;

步骤 2——计算自由相中各物质的摩尔分数。对于纯物质,设定 $x_A=1$;对于混合物,按照第 2 章所述步骤计算;

步骤 3——应用 $P_A=P^{vap}X_A$(3-7)计算蒸气压,单位为 atm 或 mmHg;

步骤 4——如有必要将体积浓度换算为质量浓度。

【例 6-5】计算汽油的饱和蒸气压

应用表 6-1 的信息来计算两个 SVE 项目的最大汽油气体浓度,两块地块均受到汽油泄漏事故的污染,第一块地块是刚刚发生的泄漏,第二块是 3 年前发生的泄漏。

解答:

a. 新鲜汽油污染地块。由表可知,汽油在 20 ℃的蒸气压为 0.34 atm。

应用拉乌尔定律计算孔隙空间的汽油分压为:

$$P_A=P^{vap}x_A=0.34 \text{ atm}×1.0=0.34 \text{ atm}$$

因此,空气中的汽油分压为 0.34 atm($=340\ 000×10^{-6}$ atm),相当于 340 000 ppmV。

将 ppmV 浓度换算为质量浓度(20 ℃):

1 ppmV 汽油=(汽油的摩尔质量÷24.05)mg/m³=95÷24.05=3.95 mg/m³

所以 340 000 ppmV=340 000×3.95=1 343 000 mg/m³=1 343 mg/L

b. 风蚀汽油污染地块。

风蚀汽油的蒸气压(该情形中与分压相同)为 0.049 atm,相当于 49 000 ppmV,将 ppmV 浓度换算为质量浓度(20 ℃):

1 ppmV 风蚀汽油=(摩尔质量/24.05)mg/m³=111/24.05=4.62 mg/m³

所以,49 000 ppmV=49 000×4.62=22 600 mg/m³=226 mg/L

> **讨论**
> 1. 风蚀汽油的饱和蒸气压是新鲜汽油的几分之一?在该案例中约为 1/7。
> 2. 计算出的蒸气浓度与表 6-1 所列出的数据本质上是相同的。

【例 6-6】计算二元混合物的饱和蒸气浓度

某地块受到工业溶剂的污染,溶剂中含有质量浓度为 50% 的甲苯和 50% 的二甲苯。

考虑采用 SVE 技术来修复该地块,假设该地块的地层温度为 20 ℃,计算抽提气体的最大气体浓度。

解答:

a. 从表 3-5 可以查得以下物理化学参数:甲苯的摩尔质量为 92.1,二甲苯的摩尔质量为 106.2,甲苯的 $P^{vap}=22$ mmHg,二甲苯的 P^{vap} 为 10 mmHg。

b. 甲苯在溶剂中的摩尔分数为(基准=1 000 g 溶剂):

甲苯的物质的量=质量/摩尔质量=(50%×1000)/92.1=5.43 mol

二甲苯的物质的量=质量/摩尔质量=(50%×1000)/106.2=4.71 mol

甲苯的摩尔分数=5.43/(5.43+4.71)=0.536

二甲苯的摩尔分数=1-0.536=0.464

c. 用公式(3-7)计算饱和蒸气压,有

$P_{甲苯}=P^{vap}X_A=$(22 mmHg)×0.536=11.79 mmHg=0.015 5 atm

因此,甲苯的分压为 0.015 5 atm,则其浓度为 15 500 ppmV。

$P_{二甲苯}=P^{vap}X_A=$(10 mmHg)×0.464=4.64 mmHg=0.006 1 atm

因此,二甲苯的分压为 0.006 1 atm,则其浓度为 6 100 ppmV。

抽提气体中甲苯的体积分数(或摩尔分数)=15 500/(15 500+6 100)=71.8%

d. 应用公式将体积浓度换算为质量浓度,有

1 ppmV 甲苯=92.1/24.05=3.83 mg/m³

所以 15 500 ppmV=15 500×(3.83 mg/m³)=59 400 mg/m³=59.4 mg/L

1 ppmV 二甲苯=106.2/24.05=4.42 mg/m³

所以 6 100 ppmV=6 100×(4.42 mg/m³)=27 000 mg/m³=27.0 mg/L

抽提气体中甲苯的质量分数=59.4/(59.4+27.0)=68.8%

> **讨论**
>
> 1. 抽提气体中甲苯的质量浓度为 68.8%,体积浓度为 71.8%。两者均高于其在溶液中 50% 的质量浓度。甲苯在气体中占比例更高主要是由于其蒸气压较高。
>
> 2. 抽提气体的实际浓度会低于其饱和蒸气压,因为:①不是所有的空气都经过了污染区域;②存在传质限制。

前面提到是否存在自由相会大大影响抽提气体的浓度。第三章中的公式(3-21)可以作为讨论的起点。公式(3-21)如下:

$$X = \left\{\frac{[(\phi_w)+(\rho_b)K_p+(\phi_a)H]}{\rho_t}\right\}C$$

$$= \left\{\frac{\left[\frac{(\phi_w)}{H}+\frac{(\rho_b)K_p}{H}+(\phi_a)\right]}{\rho_t}\right\}C$$

假设土壤里污染物对应的饱和浓度(X_{sat})达到了土壤颗粒吸附、土壤水分溶解度,以及土壤孔隙气体饱和度的限值。在此饱和浓度之上,自由相就会形成。可以将公式(3-21)中的 C 替换为污染物在水中的溶解度(S_w),将 G 替换为自由相在平衡状态下的蒸气浓度(G_{sat}),有

$$X = \left\{ \frac{[(\phi_w)+(\rho_b)K_p+(\phi_a)H]}{\rho_t} \right\} S_w \tag{6-10}$$

$$X = \left\{ \frac{\left[\frac{(\phi_w)}{H}+\frac{(\rho_b)K_p}{H}+(\phi_a)\right]}{\rho_t} \right\} G_{sat} \tag{6-11}$$

可以采用如下步骤确定是否存在自由相。

步骤1——获得污染物的物理化学数据(表3-5);

步骤2——假设存在自由相,应用拉乌尔定律来计算饱和蒸气压,单位为 atm 或 mmHg;

步骤3——将饱和气体浓度换算为质量浓度;

步骤4——由 K_{ow} 计算 K_{oc} 进而计算 K_p;

步骤5——计算土壤中污染物含量;

步骤6——如果步骤5得出的土壤中污染物浓度小于土壤样品中的实测浓度,说明存在自由相计算过程所需的信息包括:

- 污染物的蒸气压(或其水中的溶解度);
- 污染物的摩尔质量;
- 污染物的亨利常数;
- 有机物的辛醇-水分配系数 K_{ow};
- 有机质含量 f_{oc};
- 孔隙度 Φ;
- 水饱和度;
- 土壤干堆积密度 ρ_b;
- 土壤总堆积密度 ρ_t。

【例6-7】判断地下是否存在自由相

某地块受到1,1-二氯乙烷(1,1-DCA)泄漏的污染,污染区域内土壤样品的DCA浓度在6 000~9 000 mg/kg之间。地层特性如下:孔隙度=0.4;土壤中有机质含量=0.02;水饱和度=30%;地层温度=20 ℃;土壤干堆积密度=1.6 g/cm³;土壤密度=1.8 g/cm³。判断地下是否存在自由相DCA。如果不存在自由相DCA,土壤中的最大污染物浓度会是多少?

解答:

a. 查表获取1,1-DCA的物理化学参数:相对分子质量为99.0,亨利常数 H 为4.26 atm/M,P^{vap} 为180 mmHg,$\lg K_{ow}$ 为1.80。

b. 应用公式(3-7)拉乌尔定律计算 DCA 的饱和蒸气压,有

$$P^{vap} = 180 \text{ mmHg} = 0.237 \text{ atm}, \text{则其浓度为 } 237\ 000 \text{ ppmV}$$

c. 应用公式将 1,1-DCA 饱和气体浓度换算为质量浓度

$$1 \text{ ppmV} = 99.0/24.05 = 4.12 \text{ mg/m}^3$$

所以

$$G = 237\ 000 \text{ ppmV} = (237\ 000) \times (4.12) = 976\ 440 \text{ mg/m}^3 = 976.44 \text{ mg/L}$$

d. 应用表 3-4 将亨利常数换算成无量纲值,有

$$H^* = H/RT = 4.26/[0.082 \times (273+20)] = 0.177 \text{(无量纲)}$$

应用公式(3-17)计算 K_{oc},$K_{oc} = 0.63 K_{ow} = 0.63 \times 10^{1.80} = 0.63 \times 63.1 = 39.8$

应用公式(3-15)计算 K_p,有

$$K_p = f_{oc} K_{oc} = 0.02 \times 39.8 = 0.796 \text{ L/g}$$

e. 应用公式(6-11)计算土壤中 1,1-DCA 的浓度,有

$$X_{sat} = \left\{ \frac{\left[\frac{(\phi_w)}{H} + \frac{(\rho_b) K_p}{H} + (\phi_a)\right]}{\rho_t} \right\} G_{sat}$$

$$X_{sat} = \left\{ \frac{\left[\frac{(0.4 \times 30\%)}{0.177} + \frac{(1.6) \times 0.795}{0.177} + (0.4 \times (1-30\%))\right]}{1.8} \right\} \times 976$$

$$= 4\ 418 \text{ mg/kg}$$

该结果代表了在 1,1-DCA 自由相不存在的情况下,土壤中 1,1-DCA 的最大浓度。

由于计算出的 1,1-DCA 浓度 4 418 mg/kg 小于土壤样品的实测含量(6 000~9 000 mg/kg),该地块应该存在自由相 1,1-DCA。

【例 6-8】用水中的溶解度判断地下水是否存在自由相

某地块受到 1,1-二氯乙烷(1,1-DCA)泄漏的污染,污染区域内土壤样品的 DCA 浓度在 6 000~9 000 mg/kg 之间。地层特性如下:孔隙度=0.4;土壤中有机质含量=0.02;水饱和度=30%;地层温度=20 ℃;土壤干堆积密度=1.6 g/cm³。土壤密度=1.8 g/cm³。利用水中的溶解度判断地下是否存在自由相 DCA。如果不存在自由相 DCA,土壤中的最大污染物浓度会是多少?

解答:

a. 查表 3-4 可知 1,1-DCA 溶解度为 5 500 mg/L。

b. 应用公式(6-10)可计算土壤中 1,1-DCA 的浓度,有

$$X_{sat} = \left\{ \frac{[(\phi_w) + (\rho_b) K_p + (\phi_a) H]}{\rho_t} \right\} S_w$$

$$X_{\text{sat}} = \left\{ \frac{[(0.4) + (1.6) \times 0.795 + (0.4 \times (1-30\%) \times 0.177)]}{1.8} \right\} \times 5\,500$$
$$= 5\,261.2 \text{ mg/kg}$$

该结果代表了在 1,1-DCA 自由相不存在的情况下,土壤中 1,1-DCA 的最大浓度。

由于计算出的 1,1-DCA 浓度为 5 261.2 mg/kg,小于土壤样品的实测含量(6 000～9 000 mg/kg),该地块应该存在自由相 1,1-DCA。

> **讨论**
> 例 6-6 和例 6-7 中对土壤饱和浓度的估算值基本相同。

如果地块内不存在自由相,则采用如下步骤来计算抽提气体浓度。

步骤 1——获得污染物的物理化学数据(表 3-4)。

步骤 2——应用公式(3-17)计算 K_{oc},应用公式(3-15)计算 K_p。

步骤 3——应用公式(6-11)及土壤中污染物浓度计算气体浓度。

- 土壤样品的污染物浓度;
- 污染物的亨利常数;
- 有机物的辛醇-水分配系数 K_{ow};
- 有机质含量 f_{oc};
- 孔隙度 Φ;
- 水饱和度;
- 土壤干堆积密度 ρ_b;
- 土壤总堆积密度 ρ_t。

【例 6-9】计算抽提气体浓度(不存在自由相)

某地块受到苯泄漏的污染,污染区域内采集的土壤样品的平均苯浓度为 500 mg/kg。地层特性如下:

孔隙度=0.35;土壤中有机质含量=0.03;水饱和度=45%;地层温度=25 ℃;土壤干堆积密度=1.6 g/cm³;土壤总堆积密度=1.8 g/cm³。计算 SVE 项目开始时的抽提气体浓度。

解答:

a. 从表 3-5 可查得苯的物理化学参数:相对分子质量为 78.1,亨利常数 H 为 5.55 atm/M,P^{vap} 为 95.2 mmHg,$\lg K_{ow}$ 为 2.13。

b. 应用表 3-4 将亨利常数换算成无量纲值,有 $H^* = H/RT = 5.55/[0.082 \times (273+25)] = 0.23$(无量纲)。

应用公式(3-17)计算 K_{oc},有

$$K_{oc} = 0.63 K_{ow} = 0.63 \times 10^{2.13}$$
$$= 0.63 \times 135 = 85$$

应用公式(3-15)计算 K_p,有 $K_p = f_{oc} K_{oc} = 0.03 \times 85 = 2.6 \text{ L/kg}$

c. 应用公式(6-11)计算与土壤中苯浓度相平衡的气体浓度,有

$$X = \left\{ \frac{\left[\frac{(\phi_w)}{H} + \frac{(\rho_b) K_p}{H} + (\phi_a)\right]}{\rho_t} \right\} G$$

$$500 = \left\{ \frac{\left[\frac{(0.35 \times 45\%)}{0.23} + \frac{(1.6) \times 2.6}{0.23} + (0.35 \times (1-45\%))\right]}{1.8} \right\} G$$

$$G \approx 47.5 \text{ mg/L}$$

讨论

抽提气体的实际浓度会低于 14 800 ppmV,因为不是所有的空气都经过了污染区域,且上述计算中没有考虑传质限制。

【例 6-10】计算抽提气体浓度(不存在自由相)

某地块受到苯泄漏的污染,污染区域内采集的土壤样品的平均苯浓度为 500 mg/kg。地层特性如下:孔隙度=0.35;土壤中有机质含量=0.03;水饱和度=45%;地层温度=25 ℃;土壤干堆积密度=1.6 g/cm³;土壤总堆积密度=1.8 g/cm³。

假设在三个月的土壤通风后,污染区域取的土壤样品的平均苯浓度降至 250 mg/kg,计算土壤抽提气体浓度。

解答:

由于平衡常数(如 K_p 和 H)保持不变,同时假设体积含水率也保持恒定,当土壤样品中的苯浓度下降至其初始浓度的一半时(由 500 mg/kg 下降到 250 mg/kg)。抽提气体浓度(G)也会下降至初始浓度的一半。可从以下计算中证实。

应用公式(6-11)计算与土壤中苯浓度相平衡的气体浓度,有

$$250 = \left\{ \frac{\left[\frac{(0.35 \times 45\%)}{0.23} + \frac{(1.6) \times 2.6}{0.23} + (0.35 \times (1-45\%))\right]}{1.8} \right\} G$$

从而

$$G \approx 47.5 \times (250/500) = 23.75 \text{ mg/L} = 23.75 \text{ mg/m}^3 \approx 7\ 400 \text{ ppmV}$$

② 影响半径和压强分布

原位土壤气相抽提系统设计的主要任务之一是通过影响半径 R_1 来确定气体抽提井的数量和位置,R_1 可定义为抽提井至压降极小处的距离($P@R_1 \approx 1$ atm)

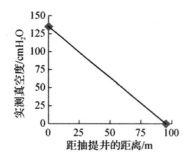

图 6-2 确定抽提影响半径工作曲线

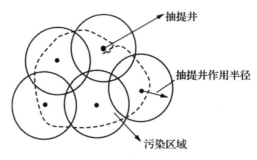

图 6-3 抽提井布置示意图

特定地块最精确的 R_I 值应通过稳态中试试验来确定,将抽提井和观测井的压降对其距离作半对数图,从而确定抽提井的 R_I。该方法与抽水试验所采用的距离-水位降深法相似。R_I 通常选择压降小于抽提井真空度 1% 处的距离。

此外,也可应用描述地下气流的流动方程来描述。地层通常是非均质的,其中的气体流动非常复杂,作为简化近似,在均质且参数恒定的可渗透地层中,可推导出完全封闭的气体径向流系统的流动方程。

对于存在边界条件的稳态径向流($P=P_w @ r=R_w$; $P=P_{atm} @ r=R_I$)。地层中的压强分布可由下式导出

$$P_r^2 - P_w^2 = (P_{RI}^2 - P_w^2) \frac{\ln(r/R_w)}{\ln(R_I/R_w)} \tag{6-12}$$

式中,P_r 为距离气相抽提井 r 处的压强;P_w 为气相抽提井的压强;P_{RI} 为影响半径处的压强(大气压或某预设值);r 为与气相抽提井的距离;R_I 为影响半径(此处压强等于某预设值);R_w 为气相抽提井的半径。

上式不涉及气体流量和地层渗透性。如果已知抽提井和监测井(或两口监测井)的压降,可用上式计算气相抽提井的 R_I。如果没有中试试验数据,通常基于经验进行估计,文献中报告的 R_I 值范围为 (9~30 m),抽提井的压强范围为 0.90~0.95 atm,更浅的井、更低渗透性的地层、采用更低的抽提井真空度,通常对应更小的 R_I 值。

【例 6-11】根据压降数据来计算土壤抽提井的影响半径

已知下列信息:抽提井的压强 = 0.9 atm;距离抽提井 9 m 处监测井的压强 = 0.98 atm;抽提井的直径 = 10.16 cm。计算土壤抽提井的影响半径。

解答:

已知条件整理:$P_w = 0.9$ atm;$P_r = 0.98$ atm;$r = 9.0$ m;$R_w = 10.16$

根据 R_I 有两种定义方式:

a. 定义 R_I 为压强等于大气压的位置。

$$P_r^2 - P_w^2 = (P_{RI}^2 - P_w^2) \frac{\ln(r/R_w)}{\ln(R_I/R_w)}$$

$$0.98^2 - 0.9^2 = (1.0^2 - 0.9^2) \frac{\ln(9.0/0.0508)}{\ln(R_I/0.0508)}$$

$$R_1 \approx 35.18 \text{ m}$$

b. 作为对比,定义 R_1 为压降等于1%抽提井真空度的位置。抽提井的真空度为 $1-0.9=0.1$ atm,因此,$P_{RI}=1-0.1\times1\%=0.999$ atm。

$$0.98^2-0.9^2=(0.999^2-0.9^2)\frac{\ln(9.0/0.0508)}{\ln(R_1/0.0508)}$$

$$R_1 \approx 32.84 \text{ m}$$

定义 R_1 为压降等于1%抽提井真空度的位置获得的 R_1 值比(a)中小约7%,更贴近实际,设计更偏保守。

【例 6-12】根据压降数据来计算土壤抽提井的影响半径

根据一下信息计算土壤抽提井的影响半径。

抽提井的真空度$=122 \text{ cmH}_2\text{O}$;距离抽提井 12 m 处监测井的真空度$=20 \text{ cmH}_2\text{O}$;气提井的直径$=10.16$ cm。

分析:压强数据以 cmH_2O 表示,需要转换为大气压单位,1 atm 相当于 10.33 mH_2O。

解答:

a. 抽提井的压强$=122 \text{ cmH}_2\text{O}$(真空度)$=10.33-(122/100)=9.11 \text{ mH}_2\text{O}=9.11/10.33=0.88$ atm

监测井的压强$=20 \text{ cmH}_2\text{O}$ (真空度)$=10.33-(20/100)=10.13 \text{ mH}_2\text{O}$
$=10.13/10.33=0.98$ atm

b. 定义 R_1 为 P 等于大气压的位置。应用公式(6-12)计算 R_1,有

$$0.98^2-0.88^2=(1.0^2-0.88^2)\frac{\ln(12/0.0508)}{\ln(R_1/0.0508)}$$

$$R_1 \approx 38.41 \text{ m}$$

c. 作为对比,定义 R_1 为压降等于1%抽提井真空度的位置。则

$$P_{RI}=1-(1-0.88)\times1\%=0.9988 \text{ atm}$$

$$0.98^2-0.88^2=(0.9988^2-0.88^2)\frac{\ln(12/0.0508)}{\ln(R_1/0.0508)}$$

$$R_1 \approx 35.80 \text{ m}$$

【例 6-13】计算 SVE 监测井的压降

抽提井的真空度$=122 \text{ cmH}_2\text{O}$;距离抽提井 12 m 处监测井的真空度$=20 \text{ cmH}_2\text{O}$;气提井的直径$=10.16$ cm。计算距离抽提井 6 m 处监测井的压降;

分析:例 6-10 给出的压强数据为:①抽提井的压强$=0.88$ atm;②12 m 监测井处的 $P=0.98$ atm;③R_1 处的 $P=1$ atm。可以使用以上三个数据中的任意两个来计算距离抽提井 6 m 处的压降。

解答:

a. 定义 R_1 为 P 等于大气压的位置。应用公式(6-12)计算 R_1,有

$$P_r^2 - 0.88^2 = (0.98^2 - 0.88^2)\frac{\ln(6/0.050\ 8)}{\ln(12/0.050\ 8)}$$

$$P_r = 0.968\ \text{atm} = 10.00\ \text{mH}_2\text{O}(真空度)$$

b. 作为对比，定义 R_I 为压降等于 1% 抽提井真空度的位置。则

$$P_r^2 - 0.88^2 = (1.0^2 - 0.88^2)\frac{\ln(6/0.050\ 8)}{\ln(38.41/0.050\ 8)}$$

$$P_r = 0.968\ \text{atm} = 10.00\ \text{mH}_2\text{O}(真空度)$$

c. 也可以使用 $r=12$ m 处监测井的数据以及 R_I，应用公式(6-12)计算 $r=6$ m 处监测井的压强，有

$$P_r^2 - 0.98^2 = (1.0^2 - 0.98^2)\frac{\ln(6/12)}{\ln(38.41/12)}$$

$$P_r = 0.968\ \text{atm} = 10.00\ \text{mH}_2\text{O}(真空度)$$

3. 气体流量

在均质土壤系统中的径向达西流速 u_r 可表示为

$$u_r = \left(\frac{k}{2\mu}\right)\frac{\left[\dfrac{P_w}{r\ln\left(\dfrac{R_w}{R_I}\right)}\right]\left[1-\left(\dfrac{P_{RI}}{P_w}\right)^2\right]}{\left\{1+\left[1-\left(\dfrac{P_{RI}}{P_w}\right)^2\right]\dfrac{\ln(r/R_w)}{\ln(R_w/R_I)}\right\}^{0.5}} \quad (6-13)$$

式中，u_r 为距离抽提井 r 处的气体流速

当上式中 r 取 R_w 时，即可得到井壁处流速 u_w 为

$$u_w = \left(\frac{k}{2\mu}\right)\left[\frac{P_w}{R_w\ln\left(\dfrac{R_w}{R_I}\right)}\right]\left[1-\left(\dfrac{P_{RI}}{P_w}\right)^2\right] \quad (6-14)$$

进入抽提井的气体流量 Q_w 为

$$Q_w = 2\pi R_w u_w H = H\left(\frac{\pi k}{\mu}\right)\left[\frac{P_w}{R_w\ln\left(\dfrac{R_w}{R_I}\right)}\right]\left[1-\left(\dfrac{R_{RI}}{P_w}\right)^2\right] \quad (6-15)$$

式中，H 为抽提井的开孔区间。

标准状态气体流量 Q_{atm}（即换算为 $P_{atm}=1$ atm 时流量）为

$$Q_{atm} = \left(\frac{P_{井}}{P_{atm}}\right)\times Q_{井} \quad (6-16)$$

【例 6-14】计算 SVE 井的抽提气体流量

在地块内有一口抽提井，已知以下信息：抽提井的压强=0.9 atm；抽提井的直径=10.16 cm；地层渗透率=1 Darcy；井筛长度=6 m；影响半径为 15 m。地层温度=20 ℃。计算单位井筛长度内进入抽提井的稳态流量，井内气体流量及抽提泵的排气量：

分析:首先需要进行一些单位换算,有

1 atm=1.013×10⁵ N/m², 1 Darcy=10⁻⁸ cm²=10⁻¹² m²;1 P=100 cP=0.1 N/(s·m²);因此,0.018 cP=1.8×10⁻⁴ P=1.8×10⁻⁵ N/(s·m²)

解答:

a. 应用公式(6-13)计算井壁处的气体流速为

$$u_w = \left(\frac{k}{2\mu}\right)\left[\frac{P_w}{R_w \ln\left(\frac{R_w}{R_I}\right)}\right]\left[1-\left(\frac{P_{RI}}{P_w}\right)^2\right]$$

$$= \left(\frac{10^{-12}}{2\times 1.8\times 10^{-5}}\right)\left[\frac{0.9\times 1.013\times 10^5}{(0.101\ 6/2)\ln\left(\frac{0.101\ 6/2}{15}\right)}\right]\left[1-\left(\frac{1}{0.9}\right)^2\right]$$

$$\approx (2.78\times 10^{-8})\times(-3.11\times 10^5)\times(-0.235)$$

$$\approx 2.02\times 10^{-3}\ \text{m/s} \approx 0.123\ \text{m/min} \approx 177\ \text{m/d}$$

b. 应用公式(6-15)计算单位井筛区间内进入的气体流量,有

$$\frac{Q_w}{H} = 2\pi R_w u_w = 2\pi(0.101\ 6/2\ \text{m})\times(0.123\ \text{m/min})$$

$$\approx 0.039\ \text{m}^2/\text{min}$$

c. 井内气体流量 $= \frac{Q_w}{H} \times H = (0.039\ \text{m}^2/\text{min})\times(6\ \text{m}) \approx 0.234\ \text{m}^3/\text{min}$

d. 应用公式(6-16)计算抽提泵的排气流量,有

$$Q_{atm} = \left(\frac{P_{井}}{P_{atm}}\right)Q_{井} = \left(\frac{0.9}{1}\right)\times 0.24 = 0.216\ \text{m}^3/\text{min}$$

【例6-15】根据抽提气体流量计算土壤抽提井的影响半径

在地块内有一口抽提井,已知以下信息:抽提井的压强=0.9 atm;抽提井的直径=10.16 cm;影响半径为15 m。根据例6-10,计算处井壁处达西径向流速为177 m/d。使用公式(6-13)求在离抽提井6 m处的达西径向流速。

解答:

a. 应用公式(6-13)计算井壁处的气体流速为

$$= \left(\frac{10^{-12}}{2\times 1.8\times 10^{-5}}\right)\frac{\left[\frac{0.9\times 1.013\times 10^5}{(0.101\ 6/2)\ln\left(\frac{0.101\ 6/2}{15}\right)}\right]\left[1-\left(\frac{1}{0.9}\right)^2\right]}{\left\{1+\left[1-\left(\frac{1}{0.9}\right)^2\right]\frac{\ln\left[\frac{6}{(0.101\ 6/2)}\right]}{\ln\left[\frac{(0.101\ 6/2)}{15}\right]}\right\}^{0.5}}$$

$$\approx (2.78\times 10^{-8})\times(-2.64\times 10^3)\times(-0.234\ 6)/(1.197)^{0.5}$$

$$\approx 1.574\times 10^{-5}\ \text{m/s} \approx 9.44\times 10^{-4}\ \text{m/min} \approx 1.36\ \text{m/d}$$

b. 作为比较,达西径向流速也可以通过公式 $Q=(2\pi r_1 H)v_1=(2\pi r_2 H)v_2$ 计算。因此有 $r_1 v_1 = r_2 v_2$,即

$$(0.101\ 6/2\ \text{m}) \times (177\ \text{m/d}) = (6\ \text{m})v_2$$

$$v_2 \approx 1.48\ \text{m/d}$$

> **讨论**
> 1. 例 6-14 中(a)和(b)的结果应该一致。实际结果的区别来自截断误差。
> 2. 在 6 m 处的达西径向流速相对较低,约为 1.4 m/d。

【例 6-16】根据抽提气体流量计算土壤抽提井的影响半径

根据以下信息来计算土壤抽提井的影响半径:抽提井的压强=0.85 atm;测得抽提泵的排气流量=0.21 m³/min;井筛长度=4 m;抽提井的直径= 0.1 m;地层渗透率=1.0 Darcy;空气黏度=1.8×10⁻⁴ 泊;地层温度=20 ℃。

分析:

本问题可视为例 6-13 的逆运算,例 6-13 是根据影响半径来计算抽提气体流量,而本题则是根据气体流量来计算影响半径。与前面的例子一样,首先需要进行一些单位换算:

1 atm=1.013×10⁵ N/m²;1 Darcy=10⁻⁸ cm²=10⁻¹² m²;1 P=100 cP=0.1 N/(s·m²);因此,0.018 cP=1.8×10⁻⁴ P=1.8×10⁻⁵ N/(s·m²)。

解答:

a. 应用公式(6-16)计算进入抽提井的气体流量。有

$$Q_{\text{atm}} = \left(\frac{P_{\text{井}}}{P_{\text{atm}}}\right) Q_{\text{井}} = \left(\frac{0.85}{1}\right) Q_{\text{井}} = 0.21\ \text{m}^3/\text{min}$$

$$Q_{\text{井}} = 0.24\ \text{m}^3/\text{min} \approx 0.004\ \text{m}^3/\text{s}$$

b. 应用公式(6-15)计算影响半径,有

$$\frac{Q_w}{H} = \frac{0.004}{4} = \left(\frac{\pi k}{\mu}\right) \left[\frac{P_w}{\ln\left(\frac{R_w}{R_I}\right)}\right] \left[1 - \left(\frac{P_{RI}}{P_w}\right)^2\right]$$

$$= \left(\frac{\pi(10^{-12})}{1.8 \times 10^{-5}}\right) \left[\frac{0.85 \times (1.013 \times 10^5)}{\ln\left(\frac{0.05}{R_I}\right)}\right] \left[1 - \left(\frac{1}{0.85}\right)^2\right]$$

$$R_I \approx 16.13\ \text{m}$$

本例中使用统一的单位是正确计算的关键。特别需要注意的是,给出的流量单位为 m³/min,需要换算成 m³/s 以匹配公式(6-15)中的速度单位。

【例 6-17】 计算冲洗单位孔隙体积需要的时间

一个 SVE 井安装于污染羽的中心,气体抽提速率为 0.54 m²/min。假设在该井处形成了理想的影响半径为 15 m、厚度为 6 m 的径向流,求捕获区内冲洗一个孔隙体积需要的时间。地块土壤孔隙度为 0.4,体积含水率为 0.15。

解答：

受抽提井影响的捕获区体积为：$\pi(R_1)^2 H = (\pi)(15)^2 \times 6 = 4\,239 \text{ m}^3$

空气孔隙体积＝土壤体积×有效孔隙率＝土壤体积×（总孔隙度－体积含水率）
$= 4\,239 \times (0.4 - 0.15) \approx 1\,060 \text{ m}^3$

冲洗一个孔隙体积需要的时间＝孔隙体积空气流速＝$1\,060/0.54 = 1\,963$ min。

> **讨论**
> 1. 气体抽提速率 $0.54 \text{ m}^3/\text{min}$ 为在地表测得的流速。地下实际流速在负压状态下应该比该值稍高。
> 2. 本例中假设的理想径流在实际中不存在，即实际冲洗单位孔隙体积需要的时间要远大于 $1\,963$ min。

④ 污染物去除速率

可以通过抽提气体流量（Q）和气体浓度（G）的乘积来计算污染物的去除速率（$R_{去除}$）

$$R_{去除} = GQ \tag{6-17}$$

注意：G 和 Q 的单位应一致，且 G 以质量浓度单位表示。如果存在自由相，则应用公式（6-11）来计算初始气体浓度；如果不存在自由相，则应用例 6-15 所示的步骤来计算抽提气体浓度。

值得再次提醒的是，计算得到的气体浓度是平衡状态的理论值，由于不是所有的空气都经过了污染区域且存在传质限制（在大多数情况下系统不会达到平衡），实际值仅为计算值的几分之一。尽管如此，计算值所提供的信息也很有价值，可以将计算值与取样得到的实际数据相比，建立它们的对应关系，从而校准、调整计算值，用于以后的预测。

如果已知气流中通过污染物区域的百分比为 η，则公式（6-17）可改写为

$$R_{去除} = [\eta G]Q \tag{6-18}$$

公式（6-18）算出的去除速率代表了气体浓度的上限，因其未考虑传质限制。如果因子 η 考虑了气流中通过污染区域的百分比及传质限制，则可认为因子 η 为综合效率因子。

可采用如下步骤来计算污染物去除速率。

步骤 1：通过现场测量或者 6.2.2.1 节所述步骤来计算抽提气体流量；

步骤 2：如果存在自由相，则应用公式（6-11）来计算抽提气体浓度；如果不存在自由相，则应用例 6-15 所示的步骤来计算抽提气体浓度；

步骤 3：应用公式将气体浓度换算为质量浓度；

步骤 4：使用综合效率因子 η 来调整步骤 3 计算出的浓度；

步骤 5：将步骤 1 得出的气体流量与步骤 4 得出的调整后浓度相乘，得到污染物去除速率。

计算过程所需要信息包括：

抽提气体流量 Q；抽提气体浓度 G；相对于理论去除速率的综合效率因子 η。

【例 6-18】计算污染物去除速率（存在自由相）

某加油站最近发生了汽油泄漏导致土壤污染，在地块内有一口土壤抽提井（直径 10.16 cm）来进行修复。抽提井压强为 0.9 atm，影响半径为 15 m。通过修复调查和中试试验获得以下数据：

地层渗透率＝1 Darcy；井筛长度＝6 m；空气黏度＝0.018 cP；地层温度＝20 ℃。计算在项目启动时的污染物去除速率。

a. 由于本例中的压降数据与例 6-13 相同，则可算出气体流量为 0.216 m³/min。

b. 若自由相存在，则新鲜汽油对应的饱和蒸气浓度为 1 340 000 ppmV 或 1 343 g/m³（见例 6-5）；另外，风蚀汽油对应的饱和蒸气浓度为 49 000 ppmV 或 226 g/m³。

c. 假设综合效率因子 η 为 1，应用公式（6-18）计算去除速率。

d. $R_{去除}=[(\eta)(G)](Q)=[1.0\times(1\,343\text{ g/m}^3)]\times(0.216\text{ m}^3/\text{min})\approx 290\text{ g/min}\approx 418\text{ kg/d}$（对于新鲜汽油）。

e. $R_{去除}=(1.0\times 226\text{ g/m}^3)\times(0.216\text{ m}^3/\text{min})\approx 48.8\text{ g/min}\approx 70\text{ kg/d}$（对于风蚀汽油）。

> **讨论**
>
> 1. 本例中的抽提气体流量相对较低，为 0.216 m³/min，然而计算出的理论去除速率是相当高的，新鲜汽油为 418 kg/d，风蚀汽油为 70 kg/d。如果去除速率能维持在这个水平，则只需要几天就能将地块清理干净。遗憾的是，这在实际中无法实现。对于典型的 SVE 项目，通常需要几个月或者更长时间才能完成。综合效率因子在本例中设为 1，在实际应用中真实值要远小于 1。
>
> 2. 由于汽油属于混合物，随着更易于挥发的组分首先离开地层，去除速率会下降（风蚀汽油的去除速率是新鲜汽油的 1/5）。然而，风蚀汽油对应的 70 kg/d 仍然比实际值高，因为计算中没有考虑传质限制。当自由相消失后，去除速率会继续下降。

【例 6-19】计算污染物去除速率（不存在自由相）

某地块受到苯的污染，污染区域内采集土壤样品的平均苯浓度为 500 mg/kg。在地块内安装直径为 10.16 cm（4 in）的 SVE 系统，抽提井压强为 0.9 atm，影响半径为 15 m。通过修复调查和中试试验获得以下数据：

地层渗透率＝1 Darcy；井筛长度＝6 m；空气黏度＝0.018 cP；孔隙度＝0.35；
有机质含量＝0.03；水饱和度＝45%；地层温度＝20℃；土壤干堆积密度＝1.6 g/cm³；
土壤总堆积密度＝1.8 g/cm³。计算在项目启动时的污染物去除速率。

解答：

a. 本例中的压降数据与例 6-13 相同，则已算出气体流量为 0.216 m³/min。

b. 本例中的地质数据与例 6-8 相同，则已算出抽提苯气体浓度为 47.5 mg/L 或

47.5 g/m³。

c. 假设综合效率因子 η 为 1,应用公式(6-18) 计算去除速率,有

$R_{去除} = [(\eta)(G)](Q) = [1.0 \times (47.5 \text{ g/m}^3)](0.216 \text{ m}^3/\text{min}) = 10.26 \text{ g/min} \approx 14.77 \text{ kg/d}$。

> **讨论**
> 计算值 14.77 kg/d 是上限值,因为综合效率因子被取为 1。此外,随着 SVE 项目的进行,地下的污染物浓度会下降,去除速率也会随之下降。

⑤ 土壤气相抽提清理时间

由于污染物去除速率在变化,实际计算清理时间较为复杂。随着土壤中残留污染物的量不断减少,去除速率也在降低。解决方法之一是将清理时间分为几个时间段,计算每个时间段的去除速率及清理时间,则总清理时间为各个时间段的总和。$T_{清理} = M_{泄漏}/R_{去除}$。其中,$M_{泄漏}$ 为要去除的泄漏量,可通过下式计算:

$$M_{泄露} = (X_{初始} - X_{目标}) \cdot M_s = (X_{初始} - X_{目标}) \cdot V_s \cdot \rho_b \quad (6-19)$$

式中,$X_{初始}$ 为土壤中初始的平均污染物浓度;$X_{目标}$ 为土壤修复目标值;M_s 为污染土壤的质量;V_s 为污染土壤的体积;ρ_b 为土壤密度;如果修复目标值相比初始污染物浓度非常低,则可从公式中忽略 $X_{目标}$,作为设计时的安全系数。

清理时间计算详细步骤:

步骤1——判断是否存在自由相。先计算土壤中污染物最大可能含量 X_{free},如果 X_{free} 小于土壤样品中实际含量,说明存在自由相,按步骤2进一步计算;当 X_{free} 大于土壤样品中实际含量,说明不存在自由相,按步骤5进一步计算;

步骤2——应用公式计算抽提气体浓度(存在自由相),应用公式计算去除速率;

$$P_A = P^{vap} x_A$$

$$T_{清理} = M_{泄漏}/R_{去除} \quad (6-20)$$

步骤3——应用公式计算自由相消失前去除的污染物质量;

$$M_{去除} = (X_{初始} - X_{free}) \cdot M_s = (X_{初始} - X_{free}) \cdot V_s \cdot \rho_b \quad (6-21)$$

步骤4——应用步骤2和步骤3的结果以及公式(6-20)计算去除自由相所需的时间;

步骤5——不存在自由相时。将 $(X_{free} - X_{目标})$ 值分为几个区间,使用每个区间的平均 X 值来计算气体浓度(见例6-9),再应用公式(6-18)计算去除速率;如果初始状态就没有自由相,则在本步骤中用 $X_{初始}$ 代替 X_{free};

步骤6——应用修改后的公式(6-22)计算每个区间去除的污染物质量

$$M_{去除} = (X_{开始} - X_{结束}) \cdot M_s = (X_{开始} - X_{结束}) \cdot V_s \cdot \rho_b \quad (6-22)$$

式中,$X_{开始}$ 和 $X_{结束}$ 分别为每个区间开始和结束时的含量;

步骤7——应用步骤5和步骤6的结果以及公式(6-20)计算每个区间所需的清理时间;

步骤8——将每个区间所需的时间累加得到总清理时间。

计算需要的基本信息。

土壤样品的污染物浓度;污染物的亨利常数;有机物的辛醇-水分配系数 K_{ow};有机质含量 f_{oc};孔隙度 ø;水饱和度;土壤干堆积密度 ρ_b;土壤总堆积密度 ρ_t。

【例 6-20】计算清理时间(存在自由相)

某加油站最近发生的汽油泄漏导致了土壤污染,在地块内一口土壤抽提井来进行土壤修复。通过修复调查和中试试验获得以下数据:抽提井的压强=0.9 atm;影响半径为 15 m。抽提井的直径=10.16 cm;地层渗透率=1 Darcy;井筛长度=6.0 m;空气黏度=0.018 cP;地层温度=20 ℃;孔隙度=0.35;土壤中有机质含量=0.01;水饱和度=40%;土壤总堆积密度=1.8 g/cm³;土壤干堆积密度=1.6 g/cm³;污染羽体积=184 m³;土壤中的初始平均污染物含量=6 000 mg/kg;所需的修复目标值=100 mg/kg;相对于理论去除速率的综合效率因子=0.11。计算所需的清理时间。

解答:

a. 本例中的压降数据与例 6-13 相同,则已算出气体流量为 0.216 m³/min;

第一阶段:当存在自由相时

b. 计算当自由相刚好去除时,土壤中污染物最大可能总石油烃含量 X_{free};由于没有汽油的亨利常数和 K_{ow} 数据,使用汽油的常见组分之一甲苯的数据作为近似值,应用表 3-4 将亨利常数换算成无量纲值。

$$H^* = H/(RT) = 6.7/[(0.082) \times (273+20)] \approx 0.28 (无量纲)$$

计算 K_{oc}: $K_{oc} = 0.63 K_{ow} = 0.63 \times 10^{2.73} = 0.63 \times 5.37 \approx 338$

计算 K_p: $K_p = f_{oc} K_{oc} = 0.01 \times 338 \approx 3.38$ L/kg

应用风蚀汽油的饱和蒸气浓度 226 mg/L 计算 X_{free}

$$\frac{M_t}{V} = \left\{ \frac{\left[\left(\frac{\text{ø}_w}{H}\right) + \frac{(\rho_b) K_p}{H} + (\Phi_a)\right]}{\rho_t} \right\} G$$

$$= \left\{ \frac{\left[\left(\frac{0.35 \times 40\%}{0.28}\right) + \frac{(1.6) \times 3.38}{0.28} + (0.35 \times (1-40\%))\right]}{1.8} \right\} \times 226$$

$$\approx 2\ 528 \text{ mg/kg}$$

c. 应用公式(6-21)计算自由相消失前去除的污染物质量

$$M_s = V_s \cdot \rho_b = 184 \text{ m}^3 \times 1.8 \times 10^3 \text{ kg/m}^3 = 331\ 200 \text{ kg}$$

$$M_{去除} = (X_{初始} - X_{free}) \times M_s = (6\ 000 \text{ mg/kg} - 2\ 528 \text{ mg/kg}) \times 331\ 200 \text{ kg}$$

$$\approx 1.150 \times 10^9 \text{ mg} = 1\ 150 \text{ kg}$$

d. 应用公式(6-11)计算抽提气体浓度。由例 6-5 可知,新鲜汽油和风蚀汽油的饱和汽油蒸气浓度分别为 1 343 mg/L 和 226 mg/L。由于抽提气体中的 VOCs 浓度通常随时间呈指数下降,因此将这两个值的几何平均值作为该阶段的平均浓度。

$$G = \sqrt{1\ 343 \times 226} \approx 551\ \text{mg/L}$$

e. 应用公式(6-18)计算去除速率

$R_{\text{去除}} = \eta \cdot G \cdot Q = 0.11 \times 551\ \text{g/m}^3 \times 0.216\ m^3/\text{min} \approx 13.1\ \text{g/min} = 18.85\ \text{kg/d}$

f. 应用(3)和(5)的结果以及公式(6-20)计算所需的清理时间

$$T_1 = M_{\text{去除}} \div R_{\text{去除}} = 1\ 150\ \text{kg} \div 18.85\ \text{kg/d} \approx 61.0\ \text{d}$$

第二阶段：当不存在自由相时

g. 在自由相去除后，土壤中的污染物含量为 2 528 mg/kg，相应的气体浓度理论值为 226 mg/L。本项目的土壤修复目标值为 100 mg/kg。2 528 mg/kg 和 100 mg/kg 的平均值为 1 314 mg/kg，以此划分为两个区间来计算所需的清理时间。

前半区间为浓度从 2 528 mg/kg 降低到 1 314 mg/kg 所需的时间，后半区间为从 1 314 mg/kg 降低到 100 mg/kg 所需的时间。

h. 应用公式(6-21)计算前半区间去除的污染物质量

$M_{\text{去除}} = (X_{\text{开始}} - X_{\text{结束}}) \cdot M_s = (2\ 528\ \text{mg/kg} - 1\ 314\ \text{mg/kg}) \times 331\ 200\ \text{kg} \approx 4.02 \times 10^8\ \text{mg}$
$= 402\ \text{kg}$

该区间开始时的气体浓度理论值为 226 mg/L（对应 2 528 mg/kg）。结束时（对应污染物含量 1 314 mg/kg）的气体浓度理论值为 $G_{\text{结束}} = 226 \times (1\ 314/2\ 528) \approx 117\ \text{mg/L}$。

将这两个值的几何平均值作为该区间的平均浓度。

$$G = \sqrt{226 \times 117} \approx 163\ \text{mg/L}$$

应用公式(6-18)计算去除速率

$R_{\text{去除}} = \eta \cdot G \cdot Q = 0.11 \times 163\ \text{g/m}^3 \times 0.216\ \text{m}^3/\text{min} \approx 3.4\ \text{g/min} \approx 5.58\ \text{kg/d}$

应用公式(6-20)计算所需的清理时间

$$T_2 = M_{\text{去除}} \div R_{\text{去除}} = 402\ \text{kg} \div 5.58\ \text{kg/d} \approx 72\ \text{d}$$

i. 后半区间去除的污染物质量与前半区间相同，均为 402 kg。该区间开始时的气体浓度理论值为 117 mg/L（对应 1 314 mg/kg），结束时的气体浓度理论值为（对应 100 mg/kg）。

$$G_{\text{结束}} = 117 \times (100/1\ 314) \approx 8.9\ \text{mg/L}$$

将这两个值的几何平均值作为该区间的平均浓度

$$G = \sqrt{8.9 \times 117} \approx 32.3\ \text{mg/L}$$

应用公式(6-18)计算去除速率

$R_{\text{去除}} = \eta \cdot G \cdot Q = 0.11 \times 32.3\ \text{g/m}^3 \times 0.216\ \text{m}^3/\text{min} \approx 0.77\ \text{g/min} \approx 1.1\ \text{kg/d}$

应用公式(6-20)计算所需的清理时间

$$T_3 = M_{\text{去除}} \div R_{\text{去除}} = 402\ \text{kg} \div 1.1\ \text{kg/d} \approx 365\ \text{d}$$

整个项目所需的总清理时间为：$T_1 + T_2 + T_3 = 61 + 72 + 365 = 498\ \text{d}$。

讨论

(1) 比较这三个区间，平均去除速率从第一个区间的 18.85 kg/d，显著降低到第二个区间的 5.6 kg/d，然后到第三个区间的 1.1 kg/d。

（2）比较不存在自由相的两个区间，去除同样质量的污染物，后半区间用了365天，而前半区间仅用了72天。

（3）在绝大多数实际项目中，498天的清理时间是不可接受的，可以考虑提高抽气速率或增加更多的抽提井。

（4）在自由相消失后至达到修复目标值期间只划分了两个区间，如果划分更多的区间就能得到更精确的结果。

⑥ 温度对SVE的影响

在SVE项目中，地层温度会影响空气流量和气体浓度。温度较高时，有机组分的蒸气压也会较高。另外，在忽略其他因素且空气黏度随温度变化的情况下，空气黏度会随地层温度的升高而增加，导致空气流量下降。

$$\frac{\mu @ T_1}{\mu @ T_2} = \sqrt{\frac{T_1}{T_2}} \quad (6-23)$$

式中，T为地层温度，以开尔文或兰氏度表示。从公式可知，不同温度下的流量之比为

$$\frac{Q @ T_1}{Q @ T_2} = \sqrt{\frac{T_2}{T_1}} \quad (6-24)$$

温度较高时气体流量会下降。但是，由于温度较高时气体浓度会更高，去除速率仍然会更高。

【例6-21】计算土壤抽提井在温度升高时的抽提气体流量

在地块内有一口土壤抽提井，通过修复调查获得以下数据：抽提井的压强=0.9 atm；距离抽提井9.1 m处监测井的压强=0.95 atm；抽提井的直径=10.16 cm；地层渗透率=1 Darcy；井筛长度=6 m；空气黏度=0.018 cP；地层温度=20 ℃；抽提气体流量为0.216 m³/min。如果地层温度升高到30 ℃，气体流量会是多少（如果其他所有条件不变）？

应用公式(6-24)计算新的空气流量为

$$\frac{Q @ 30℃}{Q @ 20℃} = \sqrt{\frac{273.2+20}{273.2+30}}$$

$Q @ 30℃ = 0.216 \times 0.967 = 0.209 \text{ m}^3/\text{min}$

⑦ 气体抽提井的数量

确定一个SVE项目所需的气体抽提井数量的主要因素有三个：用足够数量的抽提井来覆盖整个污染区域，换句话说，整个污染区域都应在井群的影响范围内；井数量应能保证在可接受的时间范围内完成地块修复；最重要的是经济因素，需要在井数量和总处理成本之间达到平衡。

$$N_{井} = \frac{1.2(A_{污染})}{\pi(R_I^2)} \quad (6-25)$$

其中，$A_{污染}$为需要修复的污染区域面积；R_1为单个抽提井的影响半径；1.2为考虑抽提井之间相互部分重叠因素后的校正系数。

【例 6-22】计算所需抽提井的数量

例 6-16 中描述的 SVE 项目，要求在 9 个月内完成地块修复，计算所需的抽提井数量，污染羽范围为 810 m²。

解答：

a. 已算出一口抽提井的流量为 0.216 m³/min。此流量下需要 498 d 来完成修复，为了满足 9 个月的修复进度，应将去除速率提高 498÷270≈1.8 倍。因此，需要将流量提高 1.8 倍或设置 2 口抽提井。

b. 前面例子中已计算出一口抽提井的影响半径为 15 m。应用公式(6-25)计算出覆盖污染羽所需的井数量为

$$N_{井} = \frac{1.2(A_{污染})}{\pi(R_1^2)} = \frac{1.2 \times 810}{\pi(15)^2} = 1.38$$

因此，一口井就足够覆盖整个污染羽，除非污染羽是极细长条形状。根据上述结果，需要两口抽提井。

⑧ 真空泵(风机)的规格

真空泵、风机或压缩机对理想气体的等温压缩(PV=常数)，所需的理论功率可表示为

$$HP_{理论} = 1.666 \times 10^{-5} P_1 Q_1 \ln \frac{P_2}{P_1} \qquad (6-26)$$

式中，功率单位为 W，P_1 为进气压强(Pa)；P_2 为输出压强(Pa)；Q_1 为进气条件下的空气流量(m³/min)；对于理想气体的等熵压缩(PV^k=常数)，以下公式适用于单级压缩机

$$HP_{理论} = \frac{1.666 \times 10^{-5} k}{k-1} P_1 Q_1 \left[\left(\frac{P_2}{P_1}\right)^{(k-1)/k} - 1 \right] \qquad (6-27)$$

式中，k 为等压比热与等容比热的比值，对一般 SVE 项目，可取 k=1.4。

对于活塞式压缩机，等熵压缩的效率(E)通常为 70%～90%，等温压缩为 50%～70%，实际需要的功率为：

$$HP_{实际} = \frac{HP_{理论}}{E} \qquad (6-28)$$

【例 6-23】计算 SVE 所需的真空泵功率

假设有两口气体抽提井，每口井的设计流量为 0.018 9 m³/s，井口的设计压强为 0.9 atm。两口井共用一个真空泵，计算所需的真空泵功率。

a. 井内压强 P_1=0.9 atm=0.9×1.013×10⁵ Pa=9.117×10⁴ Pa，出口压强为大气压。

1 atm=1.013×10⁵ Pa；Q_1≈0.018 9 m³/s；Q_2≈2×0.018 9 m³/s（出口公用）。

b. 假设为等温膨胀，应用公式(6-27)计算所需的理论功率为

$$HP_{理论} = 1.666 \times 10^{-5} P_1 Q_1 \ln \frac{P_2}{P_1}$$

$$= 1.666 \times 10^{-5} (1.013 \times 10^5 \text{ Pa}) \times (2 \times 1.13 \text{ m}^3/\text{min}) \ln \frac{1.013 \times 10^5 \text{ Pa}}{0.9 \times 1.013 \times 10^5 \text{ Pa}}$$

$$= 0.402\ 8 \text{ kW}$$

假设等温压缩的效率为60%，则应用公式(6-28)计算所需的实际功率为

$$HP_{实际} = HP_{理论}/E = 0.402\ 8 \text{ kW}/60\% = 0.671 \text{ kW}$$

c. 假设为等熵膨胀，应用公式(6-27)计算所需的理论功率为

$$HP_{理论} = \frac{1.666 \times 10^{-5} k}{k-1} P_1 Q_1 \left[\left(\frac{P_2}{P_1}\right)^{(k-1)/k} - 1 \right]$$

$$= \frac{1.666 \times 10^{-5} \times 1.4}{1.4 - 1} (1.013 \times 10^5 \text{ Pa}) \times$$

$$(2 \times 1.13 \text{ m}^3/\text{min}) \left[\left(\frac{1.013 \times 10^5 \text{ Pa}}{0.9 \times 1.013 \times 10^5 \text{ Pa}}\right)^{(1.4-1)/1.4} - 1 \right]$$

$$= 0.408\ 0 \text{ kW}$$

假设等熵压缩的效率为80%，则应用公式(6-28)计算所需的实际功率为

$$HP_{实际} = \frac{HP_{理论}}{E} = \frac{0.408\ 0}{80\%} = 0.51 \text{ kW}$$

6.2.2.2 土壤淋洗

1) 技术介绍

土壤中的有机或无机污染物大多数与拥有大比表面积的细微颗粒有关。同样，这些细微颗粒通过压实或粘连附着于更大粒径的砂砾上。这一节将讨论土壤淋洗、溶剂浸提和土壤冲洗三种技术。他们都是通过溶剂提取的方法将污染物从土壤基质中分离出来。

土壤淋洗是一种基于水的修复工艺。其主要的去除机理包括将污染物从土壤颗粒中脱附、污染物在冲洗水中的溶解及形成附着于黏土或粉土上的污染物悬浊液。砂土或砾石通常占据土壤基质的很大一部分，污染物很容易从砂砾土壤中冲洗下来，因此将砂砾从污染更严重的粉土黏土颗粒中分离出来可以极大地降低污染土壤体积，同时也能进一步使处理或处置变得更容易。

不同的化合物被制成水溶液来提高污染物脱附和溶解，例如，酸性溶液通常被用于提取污染土壤中的重金属，加入螯合剂可促进重金属离子在水中的溶解，而加入表面活性剂可提高有机物的溶解。

溶剂浸提和土壤淋洗相似。唯一的差异在于溶剂浸提使用的是溶剂而不是水溶液来提取土壤中的有机污染物。常用的溶剂包括乙醇、液化丙烷、丁烷及超临界液体。

土壤冲洗不同于土壤洗脱和溶剂浸提,属于原位工艺。该工艺通过将可促进土壤污染物溶解或迁移的化学溶剂原位注入受污染土壤中,冲出液体将通过井或排水沟收集以进一步处理。

2) 原位和异位土壤淋洗

(1) 概述

原位土壤淋洗指通过注射井等向土壤施加淋洗剂,使其向下渗透,穿过污染带与污染物结合,通过解吸、溶解或络合等作用,最终形成可迁移态化合物。含有污染物的溶液可以用提取井等方式收集、存储,再进一步处理,以再次用于处理被污染的土壤。该技术需要在原地搭建修复设施,包括清洗液投加系统、土壤下层淋出液收集系统和淋出液处理系统。同时,有必要把污染区域封闭起来,通常采用物理屏障或分割技术。

该技术对于多孔隙、均质、易渗透的土壤中的重金属、具有低辛烷/水分配系数的有机化合物、羟基类化合物、低相对分子质量醇类和羟基酸类等污染物具有较高的分离与去除效率。优点包括:无需对污染土壤进行挖掘、运输,适用于非饱和带和饱水带多种污染物去除,适用于组合工艺中。缺点有:可能会污染地下水,无法对去除效果与持续修复时间进行预测,去除效果受制于地块地质情况等。

异位土壤淋洗指把污染土壤挖掘出来,通过筛分去除超大的组分并把土壤分为粗料和细料,然后用淋洗剂来清洗、去除污染物,再处理含有污染物的淋出液,并将洁净的土壤回填或运到其他地点。该技术操作的核心是通过水力学方式机械地悬浮或搅动土壤颗粒,土壤颗粒尺寸的最低下限是 9.5 mm,大于这个尺寸的石砾和粒子才会较易由该方式将污染物从土壤中洗去。通常将异位土壤淋洗技术用于降低受污染土壤量的预处理,主要与其他修复技术联合使用。当污染土壤中砂粒与砾石含量超过 50% 时,异位土壤淋洗技术就会十分有效。而对于黏粒、粉粒含量超过 30%~50%,或者腐殖质含量较高的污染土壤,异位土壤淋洗技术分离去除效果较差。

(2) 异位土壤淋洗修复技术流程

一般的异位土壤淋洗修复技术流程可分为以下 6 步:

① 挖掘土壤。

② 土壤颗粒筛分,剔除杂物如垃圾、有机残体、玻璃碎片等,并将粒径过大的砾石移除。

③ 淋洗处理,在一定的土液比下将污染土壤与淋洗液混合搅拌,待淋洗液将土壤污染物萃取后,静置,进行固液分离。

④ 淋洗废液处理,含有悬浮颗粒的淋洗废液经处理后,可再次用于淋洗。

⑤ 挥发性气体处理达标后排放。

⑥ 淋洗后的土壤符合控制标准,进行回填或安全利用,淋洗废液处理中产生的污泥经脱水后可再进行淋洗或送至最终处置场处理。

(3) 淋洗剂种类

淋洗剂可以是清水、化学溶剂或其他可能把污染物从土壤中淋洗出来的流体,甚至是气体。常见的有如下几种:

① 无机淋洗剂

如酸、碱、盐等无机化合物,其作用机制主要是通过酸解或离子交换等作用来破坏土壤表面官能团与重金属或放射性核素形成的络合物,从而将重金属或放射性核素交换解吸下来,从土壤中分离出来。适用于砷等重金属类污染物的处理。

② 络合剂

如 EDTA、NTA、DTPA、柠檬酸、苹果酸等,其作用机制是通过络合作用,将吸附在土壤颗粒及胶体表面的金属离子解络,然后利用自身更强的络合作用与重金属或放射性核素形成新的络合体,从土壤中分离出来,适用于重金属类污染物的处理。

③ 表面活性剂

表面活性剂主要指阳离子、阴离子型表面活性剂,去除土壤中有机污染物主要通过卷缩和增溶。卷缩就是土壤吸附的油滴在表面活性剂的作用下从土壤表面卷离,它主要靠表面活性剂降低界面张力而发生,一般在临界胶束浓度(表面活性剂分子在溶剂中缔合形成胶束的最低浓度)以下就能发生。增溶就是土壤吸附的难溶性有机污染物在表面活性剂作用下从土壤解吸下来而分配到水相中,它主要靠表面活性剂在水溶液中形成胶束相,溶解难溶性有机污染物,一般要在临界胶束浓度以上才能发生。另外,表面活性剂的乳化、起泡和分散作用等也在一定程度上有助于土壤有机污染物的去除。表面活性剂适用于重金属类和有机类污染物的处理。

除此之外,还有些土壤淋洗工程选用了皂角苷等生物表面活性剂和结合了以上几种的复合淋洗剂等,适用于更多种类的污染物。

④ 存在的问题

修复工程,一般存在的问题主要为:

a) 在淋洗修复过程中由于使用了人为添加的化学、生物物质等,土壤质量,如土壤中的微生物含量可能会因此受到一定的影响。在土壤淋洗修复后,一般需采用适当的农艺措施加快土壤质量的恢复进程。

b) 采用人工络合剂虽可取得较高的淋洗效率,但这些化学物质难以生物降解,可能会向地下迁移而污染地下水,需要筛选无毒或毒性较小、易生物降解的淋洗剂来提高淋洗修复技术的可接受性。另外,采用异位土壤淋洗技术则便于回收淋出液进行后续处理,这样也能起到很好的解决作用。

另外在实际情况下,土壤中的污染物可能会在不同的介质中存在,单靠土壤淋洗技术不能很好地解决问题,需要结合其他的土壤修复技术,设计更全面的修复工程来解决一些实际的污染问题。

3) 土壤洗脱系统设计

物质平衡公式可以用于描述土壤洗脱前后洗脱液中污染物的浓度(假设初始洗脱液中污染物浓度为零)。有

$$X_{\text{int}} M_{s,\text{wet}} = S_{\text{int}} M_{s,\text{dry}} + C_{\text{int}} V_m = S_{\text{final}} M_{s,\text{dry}} + C_{\text{final}} V_l + C_{\text{final}} V_m \quad (6-29)$$

其中，

X_{int}——土壤淋洗前土壤样品中污染物浓度(mg/kg)

$M_{s,\text{wet}}$——洗脱前的湿重(kg)

S_{int}——土壤淋洗前土壤表面的污染物浓度(mg/kg)

$M_{s,\text{dry}}$——土壤干重(kg)

C_{int}——洗脱前土壤水中污染物浓度(mg/L)

V_m——洗脱前土壤水体积(L)

S_{final}——土壤淋洗后土壤表面的污染物浓度(mg/kg)

V_l——洗脱液体积(L)

公式(6-29)左边的项表示土壤洗脱前污染物的质量，包括吸附于土壤颗粒表面的质量及溶解于土壤水分中的质量，公式右边的各项表示洗脱后残留于土壤颗粒表面的污染物质量及溶解在液体中的污染物质量(液体总体积=土壤洗脱液体积V_l+土壤水分体积V_m)。假设在洗脱前土壤水分中的污染物质量远远小于吸附于土壤颗粒表面的污染物质量($C_{\text{int}} V_m \ll S_{\text{int}} M_{s,\text{dry}}$)时，假设在洗脱之后，土壤水分中的污染物质量远小于吸附于土壤表面和土壤洗脱液中污染物质量之和($C_{\text{final}} V_m \ll S_{\text{final}} M_{s,\text{dry}} + C_{\text{final}} V_l$)，公式(6-29)可以简化为

$$S_{\text{int}} M_{s,\text{dry}} \approx S_{\text{final}} M_{s,\text{dry}} + C_{\text{final}} V_l \quad (6-30)$$

以上两个假设在当土壤洗脱前土壤较干燥和/或污染物相对疏水的情况下成立。

假如在土壤洗脱结束时达到了平衡状态，土壤和液体中的污染物浓度可以用分配公式描述为：

$$S_{\text{final}} = K_p C_{\text{final}} \quad (6-31)$$

式中，K_p为分配平衡常数，将公式(6-30)代入(6-31)，则污染物在土壤表面的初始浓度与最终浓度间的关系可以用公式(6-32)和公式(6-33)表达为：

$$\frac{S_{\text{final}}}{S_{\text{int}}} = \frac{1}{1+\left(\dfrac{V_l}{M_{s,\text{dry}} K_p}\right)} \quad (6-32)$$

$$S_{\text{final}} = \frac{1}{1+\left(\dfrac{V_l}{M_{s,\text{dry}} K_p}\right)} \times S_{\text{int}} \quad (6-33)$$

对于一个流程化的洗脱系列，最终的污染物浓度可以通过以下公式计算，即

$$\frac{S_{\text{final}}}{S_{\text{int}}} = \frac{1}{1+\left(\dfrac{V_{l,1}}{M_{s,\text{dry}}K_p}\right)} \times \frac{1}{1+\left(\dfrac{V_{l,2}}{M_{s,\text{dry}}K_p}\right)} \times \frac{1}{1+\left(\dfrac{V_{l,3}}{M_{s,\text{dry}}K_p}\right)} \times \cdots \quad (6-34)$$

根据例 3-35 中所示，一般污染物与苯相似，S（吸附于土壤表面的污染物浓度）与 X（土壤样品中的污染物浓度）的值接近。而对于非常疏水的化合物，如芘，X 与 S 的比率主要由土壤干堆积密度与总堆积密度的比值决定。以下关系对于上述两种情况均成立。

$$\frac{S_{\text{final}}}{S_{\text{int}}} = \frac{X_{\text{final}}}{X_{\text{int}}} \quad (6-35)$$

将公式(6-35)代入公式(6-32)~公式(6-34)中可得，

$$\frac{X_{\text{final}}}{X_{\text{int}}} \approx \frac{S_{\text{final}}}{S_{\text{int}}} = \frac{1}{1+\left(\dfrac{V_l}{M_{s,\text{dry}}K_p}\right)} \quad (6-36)$$

$$X_{\text{final}} = \frac{1}{1+\left(\dfrac{V_l}{M_{s,\text{dry}}K_p}\right)} \times X_{\text{int}} \quad (6-37)$$

$$\frac{X_{\text{final}}}{X_{\text{int}}} \approx \frac{S_{\text{final}}}{S_{\text{int}}} = \frac{1}{1+\left(\dfrac{V_{l,1}}{M_{s,\text{dry}}K_p}\right)} \times \frac{1}{1+\left(\dfrac{V_{l,2}}{M_{s,\text{dry}}K_p}\right)} \times \frac{1}{1+\left(\dfrac{V_{l,3}}{M_{s,\text{dry}}K_p}\right)} \times \cdots \quad (6-38)$$

土壤洗脱前土壤的质量($M_{s,\text{wet}}$)、土壤干重($M_{s,\text{dry}}$)、干堆积密度(ρ_b)和总堆积密度(ρ_t)之间的关系可以由下述线性关系表达为：

$$\frac{X_{\text{final}}}{X_{\text{int}}} \approx \frac{S_{\text{final}}}{S_{\text{int}}} \quad (6-39)$$

【例 6-24】计算土壤洗脱效率

一个砂土场受到 1,2-二氯乙烷(1,2-DCA)和芘的污染，浓度为 500 mg/L，选择土壤洗脱技术来修复该土壤。设计一个容量为 1 000 kg 的土壤反应器，洗脱液为 3.785 m³ 的清水，计算污染物在洗脱后的土壤里的最终浓度。使用以下地块调查中获得的数据：

土壤干堆积密度 = 1.6 g/cm³；土壤总堆积密度 = 1.8 g/cm³；含水层有机碳含量 = 0.005；$K_{oc} = 0.63 K_{ow}$

解答：查表可知：1,2-DCA 的 $\lg(K_{ow}) = 1.53$，则 $K_{ow} \approx 34$；
$K_{oc} = 0.63 K_{ow} = 0.63 \times 34 \approx 22$；$K_p = f_{oc} K_{oc}$，$f_{oc} = 0.005$；$K_p = 0.005 \times 22 = 0.11$ L/kg；芘的 $\lg(K_{ow}) = 4.88$，则 $K_{ow} \approx 75\,900$，

$K_{oc} = 0.63 K_{ow} = 0.63 \times 75\,900 \approx 47\,800$；$K_p = 0.005 \times 47\,800 = 239$ L/kg

$M_{s,\text{dry}} = \rho_b / \rho_t \times M_{s,\text{wet}} = 1\,000 \times 1.6/1.8 \approx 889$ kg

$$X_{\text{final}} = \frac{1}{1+\dfrac{V_l}{M_{s,\text{dry}}K_p}} \times X_{\text{int 1,2-DCA}} \quad X_{\text{final}} \left[\frac{1}{1+\dfrac{3\,785}{889 \times 0.11}}\right] \times 500 \approx 12.6 \text{ mg/L}$$

芘 $X_{\text{final}} = [1/(1+3\,785/(889 \times 239))] \times 500 \approx 491$ mg/L

【例 6-25】计算土壤洗脱效率（两个反应器串联）

在例 6-20 中使用单个反应器污染将 1,2-DCA 的浓度降至 10 mg/L 以下。一位工程师提议使用两个较小的洗脱器串联，洗脱器的总容量依然为 1 000 kg 土壤，但每个洗脱器中分别只使用 1.893 m^3 清水进行洗脱。判断该系统能否达到清理要求。

解答：使用公式(6-38)来计算两个串联反应器的最终浓度（$V_{l,1}=V_{l,2}=1.893$ m^3 = 1 893 L）

$$X_{\text{final}} = \frac{1}{1+\left(\dfrac{V_{l,1}}{M_{s,\text{dry}}K_p}\right)} \times \frac{1}{1+\left(\dfrac{V_{l,2}}{M_{s,\text{dry}}K_p}\right)} \times X_{\text{ini}}$$

$$= \frac{1}{1+\left(\dfrac{1\ 893}{889\times 0.11}\right)} \times \frac{1}{1+\left(\dfrac{1\ 893}{889\times 0.11}\right)} \times 500 = 1.2 \text{ mg/L}$$

6.2.2.3 低温加热解吸

1）技术介绍

也称为低温加热，低温挥发或热脱附（国内常称热解析或热脱附）。使用该技术时，温度升高促进了挥发性和半挥发性污染物的挥发，进而从土壤、沉积物或污泥中去除。处理温度常为 93.9～537.8 ℃，所谓"低温热解析"是为了与焚烧技术相区别。

在较低的温度下，污染物从土壤中物理分离出来，而不会被燃烧掉，产生的尾气需要在排入大气前得到进一步处理。

2）低温加热解吸技术设计

目前没有成熟的低温加热反应器设计规范，达到指定的最终浓度所需的时间取决于以下因素。

① 反应器内部的温度：温度越高，解吸速率会越高，因此停留时间越短。

② 反应器内部的混合条件：较好的混合条件会增强热交换，并促进已解吸的污染物排出。

③ 污染物的挥发性：污染物越容易挥发，所需的停留时间越短。

④ 土壤粒径：土壤颗粒越小，解吸越容易。

⑤ 土壤类型：黏土对污染物的吸附性更强，因此黏土中的污染物更难解吸出来。

最好通过中试研究来确定将某种类型土壤修复至目标浓度所需的停留时间或解吸速率，进而根据中试研究的结果来进行大规模运行的初步设计。运行时可以采用序批模式或连续模式。对于连续模式，如果反应器内土壤混合相对较好，则可以将其当作连续流搅拌式反应器。对于解吸过程，可以合理假设为一级反应。对于一级反应，初始浓度、最终浓度、反应速率常数及停留时间的关系如下。

对于序批式反应器

$$\frac{C_f}{C_i} = e^{-k\tau} \text{ 或 } C_f = (C_i)e^{-k\tau}$$

对于连续流搅拌反应器

$$\frac{C_{out}}{C_{in}} = \frac{i}{1+k\left(\frac{V}{Q}\right)} = \frac{1}{1+k\tau}$$

【例 6-26】计算低温加热所需的停留时间(序批式运行)

采用序批式低温加热土壤反应器来处理总石油烃(TPH)浓度为 2 500 mg/kg 的污染土壤。中试研究时将污染物浓度降低到 150 mg/kg 需要 25 min。假设要求最终的土壤 TPH 浓度为 100 mg/kg。采用序批式低温加热土壤反应器来处理总石油烃(TPH)浓度为 2 500 mg/kg 的污染土壤。中试研究时将污染物浓度降低到 150 mg/kg 需要 25 min。假设反应为一级反应,如果要求最终的土壤 TPH 浓度为 100 mg/kg。反应器中土壤的设计停留时间应为多少?

解答:

应用公式计算所需的停留时间

$$\frac{C_f}{C_i} = e^{-k\tau} = \frac{100}{2\,500} = e^{-0.3\tau}$$

$$\tau \approx 10.73 \text{ min}$$

> **讨论**
>
> 通常使用序批式反应器进行实验室试验来获取速率常数。

【例 6-27】计算低温加热所需的停留时间(连续式运行)

采用连续式低温加热土壤反应器来处理总石油烃(TPH)浓度为 2 500 mgkg 的污染土壤。假设反应器为连续流搅拌式反应器,为一级反应,中试研究时确定了反应速率常数为 0.3(1/min),要求最终的土壤 TPH 浓度为 100 mg/kg。

a. 反应器中土壤的设计停留时间应为多少?

b. 将反应器中的土壤量保持在反应器总体积的 30% 以下,以保证混合效果。计算当污染土壤处理速率为 500 kg/h 时所需的反应器体积

解答:

a. 应用公式计算所需的停留时间

$$\frac{C_{out}}{C_{in}} = \frac{1}{1+k\tau} = \frac{100}{2\,500} = \frac{1}{1+0.3\tau}$$

$$1+0.3\tau = 25$$

$$\tau = 80 \text{ min} \approx 1.33 \text{ h}$$

b. 假设反应器中土壤堆积密度为 1.8 g/cm³,则土壤的体积进料速率为

$$Q_\pm = (500 \text{ kg/h})/(1.8 \text{ kg/L}) \approx 278 \text{ L/h}$$

根据停留时间的定义来计算反应器的最小体积,有

$$\tau = V/Q = 1.33 \text{ h} = V/(278 \text{ L/h}),因此 V = 370 \text{ L}$$

由于土壤占反应器总体积的 30% 以下,则所需的反应器体积为

$$V_{反应器} = 370/30\% \approx 1\,233 \text{ L}$$

6.2.3 生物修复技术

6.2.3.1 概述

广义的土壤生物修复技术是指一切以利用生物为主体的土壤污染治理技术,包括利用植物、动物和微生物吸收、降解、转化土壤中的污染物,使污染物的浓度降低到可接受的水平,或将有毒有害的污染物转化为无毒无害的物质,也包括将污染物固定或稳定,以减少其向周围环境的扩散。狭义的土壤生物修复技术,是指通过酵母菌、真菌、细菌等微生物的作用清除土壤中的污染物,或是使污染物无害化的过程。

6.2.3.2 分类

土壤生物修复技术主要分为植物修复技术、动物修复技术、微生物修复技术三大类。土壤植物修复技术是根据植物可耐受或超积累某些特定化合物的特性,利用绿色植物及其共生微生物提取、转移、吸收、分解、转化或固定土壤中的有机或无机污染物,把污染物从土壤中去除,从而达到移除、削减或稳定污染物,或降低污染物毒性等目的。土壤动物修复技术是一种通过土壤动物直接的吸收、转化和分解或间接地改善土壤理化性质,提高土壤肥力,促进植物和微生物的生长等作用,从而达到修复土壤目的的技术。

土壤微生物修复即利用微生物或其代谢产物来降解土壤中的有机污染物,通过吸附、沉淀、氧化还原等作用改变重金属的存在形态,降低其生物有效性和迁移性,从而达到修复土壤的目的。土壤微生物修复在好氧或厌氧条件下均可进行,但更为常见的是好氧微生物修复。完全好氧微生物降解碳氢化合物的最终产物是二氧化碳和水。

生物修复可以在原位或异位进行,异位土壤生物修复比原位修复更加成熟、更多。异位生物修复系统有三种常见形式:静态土堆、槽罐、泥浆生物反应器。

6.2.3.3 土壤生物修复技术的优缺点

1) 技术优点:① 费用少;② 操作简便,环境影响小;③ 最大限度地降低污染物的浓度;④ 可用于其他技术难以应用的地块;⑤ 可以同时处理受污染的土壤和地下水。

2) 技术缺点:① 耗时长;② 运行条件苛刻;③ 对污染物有选择性。

6.2.3.4 技术参数

微生物的生长需要水分、氧气(对于厌氧生物降解需要隔绝氧气)、营养物,以及合适的环境要素,包括pH、温度及无毒害环境。表6-2总结了生物修复所需的环境要素。

表6-2 生物修复的环境要素

环境因子	最佳条件
可利用的水分	持水度的25%~85%
氧气	好氧代谢:溶解氧>0.2 mg/L,含气孔隙的体积分数>10%;厌氧代谢:氧气的体积分数<1%
氧化还原电位	好氧和兼性厌氧:>50 mV;厌氧:<50 mV
营养物	足够的N、P及其他营养物质(建议C、N、P的物质的量之比为20:10:1)
pH	5.5~8.5(对于大多数细菌)
温度	15~45℃(对于中温菌)

1) 水分需求量

土壤修复的最佳含水率为持水度的25%~85%,大多数情况下土壤湿度较低,因此需要补充水分。非饱和带中存在的水分通常由两个术语来量化表示:体积含水量和饱和度。体积含水量的变化范围为0—孔隙度;饱和度的范围为0~1,表示被水占据的孔隙的百分比。对于完全饱和状态,此时体积含水量等于孔隙度,饱和度为100%。

用下式来计算生物修复所需的水体积 $V_水$

$$V_水 = 土壤体积 \times (所需土壤含水率 - 初始土壤含水率)$$

$$V_土(\varphi_{w,f} - \varphi_{w,i}) = V_土[\varphi(S_{w,f} - S_{w,i})] \tag{6-40}$$

$\varphi_{w,i}$——初始土壤含水率;

$\varphi_{w,f}$——所需土壤含水率;

$S_{w,i}$——初始饱和度;

$S_{w,f}$——所需饱和度。

【例6-28】计算土壤生物修复的水分需求量

某地下储罐修复项目需处理287 m³的汽油污染土壤,采用生物修复静态土堆法处理,计算第一次喷洒所需水量。假设:土壤孔隙度=35%;初始饱和度=20%。

解答:

土壤修复最佳含水率为持水度的25%~85%,在没有进行优化实验时,选择中间值55%。

$$所需水体积 = 287 \times [0.35 \times (55\% - 20\%)] \approx 35.16 \text{ m}^3$$

2) 营养物需求量

地下通常含有微生物活动所需的营养物,然而当有高浓度的有机污染物存在时,通常需要更多的营养物以维持生物修复。促进微生物生长所需的营养物主要为 N、P。如表 6-2 所示 C、N、P 的物质的量之比建议为 120∶10∶1(有些文献建议为 10∶10∶10)即每 120 mol C 需要 10 mol N 和 1 mol P。对于生物修复,往往要进行可行性研究,其中的一个任务即确定最佳的营养物投加比。在缺少其他信息时可以采用上述比值。

本节的案例会说明生物修复所需的营养物是相对较少的,因而成本也较低。营养物通常先溶解于水中,然后通过喷洒或灌溉进入土中。

采用以下步骤来计算营养物需求量:

步骤 1:计算污染土壤中含有的有机物质量。

步骤 2:将有机物质量除以其摩尔质量,得到污染物的物质的量。

步骤 3:将步骤 2 得到的污染物物质的量乘以污染物分子式中的 C 物质的量。

步骤 4:应用最佳的 C∶N∶P 计算氮和磷的物质的量。例如,如果 C∶N∶P 为 120∶10∶1,则所需的氮物质的量=(碳物质的量)×(10/120),所需的磷物质的量=(碳物质的量)(1/120)。

步骤 5:计算营养物需求量。

计算过程所需的信息包括:有机污染物的质量;污染物的化学式;最佳的 C∶N∶P;营养物的化学式。

【例 6-29】计算土壤生物修复的营养物需求量

可行性研究的结果显示,现地块上生物修复技术适用于例 6-22 中土堆的修复,最佳的 C、N、P 物质的量之比为 100∶10∶1。计算生物修复汽油污染的营养物需求量(单位为 kg)及费用。

计算时应用以下假设:土堆的体积=287 m³;土堆内的初始汽油量=158 kg;土壤孔隙度=0.35;汽油的分子式(假设)为 C_7H_{16};天然存在于土壤中的 N 和 P 的量很少;以磷酸钠($Na_3PO_4 \cdot 12H_2O$)作为 P 源,价格为 154 元/kg;以硫酸铵(($NH_4)_2SO_4$)作为 N 源,价格为 46 元/kg;营养物只添加一次。

解答:

a. 计算汽油的物质的量。汽油的摩尔质量=7×12+1×16=100 g/mol,汽油的物质的量=158/100=1.58×10³ mol

b. 计算土壤中的 C 物质的量。汽油分子式 C_7H_{16} 表示每个汽油分子中含有 7 个碳原子,因此 C 物质的量=(1.58×10³)×7=11.06×10³ mol

c. 应用 C∶N∶P 计算所需的 N 物质的量,有所需的 N 物质的量

$$=(10/100)×(11.06×10^3 \text{mol})=1.106×10^3 \text{ mol}$$

因为 1 mol $(NH_4)_2SO_4$ 含 2 mol N,故有

所需的$(NH_4)_2SO_4$物质的量$=(1.106\times10^3 \text{ mol})/2=0.553\times10^3 \text{ mol}$

所需的$(NH_4)_2SO_4$质量$=0.553\times10^3 \text{ mol}\{(14+4)(2)+32+(16)(4)]\text{g/mol}\}$

$=73\times10^3 \text{ g}=73 \text{ kg}$

购买$(NH_4)_2SO_4$费用$=73 \text{ kg}\times46 \text{ 元/kg}=3358 \text{ 元}$

d. 应用C∶N∶P计算所需的P物质的量,有

所需的P物质的量$=(1/100)\times(11.06\times10^3 \text{ mol})=0.111\times10^3 \text{ mol}$

因为1 mol $Na_3PO_4\cdot12H_2O$含1 mol P,故有

所需的$Na_3PO_4\cdot12H_2O$物质的量$=0.111\times10^3 \text{ mol}$

所需的$Na_3PO_4\cdot12H_2O$质量

$(0.111\times10^3 \text{ mol})\times\{(23\times3+31+16\times4)+12\times18 \text{ g/mol}\}$

$=42\times10^3 \text{ g}=42 \text{ kg}$

购买$Na_3PO_4\cdot12H_2O$的费用 42 kg×154 元/kg=6468 元

> **讨论**
> 与项目的其他费用相比,营养物费用相对较低。

3) 氧气需求量

对于土壤生物修复,生物活动所需的氧气通常由空气中的氧气提供。大气中氧气的体积分数约为21%。另外,氧气微溶于水,20 ℃时水中的饱和溶解氧(DO_{sat})仅为9 mg/L。

可用以下简化方程来说明氧气的需求量:

	C	$+O_2$	$\rightarrow CO_2$
物质的量	1	1	1
质量(g,kg 或 lb)	12	32	44

上式说明:1 mol C需要1 mol O_2;或12 g C需要32 g O_2,比值为2.67。污染物中的其他元素,如H、N和S,在生物修复过程中也会消耗氧气。例如,苯在好氧降解时的理论需氧量为:

	C_6H_6	$+7.5O_2$	$\rightarrow6CO_2$	$+3H_2O$
物质的量	1	7.5	6	3
质量(g,kg 或 lb)	78	240	264	54

这说明1 mol 苯需要7.5 mol 氧气;或78 g 苯需要240 g 氧气,比值为3.08,大于纯碳的比值(2.67)。以苯为基准,意味着有每克碳水化合物的好氧降解需要大约3 g氧气。需要注意的是,该理论比值是基于化学计量关系得到的,实际需氧量要大于该值。根据该比值,即使是在氧气饱和水溶液中,其含氧量仅够支持3 mg/L或更低浓度污染物的生物降解,而通常土壤水中的DO浓度远低于该饱和值。

【例6-30】计算空气中的氧气浓度

计算20 ℃时大气中的氧气质量浓度,用以下单位表示:mg/L、g/L。

解答：

大气中氧气的体积分数约为 21％，即 210 000 ppmV。应用公式将其换算为质量浓度，有 20 ℃ 时：

$$1 \text{ ppmV} = \frac{MW}{24.05} = \frac{32}{24.05} \approx 1.33 \text{ mg/m}^3 = 0.001\,33 \text{ mg/L}$$

因此：210 000 ppmV = 210 000 × (0.001 33 mg/L) ≈ 279 mg/L

> **讨论**
>
> 20 ℃ 时大气中的氧气浓度为 279 mg/L，这远高于水中的饱和溶解氧浓度（DO = 9 mg/L）。

【例 6‑31】确定原位土壤生物修复补充氧气的必要性

某土层受到了 5 000 mg/L 的汽油污染，地下空气流通不畅。土壤总堆积密度为 1.8 g/cm³，土壤的水饱和度为 30％，孔隙度为 40％。

证明土壤孔隙中的氧气不足以支持汽油污染物的完全生物降解。

解答：

以 1 m³ 土壤为基准

a. 计算含有的总石油烃质量。

土壤基质质量 = (1 m³) × (1 800 kg/m³) = 1 800 kg

总石油烃质量 = (5 000 mg/kg) × (1 800 kg) = 9 000 000 mg = 9 000 g

b. 使用比值 3.08 来计算完全氧化所需的氧气，有需氧量 3.08 × 9 000 = 27 720 g

c. 计算土壤水分中的含氧量（假设水中的氧气饱和，在 20 ℃ 时水中的饱和溶解氧浓度约为 9 mg/L），有，

土壤水的体积 = $V_\phi (1-S_w)$ = (1 m³) × 40％ × 30％ = 0.12 m³ = 120 L

土壤水中的含氧量 = $(V_1)(DO)$ = (120 L) × (9 mg/L) = 1 080 mg = 1.08 g

d. 计算空气中的含氧量（假设土壤孔隙中的氧气浓度与大气中相同，即体积分数为 21％，或例 6‑24 计算出的 279 mg/L）。

孔隙空气的体积 $V_{孔隙空气}$
= $V_\phi (1-S_w)$ = (1 m³) × 40％ × (1−30％) = 0.28 m³ = 280 L

孔隙空气中的含氧量 = $V_{孔隙空气} G_{氧气}$ = 280 L × (279 mg/L) = 78 120 mg = 78.1 g

e. 土壤水和孔隙空气中的总含氧量 = 1.08 g + 78.1 g = 79.18 g

因此，土壤中的总含氧量为 79.18 g/m³ ≪ 27 720 g/m³。

6.2.3.5 生物通风

1）技术介绍

生物通风是一种利用土著微生物对地下有机污染物进行生物降解的原位修复技术。

生物通风使用抽提或注入井将新鲜空气引入污染区域,空气中的氧气会促进有机污染物的好氧降解。生物通风技术可以用来处理所有能够好氧降解的污染物,最常用受比汽油重(如柴油、航空燃油)的石油产物污染的地块。由于汽油挥发性更强,通常使用SVE技术将其快速清除。

2) 生物通风技术设计

生物通风系统与SVE系统非常相似,其中包括气相抽提井、真空泵、除湿机(气液分离罐)、尾气收集管道及辅助设备以及尾气处理系统。生物通风系统与SVE系统的主要差异在于生物通风增强了污染物的生物降解,而将污染物的挥发性最小化。与SVE相比,通常情况下生物通风使用较低的空气流速,其引入空气的主要目的是促进生物的反应活性,同时可以将代谢产物移除。此外,生物通风的气相抽提系统不需要连续性的运转,只需要间歇性地向地下提供氧气。在必要的时候,也需要向地下加入营养物质。

生物反应活性的程度可以通过抽提气体中二氧化碳的浓度来评估。除了背景环境中存在的二氧化碳,其他的二氧化碳均应该来自有机污染物的生物降解。

【例 6-32】计算生物通风的效率

某柴油污染地块采用生物通风技术修复,最近的抽提气体样品中的总石油烃(TPH)及二氧化碳的平均浓度分别为 500 ppmV 和 5%。求柴油通过挥发和生物通风降解各自的百分比。

分析:和汽油一样,柴油也是碳氢化合物的混合物。柴油要重于汽油,其组分中的沸点为 200~338 ℃,而汽油组分的沸点为 40~205 ℃。柴油主要由 C_{10}~C_{15} 的石油烃组成。在本例中,使用十二烷($C_{12}H_{26}$)来代表柴油,摩尔质量为 170 g/mol,比本书之前提到的汽油(摩尔质量为 100 g/mol)要重。

二氧化碳是一种主要的温室气体。尽管大气中二氧化碳的浓度在不断增加,其浓度值依然低于 400 ppmV。因此,环境背景的二氧化碳浓度远远低于抽提气体浓度 5%,在以下的计算中可以忽略大气中二氧化碳的浓度。

解答:

a. 柴油($C_{12}H_{26}$)的摩尔质量 $= 12 \times 12 + 1 \times 26 = 170$ g/mol

在 $T = 20$ ℃,$P = 1$ atm 时,有 1 ppmV 柴油 = (柴油相对分子质量/24.05)mg/m³
= 170/24.05 mg/m³ ≈ 7.069 mg/m³

500 ppmV 柴油 = 500 × (7.069 mg/m³) = 3 534.5 mg/m³

b. 二氧化碳的摩尔质量 $= 1 \times 12 + 16 \times 2 = 44$ g/mol

在 $T = 20$ ℃,$P = 1$ atm 时,有

1 ppmV CO_2 = (CO_2 相对分子质量/24.05)mg/m³ = 44/24.05 mg/m³ ≈ 1.830 mg/m³

5% CO_2 = 50 000 ppmV = 5 000 ppmV × (1.830 mg/m³) = 91 500 mg/m³

c. 根据以下化学方程式对生物降解产生的 CO_2 进行化学计量计算，

$$C_{12}H_{26}+18.5O_2 \longrightarrow 12CO_2+13H_2O$$

每单位物质的量 $C_{12}H_{26}$ 的生物降解可以产生 12 mol CO_2，即每产生 1 g CO_2 需要降解 $170/(12 \times 44)=0.322$ g 柴油。

因此，91 500 mg/m³ CO_2 等同于 91 500 mg/m³ × 0.322 = 29 463 mg/m³ 柴油。

d. 生物降解柴油的百分比 = 29 463/(29 463+3 534) × 100% = 89.3%

挥发去除柴油的百分比 = 1 − 89.3% = 10.7%

> **讨论**
> 1. 抽提气体浓度结果显示生物降解约占柴油移除总量的 90%。
> 2. 当需要尾气处理系统时，还需要计算尾气排放速率。

【例 6-33】计算通过生物通风进行生物降解的比率

对于例 6-32 中提到的生物通风项目，气体抽提是间歇运转的，抽提风机每周只连续运转 24 小时。正如上面的案例中提到的，空气抽提样品中 TPH 和 CO_2 的浓度分别为 500 ppmV 和 5%，空气抽提速率为 1.0 m³/min。求地下生物降解的速率及 TPH 排放至空气中的速率。

解答：

a. 根据例 6-32 的计算结果，抽提气体中 5% 浓度的 CO_2 等于 91 500 mg/m³ CO_2，则 CO_2 排放速率 = QG = (1.0 m³/min) × (91 500 mg/m³) = 9 150 mg/min
= 91.5 g/min

b. 1 440 min 的运转时间内 CO_2 的总排放量 = (91.5 g/min) × (1 440 min) = 131 760 g ≈ 132 kg

d. 7 天内 TPH 生物降解总量 = (132 kg) × (0.322 kg/kg) ≈ 42.5 kg

e. 7 天周期内 TPH 生物降解速率 = (42.5 kg)/(7 d) ≈ 6.07 kg/d

f. TPH 排放速率 = QG = (1.0 m³/min) × (3 534.5 mg/m³) = 3 534.5 mg/min
= 5 089.68 g/d

6.2.4 化学修复技术

6.2.4.1 原位化学氧化

1) 技术介绍

原位化学氧化（In Situ Chemical Oxidation, ISCO）是一种将氧化剂加入地下土壤或地下水中把污染物转化为危害较小的物质的技术。绝大多数 ISCO 应用于处理污染源区域来降低地下水污染羽中的污染物质流量,并以此缩短自然消减或其他修复手段所需要的修复时间。

2) 常用氧化剂

很多不同的氧化剂被应用于 ISCO 中,常见的氧化剂包括:

- 高锰酸盐(MnO_4^-);
- 过氧化氢(H_2O_2);
- 芬顿试剂(过氧化氢+亚铁盐);
- 臭氧(O_3);
- 过硫酸盐($S_2O_8^{2-}$)。

氧化剂在地下的持久性非常关键,因为其决定了注入目标区域的氧化剂在地下的分布范围。高锰酸盐能在地下维持几个月,过硫酸盐能持续几小时到几周不等,而过氧化氢、臭氧和芬顿试剂只能维持几分钟至几小时。由过氧化氢、过硫酸盐和臭氧生成的自由基通常被认为是氧化污染物的主要物质。这些中间产物能很快地发生反应,且只持续极短的时间(小于 1 s)。相比于其他形式的氧化物,基于高锰酸盐的 ISCO 被开发得更为完善(我国基于过硫酸盐和双氧水的化学氧化应用较多)。

3) 氧化剂需求

在化学氧化过程中,污染物会被氧化而氧化剂则会被消耗。反应涉及了电子转移的过程,即氧化剂作为最终电子受体,电子由污染物提供。一些常见的氧化剂半反应如下:

$$MnO_4^- + 4H^+ + 3e^- \rightarrow MnO_2 + 2H_2O \quad (6-41)$$

$$H_2O_2 + 2H^+ + 2e^- \rightarrow 2H_2O \quad (6-42)$$

$$2OH + 2H^+ + 2e^- \rightarrow 2H_2O \quad (6-43)$$

$$O_3 + 2H^+ + 2e^- \rightarrow O_2 + H_2O \quad (6-44)$$

$$S_2O_8^{2-} + 2e^- \rightarrow 2SO_4^{2-} \quad (6-45)$$

$$SO_4^- + e^- \rightarrow SO_4^{2-} \quad (6-46)$$

$$O_2 + 4e^- \rightarrow 2O^{2-} \quad (6-47)$$

以上化学式显示 1 mol 羟基自由基(OH)或硫酸基(SO_4^{2-})可以接受 1 mol 电子,1 mol 过氧化氢、臭氧或过硫酸盐可接受 2 mol 电子,1 mol 高锰酸盐可按受 3 mol 电子,而 1 mol 氧气可以接受 4 mol 电子。表 6-3 列出了转移单位摩尔电子需要的氧化剂的量。对于给定质量的污染物,相对分子质量越小的氧化剂转移单位摩尔电子的需要量也越小,但这一关系并没有体现反应是否能够发生。相较于氧气,表中的其他四种氧化剂拥有更强的氧化能力。

表 6-3 转移单位摩尔电子需要的氧化剂量

	电子接受量	相对分子质量	单位质量氧化剂接受电子的物质的量
高锰酸钾	3	158	0.019
过氧化氢	2	34	0.058 8
臭氧	2	48	0.041 7
过硫酸钠	2	238	0.008 4
氧气	4	32	0.125 0

为了得出污染物氧化的反应方程式，需要考虑氧化过程的另一个半反应。以四氯乙烯（PCE，C_2Cl_4）为例，有

$$C_2Cl_4 + 4H_2O \rightarrow 2CO_2 + 4Cl^- + 8H^+ + 4e^- \tag{6-48}$$

将反应式(6-41)乘以 4，将反应式(6-48)乘以 3 可得

$$3C_2Cl_4 + 4MnO_4^- + 4H_2O \rightarrow 6CO_2 + 12Cl^- + 4MnO_2 + 8H^+ \tag{6-49}$$

通过反应式(6-49)的化学计量显示，氧化 1 mol PCE 需要 4/3 mol 高锰酸盐。由用相同的方法，氧化三氯乙烯（TCE，C_2HCl_3）、二氯乙烯（DCE，$C_2H_2Cl_2$）、一氯乙烯（VC，C_2H_3Cl）可以表达为

$$C_2HCl_3 + 2MnO_4^- \rightarrow 2CO_2 + 3Cl^- + 2MnO_2 + H^+ \tag{6-50}$$

$$3C_2H_2Cl_2 + 8MnO_4^- \rightarrow 6CO_2 + 6Cl^- + 8MnO_2 + 2OH^- + 2H_2O \tag{6-51}$$

$$3C_2H_3Cl + 10MnO_4^- \rightarrow 6CO_2 + 3Cl^- + 10MnO_2 + 7OH^- + H_2O \tag{6-52}$$

如上所示，氧化 1 mol TCE、DCE 和 VC，对高锰酸盐的物质的量需求量分别为 2 mol、8/3 mol 及 10/3 mol。污染物对不同氧化剂的物质的量需求量与表 6-3 中列出的不同氧化剂的电子需求量比值成反比。例如，污染物对过硫酸钠的物质的量需求量为高锰酸钠的 1.5 倍，因为 1 mol 高锰酸盐能接受 3 mol 电子，而 1 mol 的过硫酸盐只能接受 2 mol 电子。

除了污染物有氧化剂需求量外，加入的氧化剂还会因为在地下与污染物无关的物质反应而损失，通常这一部分的氧化剂需求量被称为自然氧化剂需求（NOD）。NOD 源于氧化剂与地下自然存在的有机化学物质和无机化学物质发生的反应。因此，氧化剂需求总量应为 NOD 与污染物氧化剂需求量的总和，即

$$氧化剂需求总量 = NOD + 污染物氧化剂需求量 \tag{6-53}$$

NOD 几乎总是大于污染物的氧化剂需求量。NOD 决定了 ISCO 项目在经济上的可行性及工程上氧化剂的投加量，因此需要做小试和（或）中试来计算一个项目中的 NOD。

【例 6-34】计算氧化剂的化学计量需求量

某地块受四氯乙烯（PCE）的污染，土壤顶端毛细带的 PCE 浓度为 5 000 mg/kg。原位氧化被考虑为修复方案之一。计算需要添加至污染区域的高锰酸钾和过硫酸钠的化

学需求量。

解答：

a. PCE（C_2Cl_4）的摩尔质量 $= 12 \times 2 + 35.5 \times 4 = 166$ g/mol

高锰酸钾（$KMnO_4$）的摩尔质量 $= 39 \times 1 + 55 \times 1 + 16 \times 4 = 158$ g/mol

PCE 质量浓度 $= 5\,000$ mg/kg $= 5.0$ g/kg

PCE 质量摩尔浓度 $= (5.0 \text{ g/kg}) \div (166 \text{ g/mol}) = 3.01 \times 10^{-2}$ mol/kg

如反应式(6-49)所示，氧化 1 mol 的 PCE 的氧化剂需求量为 4/3 mol，

因此，1 kg 土壤的 $KMnO_4$ 化学需求量为

$(4/3) \times (3.01 \times 10^{-2} \text{ mol/kg}) \approx 4.02 \times 10^{-2}$ mol/kg

换算为质量单位，1 kg 土壤的 $KMnO_4$ 化学需求量为 $(4.02 \times 10^{-2} \text{ mol}) \times (158 \text{ g/mol}) = 6.35$ g/kg

b. 过硫酸钠（$Na_2S_2O_8$）的摩尔质量 $= 23 \times 2 + 32 \times 2 + 16 \times 8 = 238$ g/mol

根据表 6-3 及之前的讨论，过硫酸钠的化学需求量是高锰酸钠的 1.5 倍。

因此，污染土壤的 $Na_2S_2O_8$ 化学需求量为

$$(3/2) \times (4.02 \times 10^2 \text{ mol/kg}) = 6.03 \times 10^{-2} \text{ mol/kg}$$

换算为质量单位，污染土壤的 $Na_2S_2O_8$ 化学需求量为

$$(6.03 \times 10^{-2} \text{ mol/kg}) \times (238 \text{ g/mol}) \approx 14.35 \text{ g/kg}$$

【例 6-35】计算氧化剂的化学计量需求量

某地块受二甲苯（$C_6H_4(CH_3)_2$）污染，土壤顶端毛细带二甲苯浓度为 5 000 mg/kg。原位氧化被考虑为修复方案之一，计算需要添加至污染区域的氧化剂的化学需求量。

解答：

a. 以氧气作为氧化剂时

$$C_6H_4(CH_3)_2 + 10.5 O_2 \rightarrow 8CO_2 + 5H_2O$$

该反应式显示 1 mol 二甲苯的氧气化学需求量为 10.5 mol。将氧气需求量以（$C_6H_4(CH_3)_2$）来表示，有

二甲苯摩尔质量 $= 12 \times 8 + 1 \times 10 = 106$ g/mol

二甲苯质量浓度 $= 5\,000$ mg/kg $= 5.0$ g/kg

二甲苯质量摩尔浓度 $=(5.0 \text{ g/kg}) \div (106 \text{ g/mol}) = 4.72 \times 10^{-2}$ mol/kg

污染土壤的氧气需求量为（以 g/kg 为单位）：$(10.5 \text{ mol/mol}) \times 4.72 \times 10^{-2}$ mol/kg ≈ 0.495 mol/kg

污染土壤氧气需求量（以 g/kg 为单位）：$(0.495 \text{ mol/kg}) \times (32 \text{ g/mol}) \approx 15.85$ g/kg

二甲苯的氧气需求量（质量比）为

$$[10.5 \text{ mol} \times (32 \text{ g/mol})] \div [(1 \text{ mol}) \times (106 \text{ g/mol})] \approx 3.17 \text{ g/g}$$

污染土壤的氧气需求量（质量比）为

$$(3.17 \text{ g/g} \times 5.0 \text{ g/kg}) = 15.85 \text{ g/kg}$$

b. 当过硫酸钠被使用为氧化剂时过硫酸钠($Na_2S_2O_8$)的摩尔质量=$2\times 23+32\times 2+16\times 8$=238 g/mol

由表6-3及之前讨论,污染物对过硫酸钠的物质的量需求量是氧气的2倍,有污染土壤的$Na_2S_2O_8$需求量为(以 mol/kg 为单位)

$$2\times(0.495\ mol/kg)\approx 0.99\ mol/kg$$

污染土壤的$Na_2S_2O_8$需求量为(以 g/kg 为单位)

$$(0.99\ mol/kg)\times(238\ g/mol)\approx 236\ g/kg$$

由于污染物对两种氧化剂的需求量与表6-3中列出各自"单位质量氧化剂接受电子的物质的量"的比值成反比,故$Na_2S_2O_8$的需求量为(以 g/kg 土壤)

$$(15.85\ g/kg)\times(0.125/0.008\ 4)\approx 236\ g/kg$$

> **讨论**
> 1. 一般的1g的石油烃污染物的氧气需求量为3.0~3.5 g。
> 2. 对其他氧化剂的需求量可以直接通过它们与氧气的物质的量之比或质量比求得。

6.2.4.2 热裂解

1) 技术介绍

热裂解是一种异位处理的有机污染物的修复技术。异位热修复技术通常在处理单元、燃烧室或其他形式的容器中,通过高温接触的方式来裂解或移除污染土壤中的有机污染物。热处理有多种替代技术,包括热裂解/氧化、热解、玻璃化、热脱附、等离子体高温恢复、红外和湿空气氧化。本节重点介绍热裂解/氧化(焚烧)技术。

通常用于处理危险废物的焚烧单元包括焚烧炉、锅炉和工业焚化炉。有机废物在焚烧过程中被转化为气体,主要生成的稳定气体包括二氧化碳和水蒸气,同时也会生成少量的一氧化碳、氯化氢及其他一些气体。这些生成的气体对人体健康和环境有潜在的不利影响。

2) 焚烧单元设计

焚烧单元主要包括焚烧温度、停留时间(也称驻留时焚烧单元的关键设计参数)、混合强度,这些参数影响了反应器的规格和裂解的效率。其他需要考虑的重要参数包括进料的热值及辅助燃料和补充空气的要求。

有机物通常含有一定的热值,这些有机物也可以为焚烧提供能量。在废物进料中有机物的浓度越高,则其热含量也越高,同时辅助燃料的要求也越低。当进料中的热含量大于9 295 kJ/kg时,该废物可以在不需要辅助燃料的情况下自持燃烧。在某化合物的热值不能确定时,可以使用杜隆公式来计算,即

$$\text{热值}\left(\frac{\text{kJ}}{\text{kg}}\right)=338w(\text{C})+1\,441\left(w(\text{H})-\frac{(w)\text{O}}{8}\right)+95w(\text{S}) \tag{6-54}$$

式中，C、H、O、S 分别为碳、氢、氧、硫元素在该化合物中的质量百分比。

在污染物燃烧需要的氧化剂化学计数需求量外，还需要加入额外的空气以保证更完全的燃烧。同时，也需要保证足够高的燃烧温度来达到一定的裂解效率，燃烧温度越高，则达到特定裂解效率需要的停留时间越短。根据参考文献，燃烧温度可以根据以下公式计算(温度单位为℃)，有

$$T=15.56+\frac{NHV}{(1.359)\times[1+(1+EA)(3.23\times10^{-4})(NHV)]} \tag{6-55}$$

式中，NHV 是以 kJ/kg 为单位的净热值，EA 是多余空气的百分比。

【例 6-36】计算废物样品的能量值

一些被移除的地下储罐曾储存二甲苯($C_6H_4(CH_3)_2$)。清挖出的土壤堆放于地块上，土堆体积为 500 m³，平均二甲苯浓度为 1 500 mg/kg。该污染土壤在最终处置前计划使用直接焚烧的方式进行处理。假设原土壤中存在的有机质含量忽略不计，计算该含有 1 500 mg/kg 二甲苯的土壤的热值。

a. 土壤中 1 500 mg/kg(0.001 5 kg/kg)二甲苯($C_6H_4(CH_3)_2$)中碳含量为

$C_6H_4(CH_3)_2 = 0.001\,5\times$(单位摩尔二甲苯碳质量/二甲苯相对分子质量)

$= 0.001\,5\times(12\times8)/(12\times8+1\times10)\times100\% \approx 0.136\%$

b. 土壤里 1 500 mg/kg(0.001 5 kg/kg)二甲苯($C_6H_4(CH_3)_2$)中氢含量为

$C_6H_4(CH_3)_2 = 0.001\,5\times$(单位摩尔二甲苯氢质量/二甲苯相对分子质量)

$= 0.001\,5\times(1\times10)/(12\times8+1\times10)\times100\% \approx 0.014\%$

热值计算(使用公式(6-54))，有

热值 $= 338\times0.136 + 1\,441\times0.014 \approx 66.14$ kJ/kg

【例 6-37】计算焚烧温度

某废物进料含有质量分数为 20% 的碳、2% 的氧、1% 的氢和 0.1% 的硫。计算没有辅助燃料及过量空气百分率为 85% 时的燃烧温度。

解答：

a. 热值计算(使用公式(6-54))热值 $=338\times20+1\,441\times\left(1-\dfrac{2}{8}\right)+95\times0.1=33\,788.25$ kJ/kg

b. 燃烧温度(利用公式(6-55))

$$T=15.56+\frac{33\,788.25}{1.359\times[1+(1+85\%)\times(3.23\times10^{-4})\times(33\,788.25)]}\approx 1\,173.3\,℃$$

3) 危险废物焚烧的法规要求

我国危险废物焚烧排出的气体受《危险废物焚烧污控制标准》(GB 18484—2020)的

监管。由于焚烧的首要目的是降解危险废物中的有机物,焚烧单元对于危险废物进料中的各种主要危险有机废物(POHC)需要达到 99.99% 的裂解和去除效率,而对于某些含有二噁英的废物,裂解和去除效率甚至要求高达 99.999 9%。裂解和去除效率(DRE)被定义为

$$DRE = \frac{M_{in} - M_{out}}{M_{in}} \quad (6-56)$$

式中,M_{in} 为焚烧单元中特定 POHC 的进料速率,M_{out} 为焚烧单元中特定 POHC 的出料速率(单位为 kg/h)。

焚烧单元的尾气通常需要持续性的监测,同时需要记录不同的成分,如一氧化碳。焚烧效率通常要求大于 99.99%,根据下式进行计算

$$焚烧效率 = \frac{[CO_2]}{[CO_2] + [CO]} \times 100\% \quad (6-57)$$

式中,$[CO_2]$ 为干燥尾气中二氧化碳的浓度(单位为 ppmV),$[CO]$ 为干燥尾气中一氧化碳的浓度(单位为 ppmV)。

【例 6-38】计算去除效率

一个焚烧单元($T = 2\,000\ ℃$,停留时间为 30 s)的测试焚烧的进出料浓度结果如下表所示。

	进料/(kg/h)	出料/(kg/h)
苯	500	0.04
苯酚	300	0.04
PCE	200	0.01

该焚烧单元是否符合法规要求?

解答:

a. 苯的 DRE 为 $DRE = \dfrac{500 - 0.04}{500} = 99.992\% > 99.99\%$

b. 苯酚的 DRE 为 $DRE = \dfrac{300 - 0.04}{300} = 99.987\% < 99.99\%$

c. PCE 的 DRE 为 $DRE = \dfrac{200 - 0.01}{200} = 99.995\% > 99.99\%$

该燃烧单元不符合法规要求,因为苯酚的 DRE 小于 99.99%。

【例 6-39】计算氯化氢生成量

在例 6-32 的测试焚烧中,假设进量中所有氯都转化为氯化氢。计算尾气控制前氯化氢的流量。

解答：

a. PCE（C_2Cl_4）的摩尔质量 = 12×2+35.5×4 = 166 g/mol

PCE 的摩尔流量 =（200 000 g/h）÷（166 g/mol）≈ 1 205 mol/h

b. HCl 的摩尔流量 = Cl 的摩尔流量 = PCE 的摩尔流量×4 = 4×1 205 mol/h = 4 820 mol/h

c. HCl 的摩尔质量 = 1+35.5 = 36.5 g/mol

HCl 的质量流量 =（4 820 mol/h）×（36.5 g/mol）= 175 930 g/h = 175.93 kg/h

【例 6-40】计算焚烧效率

使用奥氏体的气体分析仪测得一个焚烧单元的干燥尾气中含有 17% 的 CO_2，2.5% 的 O_2，80% 的 N_2 和 1 600 ppmV 的 CO。求该焚烧单元的燃烧效率。

解答：

由第 3 章 3.2.2 可知，1% 气体 = 10 000 ppmV

根据公式（6-57）有

$$焚烧效率 = \frac{170\ 000}{170\ 000 + 1\ 600} \times 100\% = 99.07\%$$

讨论

计算得出的燃烧效率小于 99%。为了提升燃烧效率至 99% 以上，需要改善搅拌，增加额外空气提供量或提高燃烧温度。

6.3 土壤及地下水修复反应器设计

土壤和地下水修复采用的修复技术和工艺，涉及物理类、化学类、生物类和热处理类。处理系统通常包括一系列操作单元和过程，每一个处理系统和过程都包括一个或者多个反应器。反应器在反应过程中被当成是一个容器。环境工程师通常负责或者至少参与这些处理系统的初期设计。通常情况下，初期设计会包括处理过程的选择，反应器大小和类型的选择等。

反应器设计通常包括选择合适的反应器类型、反应器大小，并且确定最佳的反应器数量和它们的最佳组合。

在进行处理系统设计时，处理工艺应该是优先被筛选考虑的问题。很多因素会影响处理工艺的选择。常见的选择标准包括可实施性、处理效果、造价和法规的考虑。换句话说，一个最佳的处理工艺应该是最具可实施性、处理污染物最有效果、最经济并且最能满足法律法规的技术。

当一个修复工程的处理工艺被选定后，工程师就可以开始设计反应器。初始反应器设计通常包括选择合适的反应器类型、反应器大小,并且确定最佳的反应器数量和它们的最佳组合。为了确定反应器的规格,工程师首先需要知道预想的反应是否会发生,并且最佳的操作条件是什么,比如温度、压力等。化学热力学、动力学的小试或者中试研究都可以为上述问题提供答案。如果期望的反应是可行,则工程师下一步需要根据化学动力学确定反应的速率,然后根据反应器的质量负荷、反应速率和反应器类型、目标出水量来确定反应器的规格。

本章将介绍物质平衡的概念,该概念是过程设计的基础。本章还将介绍反应动力学、反向器类型、结构、规格等。从本章,可以学到如何确定反应的速率常数、处理效率、最佳反应器组合、需要的停留时间及特定应用条件下的反应器规格等。

6.3.1 物质平衡

在环境污染控制领域,无论是水、废气、固体废弃物处理,还是给排水管道工程,都涉及流体流动、热量传递和质量传递现象。

物质平衡(物料平衡)是环境工程系统(反应器)设计的基础。物质平衡的概念就是质量守恒。物质不能被创造或消灭,但可以在各种形态间转变(核反应例外)。基本的方法就是通过物质平衡分析,展示反应器中发生的变化。

物质积累速率=物质进入速率-物质流出速率±物质产生或破坏的速率

$$(6-58)$$

环境工程系统领域进行物质平衡计算就像平衡账户一样。反应器内物质积累或者损失的速率可以看成是账户中钱积累(或者损失)的速率,账户余额变化的快慢取决于存取款的频繁程度和存取数量(物质输入与输出)、获得利息的多少(物质产生的速率)、银行每个月扣除的服务费与 ATM 费用(物质损失速率)。

质量衡算的一般方程:

$$q_{m1} - q_{m2} + q_{mr} = \frac{dm}{dt} \qquad (6-59)$$

q_{m1}——输入速率(kg/s),单位时间输入系统的物料质量;

q_{m2}——输出速率(kg/s),单位时间输出系统的物料质量;

$\dfrac{dm}{dt}$——积累速率(kg/s),单位时间内系统积累的物料质量;

q_{mr}——转化速率或反应速率(kg/s),单位时间内因化学反应或生物反应而转化的质量。组分为反应物时,q_{mr} 为负值;组分为生成物时,q_{mr} 为正值。

利用物质平衡概念分析环境工程系统,通常需要描绘出一个过程流程图,并按照下述步骤进行:

步骤1:在单元过程中确定系统边界;

步骤2:将已知的所有分支的流量和浓度、反应器的规格和类型、操作条件比如温度和压力等在图表中表示出来;

步骤3:计算并转化所有已知质量的输入、输出和积累;

步骤4:标出未知的输入、输出和积累;

步骤5:利用本章阐述的过程,进行必要的分析/计算。

特殊的情况或者合理的假设可以简化物质平衡方程,见公式(6-60),并可以使分析更容易。这些情况主要包括:

1) 没有反应发生:如果系统中没有化学反应的发生,如混合过程中,无物质的增加或者减少,则物质平衡方程可以变为:

$$物质积累速率=物质进入速率-物质流出速率 \quad (6-60)$$

2) 序批式反应器:对于序批式反应器来说,无物质的输入和输出。因此物质平衡方程可以简化为:

$$物质积累速率=\pm 物质产生或破坏的速率 \quad (6-61)$$

3) 非稳定状态:当系统中流速、压力、密度等物理量不仅随位置变化,而且随时间变化,则称为非稳态系统。非稳态过程的数学特征: $\frac{\partial}{\partial t} \neq 0$。

4) 稳定状态:为了确保处理过程的稳定性,处理系统在开始运行一段时间后通常都保持在稳定状态。稳定状态通常是指系统中流速、压力、密度等物理量只是位置的函数,不随时间变化。流量调节池可用来稳定进入土壤/地下水系统的废液浓度和流量的波动,这对于对流量变化非常敏感的处理系统来说尤为重要(生物处理过程)。稳态过程的数学特征: $\frac{\partial}{\partial t} = 0$。

稳定条件下的反应,物质积累的速率为零。因此,公式(6-58)的左边部分就变为了零。物质平衡方程可以简化为

$$0=物质进入速率-物质流出速率\pm 物质产生或破坏的速率 \quad (6-62)$$

反应器流量分析时经常假设为稳定条件,但间歇式反应器中的浓度不断变化,反应为不稳定状态。但运转时没有物质流入和流出,因此间歇式反应器不是一个流动反应器。

常规的物质平衡方程公式(6-58)也可以被改写为

$$V \frac{dC}{dt} = \sum Q_{in} C_{in} - \sum Q_{out} C_{out} \pm (V \times \gamma) \quad (6-63)$$

式中,V 是系统(反应器)的体积,C 是浓度,Q 是流量,γ 是反应速率。

5) 稳态非反应系统:当系统中流速、压力、密度等物理量不随时间变化,且无反应发生,则称为稳态非反应系统。对于公式(6-59):

$$q_{m1} - q_{m2} + q_{mr} = \frac{dm}{dt}$$

反应速率＝0,积累速率＝0,$q_{mr}=0$,$\dfrac{dm}{dt}=0$,所以有:$q_{m1}=q_{m2}$

输入速率:$q_{m1}=\rho_1 q_{v1}+\rho_2 q_{v2}$,输出速率:$q_{m2}=\rho_m q_{vm}=\rho_m(q_{v1}+q_{v2})$,则质量平衡方程为:$\rho_1 q_{v1}+\rho_2 q_{v2}=\rho_m(q_{v1}+q_{v2})$。

【例 6-41】 污水处理工艺的沉淀池用于去除水中悬浮物,浓缩池用于进一步浓缩沉淀的污泥,将上清液返回到沉淀池。污水流量 5 000 m³/d,悬浮物含量 200 mg/L,沉淀池出水中悬浮物浓度 20 mg/L,沉淀污泥含水率 99.8%,进入浓缩池停留一定时间后,排出污泥含水率为 96%,上清液悬浮物含量为 100 mg/L。设系统处于稳态,过程中无生物作用,求整个系统污泥产量和排水量以及浓缩池上清液回流量。污水密度为 10^3 kg/m³。

已知:$q_{v0}=5\,000$ m³/d,$\rho_1=200$ mg/L,$\rho_2=20$ mg/L,$\rho_3=100$ mg/L。

污泥含水率为污泥中水和污泥总量的质量比,因此污泥中悬浮物含量为:

$\rho_1=(100-96)\div(100/1\,000)=40$ g/L$=40\,000$ mg/L

$\rho_4=(100-99.8)\div(100/1\,000)=2$ g/L$=2\,000$ mg/L

求:q_{v1},q_{v2},q_{v3}

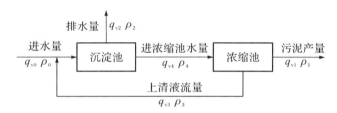

解答:

a. 求污泥产量

以沉淀池和浓缩池的整个过程为衡算系统,悬浮物为衡算对象,取 1 d 为衡算基准,因系统稳定运行,输入系统的悬浮物量等于输出的量。

输入:$q_{m1}=\rho_0 q_{v0}$

输出:$q_{m2}=\rho_1 q_{v1}+\rho_2 q_{v2}$　　$\rho_0 q_{v0}=\rho_1 q_{v1}+\rho_2 q_{v2}$　　$q_{v0}=q_{v1}+q_{v2}$

$q_{v3}=450$ m³/d　　$q_{v4}=472.5$ m³/d

b. 浓缩池上清液量:浓缩池为衡算系统,悬浮物为衡算对象

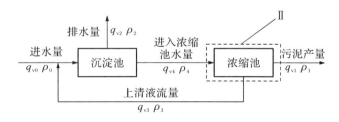

输入:$q_{m1}=\rho_4 q_{v4}$

输出:$q_{m2}=\rho_1 q_{v1}+\rho_3 q_{v3}$　　$\rho_4 q_{v4}=\rho_1 q_{v1}+\rho_3 q_{v3}$　　$q_{v4}=q_{v1}+q_{v3}$

$q_{v3} = 450 \text{ m}^3/\text{d}$ $q_{v4} = 472.5 \text{ m}^3/\text{d}$

污泥含水率从 99.8% 降至 96%,污泥体积由 472.5 m³/d 减少为 22.5 m³/d,相差 20 倍。

6) 稳态反应系统:污染物的生物降解经常被视为一级反应,即污染物的降解速率与其浓度成正比。假设体积 V 中可降解物质的浓度均匀分布,则

$$q_{mr} = -k\rho V$$

式中,V 为体积;ρ 为物质质量浓度(mg/L 或 g/m³);k 为反应速率常数,1/s 或 1/d,负号表示污染物随时间的增加而减少。

质量衡算方程:$q_{m1} - q_{m2} - k\rho V = 0$

【例 6-42】一湖泊容积为 10×10^6 m³。有一流量为 5.0 m³/s、污染物浓度为 10.0 mg/L 的支流流入。同时,有一排放口将流量为 0.5 m³/s、质量浓度为 100 mg/L 的污水排入,污染物降解速率常数为 0.20(1/d)。假设污染物质在湖泊中完全混合,且湖水不因蒸发等原因增加或者减少,求稳态情况下流出水中污染物的质量浓度。

解答: 假设完全混合,即湖中污染物的质量浓度等于流出水中污染物的质量浓度。以湖为衡算系统,污染物为衡算对象,取 1 s 为衡算基准。

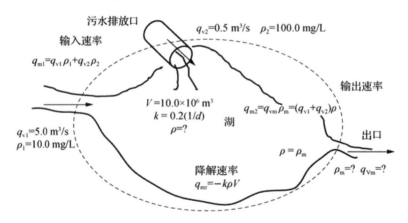

质量衡算方程为 $1.0 \times 10^5 - 5.5 \times 10^3 \rho - 23.1 \times 10^3 \rho = 0$,解得 $\rho = 3.5$ mg/L

注意:对 0.2 (1/d) 进行单位换算。

【例 6-43】一圆筒形储罐,直径为 0.8 m。罐内盛有 2 m 深的水。在无水源补充的情况下,打开底部阀门放水。已知水流出的质量流量与水深 Z 的关系为:$q_{m2} = 0.274\sqrt{z}$ kg/s,求经过多长时间后,水位下降至 1 m?

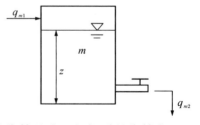

解答: 以储罐为衡算系统,罐内水为衡算对象,取 1 s 为衡算基准。根据质量衡算方程:

$$q_{m1} - q_{m2} = \frac{dm}{dt}$$

$q_{m1}=0$，$q_{m2}=0.274\sqrt{z}$ kg/s，灌中水的瞬时质量为：

$$m = Az\rho = \frac{\pi \times 0.8^2}{4} \times 1\,000 \times z = 502z$$

故：
$$\frac{dm}{dt} = 502\frac{dz}{dt}$$

将已知数据代入衡算式：
$$-0.274\sqrt{z} = 502\frac{dz}{dt}$$

分离变量，在 $t_1=0$、$t_2=t$ 和 $z_1=2$ m、$z_2=1$ m 间积分：

$$\int_0^t \frac{0.274}{502}dt = \int_2^1 \frac{dz}{\sqrt{z}}$$

解得：$t \approx 1\,266$ s。

【例 6-44】物质平衡方程——空气稀释（没有化学反应发生）

玻璃瓶中有 900 mL 的二氯甲烷（CH_2Cl_2 比重 1.335），不慎未盖瓶盖，在一个通风很差的屋子内（5 m×6 m×3.6 m）放了一个周末，周一的时候发现有 2/3 的二氯甲烷已经挥发。开启通风扇（通风速率 $Q=5.66$ m³/min），抽出实验室内的空气，多长时间室内的浓度会降低到短期暴露剂量限值（STEL）125 ppmV 之下？

分析：

这是物质平衡的一个特殊情况（没有反应的发生）。此种情况下，公式（6-63）就被简化为

$$V\frac{dC}{dt} = \sum Q_{in}C_{in} - \sum Q_{out}C_{out}$$

这个公式可以基于下述假设而被进一步简化：

a. 实验室的空气只能通过排风扇排出，并假设进入实验室的空气流量等于流出实验室的空气流量（$Q_{in}=Q_{out}=Q$）。

b. 进入实验室的空气中不含有二氯甲烷（$C_{in}=0$）。

c. 实验室中的空气是完全混合均匀的，因此实验室的二氯甲烷的浓度是均一的。并且等同于通过排风扇排出的空气中二氯甲烷浓度（$C=C_{out}$）。

$$V\frac{dC}{dt} = -QC$$

这个是一阶偏微分方程。可以通过初始条件积分（假设初始条件 $t=0$ 时，$C=C_0$）。

$$\frac{C}{C_0} = e^{-(Q/V)t}$$

解答：

a. 通风前，实验室空气中：氯甲烷浓度为 2 100 ppmV（参考例 3-4 更详尽的计算）。

b. 反应器的规格 V=实验室的规格=5 m×6 m×3.6 m=108 m³

该系统的流量 Q=通风速率=5.66 m³/min

初始浓度 C_0=2 100 ppmV,最终浓度 C=125 ppmV,则有:

$$\frac{125}{2\,100}=e^{-(5.66/108)t}$$

因此,t=53.8 min 后室内二氯甲烷浓度会降到 125 ppmV 之下。

讨论

实际需要的时间会比 53.8 min 长,因为假设室内气体完全混合均匀,而实际情况可能并不是如此。

6.3.2 化学动力学

化学动力学是在有化学反应发生时考虑的。这部分会讨论速率方程、反应速率常数和反应级数,还会介绍半衰期这一涉及环境污染物归趋时常用到的术语。

6.3.2.1 速率方程

除了物质平衡概念外,在设计均质反应器时需要的另外一个重要关系是反应速率方程。下面所列的数学表达式就描述了物质 A 的浓度 C_A 随时间变化的速率。

$$\gamma_A=\frac{dC_A}{dt}=-kC_A^n \tag{6-64}$$

式中,n 是反应级数,k 是反应速率常数,γ_A 是物质 A 的转化速率。如果反应级数 $n=1$,则该反应是一级反应,意味着反应速率和物质浓度成正比。换句话说,物质浓度越高,反应速率越快。一级反应动力学适用于很多环境工程的应用,因此本书讨论一级反应以及它们的应用。一级反应可以写成

$$\gamma_A=\frac{dC_A}{dt}=-kC_A \tag{6-65}$$

速率常数本身提供了关于反应的有价值的信息。k 值越大,反应速率越快,这也意味着需要更小的反应体积,以满足特定的转化量。k 值随温度的变化而变化,通常,温度越高,k 值越大。

一级反应速率常数的单位是什么?仔细看一下公式(6-65),公式中 dC_A/dt 的单位是浓度/时间,C 是浓度,因此 k 的单位应该是 1/时间。所以,如果一个反应的反应速率是 0.25(1/d),则这个反应是一级反应。零级反应和二级反应对应 k 值的单位分别为(浓度/时间)和 1/(浓度×时间)。

根据公式(6-65),物质 A 的浓度随时间而变化。这个公式可以在时间 $0 \sim t$ 积分,即

$$\int_{c_{A0}}^{c_A} \frac{dC_A}{C_A} = -\int_0^t k\,dt \tag{6-66}$$

式中，C_{A0} 是物质 A 在 $t=0$ 时的浓度，C_A 是物质 A 在时间 t 时的浓度。

$$\ln \frac{C_A}{C_{A0}} = -kt \tag{6-67}$$

或

$$\frac{C_A}{C_{A0}} = e^{-kt} \tag{6-68}$$

【例 6-45】已知两个浓度值，计算速率常数

某地块 20 天前发生意外的汽油泄漏，某点的总石油烃浓度从最初始的 3 000 mg/kg 降低到了目前的 2 755 mg/kg。浓度降低的主要原因是自然生物降解和挥发。假设这两个去除过程均为一级反应，并且反应速率常数与污染物浓度无关，则为常数恒定值。预估计算浓度降低到 100 mg/kg 需要多长时间。

分析：已知初始浓度和第 20 天的浓度，需要采取两个步骤来解决这个问题：首先确定速率常数，再利用速率常数确定达到最终 100 mg/kg 时所需要的时间。

两个去除机理同时发生，并且都是一级反应。它们可以用一个方程和一个总速率常数来表示

$$\frac{dC}{dt} = -k_1 C - k_2 C = -(k_1 + k_2)C = -kC$$

解答：将初始浓度和第 20 天的浓度代入公式 (6-64)，得到 k 的值，有

$$\ln \frac{2\,755}{3\,000} = -20k \rightarrow k \approx 0.004\,3\,(1/d)$$

因此，浓度降低到 100 mg/kg 需要的天数为

$$\ln \frac{100}{3\,000} = -0.004\,3t \rightarrow t \approx 791\,d$$

【例 6-46】已知两个浓度值，计算速率常数

某地块被泄漏的汽油污染。污染源去除 10 天之后采集土壤样品显示污染物浓度为 1 200 mg/kg。25 天之后采集第二个样品，浓度下降到 1 100 mg/kg，假设一系列反应，包括挥发、生物降解和氧化都是一级反应。计算在不采取任何修复措施的前提下，需要多长时间污染物浓度可以降低到 100 mg/kg。

分析：案例给出了两个时间节点的两个浓度值。需要采取两步走计算方法来解决这个问题：首先需要确定速率常数，然后求出初始浓度（两个未知数，两个方程）。

解答：

a. 确定反应速率常数 k。在 $t=10$ d 时，将浓度代入公式 (6-68)，有

$$\frac{1\,200}{C_i} = e^{-k(10)}$$

在 $t=25$ d 时，将浓度值代入公式 (6-68) 有

$$\frac{1\,100}{C_i} = e^{-k(25)}$$

将第一个公式的左右两边分别除以第二个公式的左右两边,可以得到

$$\frac{1\,200}{1\,100} \approx 1.091 = (e^{-10k})/(e^{-25k}) = e^{15k}$$

因此,$k \approx 0.005\,8\,(1/d)$。

b. 计算初始浓度(刚泄露时)。那么,可以通过将 k 值代入上述两个公式中的任何一个而得到 C_i 的值,有

$$\frac{1\,200}{C_i} = e^{-0.005\,8 \times 10} = 0.944 \rightarrow C_i = 1\,272 \text{ mg/kg}$$

因此,初始浓度为 1 272 mg/kg。

c. 当浓度降低到 100 mg/kg 时,需要天数为

$$\frac{100}{1\,272} = 0.078\,6 = e^{-0.005\,8t} \rightarrow t = 438 \text{ d}$$

6.3.2.2 半衰期

半衰期可以定义为所关注的污染物转化一半时所用的时间。换句话说,半衰期是浓度降低到初始浓度一半时所需要的时间。对于一级反应来说,半衰期(通常以 $t_{1/2}$ 表示)可以通过将 C_{A0} 代替 C_A ($C_A = 0.5C_{A0}$),代入到公式(6-68)中而得到

$$t_{1/2} = \frac{\ln 2}{k} = \frac{0.693}{k} \tag{6-69}$$

如公式(6-69)所示,一级反应的半衰期与速率常数成反比。如果半衰期的值已知,可以很容易根据公式(6-69)求出速率常数,反之亦然。

【例 6-47】半衰期计算(1)

1,1,1-三氯乙烷在地下环境中的半衰期为 180 天。假设所有的去除机理都是一级反应。确定:①速率常数;②浓度降低到初始浓度 10% 时的时间。

解答:

a. 速率常数可以很容易地从公式(6-69)得到

$$t_{1/2} = 180 = \frac{\ln 2}{k} = \frac{0.693}{k} \rightarrow k = 3.85 \times 10^{-3}\,(1/d)$$

b. 使用公式(6-68)确定浓度降低到初始浓度 10% 时所需的时间,有

$$\frac{C}{C_i} = \frac{1}{10} = e^{-3.85 \times 10^{-3}t} \rightarrow t \approx 598 \text{ d}$$

【例 6-48】半衰期计算(2)

在某些情况下,衰减率表示为 T_{90},而不是 $T_{1/2}$。T_{90} 是 90% 的物质转化所需要的时间(或者浓度降低到初始浓度的 10% 所需要的时间)。推导一个公式,将 T_{90} 和一级反应

速率常数联系起来。

解答：

T_{90} 和 k 之间的关系可以从公式(6-68)中得到

$$\frac{C}{C_i} = \frac{1}{10} = e^{-kT_{90}}$$

$$T_{90} = \frac{-\ln(0.1)}{k} = \frac{2.30}{k}$$

【例 6-49】半衰期计算(3)

甲基汞(CH_3Hg^+)是汞的一种有机形态，会富集于生物体内。假设将甲基汞从人体排出的过程为一级反应，平均每天排出速率为身体总摄入量的 2%。求甲基汞在人体内的半衰期及浓度降低 90%所需要的时间。

解答：

a. 反应速率常数已给出，为 0.02(1/d)。根据公式(6-69)可求半衰期为

$$t_{1/2} = \frac{0.693}{k} = \frac{0.693}{0.02} = 34.65 \text{ d}$$

b. 由公式(6-69)可求初始浓度降低 90%需要的时间，有

$$T_{90} = \frac{2.30}{k} = \frac{2.30}{0.02} = 115 \text{ d}$$

6.3.3 反应器类型

反应器通常按照它们的流动类型和混合条件进行分类，反应器可以是序批或连续式的。对于序批式反应器来说，反应物进入反应器后，物质充分混合，经过指定的反应时间后结束，并将混合好的物质排出反应器。序批式反应器被看作为非稳定态的，因为反应器的物质浓度随时间而变化。序批式反应器的建造成本通常比连续式反应器要低，但是需要非常高的人工维护和操作成本，所以通常序批式反应器被限制在小规模装置或者在原材料比较贵的情况下使用。

在连续式反应器中，进料和出料都是连续的。在大多数情况下，反应器都是稳态条件下运行，这意味着反应器内的进料流量、组分、反应条件、出料流量不随时间而变化。大多数情况下在实验室里利用序批式反应器来研究反应动力学以确定反应速率常数 k 值。由于使用连续式反应器来确定速率常数的方法涉及的动力学原理不会改变，因此该方法是合理有效的。

通常反应器有两种理想类型：连续流搅拌式反应器(CFSTR)和活塞流反应器(PFR)，它们主要通过反应器内混合条件来划分。

CFSTR 包括一个有入流和出流的搅拌罐。CFSTR 通常是圆形的、方形的或者稍微长方形的，以保证可以充分混合。CFSTR 的搅拌非常重要，并假设液体在反应器中是充

分混合的,这意味着物质在反应器中是均匀混合的。混合的结果就是流出反应器的物质浓度与反应器内的物质浓度相同。因此,该反应器又称为完全搅拌式反应器(CSTR)或者完全混合流反应器(CMF)。在稳态条件下,流出反应器的浓度和反应器中任何一个位置的浓度都不随时间变化而变化。

活塞流反应器(PFR)理想的几何形状是长的管道或水槽,反应器内的流体为连续流,流体质点依次通过反应器,反应物从反应器的上游端口进入,从下游端口流出。在理想状态下,在流动方向上的流体成分之间不发生诱导混合,先进入的流体质点将先流出反应器。反应流体的组分随着流动的方向而改变。在污染物去除或破坏的情况下,入口处的物质浓度高,并且逐步降低到出口处的物质浓度。在稳态条件下,出流的浓度和反应器内任何位置的浓度都不随时间而改变。

值得注意的是,CFSTR 和 PFR 都是理想条件反应器,现实生活中的连续流反应器介于这两种理想条件之间。

CFSTR 对于冲击载荷的承受能力更强,因此该类反应器在对冲击载荷较敏感的反应过程中是更好的选择。另外,所有类型的进水流在理想的 PFR 中有相同的停留时间,对于需要将病原体与消毒剂的接触时间最小化的氯接触反应池,PFR 是更优的选择(注:进水在理想 CFSTR 内的停留时间范围可以由极短变化到极长)。

6.3.3.1 序批式反应器

在此考虑一个序批式反应器的一级反应,合并公式(6-65)和公式(6-66),物质平衡方程可表达为:

$$V\frac{dC}{dt}=(V\times \gamma)=V(-kC) \text{ 或 } \frac{dC}{dt}=-kC \tag{6-70}$$

这是一个一级反应微分方程,可以将初始条件($t=0$ 时,$C=C_i$)及最终条件($t=$停留时间 τ 时,$C=$最终浓度 C_f)进行积分。停留时间 τ 可以定义为流体在反应器中停留和反应的时间。对公式(6-70)进行积分,得到

$$\frac{C_f}{C_i}=e^{-k\tau} \text{ 或 } C_f=(C_i)e^{-k\tau} \tag{6-71}$$

表 6-4 概括了序批式反应器的设计方程,按照零级反应、一级反应、二级反应发生。

表 6-4 序批式反应器的设计方程式

反应级数,n	方程	备注
0	$C_f=C_i-k\tau$	公式(6-72)
1	$C_f=C_i(e^{-k\tau})$	等同于公式(6-71)
2	$C_f=\dfrac{C_i}{1+(k\tau)C_i}$	公式(6-73)

【例 6-50】序批式反应器(在已知反应速率的情况下确定所需停留时间)

设计了 1 个序批式反应器来处理被多氯联苯 PCB 污染的浓度为 200 mg/kg 的土壤。如果需要去除、转化或者降解 90% 的 PCB,反应速率常数是 0.5(1/h),则该反应器的停留时间是多少?如果最终的浓度是 10 mg/kg,则所需停留时间是多少?

分析:尽管题目中并没有说明是几级反应,可由反应常数 k 的单位(1/时间)判断该反应是一级反应。

解答:

a. 对于 90% 的降解率,$\eta=90\%$,有

$$C_f = C_i(1-\eta) = 200 \times (1-90\%) = 20 \text{ mg/kg}$$

将已知参数值代入公式(6-69)中,有

$$\frac{20}{200} = 0.1 = e^{-0.5t} \to t = \tau = 4.6 \text{ h}$$

b. 为达到最终浓度 10 mg/kg,有

$$\frac{10}{200} = 0.05 = e^{-0.5t} \to t = \tau = 6.0 \text{ h}$$

【例 6-51】序批式反应器(在未知反应速率的情况下确定所需停留时间)

安装 1 个序批式反应器来修复多氯联苯 PCB 污染的土壤,测试开始时 PCB 浓度为 250 mg/kg。运行 10 小时后,浓度降低到 50 mg/kg。然而,要求浓度必须降低到 10 mg/kg,确定达到最终浓度为 10 mg/kg 时所需的停留时间。

a. 将已知参数值代入公式(6-71)中,得到 k 值,有

$$\frac{50}{250} = 0.20 = e^{-10k} \to k = 0.161 (1/h)$$

b. 计算达到最终浓度 10 mg/kg 时所需要的时间,有

$$\frac{10}{250} = 0.04 = e^{-0.161t} \to t = \tau = 20.0 \text{ h}$$

【例 6-52】确定序批式反应器试验的速率常数

设计一个用来处理甲酚污染的土壤的生物反应器。为确定反应级数和速率,做了一个实验室规模的序批式反应器。观察反应器中甲酚的浓度随时间的变化,并记录如下:

时间/h	甲酚浓度/(mg/kg)
0	350
0.5	260
1	200
2	100
5	17

使用这些数据来确定反应级数和速率常数值。

分析：

常采用试错法来确定反应级数。从表6-4中可以看到，如果是零级反应，则浓度和时间的关系是一条直线。如果是一级反应，则 lnC 和时间的关系应该是一条直线。如果是二级反应，(1/C) 和时间的关系应该是一条直线。k 值从直线的斜率中得到。

解答：

由于很多环境类反应都是一级反应，首先假设这是个一级反应，然后在半对数坐标中描绘浓度-时间数据（图6-4）。

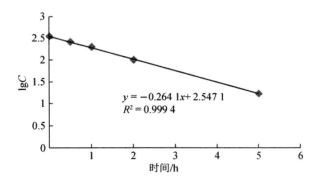

图6-4 序批式反应器半对数浓度-时间关系图

这些数据很符合直线，所以假设的一级反应是成立的。直线的斜率可以确定为 0.264(1/h)，需要指出的是公式(6-71)是基于对数 e 的指数，这个曲线是基于 $\log_{10}$ 的。因此，公式(6-71)中 k 的值应该是从半对数坐标上的斜率和2.303（为10的自然对数）乘积得到的。

$$k = [0.264(1/h)] \times (2.303) = 0.608(1/h)$$

> **讨论**
>
> 通过得到的速率常数和初始浓度，计算任意时间 t 时的浓度可以用作检验假设的反应级数是否正确的工具。例如，在时间 $t = 2$ h 的时候，浓度可以通过公式(6-71)计算，有
>
> $$C_f = 350(e^{-0.606 \times 2}) = 104 \text{ mg/kg}$$
>
> 计算得到的值为104 mg/kg，非常接近试验值100 mg/kg，因此，假设该反应是一级反应是正确的。

【例6-53】二级反应序批式反应器

设计1个序批式反应器处理浓度为200 mg/kg的多氯联苯 PCB 污染的土壤。需要 PCB 的降解率为90%。如果反应速率常数是0.5（单位为[1/(mg/kg)(h)]），求反应器所需的停留时间。

分析：尽管问题中并没有提及反应的级数，但是根据 k 的单位（[1/(mg/kg)(h)]）可

以看出反应是二级反应。

解答：

a. 对于 90% 的降解效率，$\eta = 90\%$，有
$$C_f = 200(1-90\%) = 20 \text{ mg/kg}$$

b. 将已知值代入到公式(6-73)中
$$20 = \frac{200}{1+(0.5\tau)200} \rightarrow \tau = 0.09 \text{ h}$$

> **讨论**
>
> 例 6-44 和例 6-47 的唯一区别就在于反应动力学的不同。在反应速率常数值相同的情况下，达到相同的去除效率所需要的时间要短很多。

6.3.3.2 连续流搅拌式反应器(CFSTRs)

假设一个稳态的连续流搅拌式反应器，反应级数为一级。根据之前的定义所述，流出反应器的浓度和在反应器中的浓度应该相同。在稳态情况下，流速是常数并且 $Q_{in} = Q_{out}$。将公式(6-63)代入公式(6-57)，物质平衡方程可以改写为

$$0 = QC_{in} - QC_{out} + (V)(-kC_{reactor}) = QC_{in} - QC_{out} + (V)(-kC_{out}) \quad (6-74)$$

经过简单的数学转化，公式(6-74)可以改写为

$$\frac{C_{out}}{C_{in}} = \frac{1}{1+k(V/Q)} = \frac{1}{1+k\tau} \quad (6-75)$$

表 6-5 总结了连续流搅拌式反应器(CFSTR)在不同情况下的设计方程，包括零级、一级、二级反应。

表 6-5 连续搅拌反应器(CFSTR)的设计方程

反应级数,n	方程	备注
0	$C_{out} = C_{in} - k\tau$	公式(6-76)
1	$\dfrac{C_{out}}{C_{in}} = \dfrac{1}{1+k\tau}$	等同于公式(6-75)
2	$\dfrac{C_{out}}{C_{in}} = \dfrac{1}{1+(k\tau)C_{out}}$	公式(6-77)

【例 6-54】一级动力学泥浆反应器(CFSTR)

用土壤泥浆反应器处理总石油烃(TPH)浓度为 1 200 mg/kg 的污染土壤，最终要求达到的总石油烃浓度为 50 mg/kg。根据实验室小试研究，速率方程为

$$\gamma = -0.25C$$

该反应器内的物质是完全混合的，假设该反应器是连续流搅拌式反应器(CFSTR)。求将污染物浓度降低到 50 mg/kg 时所需要的停留时间。

分析：

速率方程是一级反应，反应速率常数 $k=0.25$（1/min）

解答：

将已知参数代入公式(6-75)，得到 τ 的值，有

$$\frac{C_{out}}{C_{in}}=\frac{50}{1\,200}=\frac{1}{1+0.25\tau} \rightarrow \tau=92 \text{ min}$$

【例 6-55】二级动力学低温热脱附土壤反应器(CFSTR)

用低温加热脱附土壤反应器处理被 TPH 污染的土壤，浓度为 2 500 mg/kg，最终需要处理的浓度为 100 mg/kg。根据实验室研究的结果，速率方程可写为

$$\gamma=-0.12C^2 [1/(\text{mg/kg})(\text{h})]$$

该反应器是旋转的，以达到充分混合。假设该反应器是按照 CFSTR 的形式进行的，确定当浓度降低到 100 mg/kg 时所需要的停留时间。

分析： 该反应是二级反应，并且反应速率常数 $k=0.12[1/(\text{mg/kg})(\text{h})]$

解答： 将已知值代入公式(6-77)，得到 τ 值

$$\frac{C_{out}}{C_{in}}=\frac{100}{2\,500}=\frac{1}{1+0.12\tau(100)} \rightarrow \tau=2 \text{ h}$$

6.3.3.3 活塞流反应器(PFR)

假设一个稳态的活塞流反应器，反应级数为一级。如前所述，根据定义，活塞流反应器中无纵向混合流。反应器内的浓度（$C_{reactor}$）从入口处的浓度 C_{in} 降低到出口处的浓度 C_{out}。在稳态条件下，流量是一个常数，$Q_{in}=Q_{out}$。将公式(6-65)代入公式(6-59)，物质平衡方程可以表示为：

$$0=QC_{in}-QC_{out}+(V)(-kC_{reactor}) \tag{6-78}$$

式中，$C_{reactor}$ 是一个变量，该方程可以通过将反应器无限细分后再进行积分。该方程可以表示为

$$\frac{C_{out}}{C_{in}}=e^{-k(V/Q)}=e^{-k\tau} \tag{6-79}$$

表 6-6 总结了活塞流反应器(PFR)在不同情况下的设计方程，包括零级、一级和二级反应。

表 6-6 活塞流反应器(PFR)的设计方程

反应级数, n	方程	备注
0	$C_{out}=C_{in}-k\tau$	公式(6-80)
1	$C_{out}=C_{in}(e^{-k\tau})$	等同于公式(6-79)
2	$C_{out}=\dfrac{C_{in}}{1+(k\tau)C_{in}}$	公式(6-81)

比较表6-6的PFR设计方程和表6-7的CFSTR的设计方程,可以得到以下信息:

① 零级反应:两个反应器的设计方程是相同的。这意味着转化速率与反应器类型无关,假设所有其他条件都是相同的。

② 一级反应:对于CFSTR来说,出口浓度和入口浓度的比例与时间的倒数成正比。对于PFR来说,则和时间的指数成反比。换句话说,假设其他所有条件都相同。PFR反应器出口浓度停留时间增加而减少的速度远远快于CFSTR反应器,也即在给定的停留时间(或反应器尺寸)下,从PFR反应器流出的浓度比CFSTR反应器流出的物质浓度要低得多(更多的讨论和案例在本章节的后续部分提到)。

③ 二级反应:两种反应器的二级反应设计方程在形式上是相似的。区别就在于公式(6-77)中等号右边分母中的 C_{out},被公式(6-81)中的 C_{in} 取代。由于 $C_{out}<C_{in}$,PFR反应器 C_{out}/C_{in} 要比CFSTR反应器低。更低的 C_{out}/C_{in} 比值意味着在相同入流浓度、停留时间和反应流浓度、停留时间和反应速率的情况下,流出反应器的浓度会更低。

【例6-56】一级动力学土壤泥浆反应器

用土壤泥浆反应器处理浓度为 1 200 mg/kg 的 TPH 污染土壤,需要的泥浆处理速率为 113.55 L/min。最终土壤 TPH 浓度修复目标为 50 mg/kg,根据实验室研究,速率方程为

$$\gamma = -0.25C \, [\text{mg}/(\text{kg} \cdot \text{min})]$$

假设反应器是PFR运行,确定将污染物 TPH 浓度降低到 50 mg/kg 时所需的停留时间。

分析:

由速率方程判断一级反应,反应速率常数 $k=0.25(1/\text{min})$

解答:

将已知参数代入公式 $C_{out}=C_{in}(e^{-k\tau})$,得到 τ 的值

$$50 = 1\,200(e^{-0.25\tau}) \rightarrow \tau = 12.7 \text{ min}$$

> **讨论**
>
> 1. 对相同的进料浓度和反应速率常数,PFR达到某一特定的最终浓度所需的停留时间为 12.7 min,远小于CFSTR所需的时间为 92 min。
>
> 2. 对于一级动力学,反应速率与浓度成正比(如 $\gamma=kC_{reactor}$),反应器浓度越高,反应速率越大;对于CFSTR,根据定义,反应器中的浓度等于流出浓度(例如,此例中的 50 mg/kg);对于PFR,根据定义,反应器中的浓度从入口 C_{in}(1 200 mg/kg)开始降低,直到出口的 C_{out}(50 mg/kg);PFR中的平均浓度(算术平均数 625 mg/kg 或者几何平均数 245 mg/kg)远高于 50 mg/kg,这使得反应速率因此高得多,所需要的停留时间就会更短。

【例 6-57】二级动力学土壤低温加热反应器（PFR）

土壤低温加热反应器用来处理 TPH 污染浓度为 2 500 mg/kg 的土壤，所要求的土壤 TPH 最终浓度为 100 mg/kg。根据实验室研究，速率方程为

$$\gamma = -0.12C^2$$

土壤在传送带上通过反应器，假设反应器为活塞流反应器。求将 TPH 浓度降低到 100 mg/kg 来确定所需停留时间。

分析：由速率方程判断为二级反应，反应速率常数 $k=0.12[1/(mg/kg)(h)]$。

解答：将已知参数代入公式（6-81）

$$C_{out} = \frac{C_{in}}{1+(k\tau)C_{in}}$$

得到 τ 的值

$$100 = \frac{1\,200}{1+(0.12\tau)\times 1\,200} \rightarrow \tau = 4.8\ \text{min}$$

> **讨论**
> 对于相同的进料浓度和反应速率常数，PFR 达到某一特定的最终浓度所需的停留时间为 4.8 min，远小于 CFSTR 所需的时间为 55 min。

6.3.4 反应器尺寸确定

一旦选定反应器的类型并确定了达到特定浓度所需要的停留时间，那么反应器的尺寸很容易确定。为了达到期望浓度，在给定流量条件下，化合物在反应器中的时间越长（例如停留时间更长），所需要的反应器更大。

对于连续流反应器，如连续流搅拌式反应器（CFSTR）和活塞流反应器（PFR），停留时间或者水力停留时间 τ 可以定义为

$$\tau = V/Q$$

式中，V 是反应器的体积，Q 是流量。根据定义，在 PFR 中每一个流体粒子流过反应器所需的时间完全相同。CFSTR 反应器，大多数流体粒子流经反应器所需要的时间比平均停留时间或长或短。因此，公式 $\tau=V/Q$ 中的 τ 值是平均水力停留时间，用来确定反应器的尺寸。

对于序批式反应器，通过反应速率方程计算得到的停留时间是完全反应所需要的实际时间。在系统运行和设计时，为了确定反应器尺寸，还需考虑装载、冷却和卸载物料所需要的时间。

【例 6-58】确定序批式反应器尺寸

用序批式土壤泥浆反应器处理浓度为 1 200 mg/kg 的 TPH 污染土壤，需要的泥浆

处理速率为 164 m³/d。最终土壤 TPH 浓度修复目标为 50 mg/kg，根据实验室研究，速率方程为 $\gamma=-0.05C$。

每个批次装载和卸载泥浆所需要的时间为 2 h，确定该项目的序批式反应器尺寸。

分析：由速率方程判断为一级反应，反应速率常数 $k=0.05(1/\text{min})$。

解答：将已知参数代入公式 $C_{\text{out}}=C_{\text{in}}(e^{-k\tau})$，得到 τ 的值

$$50=1\,200(e^{-0.05\tau}) \rightarrow \tau=64 \text{ min}$$

每批次所需要的总时间＝反应时间＋装载和卸载时间＝64＋120＝184 min

反应器所需容积由公式 $\tau=V/Q$ 可得 $V=\tau Q=(64 \text{ min})\times(164 \text{ m}^3/\text{d})\approx 7.3 \text{ m}^3$

> **讨论**
> 该案例最少需要三个反应器（每个 7.3 m³），反应器需要在不同的阶段运行；两个处于装载或卸载阶段，另一个则处于反应阶段。这样才能保证进料不会中断。

【例 6-59】确定连续流搅拌式反应器(CFSTR) 尺寸

用土壤泥浆反应器处理浓度为 1 200 mg/kg 的 TPH 污染土壤，需要的泥浆处理速率为 114 L/min。最终土壤 TPH 浓度修复目标为 50 mg/kg，根据实验室研究，速率方程为：$\gamma=-0.05C$

反应器中物质完全混合，假设反应器按照连续流搅拌式运行。请确定该反应器的尺寸。

解答：将已知参数代入公式

$$\frac{C_{\text{out}}}{C_{\text{in}}}=\frac{1}{1+k\tau}$$

得到 τ 的值

$$\frac{50}{1\,200}=\frac{1}{1+0.05\tau} \rightarrow \tau=460 \text{ min}$$

反应器所需容积由公式 $\tau=V/Q$ 可得 $V=\tau Q=(460 \text{ min})\times(114 \text{ L/min})=52.44 \text{ m}^3$

【例 6-60】确定活塞流反应器(PFR) 尺寸

用土壤泥浆反应器处理浓度为 1 200 mg/kg 的 TPH 污染土壤，需要的泥浆处理速率为 114 L/min。最终土壤 TPH 浓度修复目标为 50 mg/kg，根据实验室研究，速率方程为

$$\gamma=-0.05C$$

假设反应器按照活塞流运行，请计算确定该项目的反应器尺寸。

解答：将已知参数代入公式(6-77) $C_{\text{out}}=C_{\text{in}}(e^{-k\tau})$，得到 τ 的值

$$50=1\,200(e^{-0.05\tau}) \rightarrow \tau=64 \text{ min}$$

反应器所需容积由公式 $\tau=V/Q$ 可得 $V=\tau Q=(64 \text{ min})\times(114 \text{ L/min})\approx 7.3 \text{ m}^3$

> **讨论**
>
> 在达到相同处理效果时,此例中活塞流反应器(PFR)的规格为 7.3 m³,比连续流搅拌使反应器(CFSTR)的规格 52.44 m³ 小很多。
>
> 序批示反应器和活塞流反应器的设计方程在本质上是相同的。这两个反应器所需的反应时间相同,均为 64 min。活塞流反应器(PFR)实际上需要的储罐容器更小。因为在反应器的操作中,不需要考虑装载或卸载的时间。

6.3.5 反应器组合

实际工程应用时,几个小型反应器组合比单独的大反应器更常见,原因如下:
- 灵活性(适应流量波动)
- 维修方便
- 更高的去除效率

普通的反应器组合包括串联、并联或者两者组合。

6.3.5.1 串联反应器

串联反应器,所有反应器的流量都相同,都等于第一个反应器的进料流量 Q。第一个反应器容积为 V_1,能将进料污染浓度 C_0 降低到出料浓度 C_1,第一个反应器的出料浓度成为第二个反应器的进料浓度。第二个反应器的出料浓度 C_2 成为第三个反应器的进料浓度。可在串联中加入更多的反应器直到最后一个反应器的出料浓度满足要求。对于连续流搅拌式反应器(CFSTR),在相同容积下,串联几个小的反应器比一个大反应器能产生更低的最终出料浓度。

$$Q, C_0 \rightarrow \boxed{V_1} \rightarrow Q, C_1 \rightarrow \boxed{V_2} \rightarrow Q, C_2 \rightarrow \boxed{V_3} \rightarrow Q, C_3$$

三个连续流搅拌式反应器(CFSTR)串联,第三个反应器出料浓度可以通过初始进料的污染物浓度确定。

$$\frac{C_3}{C_0} = \left(\frac{C_3}{C_2}\right)\left(\frac{C_2}{C_1}\right)\left(\frac{C_1}{C_0}\right) = \left(\frac{1}{1+k_3\tau_3}\right)\left(\frac{1}{1+k_2\tau_2}\right)\left(\frac{1}{1+k_1\tau_1}\right) \quad (6-82)$$

三个活塞流反应器(PFR)串联,第三个反应器出料浓度可以通过初始进料的污染物浓度确定。

$$\frac{C_3}{C_0} = \left(\frac{C_3}{C_2}\right)\left(\frac{C_2}{C_1}\right)\left(\frac{C_1}{C_0}\right) = (e^{-k_3\tau_3})(e^{-k_2\tau_2})(e^{-k_1\tau_1}) \quad (6-83)$$

[例 6-61]连续流搅拌式反应器(CFSTR)串联

地块表层土壤受柴油污染,浓度为 1 800 mg/kg。建议使用泥浆生物反应器进行地上修复,处理系统需要控制泥浆流速为 0.04 m³/min。土壤中柴油的修复目标值为 100 mg/kg。通过实验室研究确定此反应是速率为 0.1(1/min)的一级反应,考虑连续流搅拌式反应器(CFSTR)模式下四种不同的泥浆生物反应器组合,确定每种组合的最终流出浓度,并判断是否满足处理要求。

a. 1 个 4 m³ 反应器;

b. 2 个 2 m³ 反应器串联;

c. 1 个 1 m³ 反应器串联 1 个 3 m³ 反应器;

d. 1 个 3 m³ 反应器串联 1 个 1 m³ 反应器。

解答:

a. 1 个 4 m³ 反应器,停留时间 $=V/Q=4$ m³/(0.04 m³/min)$=100$ min

$$\frac{C_{\text{out}}}{C_{\text{in}}}=\frac{1}{1+k(V/Q)}=\frac{1}{1+k\tau} \text{ 计算得出最后流出浓度 } C_{\text{out}}$$

$$\frac{C_{\text{out}}}{C_{\text{in}}}=\frac{C_{\text{out}}}{1\,800}=\frac{1}{1+0.1\times 100}$$

$C_{\text{out}}=164$ mg/kg(可以达到修复目标)

b. 对于 2 m³ 反应器,停留时间 $=V/Q=2$ m³/(0.04 m³/min)$=50$ min

根据公式

$$\frac{C_3}{C_0}=\left(\frac{C_3}{C_2}\right)\left(\frac{C_2}{C_1}\right)\left(\frac{C_1}{C_0}\right)=\left(\frac{1}{1+k_3\tau_3}\right)\left(\frac{1}{1+k_2\tau_2}\right)\left(\frac{1}{1+k_1\tau_1}\right)$$

计算最后的流出浓度

$$\frac{C_2}{C_0}=\left(\frac{C_2}{1\,800}\right)=\left(\frac{C_2}{C_1}\right)\left(\frac{C_1}{C_0}\right)=\left(\frac{1}{1+0.1\times 50}\right)\left(\frac{1}{1+0.1\times 50}\right)$$

$C_2=50$ mg/kg(可以达到修复目标)

c. 第一个反应器的停留时间 $=1$ m³/(0.04 m³/min)$=25$ min;第二个反应器的停留时间 $=3$ m³/(0.04 m³/min)$=75$ min。

根据公式

$$\frac{C_3}{C_0}=\left(\frac{C_3}{C_2}\right)\left(\frac{C_2}{C_1}\right)\left(\frac{C_1}{C_0}\right)=\left(\frac{1}{1+k_3\tau_3}\right)\left(\frac{1}{1+k_2\tau_2}\right)\left(\frac{1}{1+k_1\tau_1}\right)$$

计算最后的流出浓度

$$\frac{C_2}{C_0} = \left(\frac{C_2}{1\ 800}\right) = \left(\frac{C_2}{C_1}\right)\left(\frac{C_1}{C_0}\right) = \left(\frac{1}{1+0.1\times 25}\right)\left(\frac{1}{1+0.1\times 75}\right)$$

$$C_2 = 60.5\ \text{mg/kg}(可以达到修复目标)$$

d. 第一个反应器的停留时间 = 3 m³/(0.04 m³/min) = 75 min；第二级反应器的停留时间 = 1 m³/(0.04 m³/min) = 25 min

```
Q, C₀ → [ 3 m³ ] → Q, C₁ → [ 1 m³ ] → Q, C₂
```

根据

$$\frac{C_3}{C_0} = \left(\frac{C_3}{C_2}\right)\left(\frac{C_2}{C_1}\right)\left(\frac{C_1}{C_0}\right) = \left(\frac{1}{1+k_3\tau_3}\right)\left(\frac{1}{1+k_2\tau_2}\right)\left(\frac{1}{1+k_1\tau_1}\right)$$

计算最后的流出浓度

$$\frac{C_2}{C_0} = \left(\frac{C_2}{1\ 800}\right) = \left(\frac{C_2}{C_1}\right)\left(\frac{C_1}{C_0}\right) = \left(\frac{1}{1+0.1\times 25}\right)\left(\frac{1}{1+0.1\times 75}\right)$$

$$C_2 = 60.5\ \text{mg/kg}(可以达到修复目标)$$

讨论

(1) 每一种组合的反应器的总体积均为 4 m³；

(2) 第一步设置的大反应器的流出浓度最高；

(3) 一系列小型 CFSTR 反应器串联总是比一个单独的大型 CFSTR 反应器效率更高；

(4) 同样大小的情况下，PFR 总是比 CFSTR 效率更高；

(5) 两个小的反应器串联组合，设置两个同样大小的反应器能产生最低流出浓度；

(6) 对于两个大小不同的反应器，假设各个反应器中的速率常数相同，反应器顺序不影响最后的流出浓度。

【例 6-62】活塞流反应器(PFR)串联

地块表层土壤受柴油污染，浓度为 1 800 mg/kg。建议采用异位修复，使用泥浆生物反应器。处理系统需要控制泥浆流速为 0.04 m³/min。土壤中柴油的修复目标值为 100 mg/kg，通过实验室研究确定此反应是速率为 0.1 (1/min) 的一级反应。考虑 PFR 模式下四种不同的泥浆生物反应器组合，确定每种组合的最终流出浓度，并判断是否满足处理要求。

a. 1 个 4 m³ 反应器；

b. 2 个 2 m³ 反应器串联；

c. 1 个 1 m³ 反应器串联 1 个 3 m³ 反应器；

d. 1 个 3 m³ 反应器串联 1 个 1 m³ 反应器。

解答：

a. 1个 4 m³ 反应器，停留时间 $= V/Q = 4 \text{ m}^3/(0.04 \text{ m}^3/\text{min}) = 100 \text{ min}$

$$\xrightarrow{Q, C_{in}} \boxed{V_1 = 4 \text{ m}^3} \xrightarrow{Q, C_{out}}$$

由公式

$$\frac{C_{out}}{C_{in}} = e^{-k(\frac{V}{Q})} = e^{-k\tau}$$

计算得出最后流出浓度 C_{out}

$$\frac{C_{out}}{C_{in}} = \frac{C_{out}}{1\,800} = e^{-0.1 \times 100}$$

$$C_{out} = 8.2 \times 10^{-2} \text{ mg/kg}（可以达到修复目标）$$

b. 对于 2 m³ 反应器，停留时间 $= V/Q = 2 \text{ m}^3/(0.04 \text{ m}^3/\text{min}) = 50 \text{ min}$

$$\xrightarrow{Q, C_0} \boxed{2 \text{ m}^3} \xrightarrow{Q, C_1} \boxed{2 \text{ m}^3} \xrightarrow{Q, C_2}$$

根据公式

$$\frac{C_3}{C_0} = \left(\frac{C_3}{C_2}\right)\left(\frac{C_2}{C_1}\right)\left(\frac{C_1}{C_0}\right) = (e^{-k_3\tau_3})(e^{-k_2\tau_2})(e^{-k_1\tau_1})$$

计算最后的流出浓度

$$\frac{C_2}{C_0} = \left(\frac{C_2}{1\,800}\right) = \left(\frac{C_2}{C_1}\right)\left(\frac{C_1}{C_0}\right) = (e^{-0.1 \times 50})(e^{-0.1 \times 50})$$

$$C_2 = 8.2 \times 10^{-2} \text{ mg/kg}（可以达到修复目标）$$

c. 第一个反应器的停留时间 $= 1 \text{ m}^3/(0.04 \text{ m}^3/\text{min}) = 25 \text{ min}$；第二个反应器的停留时间 $= 3 \text{ m}^3/(0.04 \text{ m}^3/\text{min}) = 75 \text{ min}$。

$$\xrightarrow{Q, C_0} \boxed{1 \text{ m}^3} \xrightarrow{Q, C_1} \boxed{3 \text{ m}^3} \xrightarrow{Q, C_2}$$

根据公式

$$\frac{C_3}{C_0} = \left(\frac{C_3}{C_2}\right)\left(\frac{C_2}{C_1}\right)\left(\frac{C_1}{C_0}\right) = (e^{-k_3\tau_3})(e^{-k_2\tau_2})(e^{-k_1\tau_1})$$

计算最后的流出浓度

$$\frac{C_2}{C_0} = \left(\frac{C_2}{1\,800}\right) = \left(\frac{C_2}{C_1}\right)\left(\frac{C_1}{C_0}\right) = (e^{-0.1 \times 25})(e^{-0.1 \times 75})$$

$$C_2 = 8.2 \times 10^{-2} \text{ mg/kg}（可以达到修复目标）$$

d. 第一个反应器的停留时间 $= 3 \text{ m}^3/(0.04 \text{ m}^3/\text{min}) = 75 \text{ min}$；第二级反应器的停留时间 $= 1 \text{ m}^3/(0.04 \text{ m}^3/\text{min}) = 25 \text{ min}$

$$\xrightarrow{Q, C_0} \boxed{3 \text{ m}^3} \xrightarrow{Q, C_1} \boxed{1 \text{ m}^3} \xrightarrow{Q, C_2}$$

根据

$$\frac{C_3}{C_0}=\left(\frac{C_3}{C_2}\right)\left(\frac{C_2}{C_1}\right)\left(\frac{C_1}{C_0}\right)=(e^{-k_3\tau_3})(e^{-k_2\tau_2})(e^{-k_1\tau_1})$$

计算最后的流出浓度

$$\frac{C_2}{C_0}=\left(\frac{C_2}{1\,800}\right)=\left(\frac{C_2}{C_1}\right)\left(\frac{C_1}{C_0}\right)=(e^{-0.1\times75})(e^{-0.1\times25})$$

$$C_2=8.2\times10^{-2}\,\text{mg/kg}(可以达到修复目标)$$

> **讨论**
> (1) 每一种组合的反应器的总体积均为 $4\,\text{m}^3$；
> (2) 四种不同的组合流出浓度是相同的,这表明在相同的速率常数和相同的总停留时间条件下,反应器的顺序不影响最后的流出浓度；
> (3) PFR 的流出浓度比 CFSTR 的流出浓度低很多。

【例 6-63】连续流搅拌式反应器(CFSTR)串联

使用低温加热脱附土壤反应器(假设为理想 CFSTR)来处理 TPH 浓度为 1 050 mg/kg 的污染土壤,土壤中 TPH 修复目标为 10 mg/kg。一个停留时间为 20 min 的反应器只能将污染物浓度降低到 50 mg/kg。如果设定反应为一级反应,那么两个小的反应器串联(停留时间均为 10 min)能将 TPH 浓度降低到 10 mg/kg 以下吗？提示：首先要求出一级反应速率常数 k。

分析：反应速率常数没有给出,所以必须确定它的值。

解答：

a. 采用公式计算速率常数,有

$$\frac{C_{\text{out}}}{C_{\text{in}}}=\frac{1}{1+k(V/Q)}=\frac{1}{1+k\tau}\,得$$

$$\frac{50}{1\,050}=\frac{1}{1+k\times20}\rightarrow k=1(1/\text{min})$$

b. 对于两个小反应器串联,采用公式(6-82)计算最后的流出浓度,有

$$\frac{C_{\text{out}}}{1\,050}=\left(\frac{1}{1+k\times10}\right)\left(\frac{1}{1+k\times10}\right)\rightarrow C_{\text{out}}=8.68<10\,\text{mg/kg}$$

> **讨论**
> 这一案例又一次证明了在总体积相当的情况下,一般两个小型 CFSTR 优于一个大型的 CFSTR。但是,两个反应器需要更大的基建投资(例如两套过程控制设备)和更高的运行维护费用。

【例 6-64】活塞流反应器(PFR)串联

选用紫外线/臭氧修复方法去除地下水流中的 TCE(TCE 浓度为 200 μg/L)。在设计

流量 50 L/min 下,某成品反应器能提供 5 min 水力停留时间,并将 TCE 浓度从 200 μg/L 降低到 16 μg/L。但是,TCE 的排放限值为 3.2 μg/L。假定是理想的活塞流反应器,且为一级反应,那么需要多少个反应器?最终出水中的 TCE 浓度是多少呢?

解答:

a. 采用公式计算速率常数,有

$$\frac{C_3}{C_0} = \left(\frac{C_3}{C_2}\right)\left(\frac{C_2}{C_1}\right)\left(\frac{C_1}{C_0}\right) = (e^{-k_3\tau_3})(e^{-k_2\tau_2})(e^{-k_1\tau_1})$$

代入数据

$$\frac{16}{200} = (e^{-k \times 5}) \rightarrow k \approx 0.505 (1/\text{min})$$

b. 对于两个小反应器串联,采用公式(6-83)计算最后的流出浓度,有

$$\frac{3.2}{200} = (e^{-0.505 \times 5})^n \rightarrow n \approx 2.65 \rightarrow C_2 = 1.20 \ \mu g/L (<3.2 \ \mu g/L)$$

通过计算,需要 3 个反应器,每个需要约 5 min 的停留时间。

> **讨论**
>
> 同时,也可先确定将污染物浓度降低到 3.2 μg/L 所需的停留时间,再计算所需要的活塞流反应器(PFR)数量。利用公式(6-83)可以计算出所需时间。
>
> $$\frac{C_{\text{out}}}{C_{\text{in}}} = \frac{3.2}{200} = e^{-0.505(\tau)} \approx 8.2 \ \text{min}$$
>
> 需要三个 PFR 反应器。

6.3.5.2 并联反应器

对于并联反应器,各反应器拥有相同的进水(进水分流进入各反应器中)。每个并联反应器的流量可以不同,但所有并联反应器的进水浓度是相同的。反应器的尺寸可以不同,反应器的流出浓度也可以不同。

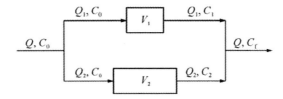

所示并联反应器系统存在下列平衡关系

$$Q = Q_1 + Q_2, \ C_f = \frac{Q_1 C_1 + Q_2 C_2}{Q_1 + Q_2}$$

并联反应器组合常在以下情况下使用:①单一反应器不能满足流量;②总的进水流量波动明显;③反应器需要频繁维护。

【例 6-65】连续流搅拌式反应器(CFSTR)并联

地块表层土壤受柴油污染,浓度为 1 800 mg/kg,建议采用泥浆生物反应器进行异位修复。处理系统需要控制泥浆流量为 0.04 m³/min,土壤中柴油的修复目标值为 100 mg/kg,通过实验室研究确定此反应是速率为 0.1 (1/min)的一级反应。考虑 CFSTR 模式下四种不同的泥浆生物反应器组合,确定每种组合的最终流出浓度,并判断是否满足处理要求。

a. 1 个 4 m³ 反应器;

b. 2 个 2 m³ 反应器并联(每个接收 0.02 m³/min 流量);

c. 1 个 1 m³ 反应器并联 1 个 3 m³ 反应器(每个接收 0.02 m³/min 流量);

d. 1 个 1 m³ 反应器并联 1 个 3 m³ 反应器(较小的反应器接收 0.01 m³/min 流量,另 1 个接收 0.03 m³/min 流量)。

解答:

a. 1 个 4 m³ 反应器,停留时间 $=V/Q=$ 4 m³/(0.04 m³/min)$=$100 min

由公式

$$\frac{C_{out}}{C_{in}}=\frac{1}{1+k(V/Q)}=\frac{1}{1+k\tau}$$

计算得出最后流出浓度 C_{out}

$$\frac{C_{out}}{C_{in}}=\frac{C_{out}}{1\,800}=\frac{1}{1+0.1\times100}\rightarrow C_{out}\approx 164\ \text{mg/kg}$$

计算结果超过修复目标。

b. 对于 2 m³ 反应器,停留时间 $=V/Q=$ 2 m³/(0.04 m³/min)$=$50 min

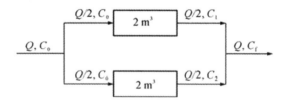

根据公式

$$\frac{C_{out}}{C_{in}}=\frac{1}{1+k(V/Q)}=\frac{1}{1+k\tau}$$

计算最后的流出浓度

$$\frac{C_{out}}{C_{in}}=\frac{C_{out}}{1\,800}=\frac{1}{1+0.1\times100}\rightarrow$$

$$C_f=\frac{Q_1C_1+Q_2C_2}{Q_1+Q_2}=\frac{0.02\times164+0.02\times164}{0.02+0.02}$$

$$C_1 = C_2 = C_f = 164 \text{ mg/kg}（不能达到修复目标）$$

c. 第一个反应器停留时间 $= 1 \text{ m}^3/(0.02 \text{ m}^3/\text{min}) = 50 \text{ min}$；第二个反应器停留时间 $= 3 \text{ m}^3/(0.02 \text{ m}^3/\text{min}) = 150 \text{ min}$。

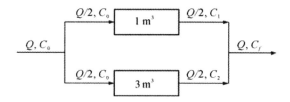

根据公式

$$\frac{C_{\text{out}}}{C_{\text{in}}} = \frac{1}{1+k(V/Q)} = \frac{1}{1+k\tau}$$

分别计算两个反应器最后的流出浓度

反应器 1

$$\frac{C_{\text{out}}}{C_{\text{in}}} = \frac{C_1}{1\,800} = \frac{1}{1+0.1 \times 50} \rightarrow C_1 = 1\,800/6 = 300 \text{ mg/kg}$$

反应器 2

$$\frac{C_{\text{out}}}{C_{\text{in}}} = \frac{C_2}{1\,800} = \frac{1}{1+0.1 \times 150} \rightarrow C_2 = 112.5 \text{ mg/kg}$$

根据公式

$$C_f = \frac{Q_1 C_1 + Q_2 C_2}{Q_1 + Q_2}$$

计算合并后的浓度

$$C_f = \frac{2 \times 300 + 2 \times 112.5}{2+2} = 206 \text{ mg/kg}$$

不能达到修复目标。

d. 第一个反应器停留时间 $= 1 \text{ m}^3/(0.01 \text{ m}^3/\text{min}) = 100 \text{ min}$；第二个反应器停留时间 $= 3 \text{ m}^3/(0.03 \text{ m}^3/\text{min}) = 100 \text{ min}$

根据公式

$$\frac{C_{\text{out}}}{C_{\text{in}}} = \frac{1}{1+k(V/Q)} = \frac{1}{1+k\tau}$$

分别计算两个反应器最后的流出浓度。

$C_{out}=C_1=C_2=164$ mg/kg，为两个反应器及合并的最终流出浓度，超出修复目标。

> **讨论**
> （1）每一种组合的反应器总体积均为 4 m³；
> （2）四种不同组合的流出浓度均超标，因为反应器的停留时间相同，组合（1）、（2）和（4）具有相同的流出浓度；
> （3）组合（3）是四组里面最差的；
> （4）并联反应器与单个反应器的停留时间相同时，最后的流出浓度也相同，例如组合（1）和（2）。

【例 6-66】活塞流反应器（PFR）并联

地块表层土壤受柴油污染，浓度为 1 800 mg/kg，建议采用泥浆生物反应器进行异位修复。处理系统需要控制泥浆流量为 0.04 m³/min，土壤中柴油的修复目标值为 100 mg/kg，通过实验室研究确定此反应是速率为 0.1 min⁻¹ 的一级反应。考虑 PFR 模式下四种不同泥浆生物反应器组合，确定每种组合的最终流出浓度，并判断是否满足处理要求。

a. 1 个 4 m³ 反应器；
b. 2 个 2 m³ 反应器并联（每个接收 0.02 m³/min 流量）；
c. 1 个 1 m³ 反应器并联 1 个 3 m³ 反应器（每个接收 0.02 m³/min 流量）；
d. 1 个 1 m³ 反应器并联 1 个 3 m³ 反应器（较小的反应器接收 0.01 m³/min 流量，另一个接收 0.03 m³/min 流量）。

解答：

a. 1 个 4 m³ 反应器，停留时间 $=V/Q=4\text{ m}^3/(0.04\text{ m}^3/\text{min})=100$ min

使用公式（6-79）

$$\frac{C_{out}}{C_{in}}=\frac{C_{out}}{1\ 800}=e^{-(0.1\times 100)}$$

计算得出最后流出浓度 C_{out}

$$C_{out}\approx 0.082\text{ mg/kg（可以达到修复目标）}$$

b. 对于 2 m³ 反应器，停留时间 $=V/Q=2\text{ m}^3/(0.04\text{ m}^3/\text{min})=50$ min

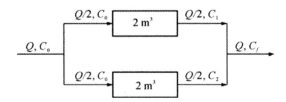

根据公式

$$\frac{C_{out}}{C_{in}} = \frac{C_{out}}{1\,800} = e^{-(0.1 \times 100)}$$

计算最后的流出浓度 $C_1 = C_2 = C_f = 0.082$ mg/kg（可以达到修复目标）。

c. 第一个反应器停留时间 $= 1$ m³/(0.02 m³/min) $= 50$ min；第二个反应器停留时间 $= 3$ m³/(0.02 m³/min) $= 150$ min。

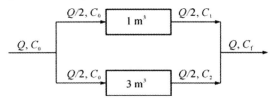

根据公式

$$\frac{C_{out}}{C_{in}} = \frac{C_{out}}{1\,800} = e^{-(k\tau)}$$

分别计算两个反应器最后的流出浓度

反应器 1

$$\frac{C_{out}}{C_{in}} = \frac{C_1}{1\,800} = e^{-(k \times 50)} \rightarrow C_1 \approx 12.2 \text{ mg/kg}$$

反应器 2

$$\frac{C_{out}}{C_{in}} = \frac{C_2}{1\,800} = e^{-(k \times 150)} \rightarrow C_2 \approx 5.5 \times 10^{-4} \text{ mg/kg}$$

根据公式

$$C_f = \frac{Q_1 C_1 + Q_2 C_2}{Q_1 + Q_2} = \frac{2 \times 12.2 + 2 \times 5.5 \times 10^{-4}}{2 + 2} \approx 6.1 \text{ mg/kg}$$

合并后的浓度可达到修复目标。

d. 第一个反应器停留时间 $= 1$ m³/(0.01 m³/min) $= 100$ min；第二个反应器停留时间 $= 3$ m³/(0.03 m³/min) $= 100$ min

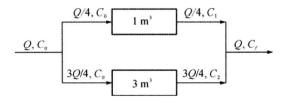

根据公式

$$\frac{C_{out}}{C_{in}} = \frac{C_{out}}{1\,800} = e^{-(0.1 \times 100)}$$

分别计算两个反应器最后的流出浓度。$C_{out} \approx 0.082$ mg/kg，为两个反应器及合并的最终流出浓度，低于修复目标。

> 讨论
> (1) 每一种组合的反应器总体积均为 4 m³；
> (2) 四种不同组合的流出浓度均超标，因为反应器的停留时间相同，组合(1)、(2)和(4)具有相同的流出浓度；
> (3) 组合(3)是四组里面最差的；
> (4) 并联反应器与单个反应器的停留时间相同时，最后的流出浓度也相同，例如组合(1)和(2)。

6.4 我国土壤修复工程现状

我国的土壤污染问题由来已久，直至近年来我国土壤环境污染事件频发，暴露出土壤污染的普遍性和严重性。相比水污染治理和大气污染治理，我国的土壤污染问题认识较晚，各项工作还处于起步阶段。图 6-4 是对我国近十年的土壤修复工程中污染物种类的比例分布。从图中数据可以发现，我国土壤修复工程针对的污染物类型主要是有机污染物和重金属。其中，对有机物污染和重金属污染开展的土壤修复工程分别占到 39% 和 36%，而有机物和重金属同时存在的复合污染土壤修复工程占到了 25%。尽管这

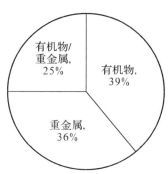

图 6-4 近年我国土壤修复工程中土壤污染物种类

只是从近年来的工程项目情况做出的统计，却也能在一定程度上反映出我国土壤污染的种类，即有机物污染和重金属污染。二者同时存在的复合污染的比例为 25%，说明我国土壤污染情况十分复杂。同一地块中存在不同类型的多种污染物时，修复工程难度增大、费用高，这是我国土壤修复需要面临的巨大挑战。

我国土壤修复工程主要针对工业废弃地和油田，涵盖了化工、石化、电力、焦化、制药、电镀，以及钢铁和有色金属等行业。其中，化工、石化、电力、焦化、制药等行业的废弃地污染物类型主要是有机以及有机和重金属同时存在的复合污染；而电镀、钢铁、有色金属行业的土壤污染类型则是重金属污染。此外，我国除了工业废弃地和油田外，正在运营的工业园区、固体废物集中处理处置地块、污水灌溉区、干线公路两侧以及耕地等也都存在不同程度的污染。

我国的土壤修复工程具有很明显的地域性。江浙一带的土壤修复工程集中在化工企业废弃地，主要针对有机污染物。江浙区域工业基础雄厚，特别是化工和制造业已经到了相当大的规模。在经历了半个世纪的工业集成式飞速发展后，需要面对经济转型时，大面积被污染的工业废弃地成为可持续发展中的一个主要制约因素。在这种形势

下,江浙两省积极开展污染土壤修复工作。这两省不仅是我国开展土壤修复最早的地方,而且经过多年的努力已成为我国目前土壤治理开展最好最成熟的区域,一批专注于土壤污染治理的环保公司成为我国土壤修复行业里的龙头企业。

重金属污染土壤修复主要集中在湖南、湖北两省。这两省是我国矿业大省,矿石的采选及冶炼活动在其境内有很长的历史。矿产的开采及加工过程产生了大量的烟气、废水、废渣,加之这一带区域雨水丰富,污染物最终都汇集至土壤造成严重的土壤污染。

纵观我国近些年的土壤修复工程,还是以物化法为主,生物处理技术的使用比例只占到4.4%,大多数情况下都是将污染土壤当作传统的固废进行处理。而在欧洲的土壤修复工程中,生物技术的应用比例已经占到35%。造成这种现状的主要原因可总结为三个。第一,我国的土壤修复的技术水平和工程经验都很有限,与此同时国外先进技术还没有打开国内市场。尽管我国各类实验室报道出的土壤修复技术较多,但这其中能满足工程应用的技术却较少。第二,我国的城镇化速度较快,对土地资源依赖重、需求大。很多修复工程需要在短期内完成,而污染地块的修复周期与修复难度和工程费用通常是相互制约的。仅这一条,就限制了很多原位处理技术和生物修复技术的应用。要解决这个矛盾,首先应该做到合理有序地规划,应尽量避免将工业废弃地块作为居住用地使用;其次对于废弃的工业地块,应立即开展系统的环境调查和风险评估。对于明确受到污染的或认为有潜在危害的地块,不论是规划为非工业用地或是继续作为工业用地使用,都必须立即修复,做到"谁使用谁修复"、"土地使用完必须恢复原样"。这样一来就为土壤修复争取到宝贵的时间,不仅能有效降低土壤污染治理的难度与处理费用,而且对于先进土壤修复技术的推广应用也大有裨益。第三,是经济利益关系,我国的土壤修复工程投资都很高,少则几千万,多则好几亿,而这其中土方挖掘的费用占到了总投资的很大一部分,对于追求经济利益的乙方,当然更愿意选择技术简单、工期短且投资额大的方案。

表6-7 土壤修复技术统计

处理方法	所占比例/%
固化/稳定化	20.6
水泥窑协同处置	19.1
热脱附/热解析	16.2
化学氧化	13.2
填埋	11.8
气相抽提(SVE)	7.4
淋洗技术	4.4
生物法	4.4
单一方法处理	55.8
多种方法联用	44.2

在这些技术中使用最频繁的是固化/稳定化和水泥窑协同处置技术,这是因为处理

重金属污染的地块时,几乎全都采用了这两者其一。显而易见,这两种方法并没有将重金属转移出土壤,只是改变了重金属在土壤中的存在形态并降低其迁移能力。这两种方法对重金属污染土壤的处理并非一劳永逸,处理后土壤的长期稳定性和对生态系统的影响目前研究较少,而且经修复后的土壤不能恢复土壤的原始性质。

在这些工程项目中,多种处理方法联用的修复工程占到44.2%,反映出我国土壤污染的复杂性,大量地块同时存在有机污染物和重金属。对土壤环境保护的不重视以及长期的无序使用土地资源是造成这种局面的主要原因。目前的技术手段中还没有哪一种能同时对这两类污染物都达到满意的处理效果,这也是我国土壤修复工程难度大、周期长、处理费用不菲的原因。

针对大型污染地块修复技术的多样性和集成性设计,开发绿色经济的原位生物处理技术,是今后我国土壤修复从业者的研究重点和发展方向,还需积累更多的经验和智慧。关注工业废弃地的污染土壤修复的同时,还应考虑其他类型的土壤污染。预防土壤污染工作与污染土壤的修复同样重要。

土壤修复工程的实施是土壤修复理论及技术的实例化。作为工程项目,土壤修复工程具有一般项目的项目唯一性、项目一次性、项目目标明确性、项目相关条件约束性等典型特征。此外,还具有工程项目周期长,影响因素多以及项目实施过程、项目组织、项目环境三方面的复杂性。与一般工程项目相比,污染地块土壤修复工程还具有过程精细化、针对性强、时效性强、安全控制要求高等特点。

1)过程精细化。

污染地块土壤修复是一项系统化和精细化的工程,涉及土壤污染的普查和识别、特征污染物的检测和分析、污染风险的表征与评价、污染修复方案的制定和评估、污染地块的修复治理、修复过程的监测和管控、修复工程的验收和后评价等,工作流程较长、环节较多。任何疏漏都会造成治理成本的增加或失控。污染地块土壤修复十分强调污染特征因子的确认,十分关注特征污染物的精确分布,十分依赖污染地块的开发用途。对上述条件的确认直接关系到污染土壤修复治理的体量和程度、修复治理方案的选择、修复治理材料的消耗量和修复治理过程的组织等。这些都会对修复治理工程的技术经济成本造成很大的影响。然而,要准确确认污染特征因子,精确确定其分布。另外,据此制订合适的工艺技术方案,需要进行大量的前期检测分析、必要的技术方案讨论。避免污染土壤和未污染土壤的混合处置,避免低浓度污染土壤和高浓度污染土壤的混合处置,避免污染土壤的修复不足和过度修复等。

2)针对性强

污染地块土壤修复技术涉及多种污染因子治理、不同污染地块特点、不同土地开发要求等,没有一种通用的修复工艺技术工程能满足各种不同类型的污染土壤的评价与修复。每一个污染地块的污染成因、特征污染物组成及其分布特点都直接影响或决定着污染土壤治理的工艺、成本和效果。因此,污染地块土壤修复技术针对性极强,必须因地制宜,一地一策。

3) 时效性强

理论上,只要时间足够长,污染土壤均能通过自有修复能力实现功能再造。但实际治理项目涉及开发利用周期要求、场区地质地形限制、行政管理权限、技术经济效益等复杂影响因素,而且不同时段的修复标准也有差异,不论采取原位修复、异地修复还是多种处理技术的联合修复等修复方案,都有极强的时效性。

4) 安全控制要求高

在对污染土壤进行修复的同时,必须严格控制修复过程中潜在的二次污染。生态修复或工程治理不仅要保障土壤功能恢复目标,而且要保障污染物的有效消解或安全转移,避免水体(地表水和地下水)、气体(大气环境)和修复区域外的土壤受到直接或间接污染。因此,土壤修复技术必须保证所用药剂的使用安全,土壤修复工艺必须周密考虑尾气、尾水的有组织控制技术和安全处理。

6.5 典型案例

6.5.1 工程概况

污染地块位于长三角某市煤制气厂内。污染土壤修复工程量为 72 714 m^3,其中重污染土壤 29 976 m^3,地下水处理工程量 6 678 m^3。原煤制气厂地块地貌单元为低山丘陵地貌单元,其前缘部位分布有凹地。地块覆盖层主要由填土和黏性土组成。

地块荒废已久,地块内设施已拆除,无古建筑、文物及其他需要保护的设施。内有大量草木,中部高程略高于四周;东侧区块靠北及中部基本是硬化地面覆盖;场区北部靠东有外运土约 4 万 m^3,现已长满杂草;地块内个别地方有轻微异味;有一个电塔存在,需注意保护。地块西南侧及东南侧都存在居民区敏感点。

6.5.2 修复前地块污染状况及修复目标

6.5.2.1 土壤污染概况

根据地块调查报告表明该地块土壤污染状况如下:

本地块超标污染物为有机物和重金属,污染物类型多为 SVOCs,包括茚并[1,2,3-cd]芘、二苯并[a,h]蒽、苯并[a]芘、苯并[a]蒽、苯并[b]荧蒽、苯并[g,h,i]芘、1,2-二溴乙烷、菲、1,1,2-三氯乙烷、苯并[k]荧蒽、䓛、苊、荧蒽、二氯甲烷、萘;VOCs中超标污染物为苯,石

油烃类中为 $C_{10} \sim C_{14}$ 的石油烃,超标重金属为砷、铅、镍。土壤样品超标点位分布较广,其中以苯及多环芳烃类物质超标范围最广,重油制气重点污染区分布于重油制气生产区,脱硫工段和污水处理工段,污水处理工段苯并[a]芘最大浓度达到 191 mg/kg。

6.5.2.2 修复范围

本工程污染土壤合同工程量约为 69 830 m³,实际共修复土壤总方量为 72 714 m³。其中,水泥窑协同处置 1 050 m³,原位热脱附修复 29 976 m³,原位化学氧化 41 688 m³,各地块的具体修复工程量清单略。本案例仅对原位化学氧化区块修复工程进行介绍。

6.5.2.3 修复目标

本地块土壤修复目标值见表 6-8。

表 6-8 污染土壤修复目标值

污染物名称	修复目标值/(mg/kg)	污染物名称	修复目标值/(mg/kg)
1,1,2-三氯乙烷	0.5	萘	50
1,2-二溴乙烷	0.036	芘	377
苯	0.64	䓛	61.4
苯并[a]蒽	0.634	砷	20
苯并[a]芘	0.466	铅	400
苯并[b]荧蒽	0.636	镍	90.5
苯并[g,h,i]苝	366	茚并[1,2,3-cd]芘	0.636
苯并[k]荧蒽	6.19	荧蒽	503
二苯并[a,h]蒽	0.22	二氯甲烷	1.2
菲	366	$C_{10}-C_{14}$	1 110

6.5.3 修复工程总体思路

修复工程总体上按照"分区分类、土水共治、动态监测、综合防控"的原则组织施工。

综合考虑本项目各地块污染特征因子、污染程度、水文地质条件及现场施工条件,土壤及地下水修复工程总体思路为:

◇对有机污染较轻的土壤修复区域采用活化的过硫酸盐作为氧化药剂进行了原位化学氧化修复;

◇针对有机污染较重的土壤修复区域采用了原位热脱附技术进行修复;

◇重金属污染土壤采用水泥窑协同处置技术进行修复;

◇污染地下水采用抽出处理技术进行修复。

本地块土壤/地下水修复区域主要污染物为 VOCs、SVOCs、石油烃、砷、铅和镍等。

污染范围小、污染程度轻的区域,全部采用原位化学氧化技术修复,其中污染深度为0～2 m的污染区域采用浅层搅拌工艺,其余污染区域采用高压旋喷工艺;而T-1、T-2区块主要污染物为VOCs和SVOCs,污染程度相对较高,污染分布较为集中,采用原位热脱附技术进行修复;G-1到G-5区域含重金属砷、铅和镍,采用水泥窑协同处置技术进行修复。

6.5.4 修复工程实施情况

6.5.4.1 施工部署及总体实施流程

本工程总体施工顺序为:

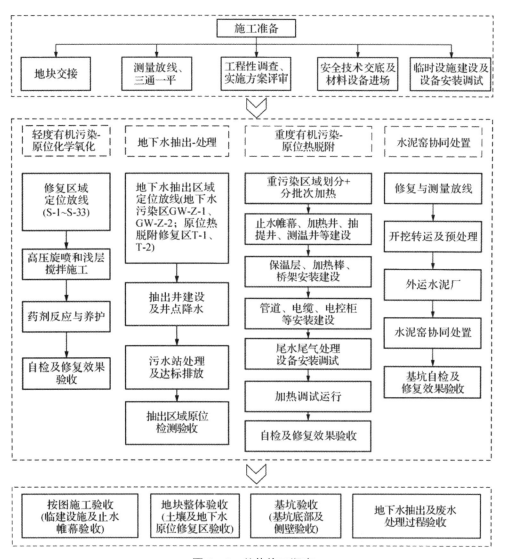

图6-5 总体施工顺序

现场交接、测量放线→地块工程性调查→临水临电的接入与敷设→办公区、移动式污水处理站及药剂库房等临时设施建设→原位热脱附及地下水污染区止水帷幕建设→原位化学氧化区域施工→地下水污染区及原位加热区地下水抽出一处理→原位热脱附设备安装与调试→原位热脱附修复施工→定期自检及效果验收→水泥窑协同处置修复施工→竣工验收、撤场及地块移交。施工过程中做好二次污染防控工作，定期进行大气噪声监测、有组织排放监测、污水排放监测、固体废物管理及危险废物管理，采取相关措施保障安全文明施工，确保修复质量。

6.5.4.2 施工准备

施工准备工作流程如下：

基准点校核→测量放线→地块平整→施工围挡→办公区建设→洗车池建设→生活区地坪浇筑→临电接入→临水接入→原位化学氧化设备进场→配药站建设→药剂进场→材料进场→安全培训→尾水尾气进场→尾水尾气设备安装调试→污水处理站进场→污水处理站安装调试。

6.5.4.3 技术准备

1）施工组织方案评审

召开土壤及地下水修复工程一标段项目施工组织方案专家评审会。专家和代表听取建设单位的项目介绍以及总承包单位对方案的汇报，给出修改建议。

2）技术总交底

为了项目组成员对项目的施工有清楚的理解，技术负责人员对项目组成员进行技术总交底。

3）专项方案编制

陆续对临电、应急预案、冬季及雨季施工、原位化学氧化施工、原位热脱附施工进行了专项方案的编制，并报审监理，通过监理审核。

4）地块工程性调查

对地块进行工程性调查，尤其是针对原位热脱附修复区，以便了解修复区污染程度，为加热棒布设间距，为加热的目标温度等提供数据支撑。

5）污水排放准备

向工程项目所在地城管局提交施工临时排水许可证申请并取得施工临时排水许可证，到期后还可续办。

6）开工许可

完成现场准备工作且完成技术准备工作。具备了正式开工的条件后，对施工总进度计划、施工质量及安全管理体系、施工组织方案的报审,获得开工许可。

6.5.4.4 原位化学氧化修复技术施工

1) 技术交底

就原位化学氧化施工的范围、施工的步骤、施工注意事项项目组对施工班组进行专项交底。

2) 工程材料、设备报审

对进行原位化学氧化施工的过硫酸钠、液碱等材料及挖掘机、旋喷钻机进行报审。

3) 浅层搅拌修复技术施工

本工程单独的 0~2 m 深度范围内的土壤采用浅层搅拌修复技术,修复面积为 10 507 m^2,修复总土方量为 21 014 m^3。

具体施工过程如下:测量放线→药剂配置→浅层搅拌施工→二次污染防控→自检采样→效果评估采样。

4) 原位注入(高压旋喷)修复技术施工

本工程深度超过 2m 的污染土壤采用原位注入(高压旋喷)注射修复技术,修复面积为 6 498 m^2,修复总土方量为 20 674 m^3。具体技术参数如下:

本项目原位化学氧化选用过硫酸盐作为氧化剂,药剂投加比约为 1%~3%。同时使用液碱作为活化剂,使药剂更充分地氧化、降解土壤中的有机污染物。

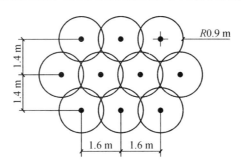

图 6-6 土壤原位注入(高压旋喷)布孔示意图(三角形法)

本项目原位化学氧化工艺采用三角形布点法,药剂扩散半径设为 0.9 m。注射孔位置沿地下水水流方向成排布置,孔距为 1.6 m,每排之间间距为 1.4 m。

具体施工过程为:标定注入点位置→安全防护→试剂配制→旋喷注入→自检采样→效果评估采样。

根据原位化学氧化修复效果评估采样检测结果,部分区块存在超标点位。进行再次修复后自检,再对补休复区块进行效果评估。经过三次修复,原位化学氧化完成修复工程量 41 688 m^3。

思考题

1. 非饱和带中污染物的迁移与地下水中有何不同？
2. 土壤修复技术位置可分为哪几种？按操作原理可分为哪几种？
3. 我国土壤修复工程现状如何？近年来修复工程主要采用的技术有哪些？
4. 某地块受到工业溶剂的污染，溶剂中含有质量浓度50%的甲苯和50%的二甲苯。考虑采用SVE技术来修复该地块，设该地块的地层温度为200 ℃，计算(1)抽提气体的甲苯、二甲苯最大气体浓度(mg/L 表示)；(2)抽提气体中甲苯、二甲苯的体积分数(摩尔分数)及质量分数。
5. 根据压降数据来计算土壤抽提井的影响半径。

已知信息：抽提井的真空度=122 cm 水柱；距离抽提井12.2 m处监测井的真空度=20.32 cm 水柱；气相抽提井的直径=10.16 cm。计算(1) 土壤抽提井的影响半径；(2) 距离抽提井6.10 m处一口监测井的压降(真空度)。提示：(1) 可先将真空度单位换算为大气压，1 atm=10.336 m 水柱；(2) 由于"真空度=大气压强－绝对压强"，故(绝对)压强=大气压强－真空度。

6. 物质平衡的基本方程是什么？
7. 简述稳态系统、稳态非反应系统、稳态反应系统的概念。
8. 零级、一级和二级反应的速率常数单位各是什么？
9. 简述序批式反应器、连续流搅拌式反应器(CFSTR)和活塞流反应器(PFR)一级反应的设计方程。
10. 安装了一个序批式反应器来修复PCB污染土壤，测试开始时 PCB 浓度为 500 mg/kg，运行 20 小时后，浓度降低到 100 mg/kg。如果要求浓度必须降低到 10 mg/kg。确定达到最终浓度为 10 mg/kg 所需的停留时间。
11. 二级动力学土壤低温加热反应器(PFR)。土壤低温加热反应器用来处理 TPH 污染浓度为 2 500 mg/kg 的土壤，所要求的土壤 TPH 最终浓度为 100 mg/kg。根据实验室研究，速率方程为 $\gamma = -0.12C^2$ (mg/kg)/h。土壤在传送带上通过反应器，假设反应器为活塞流反应器。求将 TPH 浓度降低到 100 mg/kg 来确定所需的停留时间。
12. 确定活塞流反应器(PFR)的尺寸。用土壤泥浆反应器处理浓度为 1 200 mg/kg 的 TPH 污染土壤，需要的泥浆处理速率为 113.55 L/min。最终土壤 TPH 浓度修复目标为 50 mg/kg，根据实验室研究，速率方程为 $\gamma = -0.05C$ [mg/(kg·min)]，假设反应器按照活塞流运行。请计算确定该项目的反应器尺寸。
13. 连续流搅拌式反应器(CFSTR)串联。使用低温加热土壤反应器(假设为理想CFSTR)来处理 TPH 浓度为 1 050 mg/kg 的污染土壤，土壤中 TPH 修复目标为 10 mg/kg。一个停留时间为 20 min 的反应器只能将污染物浓度降低到 50 mg/kg。设定反应为一级反应，那么两个小的反应器序列(停留时间均为 10 min)能将 TPH 浓度降低到

10 mg/kg 以下吗？提示：首先要求出一级反应速率常数 k。

14. 活塞流反应器(PFR)串联。选用紫外线/臭氧修复方法去除地下水流中的 TCE(TCE 浓度为 200 μg/L)。在设计流量 50 L/min 下，某成品反应器能提供 5 min 水力停留时间，并将 TCE 浓度从 200 μg/L 降低到 16 μg/L。但是，TCE 的排放限值为 3.2 μg/L。假定是理想的活塞流反应器，且反应为一级反应，那么需要多少个反应器？最终出水中的 TCE 浓度是多少呢？

15. 活塞流反应器(PFR)并联。活塞式反应器(PFR)地块表层土壤受柴油污染，浓度为 2 000 mg/kg，建议采用泥浆生物反应器进行异位修复。处理系统需要控制泥浆流量为 0.04 m³/min，土壤中柴油的修复目标值为 100 mg/kg，通过实验室研究确定此反应是速率为 0.2 (1/min)的一级反应。考虑 PFR 模式下四种不同泥浆生物反应器组合，确定每种组合的最终流出浓度，并判断是否满足处理要求。

(1) 1 个 4 m³ 反应器；

(2) 2 个 2 m³ 反应器并联(每个接收 0.02 m³/min 流量)；

(3) 1 个 1 m³ 反应器并联 1 个 3 m³ 反应器(每个接收 0.02 m³/min 流量)；

(4) 1 个 1 m³ 反应器并联 1 个 3 m³ 反应器(较小的反应器接收 0.01 m³/min 流量，另一个接收 0.03 m³/min 流量)。

第七章

地下水风险管控与污染修复实施

7.1 污染羽在地下水中的迁移

7.1.1 地下水运动

污染物在非饱和带中可以以自由相形态向下运动或溶解于渗流水中,然后在重力的作用下向下迁移。向下迁移的液体可能进入并接触下部的含水层形成溶解羽,VOCs将会挥发至非饱和带的空气相,在对流力(空气流动)或浓度梯度(通过扩散)的作用下迁移。气相的迁移可以发生在任何方向,且当气相中的污染物与地下水接触时,也可能溶解于地下水中。了解污染物在地下的归趋与运移对地块修复或健康风险评估非常重要。

常见的有关地下污染物的归趋与运移问题:

①非饱和带里污染羽需要多长时间进入含水层?

②非饱和带中的气相污染物能以何种浓度迁移多远?

③地下水流动有多快?在哪个方向?

④污染羽迁移将会有多快?在哪个方向?

⑤污染羽迁移将和地下水流动有相同的速度还是不同的速度?如果不同,是什么因素使得污染羽迁移速度不同于地下水流动速度?

⑥污染羽存在于含水层中多长时间?

7.1.1.1 达西定律

达西(Darcy)定律通常用于描述多孔介质中的层流。对给定介质,流速和水头损失成比例,且反比于流动路径长度。典型的地下水含水层流动是层流。达西定律可以表达成:

$$\frac{Q}{A} = -K\frac{dh}{dl} = V_d = -KI \quad (7-1)$$

Q——渗透流量(出口流量,即通过砂柱各断面的流量)。

A——过水断面(实验中相当于砂柱横断面积)。

dh——水头损失($dh = h = h_1 - h_2$,即上下游过水断面的水头差)。

dl——渗透途径(上下游过水断面的距离)。

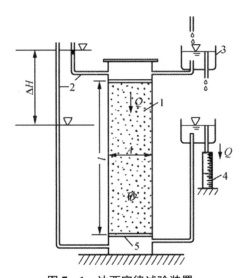

图7-1 达西定律试验装置
1. 装砂筒 2. 测压管 3. 定水头供水装置 4. 量筒 5. 过滤网

I——水力梯度(相当于 dh/dl,即水头差除以渗透途径)

V_d——达西流速。

K——渗透系数。

渗透系数代表多孔介质对流动流体的渗透性。地层的 K 值越大,流体越易流动。一般而言,渗透系数的单位是速度单位,如 cm/s、m/d,或每单位面积的体积流速,如 $m^3/(d \cdot m^2)$。表 7-1 中可以找到单位转换因子。

表 7-1 渗透系数的通常转换因子

m/d	cm/s	ft/d	gpd/ft^2
1	1.16×10^{-3}	3.28	2.45×10^1
8.64×10^2	1	2.83×10^3	2.12×10^4
3.05×10^{-1}	3.53×10^{-4}	1	7.48
4.1×10^{-2}	4.73×10^{-5}	1.34×10^{-1}	1

【例 7-1】估算地下水进入污染羽时的流量

某垃圾填埋场渗滤液渗漏到其下部的含水层,形成污染羽。使用以下信息来计算每天进入污染区域的新鲜地下水量。垂直于地下水流动的最大污染羽的横截面积 150 m^2(6 m 厚,25 m 宽),地下水梯度=0.005;水力传导系数/渗透系数=102 m/d。

解答:

达西定律(公式 7-1)的另一种一般形式为:$Q = KAi$。式中,i 是水力梯度($=dh/dl$)。上述公式中代入对应的值可以得到进入污染羽的地下水流量为

$$Q = (102 \text{ m/d}) \times (0.005) \times (150 \text{ m}^2) = 76.5 \text{ m}^3/\text{d}$$

> **讨论**
>
> 1. 例 7-1 的计算虽然直接简单,但可以从这个练习中得到有价值的和有用的信息。76.5 m^3/d 的流量表示未污染地下水进入并接触污染物速度。这些地下水将被污染,并向下流动或侧向流动,相应地扩大了污染羽的尺寸。
>
> 2. 为了控制当前污染羽的扩展,通常采用抽水的方法,最小抽水量为 76.5 m^3/d。由于抽水引起的地下水水位降落会增大水力梯度,因此所需的实际抽水速率必须高于上述最小值。如上面公式所显示的,水力梯度的增加反过来会加快地下水进入污染羽的速度。另外,并非所有抽出的地下水均来自污染区域。
>
> 3. 使用最大的横截面积作为上游地下水和污染区域的"接触面"是合理的方法。用污染羽最大厚度和最大宽度的乘积来计算最大横截面积。

7.1.1.2 达西流速和渗流速度

公式(7-1)中的速度称为达西流速(或排放速度),但是达西流速不能代表地下水的实际流速。达西流速假设条件为水流穿过多孔介质的整个横截面积。换句话说,假设含水层是通透的管道时,达西流速表示水流过含水层的流速。事实上,地下水流动仅限制

在可利用的孔隙中(用于流动的有效利用的横截面积较小),所以通过多孔介质的实际流动速率将大于相应的达西流速。渗流速度 V_s 和达西流速 V_d 的关系如下。该流速通常称为渗流速度或孔隙速度。

$$V_s = \frac{Q}{A\phi} = \frac{V_d}{\phi} \tag{7-2}$$

式中,Φ 为有效孔隙度。在 $Q = AV_d$ 中,过水断面 A 指砂柱的横断面积(V_d 为达西流速),该面积包括岩石颗粒所占据的面积及空隙所占据的面积。水流实际流过的是扣除结合水所占据的范围以外的空隙面积 A',即 $A' = A\phi$。

A 为非实际过水断面,则 V_d(达西流速)也非真实的流速,而是假设水流通过包括骨架与空隙内的断面(A)时所具有的一种虚拟流速,令通过实际过水断面 A' 时的实际流速为 V_s,即:

$Q = A\phi V_s = A'V_s$; $AV_d = A'V_s$; $A' = A\phi$,故得 $V_d = \phi V_s$; $V_s = Q/(A\phi) = V_d/\phi$。

例如:对于孔隙度为 33% 的含水层,地下水流经该含水层的渗流速率将是达西流速的三倍(也就是 $V_s = 3V_d$)。

【例 7-2】达西速度和渗流速度

某惰性(或稳定)物质溢出进入地下,溢出物渗透进入不饱和区(非饱和带)并迅速到达下部含水层潜水面。该含水层主要为砂土和砾石层,渗透系数为 102 m/d,有效孔隙度为 0.35。邻近溢出点的监测井的水位高程为 171 m,下游 1 600 m 且在地下水流动方向上的另外一个监测井的水位高程为 168 m。

求:a. 地下水达西流速;b. 地下水渗流速度;c. 污染羽迁移速度;d. 污染羽到达下游井所需时间。

解答:

a. 首先求出含水层的水力梯度

$$I = \mathrm{d}h/\mathrm{d}l = (171-168)/1\,600 = 1.875 \times 10^{-3} \text{ m/m}$$

Darcy 速度 $v_d = KI = 102 \text{ m/d} \times 1.875 \times 10^{-3} \text{ m/m} \approx 0.19 \text{ m/d}$

b. 渗流速度

$$V_s = V_d/\phi = 0.19/0.35 \approx 0.54 \text{ m/d}$$

c. 若污染物是惰性的,则意味着它不会与含水层反应(例如氯化钠是一种很好的惰性物质,且常在含水层研究中作为示踪剂)。因此,本例中污染羽迁移的速度和渗流速度一样,为 0.54 m/d。

d. 时间=距离/速度

$$1\,600 \text{ m}/(0.54 \text{ m/d}) \approx 2\,963 \text{ d} \approx 8 \text{ 年}(保留整数)$$

讨论

(1) 计算得到的污染羽迁移速度是粗略的,最多只可作为粗略的估计。如流体动力学弥散项等诸多因素,在方程中并没有考虑弥散作用使污染羽发生横向扩散(垂直于地下水流方向),并加快纵向迁移(地下水流方向)。弥散是由水质点的混合等因素引起的,由于不同的孔径大小和弯曲导致了孔隙速度的不同。

(2) 绝大多数化学物质的迁移速度将会由于与含水层的相互作用而延缓,特别是与黏土、土壤有机物质及金属氧化物和氢氧化物相互作用时。后面将对此做进一步讨论。

【例7-3】渗滤液在压实黏土衬层中的迁移速度

压实黏土衬层(CCL)作为衬层安装在垃圾填埋场的底部。CCL 的厚度为 0.6 m,渗透系数小于 10^{-7} cm/s,有效孔隙度为 0.25。当在衬层顶部的渗滤液厚度维持在小于 0.3 m 时,估算渗滤液流经衬垫需要的时间。

解答:

a. 首先求出含水层的水力梯度 $I = \mathrm{d}h/\mathrm{d}l$

$I = \mathrm{d}h/\mathrm{d}l =$ 水头损失/水流路径长度

$=$ (黏土衬层厚度+渗滤液厚度)/(黏土衬层厚度)$=(0.6 \text{ m}+0.3 \text{ m})/(0.6 \text{ m})=1.5$

达西流速 $V_d = KI = 10^{-7}$ cm/s $\times 1.5 = 1.5 \times 10^{-7}$ cm/s

b. 渗流速度:$V_s = V_d/\emptyset = (1.5 \times 10^{-7}$ cm/s$)/0.25 = 5.2 \times 10^{-2}$ cm/d

c. 时间=距离/速度:$t = l/V_s = (0.6 \text{ m})/(5.2 \times 10^{-2}$ cm/d$) = 1\ 154$ d ≈ 3.2 年。

讨论

1. 将渗滤液最高厚度(0.3 m)和 CCL 最大渗透系数(10^{-7} cm/s)视为最坏的情况。
2. 假设 CCL 是无损坏的,渗滤液需要 3.2 年来通过衬层。
3. 总迁移时间与水力梯度和渗透系数成反比,而与 CCL 厚度成正比。

7.1.1.3 固有渗透率和渗透系数的比较

在土壤通风文献中可能遇到像"土壤渗透率为 4 Darcy"的表述,而在地下水修复文献中可能读到"渗透系数等于 0.05 cm/s"。两种表述都描述了地层的渗透性能,但渗透率和渗透系数不一样。

渗透率和渗透系数两个术语,有时候可替换使用,但它们含义不同。多孔介质(如含水层或地下土壤)的固有渗透率定义了其传输流体的能力,它仅仅是介质的特性,而且是独立于传输流体特性的。这应该就是为什么称之为"固有"渗透率的原因。然而,多孔介质的渗透系数决定于流经它的流体性质。

渗透系数用于描述含水层传输地下水的能力很方便。当多孔介质可以在一般的运动黏度和单位水力梯度下,在单位时间内通过单位横截面积(垂直于流动方向)传输单位体积的地下水,就称其有一个单位的渗透系数。

固有渗透率和渗透系数之间的关系是

$$K = \frac{k\rho g}{\mu} \qquad (7-3)$$

或

$$k = \frac{K\mu}{\rho g} \qquad (7-4)$$

式中，K 是水力传导系数/渗透系数，ρ 是流体密度，g 是重力常数，μ 是流体黏度，k 是流体固有渗透率。固有渗透率的单位为 m^2。

$$k = \frac{K\mu}{\rho g} = \left[\frac{(m/s)(kg/m \cdot s)}{(kg/m^3)(m/s^2)}\right] = [m^2] \qquad (7-5)$$

在石油工业里，地层的固有渗透率一般用达西计量。如果地层中黏度为 1 cP（1 mPa·s）的液体在 1 atm/cm 压力梯度下穿过面积为 1 cm^2 断面，且传输速度为 1 cm^3/s，则该地层的固有渗透率为 1 Darcy。即

$$1 \text{ Darcy} = \frac{(1\text{ cm}^3/\text{s})(10^{-3}\text{ Pa·s})}{(1\text{ atm/cm})(1\text{ cm}^2)} \qquad (7-6)$$

通过单位转化，公式可以写为：1 Darcy $\approx 0.987 \times 10^{-8}$ cm^2

表 7-2 列出了 1 个大气压下水的质量密度和黏度。如表中所示，水从 0 ℃到 40 ℃的密度实质上是一样的，约为 1 g/cm^3。水的黏度随着温度的增加而减小。水在 20 ℃的黏度为 1 cP（注：cP 未定义达西单位时使用的流体黏度的单位）。

表 7-2 大气压下水的质量密度和黏度

温度/℃	密度/(g/cm^3)	黏度/cP
0	0.999 842	1.787
3.98	1.000 0	1.567
5	0.999 967	1.519
10	0.999 703	1.307
15	0.999 103	1.139
20	0.998 207	1.002
25	0.997 048	0.890
30	0.995 650	0.798
40	0.992 219	0.653

【例 7-4】给定固有渗透率，求渗透系数

某土样样品的固有渗透率为 1 Darcy，在 15 ℃下土壤对水的渗透系数是多少？25 ℃下呢？

解答：

a. 从表 7-2 得到，在 15 ℃时，水密度(15 ℃)＝0.999 103 g/cm^3，水黏度(15 ℃)为 0.011 39 P＝0.011 39 $g/(s \cdot cm)$，有

$$K=\frac{k\rho g}{\mu}=\frac{(9.87\times 10^{-9}\text{ cm}^2)\times(0.999\ 103\text{ g/cm}^3)\times(980\text{ cm/s}^2)}{0.011\ 39\text{ g/(s}\cdot\text{cm)}}$$
$$\approx 8.51\times 10^{-4}\text{ cm/s}=8.51\times 10^{-4}\times(8.64\times 10^2)\text{m/d}\approx 0.735\text{ m/d}$$

b. 从表 7-2 得到,在 25 ℃时,水密度(25 ℃)=0.997 048 g/cm³,水黏度(25 ℃)为 0.008 90 P=0.008 90 g/s·cm,有

$$K=\frac{k\rho g}{\mu}=\frac{(9.87\times 10^{-9}\text{ cm}^2)\times(0.997\ 048\text{ g/cm}^3)\times(980\text{ cm/s}^2)}{0.008\ 90\text{ g/s}\cdot\text{cm}}$$
$$\approx 1.08\times 10^{-3}\text{ cm/s}=1.08\times 10^{-3}\times(8.64\times 10^2)\text{m/d}\approx 0.933\text{ m/d}$$

讨论

该例说明固有渗透率为 1 Darcy 的某多孔介质在 15 ℃下的渗透系数为 0.73 m/d。美国水文地质学家通常使用 gpd/ft² 为单位,该单位又称为 meinzer,以美国地质中心水文地质工作先驱者 O. E. Meinzer 的名字命名。在土壤机理研究中,则更多使用 cm/s 为单位(例如,在垃圾填埋场中的黏土衬层和弹性膜衬层的渗透系数通常用 cm/s 来表示)。

从上面的例子可以看出,固有渗透率为 1 Darcy 的地层传输 20 ℃的纯水的渗透系数约为 10^{-3} cm/s 或 20 gpd/ft²。表 7-3 给出了不同土层的典型固有渗透率值和水力传导系数/渗透系数值。

表 7-3 典型的固有渗透率值和渗透系数值

	固有渗透率/Darcy	渗透系数/(cm/s)	渗透系数/(m/d)
黏土	$10^{-6}\sim 10^{-3}$	$10^{-9}\sim 10^{-6}$	$10^{-6}\sim 10^{-3}$
粉土	$10^{-3}\sim 10^{-1}$	$10^{-6}\sim 10^{-4}$	$10^{-3}\sim 10^{-1}$
粉砂	$10^{-2}\sim 1$	$10^{-5}\sim 10^{-3}$	$10^{-2}\sim 1$
砂土	$1\sim 10^2$	$10^{-3}\sim 10^{-1}$	$1\sim 10^2$
砾石	$10\sim 10^3$	$10^{-2}\sim 1$	$10\sim 10^3$

7.1.1.4 导水系数、给水度和释水系数

导水系数(T)是另一个经常用于描述含水层传输水能力的术语。表示在一个单位的水力梯度(i)下,水平传输通过整个含水层饱和厚度的水量,等于含水层厚度(b)与渗透系数(K)的乘积。单位为 m²/d。

$$T=Kb \tag{7-7}$$

含水层具有两种典型功能:① 作为流动发生的通道;② 贮水层。这是通过含水层土壤的缝隙来实现的。即使允许通过重力来排干单位饱和岩土层,也不能放出所有它所含的水量。通过重力能够排出水的体积与整个饱和土壤体积的比称为给水度,而其余不能

排出水的体积与整个饱和土壤体积的比称为持水度。表7-4列出了典型的土壤、黏土、砂土、砾石的孔隙度、给水度和持水度。岩层给水度和持水度的和等于它的孔隙度。给水度和持水度与水和岩土层的附着力有关。黏质岩层的渗透系数通常较低,但这并不表示黏土层的孔隙度较低。如表7-4所示,黏土比砂土和砾石有更高的孔隙度。黏土的孔隙度可以达到50%,但是它的给水度相当低,可仅为2%。孔隙度决定了地层能够贮藏水的总量,而给水度决定了可用于抽取的水量。低给水度是难以从黏性土质含水层中抽取地下水的原因。

表7-4 不同地层的典型孔隙度、给水度和持水度

	孔隙度/%	给水度/%	持水度/%
土壤	55	40	15
黏土	50	2	48
砂	25	22	3
砾石	20	19	1

饱和层的压头改变时水将进入贮水层或从贮水层中释放出来。释水系数或贮藏系数(S),无量纲量,描述了每单位面积单位压头改变时水进入贮水层或从贮水层中释放的量。承压含水层与非承压含水层对水压头变化的响应不一样。压头下降时,承压含水层维持饱和,从贮水层中水的释放通过水的膨胀和含水层的压头而实现,但其释放的水量极少。而非承压含水层,随着压头的改变地下水面上升或下降;当水位变化时,水排出或进入孔隙。这里的贮藏或释放主要取决于给水度,给水度也是无量纲量。对于非承压含水层,释水系数实际上等于给水度,且典型取值范围为0.1~0.3。承压含水层的释水系数相当小,取值范围为0.0001~0.00001,而对于有泄漏的承压含水层为0.001。释水系数小意味着在特定的流量下,抽取一定流量的地下水将需要更大的压力变化(或梯度)。

从含水层里排出的地下水的体积(V)可以按下式求得:

$$V = SA(\Delta h) \tag{7-8}$$

式中,S为释水系数,A为含水层面积,且Δh为压头变化。

【例7-5】计算由于压头的变化含水层损失的水量

某非承压含水层面积为13 km²,释水系数为0.15。由于近期干旱,地下水面下降了0.25 m。计算贮水层损失的水量。

如果含水层为承压含水层,且它的释水系数为0.0005,那么对于0.25 m的下降压头,损失的水量为多少?

解答:

a. 在公式(7-8)中代入已知值,可以得到非承压含水层排出的水体积为

$$V = (0.15) \times [(13) \times (1\,000)^2 \text{ m}^2] \times (0.25 \text{ m}) \approx 4.88 \times 10^5 \text{ m}^3$$

b. 对承压含水层，其排出的水体积为

$$V = (0.0005) \times [(13) \times (1\,000)^2 \text{ m}^2] \times (0.25 \text{ m}) \approx 1.63 \times 10^3 \text{ m}^3$$

> **讨论**
> 对于相同的压头变化，在非承压含水层里损失的水是承压含水层损失的 300 倍。该倍数为两者的释水系数之比（0.15/0.0005＝300）。

7.1.1.5 确定地下水径流的水力梯度和方向

地下水修复必须充分了解地下水径流的水力梯度和方向。地下水径流的水力梯度和方向的确定对选择控制污染羽迁移的修复方案影响很大，如抽水井的位置和地下水抽水流量等。

地下水的流动方向是其最核心的运动状态特征，也直接决定着污染物的运移轨迹。地下水从水头高处流向水头低处，根据各点水头数据绘制等水头线后可以推断目标含水层各处的地下水流动方向。根据等水头线的形态也可以推断不同含水层之间，以及含水层与地表水之间的补排关系。在小范围内，理论上仅需三个水头点即可确定当地地下水流向。但在实际工作中地下水流场扰动因素较多，且受测量精度限制，三个点往往不足以准确推断地下水流向。

步骤 1——按比例在图上定出三个测量点的位置；

步骤 2——在图上连接三个点，标出它们的地下水面高程；

步骤 3——将三角形的每条边按相等的间隔分段（每条线段代表一个单位高程的增加）；

步骤 4——连接高程数值相等的点（等势线），从而形成了地下水位等值线；

步骤 5——画一条线垂直穿过地下水位等值线，这条线为地下水的流动方向；

步骤 6——按公式 $I = dh/dl$ 计算地下水的水力梯度。

【例 7-6】 从三个地下水水位高程计算地下水径流的水力梯度和方向

某污染地块安装了三口地下水监测井，最近通过对三口井的测量得到地下水高程，其值标于图上。计算地下含水层地下水径流的水力梯度和方向。

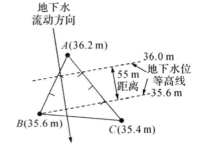

解答： a. 将三个监测井测量水位高程（36.2 m、35.6 m 和 35.4 m）标于图上。

b. 用直线连接三个点形成一个三角形。

c. 将三角形的每条边按相等的间隔分成一定段数。例如，将连接点 A(36.2 m)和点 B(35.6 m)的线段分成三段。每一段代表 0.2 m 高程的增加。

d. 连接相等的高程点（等势线），从而形成地下水位等值线。在此，连接了 36.0 m 的高程和 35.6 m 的高程,形成了两条水位等值线。

e. 画一条直线垂直穿过每条水位等值线(等势线),标为地下水的流动方向。

f. 量出两条地下水位等值线的距离,在本例中为 55 m。

g. 按公式 $i=\mathrm{d}h/\mathrm{d}l$ 计算地下水流动的水力梯度为 $i=(36.0-35.6)/55=0.0073$

> **讨论**
> 地下水高程,尤其是含水层的地下水面高程会随着时间变化。因此,地下水径流的水力梯度和方向会改变。如果发现了地下水位的波动,就有必要对地下水面高程进行定期测量。地块外抽水、季节变化和回灌是可能引起地下水位波动的一些原因。

7.1.2 地下水抽水

含水层不同位置的水头差形成了地下水运动的源动力,但这种源动力是否能转化成地下水的真实流动则是另外一个问题。含水层的特性是决定地下水实际运动状态的主要因素。

实际工作常通过定量抽水在可控条件下人为制造出较为明显的水头差,以此来推断含水层的特性,这是了解含水层参数的最常见手段。

抽水试验是确定含水层参数,了解水文地质条件的主要方法。利用大型抽水试验资料可以确定诸如地下水补给来源、抽水影响范围、含水层富水性及供水保证能力、地下水之间与地表水之间的水力联系、断裂构造的水力性质、水源地抽水对下游水源地的影响等问题,进而计算水文地质参数与水源地地下水允许开采量。

1) 按贯穿含水层的类型:潜水井、承压水井

潜水井:进入潜水含水层的水井,又称无压井;承压水井:进入承压含水层的水井,又称有压井;当水头高出地面自流时又称为自流井。

2) 按揭穿含水层的程度及进水条件:完整井、非完整井。

完整井:揭穿整个含水层,并在整个含水层厚度上都进水的井;非完整井:未完全揭穿整个含水层,或揭穿整个含水层,但只有部分含水层厚度上进水的井。

7.1.2.1 承压含水层的稳态流

当有抽水井和观测井的观测资料时,承压含水层中完整井的稳态流公式可写成以下形式

$$Q=\frac{2.73Kb(h_2-h_1)}{\lg(r_2/r_1)} \tag{7-9}$$

$$Q=\frac{2.73Kb(h_2-h_\mathrm{w})}{\lg(r_2/r_\mathrm{w})} \tag{7-10}$$

式中,Q 为抽水流量或井出水量(m^3/d),h_w 为抽水井中水柱高度(m),h_1、h_2 为从含水层底部测得的静压头(m),即与抽水井距离为 r_1 和 r_2 处观测孔(井)中水柱高度(m),分别等于初始水位 h_0 与井中水位降深 s 之差,$h_1 = h_0 - s_1$;$h_2 = h_0 - s_2$。r_1、r_2 为观测井与抽水井的半径距离,单位 m,b 为含水层的厚度(m),K 为含水层的水力传导系数/渗透系数(m/d)。渗透系数通常由含水层试验得到。

在已知两个井的稳态降深、流量和含水层厚度等数据的条件下,公式可以简单修正,用于计算承压含水层的渗透系数。

$$K = \frac{Q \lg\left(\frac{r_2}{r_1}\right)}{2.73 b (h_2 - h_1)} \quad (7-11)$$

另一参数,单位涌水量,同样可用于评估含水层的渗透系数。单位涌水量定义为:

$$\text{单位涌水量} = \frac{Q}{s_w} \quad (7-12)$$

式中,Q 为井排放流量(抽水流量),单位 m^3/d;s_w 为抽水井的降深,单位为 m。例如,如果井产水量为 270 m^3/d,且抽水井水位降深为 1.5 m,该抽水井的单位涌水量为 180 m^2/d。承压含水层导水系数(m^2/d)可以通过将单位涌水量(m^2/d)乘以 1.39 来粗略估计。非承压含水层导水系数(m^2/d)可由单位涌水量乘以 1.08 得到。导水系数除以含水层厚度(m)即可求得渗透系数(m/d)。

【例 7-7】承压水层抽水稳态水位降深

某承压含水层厚 9.1 m,水压面高于隔水层底部 24.4 m。地下水从直径为 0.1 m 的完整井里抽提出来,抽水流量为 0.15 m^3/min。含水层为砂层,水力传导系数/渗透系数为 8.2 m/d,在监测井里观测到 1.5 m 的稳态水位降深,监测井距离抽水井 3.0 m。计算:a. 距离抽水井 9.1 m 处的水位降深;b. 抽水井的水位降深。

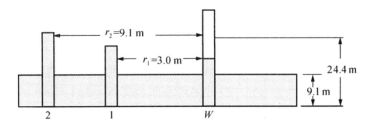

解答:

a. 先求 h_1(当 $r_1 = 3.0$ m 时),有 $h_1 = 24.4 - 1.5 = 22.9$ m

根据公式

$$Q = \frac{2.73 K b (h_2 - h_1)}{\lg\left(\frac{r_2}{r_1}\right)}$$

$Q = 0.15\ m^3/min = 0.15 \times 1\,440\ m^3/d = 216\ m^3/d$

$$\frac{2.73\times8.2\times9.1\times(h_2-22.9)}{\lg\left(\frac{9.1}{3}\right)} \to h_2\approx 23.4 \text{ m}$$

因此,9.1 m 远处水位降深=24.4−23.4=1.0 m

b. 求抽水井水位降深,设井的半径 $r_w=0.05$ m,有

$$0.15\times 1\,440=\frac{2.73\times 8.2\times 9.1\times(22.9-h_w)}{\lg\left(\frac{3}{0.05}\right)} \to h_w=21.0 \text{ m}$$

因此,抽水井的水位降深=24.4−21=3.4 m。

> **讨论**
> 1. (h_2-h_1) 可用 (s_1-s_2) 替换,其中 s_1 和 s_2 分别为 r_1 和 r_2 处的水位降深。
> 2. 相同的式子同样适用于求影响半径,即水位降深等于零的半径。有关这个主题的讨论将在本章中给出。

【例 7-8】从稳态水位降深计算承压含水层的渗透系数

用以下信息计算承压含水层的水力传导系数/渗透系数:含水层厚度=9.1 m;抽水井直径=0.1 m;井深=9.1 m(完整井);地下水抽水流量=109 m³/d;距离抽水井 1.5 m 的监测井,稳态水位降深=0.6 m;距离抽水井 6 m 的监测井,稳态水位降深=0.36 m。

求解:将数据代入公式(7-11),得到

$$K=\frac{Q\lg\left(\frac{r_2}{r_1}\right)}{2.73b(h_2-h_1)}=\frac{(109)\lg\left(\frac{6}{1.5}\right)}{2.73\times 9.1\times(0.6-0.36)}\approx 11 \text{ m/d}$$

> **讨论**
> (h_2-h_1) 可用 (s_1-s_2) 替换,其中 s_1 和 s_2 分别为 r_1 和 r_2 处的水位降深。

【例 7-9】用单位涌水量计算承压含水层的渗透系数

根据例 7-7 中抽水井的水位降深数据,求解含水层的渗透系数。含水层厚度=9.1 m;完整井地下水抽提流量=218 m³/d;井内稳态水位降深=3.44 m。

解答:

a. 首先确定该井的单位涌水量,由公式(7-12)可得

$$\text{单位涌水量}=\frac{Q}{s_w}=\frac{218 \text{ m}^3/\text{d}}{3.44 \text{ m}}\approx 63.37 \text{ m}^2/\text{d}$$

b. 求含水层的导水系数

$$T=(63.37 \text{ m}^2/\text{d})\times 1.39\approx 88.08 \text{ m}^2/\text{d}$$

c. 求含水层的渗透系数。由公式(7-7)可得

$$K=T/b=(88.08 \text{ m}^2/\text{d})/(9.1 \text{ m})\approx 9.68 \text{ m/d}$$

> **讨论**
> 该案例计算所得渗透系数为 9.68 m/d,这与例 7-7 中给定的 8.2 m/d 相差不大。

7.1.2.2 非承压含水层的稳态流

非承压含水层(潜水含水层)中完整井的稳态流公式可写成如下形式

$$Q = \frac{1.366K(h_2^2 - h_w^2)}{\lg\left(\frac{r_2}{r_w}\right)} \quad (1\text{ 口观测井}) \tag{7-13}$$

$$Q = \frac{1.366K(h_2^2 - h_1^2)}{\lg\left(\frac{r_2}{r_1}\right)} \quad (2\text{ 口观测井}) \tag{7-14}$$

Q 为井的涌水量,m³/d;K 为渗透系数,m/d;H 为潜水含水层厚度,m;s 为井中稳定水位降深,m;r 为影响半径,m;r_w 为井的半径,m。

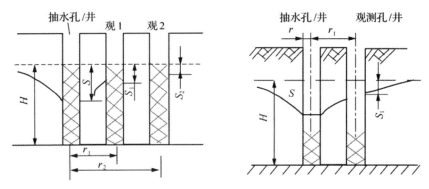

图 7-2 非承压层抽水示意图(1 口和 2 口观测井)

在已知两稳态水位降深数据和流量的条件下,变换公式(7-15)得到非承压含水层的渗透系数计算公式为:

$$K = \frac{Q\lg\left(\frac{r_2}{r_1}\right)}{1.366(h_2^2 - h_1^2)} \tag{7-15}$$

公式(7-12)中定义的单位涌水量同样可以用于计算非承压含水层的渗透系数。

【例 7-10】非承压含水层抽水稳态水位降深

某非承压含水层厚 24.4 m,水压面高于隔水层底部 24.4 m。从直径为 0.1 m 的完整井里抽水,抽水流量为 0.15 m³/min。该砂质含水层的水力传导系数/渗透系数为 8.15 m/d。从距离抽水井 3.0 m 的监测井里观测到稳态水位降深为 1.5 m。计算:a. 距离抽水井 9.1 m 处的稳态水位降深;b. 抽水井的稳态水位降深。

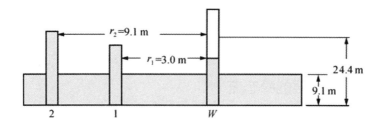

a. 先求 h_1(当 $r_1=3.0$ m 时),有 $h_1=24.4-1.5=22.9$ m
再根据公式

$$Q=\frac{1.366K(h_2^2-h_1^2)}{\lg\left(\dfrac{r_2}{r_1}\right)}$$

可得 $Q=0.15$ m³/min$=0.15\times1\,440$ m³/d$=216$ m³/d

$$Q=\frac{1.366\times8.2\times(h_2^2-22.9^2)}{\lg(9.1/3)}\to h_2\approx23.1 \text{ m}$$

因此,9.1 m 远处水位降深$=24.4-23.1=1.3$ m

b. 为了求抽水井的水位降深,设井半径 $r=(0.1)/2$ m$=0.05$ m,有

$$0.15\times1\,440=\frac{1.366\times8.2\times(h_2^2-22.9^2)}{\lg(0.05/30)}\to h_2\approx21.7 \text{ m}$$

所以,抽水井水位降深$=24.4$ m-21.7 m$=2.7$ m。

【例 7-11】从稳态水位降深计算承压含水层的渗透系数

用以下信息计算承压含水层的水力传导系数/渗透系数:含水层厚度$=9.1$ m;抽水井直径$=0.1$ m;井深$=9.1$ m(完整井);地下水抽水流量$=109$ m³/d;距离抽水井 1.5 m 的监测井,稳态水位降深$=0.6$ m;距离抽水井 6 m 的监测井,稳态水位降深$=0.36$ m。

求解:先求 h_1 和 h_2,有:

$h_1=9.1$ m-0.6 m$=8.5$ m;$h_2=9.1$ m-0.36 m$=8.74$ m

将数据代入公式(7-15),得到

$$K=\frac{Q\lg\left(\dfrac{r_2}{r_1}\right)}{1.366(h_2^2-h_1^2)}=\frac{(109)\lg\left(\dfrac{6}{1.5}\right)}{1.366\times(8.74^2-8.5^2)}\approx11.66 \text{ m/d}$$

讨论

一般例 7-8 和例 7-11(分别针对承压含水层和非承压含水层)中的水位降深和流量是相同的;但是计算得到的渗透系数却不相等。在这两个例子中,非承压含水层的渗透系数比较低,但却在相同的水位降深条件下迁移相同的流量,这是因为非承压含水层贮水系数(也可称释水系数)较大,参看 7.1.1 节关于释水系数的讨论。

【例 7-12】用给水度计算非承压含水层的渗透系数

根据例 7-10 中抽水井的水位降深数据,求解含水层的渗透系数。含水层厚度＝24 m;完整井地下水抽提流量＝218 m³/d;井内稳态水位降深＝2.3 m。

解答:

a. 首先确定该井的单位涌水量,由公式(7-10)可得

$$\text{单位涌水量} = \frac{Q}{s_w} = \frac{218 \text{ m}^3/\text{d}}{2.3 \text{ m}} \approx 94.78 \text{ m}^2/\text{d}$$

b. 求含水层的导水系数

$$T = (94.78 \text{ m}^2/\text{d}) \times 1.08 \approx 102.36 \text{ m}^2/\text{d}$$

c. 求含水层的渗透系数

$$K = T/b = (102.36 \text{ m}^2/\text{d})/(24 \text{ m}) \approx 4.27 \text{ m/d}$$

> **讨论**
> 该案例计算所得渗透系数为 4.27 m/d,这与例 7-10 中给定的 8.15 m/d 的数量级相同。

7.1.3 含水层试验

7.1.2 节中介绍了利用稳态水位降深数据(公式(7-11)和公式(7-15))计算含水层渗透系数的方法。对于地下水修复工程,在实施大规模地下水抽水前,通常需要对含水层的渗透系数进行很好的预测。含水层土壤的粒径分析和土芯样品的实验室测试可以提供一些有限的信息。对于更精确的计算,通常需要现场进行含水层测试。

抽水试验和微水试验是含水层测试的常规测试。在典型的抽水试验中,以恒定速度从抽水井中抽提地下水(其他形式的抽水计划也可行,但不是那么普遍)。记录抽水井和/或一些监测井内随时间变化的水位降深(或水位恢复),然后分析这些数据确定渗透系数和释水系数。抽水试验提供了大片区域(抽水影响区域)的水文地质信息,并为地下水抽提工程提供现实可行的抽水流量计算信息。由于缺乏准确的含水层信息,许多修复系统设计和安装出现失误,其设计水量大大高于抽提井的产水量。另外,相比于监测井取样,分析抽水试验中抽出的地下水将为处理系统设计提供更真实的污染物浓度估计值,使计算切合实际。抽水试验的缺点主要在于费用较高。

微水试验将已知体积的柱塞投入井中,收集水位下降的速率并进行分析,相比抽水试验更为经济。微水试验的缺点是:①仅提供了试验井附近的水文信息;②不能提供地下水修复工程应用启动时所需的污染物浓度计算估值等额外信息。本教材不再对微水试验进行进一步的讨论。

抽水试验中含水层的径流通常在非稳态条件下进行。该非稳态数据有三种常见的分析方法：① Theis 曲线拟合法；② Cooper-Jacob 直线法；③ 距离－降深法。

7.1.3.1 泰斯(Theis)方程

水文地质学家 C. V. Theis 最早得出了非稳态条件下的承压含水层抽水的水位降深公式

$$s=\frac{Q}{4\pi T}\left[-0.5772-\ln(u)+u-\frac{u^2}{2\cdot 2!}+\frac{u^3}{3\cdot 3!}-\frac{u^4}{4\cdot 4!}+\cdots\right] \quad (7-16)$$

$$\text{其中}\ u=\frac{r^2 S}{4Tt}$$

式中，s 为 t 时刻的瞬时水位降深(m)；Q 为恒定抽提速率(m^3/d)；r 为抽水井到观测井的径向距离(m)；S 为含水层释水系数(无量纲)；T 为含水层导水系数(m^2/d)；t 为抽提开始的时间(d)。

公式(7-16)中的无穷级数(方括号中的项)通常称为井函数，且记为 $W(u)$。作为 u 的函数，$W(u)$ 的列表值在很多地下水文地质学书籍中可以找到(随着计算科学的发展，井函数表已被淘汰)。标准曲线法通常将时间和水位降深数据的关系描绘成 $W(u) \sim 1/u$ 曲线，从曲线上的拟合点可求出导水系数和释水系数。已有一些可用于 Theis 曲线拟合的软件，这里仅给出 Theis 方程使用的案例，并未介绍 Theis 曲线拟合方法。

【例 7-13】用泰斯方程计算承压含水层的非稳态水位降深

抽水井装在承压含水层。已知，含水层厚度 $b=9$ m；地下水抽提流量 $Q=109\ m^3/d$；含水层水力传导系数/渗透系数 $K=16$ m/d；含水层释水系数 $S=0.005$。计算抽提一天后在距离抽水井 6 m 的地方的水位降。

解答： 计算导水系数 $T=Kb=16\times 9=144\ m^2/d$

$$u=\frac{r^2 S}{4Tt}=\frac{(6\ m)^2 \times (0.005)}{4\times (144\ m^2/d)\times (1\ d)}\approx 3.13\times 10^{-4}$$

替换井函数的 u 值，可得井函数的值

$$W(u)=\left[-0.5772-\ln(3.13\times 10^{-4})+3.13\times 10^{-4}-\right.$$

$$\left.\frac{(3.13\times 10^{-4})^2}{2\cdot 2!}+\frac{(3.13\times 10^{-4})^3}{3\cdot 3!}-\frac{(3.13\times 10^{-4})^4}{4\cdot 4!}+\cdots\right]$$

$$\approx 7.5$$

由公式求得水位降深

$$s=\frac{114.6}{T}\left[-0.5772-\ln(u)+u-\frac{u^2}{2\cdot 2!}+\frac{u^3}{3\cdot 3!}-\frac{u^4}{4\cdot 4!}+\cdots\right]$$

$$s=\frac{Q}{4\pi T}W(u)=\frac{109\ m^3/d}{4\times 3.14\times 144\ m^2/d}\times 7.5\approx 0.45\ m$$

> **讨论**
> 当 u 值很小时，井函数中第三项及其以后的项可以截去，以免带来大的误差。

7.1.3.2 Cooper-Jacob 直线法

如下例所示，u 值很小时，井函数中的较高项可以忽略。Cooper 和 Jacbo 在 1946 年指出，u 值<0.05 时，Theis 方程可以修正如下，不会带来较大的误差。

$$s = \frac{0.183Q}{T} \lg\left[\frac{2.25Tt}{r^2 S}\right] \tag{7-17}$$

其中，所有的符号与公式(7-16)中代表的相同。

如公式(7-17)所示，u 值随着 t 的增大和 r 的减小而变小，所以公式(7-17)适用于抽提足够的时间且监测点距离抽水井较近(即 $u<0.05$)时。从公式(7-17)中可以看出，对任何给定的位置(r=常数)，s 随 $\lg[(常数)t]$ 线性变化。Jacob 直线方法是在半对数坐标纸上描出抽水试验中水位降深-抽水时间的数据点，大部分点应该在一条直线上。由图可得到斜率、Δs(单位对数时间周期内对应水位降深变化)和水位降深为零时的直线截距 t_0。可以用下式确定含水层导水系数和释水系数。

$$T = \frac{0.183Q}{\Delta s} \tag{7-18}$$

$$S = \frac{2.25Tt_0}{r^2} \tag{7-19}$$

式中，Δs 单位为 m，t_0 单位为 d，其他符号同前。

【例 7-14】用 Cooper-Jacob 直线法分析抽水试验数据

在某承压含水层(含水层厚度=9 m)进行抽水试验(Q=273 m³/d)。距离井 45 m 的地方收集了时间水位降深数据，且列于下表。用 Cooper-Jacob 直线法来求含水层的渗透系数和释水系数。

抽提时间/min	水位降深 s/m
7	0.045
20	0.135
80	0.27
200	0.35

解答：

a. 首先将数据绘制在半对数坐标纸上，如图 7-2 所示。

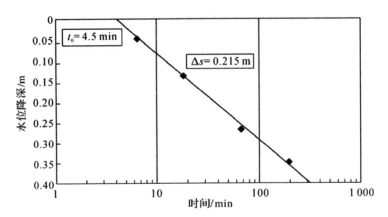

图 7 - 2 Cooper-Jacob 直线法分析抽提数据

从图 7 - 2 可得,$\Delta s = 0.215$ m。

b. 由公式(7 - 18)可得

$$T = \frac{0.183Q}{\Delta s} = \frac{(0.183) \times (273 \text{ m}^3/\text{d})}{0.215 \text{ m}} \approx 232 \text{ m}^2/\text{d}$$

c. 计算渗透系数

$$K = T/b = (232 \text{ m}^2/\text{d})/(9 \text{ m}) \approx 25.78 \text{ m/d}$$

d. 从图 7 - 2 中可知,截距 $t_0 = 4.5$ min $\approx 3.1 \times 10^{-3}$ d。

$$S = \frac{2.25 T t_0}{r^2} = \frac{(2.25) \times (232 \text{ m}^2/\text{d}) \times (0.0031 \text{ d})}{(45 \text{ m})^2} \approx 0.00080$$

> **讨论**
>
> 当 $t = 7$ min(0.00486 d),$r = 45.72$ m 时,u 等于
>
> $$u = \frac{r^2 S}{4Tt} = \frac{(45.72 \text{ m})^2 \times (0.00080)}{4 \times (232 \text{ m}^2/\text{d}) \times (0.00486 \text{ d})} \approx 0.36$$
>
> 当 $t = 60$ min 时,u 将比 0.05 更小。

7.1.3.3 距离-降深法

由上述公式可知,对任何给定位置($r =$ 常数),s 随 $\lg[$常数$/r^2]$ 线性变化,基于该式和至少在三个不同距离的观测井中获得的水位降深测量数据,可以作出半对数距离-水位降深曲线。从该图可以导出斜率、Δs(单位循环时间对数对应水位降深变化)和当水位降深为零时的直线截距,然后,可用下式求含水层导水系数和释水系数

$$T = \frac{0.366}{\Delta s} Q \qquad (7 - 20)$$

$$S = \frac{2.25Tt}{r_0^2} \tag{7-21}$$

【例 7-15】用距离-降深方法分析抽水试验数据

在一承压含水层(含水层厚度=9.1 m)进行抽水试验($Q = 273$ m³/d)。从三个监测井收集了距离-降深数据($t = 90$ min),且列于下表。用距离-降深方法来求含水层的渗透系数和释水系数。

表 7-4 距离-降深法分析抽水试验数据

距离抽水井的距离/m	水位降深 s/m
15	0.465
45	0.27
90	0.15

解答:

a. 首先将数据绘制在半对数坐标纸上,如图 7-3 所示:

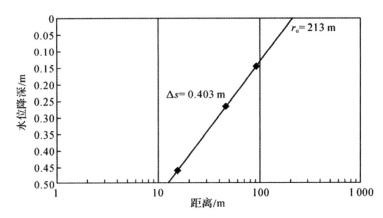

图 7-3 距离-降深法分析抽提数据

从图 7-3 可得,$\Delta s = 0.403$ m。

b. 根据公式(7-18)可得

$$T = \frac{0.366Q}{\Delta s} = \frac{0.366 \times 273}{0.403 \text{ m}} \approx 248 \text{ m}^2/\text{d}$$

c. 计算渗透系数

$$K = T/b = (248 \text{ m}^2/\text{d})/(9.1 \text{ m}) \approx 27.25 \text{ m/d}$$

d. 从图 7-3 中可知,截距 $r_0 = 213$ m。

将 $t = 90$ min $= 0.0625$ d 代入公式(7-20)可得,释水系数为

$$S = \frac{2.25Tt}{r_0^2} = \frac{(2.25) \times (248 \text{ m}^2/\text{d}) \times (0.0625 \text{ d})}{(213 \text{ m})^2} \approx 0.0008$$

> **讨论**
>
> 1. 如预期,距离-降深直线的斜率是 Cooper-Jacob 直线的两倍(对相同的水力传导系数/渗透系数和抽水速率)。
>
> 2. 当 $t=90$ min$(0.062\,5$ d$)$ 和 $r=91.4$ m 时,u 等于
>
> $$u=\frac{r^2 S}{4Tt}=\frac{(91.4 \text{ m})^2 \times (0.000\,80)}{4\times(232 \text{ m}^2/\text{d})\times(0.006\,25 \text{ d})}\approx 0.115$$
>
> 当 $r<60.2$ m 时,u 将比 0.05 更小。

7.1.4 溶解羽的迁移速度

VOCs 泄漏进入地下后会以自由相形式向下运动或溶解在渗透水中并在重力作用下向下运动。该液相向下迁移至足够深度时接触到饱和含水层将形成溶解羽。本节讨论溶解羽的迁移,与非饱和带中污染物的迁移相比相对简单。本节所讨论情况不仅适用于 VOCs,也适用于其他污染物,如重金属。非饱和带中污染物的迁移已在 6.1 节中讨论。

7.1.4.1 对流-弥散方程

最优修复方案的设计和选择,如抽水井的数量和位置,通常需要预测一段时间内地下水中污染物的分布情况。为了做出这些预测,需要将描述地下水流动的公式和质量平衡概念结合起来。更多关于质量平衡概念详见本书 6.3.1 节。

全面描述污染物归趋和迁移的对流-弥散一维方程如下:

$$\frac{\partial C}{\partial t}=D\frac{\partial^2 C}{\partial x^2}-v\frac{\partial C}{\partial x}\pm RXNs \tag{7-22}$$

式中,C 是污染物的浓度,D 是弥散系数,v 是流动速率,t 是时间,$RXNs$ 代表反应项。公式(7-22)为普适公式,适用于描述非饱和带或含水层中污染物的归趋和运移。公式(7-22)中的左边项代表一定体积的含水层或非饱和带中液相污染物的浓度随时间的变化项,公式右边第一项代表相同体积的含水层或非饱和带的净弥散通量(弥散项),右边第二项代表污染物的对流通量(对流项),而右边第三项代表通过物理、化学或生物反应可能进入或流失到含水层或非饱和带的污染物的量(反应项)。对于地下水中污染羽的迁移,v 表示地下水的流速,可由公式(7-2)达西定律和含水层孔隙度求得。

7.1.4.2 扩散系数和弥散系数

公式(7-22)中的弥散项涵盖了分子扩散和水力弥散。分子扩散,严格来说,由浓

度梯度引起(如浓度差)。即使在没有液体运动的情况下，污染物也会从高浓度区向低浓度区扩散。水力弥散主要由多孔介质里水体的流动引起，包括：①孔隙内的流速差异；②孔隙间的形状差异；③多孔介质内介质骨架周围的流线差异；④含水层的不均匀性。

弥散系数的单位是(长度)²/(时间)。弥散系数的现场试验表明，弥散系数随地下水流速变化而变化。低流速(主要为分子扩散)下弥散系数相对恒定，弥散系数随着地下水流速的增大(水力弥散作用为主)而呈线性增长。弥散系数可以写为两项的加和：①有效分子扩散系数，D_d；②水力弥散系数，D_h。

$$D = D_d + D_h \tag{7-23}$$

有效分子扩散系数可以由分子扩散系数(D_0)求得

$$D_d = (\xi)(D_0)$$

水中污染物的扩散系数可以通过 Wilke-Chang 法求得。

$$D_0 = \frac{5.06 \times 10^{-7} T}{\mu_w V^{0.6}} \tag{7-24}$$

式中，D_0 为扩散系数，单位为 cm²/s；T 为温度，单位为 K；μ_w 为水的黏度，单位为 cP；V 为正常沸点下溶质的摩尔体积，单位是 cm³/mol。

式中，ξ 是水力弯曲系数，该因子用于考虑污染物需要绕土壤颗粒运动而产生的距离增大的因素。典型 ξ 值范围为 0.6~0.7。水力弥散系数与地下水流速成正比，有

$$D_h = (\alpha)(v) \tag{7-25}$$

式中，α 是弥散度。水力弥散系数随研究尺度变化，其观测值随着迁移距离的增加而增大。研究发现，从现场跟踪测试和污染羽模拟校准得到的纵向弥散度为 10~100 m，远高于从实验室土柱研究得到的数值。

稀溶液中污染物的分子扩散系数远小于标准气压下气体中的分子扩散系数，在 25 ℃时通常为 0.5×10^{-5}~2.0×10^{-5} cm²/s(对应于气相扩散的典型范围 0.05~0.50 cm²/s)。表 7-5 中列出了部分化合物的分子扩散系数取值。

表 7-5 部分水中化合物的扩散系数值

化合物	温度/℃	扩散系数/(cm²/s)
丙酮	25	1.28×10^{-5}
乙腈	15	1.26×10^{-5}
苯	20	1.02×10^{-5}
苯甲酸	25	1.00×10^{-5}
丁醇	15	0.77×10^{-5}

续表

化合物	温度/℃	扩散系数/(cm²/s)
乙二醇	25	1.16×10^{-5}
丙醇	15	0.87×10^{-5}

采样 LeBas 法可计算物质的摩尔体积,一些数据如表 7-6 所示。

表 7-6 单位摩尔分子/原子的体积增量计算

	增量/(cm³/mol)
碳	14.8
氢	3.7
氧(下列所注以外的)	7.4
在甲酯和甲醚中	9.1
在乙酯和乙醚中	9.9
在更高的酯和醚中	11.0
在酸中	12.0
接连有 S、P、N	8.3
氮	
双键	15.6
伯胺	10.5
仲胺	12.0
溴	27
氯	24.6
环	
三环	−6.0
四环	−8.5
五环	−11.5
六环	−15.0
萘	−30.0
无烟煤	−47.5

扩散系数同样可从其他相似类化合物的扩散系数和相对分子质量按下式求得

$$\frac{D_1}{D_2} = \sqrt{\frac{MW_2}{MW_1}} \tag{7-26}$$

如公式(7-25)所示,扩散系数与其相对分子质量的平方根成反比,污染物相对分子质量越大,在水中的扩散越困难,温度同样影响扩散系数。由公式(7-27)可知,污染物在水中的扩散系数与温度成正比,而与水的黏度成反比。水的黏度(μ_w)随着温度的上升而减小,因此扩散系数随温度的上升而增大,如下式所示。

$$\frac{D_0 @ T_1}{D_0 @ T_2} = \left(\frac{T_1}{T_2}\right)\left(\frac{\mu_w @ T_2}{\mu_w @ T_1}\right) \tag{7-27}$$

【例 7-16】用 LeBas 法计算扩散系数

用 LeBas 法求甲苯在 20 ℃稀溶液里的扩散系数。

解答：

a. 甲苯的分子式为 $C_6H_5CH_3$。它包括一个苯环(六个 C 原子)和一个甲基。水的黏度在 20 ℃下为 1.002 cP(从表 7-2 得到)。

$$T = 273 + 20 = 293 \text{ K}$$

分子体积可由分子体积增量的附加量(表 7-7)加和求得。

$$V_C = (14.8 \text{ cm}^3/\text{mol}) \times (7) = 103.6 \text{ cm}^3/\text{mol}$$

$$V_H = (3.7 \text{ cm}^3/\text{mol}) \times (8) = 29.6 \text{ cm}^3/\text{mol}$$

$$V_{六环} = -15.0 \text{ cm}^3/\text{mol}$$

因此，$V = 103.6 + 29.6 - 15.0 = 118.2 \text{ cm}^3/\text{mol}$

b. 用公式(7-23)求得扩散系数

$$D_0 = \frac{(5.06 \times 10^{-7}) \times 293}{1.002 \times (118.2)^{0.6}} \approx 0.84 \times 10^{-5} \text{ cm}^2/\text{s}$$

【例 7-17】求不同温度下的扩散系数。

20 ℃时，苯在稀溶液里的扩散系数为 $1.02 \times 10^{-5} \text{ cm}^2/\text{s}$ (表 7-5)。求：

a. 20 ℃时，甲苯在稀溶液里的扩散系数；

b. 25 ℃时，苯在稀溶液里的扩散系数。

解答：

a. 甲苯($C_6H_5CH_3$)的相对分子质量是 92，苯(C_6H_6)的相对分子质量是 78。用公式(7-26)求扩散系数

$$\frac{D_1}{D_2} = \sqrt{\frac{MW_2}{MW_1}} = \sqrt{\frac{92}{78}} = \frac{1.02 \times 10^{-5} \text{ cm}^2/\text{s}}{D_2} \rightarrow D_2 \approx 0.94 \times 10^{-5} \text{ cm}^2/\text{s}$$

因此，甲苯在 20 ℃的扩散系数为 $0.94 \times 10^{-5} \text{ cm}^2/\text{s}$。

b. 水在 20 ℃下的黏度为 1.002 cP，水在 25 ℃下黏度为 0.89 cP(表 7-2)。用公式(7-27)求扩散系数为：$D_{0@298\text{K}} \approx 1.17 \times 10^{-5} \text{ cm}^2/\text{s}$

因此，苯在 25 ℃的扩散系数为 $1.17 \times 10^{-5} \text{ cm}^2/\text{s}$。

讨论

1. 由苯的扩散系数求得甲苯的扩散系数约为 $0.94 \times 10^{-5} \text{ cm}^2/\text{s}$，与用 LeBas 法求得的值 $0.84 \times 10^{-5} \text{ cm}^2/\text{s}$ 相近(例 7-16)。

2. 苯在 25 ℃的扩散系数约高于 20 ℃下 15%。

【例 7-18】分子扩散和水力弥散的作用大小比较。

某地块地下储罐泄漏而导致苯渗入含水层，含水层的渗透系数为 0.024 cm/s，有效孔隙度为 0.4。地下水温度为 20 ℃，弥散度为 2 m。求水力弥散和分子扩散对苯污染羽

在以下情况下扩散的相对重要性:a. 水力梯度＝0.01;b. 水力梯度＝0.000 5。

解答:

a. 含水层的渗透系数＝0.024 cm/s。用公式(7-1)和公式(7-2)求出地下水的流速(梯度＝0.01)。

$$v_s = \frac{(0.024 \text{ cm/s}) \times 0.01}{0.4} = 6 \times 10^{-4} \text{ cm/s}$$

苯(20 ℃)的分子扩散系数＝1.02×10^{-5} cm²/s (表7-6)。由公式(7-23)可得 $D = D_d + D_h$。

设定 $\xi = 0.65$,通过公式(7-24)可求有效分子扩散系数：

$$D_d = (\xi)(D_0) = 0.65 \times (1.02 \times 10^{-5}) = 0.66 \times 10^{-5} \text{ cm}^2/\text{s}$$

再设 $\alpha = 2$ m,可求得水力弥散系数为

$$D_h = (\alpha)(v) = 200 \text{ cm} \times 6 \times 10^{-4} \text{ cm/s} = 12\,000 \times 10^{-5} \text{ cm}^2/\text{s}$$

可见,水力弥散系数远高于扩散系数。因此,水力弥散将是污染物弥散的主要机理。

b. 对于更小的水力梯度,地下水将移动得更慢,且弥散系数将按比例减小。有效分子扩散系数仍将等于 0.66×10^{-5} cm²/s。用公式(7-1)和公式(7-2)求地下水流速(水力梯度＝0.000 5)有

$$v_s = \frac{(0.024 \text{ cm/s}) \times 0.000\,5}{0.4} = 3.0 \times 10^{-5} \text{ cm/s}$$

再由公式(7-25)求得水力弥散系数

$$D_h = \alpha v = 200 \text{ cm} \times 3 \times 10^{-5} \text{ cm/s} = 600 \times 10^{-5} \text{ cm}^2/\text{s}。$$

在平缓水力梯度(水里梯度＝0.000 5)下,水力弥散系数仍旧远高于分子扩散系数。

> **讨论**
> 在第二个例子里,地下水运动非常慢,地下水流速为 3.0×10^{-5} cm/s,而水力弥散仍然是主要机理(弥散度为 2 m)。只有当流速和/或弥散率更小时,分子扩散系数才更重要。但是,分子扩散系数解释了污染羽通常稍微延伸至排出点的上游这一常见现象。

7.1.4.3 地下水迁移的阻滞因子

影响地下污染物归趋和运移的物理、化学和生物的过程主要包括：① 生物降解;② 非生物降解;③ 溶解;④ 电离;⑤ 挥发;⑥ 吸附。对于溶解羽在地下水中的迁移,吸附作用可能是从地下水中去除污染物的最重要且研究最多的机理。若吸附是首要的去除机理,则公式(7-22)中的反应项可以改写为 $(\rho_b/\emptyset)\frac{\partial S}{\partial t}$,其中 ρ_b 是土壤的干容重,$\emptyset$ 是孔隙度,t 是时间,S 是吸附在含水层土壤中污染物的浓度。

$$\frac{\partial S}{\partial C} = K_p \tag{7-28}$$

可以推导出以下关系式

$$\frac{\partial S}{\partial t} = \left(\frac{\partial S}{\partial C}\right)\left(\frac{\partial C}{\partial t}\right) = K_p \frac{\partial C}{\partial t} \tag{7-29}$$

用公式(7-29)替换公式(7-22),并重新整理得到公式

$$\frac{\partial C}{\partial t} + \left(\frac{\rho_b}{\phi}\right) K_p \frac{\partial C}{\partial t} = \left(1 + \frac{\rho_b K_p}{\phi}\right)\left(\frac{\partial C}{\partial t}\right) = D\frac{\partial^2 C}{\partial x^2} - v\frac{\partial C}{\partial x} \tag{7-30}$$

将公式(7-30)两边同时除以 $\left(1+\frac{\rho_b}{\phi}\right)$,简化为如下形式。

$$\frac{\partial C}{\partial t} = \frac{D}{R}\frac{\partial^2 C}{\partial x^2} - \frac{v}{R}\frac{\partial C}{\partial x} \tag{7-31}$$

其中,

$$R = 1 + \frac{\rho_b K_p}{\phi} \tag{7-32}$$

【例 7-19】确定阻滞因子

某垃圾填埋场下部的地下水受到了含有苯、1,2-二氯乙烷(1,2-DCA)和芘等污染物的垃圾渗滤液的污染。根据以下的地块评价数据求阻滞因子:含水层孔隙度=0.40;含水层土壤干堆积密度=1.6 g/cm³;含水层土壤的有机质含量=0.015;$K_{oc}=0.63K_{ow}$。

解答:

a. 从表 3-5 可知,

苯: $\lg K_{ow}=2.13 \rightarrow K_{ow} \approx 135$

1,2-二氯乙烷: $\lg K_{ow}=1.53 \rightarrow K_{ow} \approx 34$

芘: $\lg K_{ow}=4.88 \rightarrow K_{ow} \approx 75\,900$

b. 用关系式 $K_{oc}=0.63K_{ow}$,可得

苯: $K_{oc}=0.63 \times 135 \approx 85$

1,2-二氯乙烷: $K_{oc}=0.63 \times 34 \approx 22$

芘: $K_{oc}=0.63 \times 75\,900 \approx 47\,800$

c. 用关系式 $K_p=K_{oc}f_{oc}$,$f_{oc}=0.015$,可得

苯: $K_p=0.015 \times 85=1.275$

1,2-二氯乙烷: $K_p=0.015 \times 22=0.33$

芘: $K_p=0.015 \times 47\,800=717$

d. 用公式(7-32)求阻滞因子,有

苯: $R=1+\dfrac{\rho_b K_p}{\phi}=1+\dfrac{1.6 \times 1.275}{0.4}=6.1$

1,2-二氯乙烷: $R=1+\dfrac{\rho_b K_p}{\phi}=1+\dfrac{1.6 \times 0.33}{0.4}=2.32$

芘: $R=1+\dfrac{\rho_b K_p}{\phi}=1+\dfrac{1.6 \times 717}{0.4}=2\,869$

> **讨论**
> 芘的 K_p 值很大,疏水性很强,因此其阻滞因子远高于苯和1,2-二氯乙烷。

7.1.4.4 溶解羽的迁移

阻滞因子与污染羽迁移速度、地下水渗流速度的联系如以下公式所示

$$R=\frac{V_s}{V_p} \tag{7-33}$$

或

$$V_p=\frac{V_s}{R} \tag{7-34}$$

式中,V_s 是地下水渗流速度,V_p 是溶解羽的速度。$R=1$(对惰性化学物)时,化合物将和地下水有相同的流速而没有"阻滞";$R=2$ 时,污染物将会以地下水流速的一半迁移。

【例 7-20】地下水中溶解羽的迁移速度

某垃圾填埋场下部的地下水受到了含有苯、1,2-二氯乙烷(1,2-DCA)和芘等污染物的垃圾渗滤液的污染。2013 年 9 月的地下水监测数据显示,苯和 1,2-DCA 分别已经迁移到下游 250 m 和 50 m 处,然而在下游监测井中未检出芘。

计算浸出液最初进入含水层的时间。以下为通过地块评价阶段获得的数据:

含水层孔隙度=0.40;含水层渗透系数=30 m/d;地下水流动的水力梯度=0.01;含水层土壤干堆积密度=1.6 g/cm³;含水层有机质含量=0.015。

芘:$K_{oc}=0.63\,K_{ow}$

简单讨论计算结果并列出可能的影响求得真实值的因素。

解答:

a. 用公式(7-1)求达西速率 $v_d=Ki=(30)\times(0.01)=0.3$ m/d

b. 用公式(7-2)求地下水流速(或渗流速度,孔隙速度)

$$v_s=v_d/\phi=(0.3)/(0.4)=0.75 \text{ m/d}$$

c. 用公式(7-33)和例 7-19 中获得的 R 值,求污染羽的迁移速度

苯:$V_p=(0.75)/(6.10)\approx 0.123$ m/d≈ 44.9 m/a

1,2-二氯乙烷:$V_p=(0.75)/(2.28)\approx 0.329$ m/d≈ 120.1 m/a

芘:$V_p=(0.75)/(2\,869)\approx 0.000\,262$ m/d$=0.095$ m/a

d. 可得,1,2-二氯乙烷迁移 250 m 的时间

$t=$(距离)/(迁移速度)$=(250\text{ m})/(44.9\text{ m/a})\approx 2.08$ a≈ 2 年 1 个月

因此,1,2-二氯乙烷在 2011 年 8 月进入含水层。

e. 苯迁移 50 m 的时间

$t=$(距离)/(迁移速度)$=(50\text{ m})/(44.9\text{ m/a})\approx 1.11$ a≈ 1 年 1 个月

因此,苯在 2012 年 8 月进入含水层。

讨论

1. 计算值是苯和1,2-二氯乙烷进入含水层的时间。给出的信息不够充分，无法估计渗滤液穿过填埋场防渗层的时间。

2. 1,2-二氯乙烷的阻滞非常小，因此，它在非饱和带的迁移速度非常快，这也解释了1,2-二氯乙烷比苯更早进入含水层的事实。

3. 芘的迁移速度极其低，约 0.048 m/a，因此，在下游监测井里未检出。大部分的芘将被非饱和带的土壤吸附。

4. 这些计算是粗略的，有许多因素可能影响求解的精确性。这些因素包括水力渗透系数、释水系数、地下水水力梯度、K_{ow} 和 f_{ow} 等参数的不确定性。邻近的抽水活动也会影响天然地下水的水力梯度，进而影响到污染羽的迁移。其他地下的反应，如氧化和生物降解等反应过程同样在很大程度上影响污染物的归趋和运移。

【例 7-21】 溶解羽在地下水中的迁移速度。

某污染地块最近一个季度的地下水监测结果（2013 年 7 月）显示，TCE 溶解羽边界在过去的 5 年里前进了 200 m。在这一轮监测中确定的地下水水力梯度为 0.01。阻滞因子的值取 4.0，含水层孔隙度取 0.35，计算含水层的渗透系数。同样，由于干旱原因，附近某工厂（地块地下水的下游）在 2010 年抽取了大量地下水。这些将如何影响计算结果？

解答：

a. 污染羽的迁移速度，v_p = 距离/时间 = 200/5 = 40 m/a

b. 用公式（7-34）和 R 值，求地下水流速，$v_p = v_s/R = v_s/4 \rightarrow v_s = 160$ m/a

c. 用公式（7-2）求达西速率 v_d，有
$$v_s = v_d/\Phi = 160 = v_d/0.35 \rightarrow v_d = 56 \text{ m/a}$$

d. 用公式（7-1）求渗透系数，有
$$v_d = Ki = K \times 0.01 = 56 \text{ m/a} \rightarrow K = 5\,600 \text{ m/a} \approx 15.3 \text{ m/d}$$

讨论

在干旱季节，周边的抽水活动将增大天然的水力梯度。在抽水期，地下水流动加快，污染羽迁移速度相应增加，这将导致污染羽的尺寸变大。换句话说，如果没有抽水活动，污染羽迁移的距离会较小。含水层的水力传导系数/渗透系数将比计算出的 15.3 m/d 小。

【例 7-22】 污染物的阻滞因子和分配比例

某污染含水层地下水中的甲苯浓度为 500 μg/L，假设不存在自由相，求甲苯在两相中的比例，即溶解在液相中和吸附到土壤固相上的比例。

通过地块调查（RI）工作，确定了以下参数：阻滞因子 = 4.0；孔隙度 = 0.35；含水层土壤密度 = 1.8 g/cm³。

分析：要计算甲苯在液相和固相中的分配比例，需要知道分配系数。分配系数可从阻滞因子求得。

解答：

a. 用公式(7-32)求分配系数 K_p，有

$$R = 1 + \frac{\rho_b K_p}{\emptyset} = 1 + \frac{1.8 \times K_p}{0.35} = 4$$

因此 $K_p \approx 0.583$

用公式(7-28)求在含水层固体里甲苯浓度 S，有

$$S = K_p C = (0.583)(0.5 \text{ mg/L}) = 0.292 \text{ mg/kg}$$

b. 基于 1 L 含水层土壤

溶解在液相中的量 $= V\emptyset C = (1 \text{ L}) \times 0.35 \times (0.5 \text{ mg/kg}) = 0.175 \text{ mg}$

吸附在土壤里的量 $= V\rho_b X = (1 \text{ L}) \times (1.8 \text{ kg/L}) \times (0.292 \text{ mg/kg}) \approx 0.525 \text{ mg}$

液相量比例 $= [0.175/(0.175 + 0.525)] \times 100\% = 25\%$

> **讨论**
>
> 该案例解释了为什么大部分污染物附着吸附于土壤上，只有25%存在于溶解相，也部分解释了为什么采用抽出处理法来进行地下水修复需要很长时间。

7.2 地下水污染修复与风险管控技术

7.2.1 概述

我国水资源总量的 1/3 是地下水，中国地质调查局的专家在国际地下水论坛的发言中提到，全国 90% 的地下水遭受了不同程度的污染，其中 60% 污染严重。据新华网报道，有关部门对 118 个城市连续监测数据显示，约有 64% 的城市地下水遭受严重污染，33% 的地下水受到轻度污染，基本清洁的城市地下水只有 3%。

我国地下水污染面临污染范围逐渐扩大、污染程度逐渐加深的现状，其在污染源控制、污染途径预防和污染地块治理技术方面存在很多问题，亟待解决。

根据《污染地块地下水修复和风险管控技术导则》（HJ 25.6—2019），地下水修复是指采用物理、化学或生物的方法降解、吸附、转移或阻隔地块地下水中的污染物，将有毒有害的污染物转化为无害物质，或使其浓度降低到可接受水平，或阻断其暴露途径，满足相应的地下水环境功能或使用功能的过程。地下水风险管控是指采取修复技术、工程控制和制度控制措施等，阻断地下水污染物暴露途径，阻止地下水污染扩散，防止对周边人体健康和生态受体产生影响的过程。

地下水修复和管控工作程序包括选择修复和风险管控模式，筛选修复和风险管控技

术、制定修复和风险管控技术方案、修复和风险管控工程设计及施工、运行及监测、效果评估和后期环境监管。地下水修复和风险管控模式包括降低污染物毒性、迁移性、数量与体积的修复技术，阻断暴露途径和阻止地下水污染扩散的工程措施，或限制受体暴露行为的制度控制措施中的一种或几种组合。

地下水修复技术包括异位修复技术、原位修复技术和自然衰减监测技术。地下水原位修复技术包括：① 物理屏蔽技术（帷幕阻隔技术）；② 化学修复技术如电化学修复技术、可渗透反应墙技术等；③ 生物修复技术包括微生物修复和植物修复技术；④ 原位热处理技术。异位修复技术包括被动收集和抽出处理。原位修复技术是指在基本不破坏土体和地下水自然环境条件下，对受污染对象不作搬运或运输，而在原地进行修复的方法。原位修复技术不但可以节省处理费用，还可减少地表处理设施的使用，最大程度减少污染物的暴露和对环境的扰动，因此应用更有前景。

当地下水含水层被污染时，抽取地下水是常用的处理方法之一。抽取地下水有两个主要目的：降低污染羽迁移速度或范围；降低被污染的含水层的污染物浓度。抽取出来的地下水需要经过处理，然后才能回灌到含水层或排放到地表水体。对于这种将地下水抽出并在地表进行处理的方法，地下水修复术语中将其称为抽出处理法。

地下水抽取通常利用一个或多个抽水井来完成。抽取地下水会在含水层中形成降落漏斗，因此，选择合适的抽水井位置和井距是抽出处理法设计的重要组成部分。为了能够实现快速、最大限度移除污染物，抽水井位置的选择至关重要，通常考虑将其置于污染物集中的地方；同时，为了阻止污染物进一步迁移，抽水井所处位置应保证水力捕获区能够完全覆盖污染羽分布。此外，如果抽水的目标仅仅是控制污染物扩散，则抽水速率应以保证阻止污染羽迁移的最小速率为最佳（因为地下水抽取量越大，处理费用越高）；如果需要进行地下水污染处理，则可以适当增大抽水量以缩短修复时间。对于如上两种情况，地下水抽出处理法需要解决的主要问题包括：

（1）所需抽水井的最优数量为多少？
（2）抽水井的最佳位置在哪里？
（3）抽水井的井孔孔径大小是多少？
（4）抽水井的深度及井筛的间隔、大小是多少？
（5）抽水井的井管材质是什么？
（6）每口井的最优抽水速率是多少？
（7）抽出地下水最佳处理方法是什么？
（8）处理过的地下水的处置方案是什么？

污染含水层修复也可采用原位修复技术。本章将首先介绍抽出处理技术的捕获区与优化布井的设计计算。余下小结将重点介绍常用的地下水原位/异位修复技术，包括活性炭吸附、空气吹脱、原位/异位生物修复、空气曝气、生物曝气、化学沉淀、原位化学氧化和高级化学氧化等。

7.2.2 物理修复技术

7.2.2.1. 地下水抽出-处理技术

1)概述

参考生态环境部编制的《污染地下水抽出-处理技术指南》,地下水抽出-处理技术是指根据地下水污染范围,在特定位置布设抽水井,通过抽水设施将污染的地下水从含水层中抽取到地面加以处理的技术。

地下水抽出处理技术的修复策略分为三种:

① 污染源削减策略

指利用抽出-处理技术快速、大幅削减饱和含水层中污染物含量,最大限度减少和降低高浓度/非水溶性有机污染物的工作思路。

② 污染羽控制策略

指利用抽出-处理技术控制地下水流场,阻止污染羽迁移扩散,将污染尽可能限定在最小范围的工作思路。

③ 污染羽修复策略

指采用抽出-处理技术降低饱和含水层中污染物浓度至地下水修复目标的工作思路。

2)工作内容及流程

地下水抽出-处理工作流程包括技术适宜性评估、概念模型更新、工程设计、工程施工、工程运行与监测及工程效果评估等内容。污染地下水抽出-处理技术应用场景如表7-7所示。

表7-7 风险管控或修复模式下抽出技术应用

治理模式	技术应用	抽出策略选择	工作目的
风险管控模式	抽出技术	污染羽控制	采用抽出技术开展水力截获,对污染羽进行捕获,阻止污染羽的进一步扩散
		污染源削减+污染羽控制	采用抽出技术实现高浓度污染物的削减,减小污染源对下游的影响,同时结合水力截获实现对污染羽的阻控
	抽出处理+其他技术	污染源削减	采用抽出技术实现高浓度污染物的削减,结合原位注入、可渗透反应格栅、阻隔等其他技术实现对污染羽的阻控
		污染羽控制	采用抽出技术结合原位注入、可渗透反应格栅、阻隔等其他技术实现污染羽的阻控
		污染源削减+污染羽控制	采用抽出技术结合原位注入、可渗透反应格栅、阻隔等其他技术实现污染物削减及污染羽的阻控

续表

治理模式	技术应用	抽出策略选择	工作目的
修复模式	抽出技术	污染羽修复	采用抽出技术达到修复目标
	抽出处理＋其他技术	污染羽控制	采用抽出技术开展水力截获,阻止污染羽的进一步扩散,结合原位注入、可渗透反应格栅、阻隔等其他技术实现修复目标
		污染源削减	采用抽出技术实现污染物的削减,结合原位注入、可渗透反应格栅、阻隔等其他技术实现修复目标
		污染源削减＋污染羽控制	采用抽出技术实现污染物的削减及污染羽的阻控,结合原位注入、可渗透反应格栅、阻隔等其他技术实现修复目标

3)技术适宜性评估

基于地块前期调查、风险评估、概念模型建立等确定的风险管控或修复模式,根据工作目标,结合地块水文地质条件和污染物性质,进行抽出-处理技术应用分析,开展技术适宜性评估,确定地块采用抽出-处理技术的适宜性。

① 抽出技术适宜性评估

抽出技术对于氯代烃、苯系物、重金属等污染物治理具有较好的适用性,一般适用于含水层渗透系数(等效)不小于 5×10^{-5} cm/s 的粉砂至卵砾石的孔隙介质、基岩裂隙介质等。

污染源削减策略以大幅削减污染物含量为主要目的,一般应用于风险管控和修复工程前期。除溶解态污染物外,对非水溶性有机物同样具有一定的去除效果。为了实现风险管控和修复目标,通常需要结合其他技术如原位注入、可渗透反应格栅、阻隔等开展。

污染羽控制策略一般用于阻止污染羽的扩散,在渗透性、富水性较好的地区,可形成稳定的降落漏斗截获污染羽,控制溶解态污染物的迁移扩散,适用于有机物、重金属等大多数污染物。

污染羽修复策略适宜性主要取决于水文地质条件和污染物性质,通常适用于均质含水层中迁移性较强的污染物,其适宜性见表7-8。当存在非水溶性有机物时,可根据地块条件采用污染源削减策略、污染羽控制策略,结合其他技术开展地下水污染修复。

表 7-8 污染羽修复策略适宜性评估表

污染物性质	溶解性污染物				非水溶性有机物	
水文地质条件	迁移性强(可降解/挥发)	迁移性强	吸附性强(可降解/挥发)	吸附性强	轻质	重质
均质含水层	A(1)	A(1-2)	B(2)	B(2-3)	B(2-3)	B(3)
非均质含水层	B(2)	B(2)	B(3)	B(3)	B(3)	C(4)
裂隙介质	B(3)	B(3)	B(3)	B(3)	C(4)	C(4)

注:A类代表利用现行技术可实现修复目标。B类代表利用现行技术是否可实现修复目标需要具体评估。C类代表利用现行技术无法实现修复目标。括号内数字代表修复难度,1代表最容易,4代表最难。

② 处理技术适宜性评估

处理技术适宜性分析一般包括技术初筛和技术可行性分析。根据抽出地下水中污染物类型、污染物浓度水平、抽水量,结合地块条件,确定处理规模、进水浓度要求,对比不同水处理技术的优缺点,初步筛选一种或多种适宜的处理技术。

通过实验室小试、现场中试,针对初步筛选的一种或多种适宜的处理技术,开展可行性分析。实验室小试根据受污染地下水的污染物类型、浓度水平开展实验,分析技术可行性,确定工艺参数,如污染物处理浓度上限、预处理要求、成本等。现场中试应结合地块条件、污染物类型、浓度水平等选择适宜的中试单元开展,识别潜在问题,确定经济、有效的处理技术,优化工程设计和施工所需要的参数。

经小试或中试验证,处理技术无法有效降低污染物浓度、缺乏施工条件、建设或运行成本超出可接受范围时,需考虑选择其他技术开展地下水污染风险管控和修复工作。

③ 地块概念模型更新

在风险管控和修复的全过程中,通过资料收集、背景信息分析以及工程运行监测等,动态更新地块概念模型,逐步精细刻画水文地质条件、污染源特征、污染羽分布、敏感受体特征等。

抽出-处理工程设计应强化水文地质条件分析,包括含水岩组类型、结构、空间延展形态,地下水的补径排条件等。设计所需的水文地质参数包括地下水水位埋深、地下水流速、渗透系数、给水度、有效孔隙度、水力梯度等。

应明确污染源类型,地面、地下装置/设施渗(泄)漏情况,污染源释放特征,以及特征污染物是否以非水溶相形式存在等。

污染物分布特征可通过资料收集、地块调查、抽出-处理工程运行监测数据进行刻画。具体包括:a. 污染物类型、性质、毒理参数、污染程度及范围;b. 污染物分布随时间、空间的变化特征。

敏感受体识别可通过资料收集、地块调查,结合调查阶段健康风险评估结果,对污染源周边受到潜在影响的水源、地表水体和居民区等进行分析确认。具体包括:a. 敏感受体的分布;b. 地下水与地表水体的水力联系;c. 人群健康风险。

④ 工程设计

工程设计的主要内容包括抽出系统设计、处理系统设计。其中,抽出系统设计包括抽出策略选择、目标捕获区确定、抽水井及监测井设计和特殊情景改进等。处理系统设计包括处理规模设计、处理工艺设计、辅助设施设计及排水去向设计等。

a) 抽出系统设计

在不同抽出策略下,根据地块特征资料,确定目标捕获区,评估抽水井的抽出速率,设计抽水井布置方案。必要时,可利用模拟软件优化布井方案,具体模拟步骤可参考《地下水污染模拟预测评估工作指南》。当涉及敏感建(构)筑物、道路等时,应考虑地面沉降、建(构)筑物变形等影响。

◇抽出策略选择

在确定的修复或风险管控模式下,综合考虑污染物削减、污染羽阻控或达到修复目标等目的时,可采用不同的抽出策略,基于约束条件合理布设抽出井、注水井等。当采用抽出技术或与其他技术联用实现高浓度污染物的大幅削减,减小污染源对下游的影响时,可以选择污染源削减策略;当采用抽出技术开展水力截获或与其他技术联用,实现对污染羽的阻控时,可选择污染羽控制策略;当采用抽出技术实现修复目标时,可选择污染羽修复策略。

▲污染源削减策略

根据污染源削减策略的工作目的,捕获区范围、污染物抽出速率、污染物削减率是评估污染源削减策略的重要指标。抽水井布设时主要考虑:抽水流量相同时,抽出速率最大化;抽出速率相当时,抽水流量最小化。

抽出系统布设要求包括:

抽水井应布设于高浓度区域内,通过抽水改变水力梯度,形成向高浓度区流动的污染物捕获区域,降低高浓度区向下游迁移扩散的污染物通量。

- 在不超过处理能力的前提下,最大限度提高污染物总削减率。
- 可同时在高浓度区下游设置注水井,通过注水形成阻水帷幕,抽注结合迫使下游污染羽向上游高浓度区迁移。
- 随着污染物削减率的增加,应合理优化抽水流量、抽水井井位,以保证较高的抽出速率。

▲污染羽控制策略

根据污染羽控制策略的工作目的,捕获区范围、流场控制情况是评估污染羽控制策略的重要指标,抽水井布设时主要考虑:抽水降深足以形成有效的水力阻隔;抽水流量最小化。

抽出系统布设要求包括:

- 井群的数量、间距及排列方式应最大限度地阻隔和截获污染羽。
- 应在抽水形成的局部流场有效阻止污染物向下游迁移的前提下,设计最小抽水量。
- 捕获区之外的污染羽,应可通过污染物的对流弥散、自然衰减或结合其他技术实现风险管控目标或修复目标。

▲污染羽修复策略

根据污染羽修复策略的工作目的,捕获区范围、污染物削减率、修复达标情况等是评估污染羽修复策略的重要指标,抽水井布设时主要考虑:降低污染物浓度至修复目标;抽出速率最大化;修复所用时间最小化;成本最小化。

抽出系统布设要求包括:

- 抽水井群应能够最大限度捕获污染羽,常见的布设方法是将抽水井沿污染羽轴线布设。
- 合理优化抽水井数量、井位、间距、抽水流量、开筛位置,最大限度提高抽出速率。
- 根据运行效果监测,识别存在的问题,及时优化调整方案,确保达到修复目标。

◇目标捕获区确定

根据地下水污染特征分布,基于确定的风险管控模式或修复模式,明确污染源削减、污染羽控制以及污染羽修复等不同抽出策略下的目标捕获区。目标捕获区应该根据所需捕获的污染羽范围变化进行动态调整。当存在多种目标污染物时,目标捕获区应能捕获每种目标污染物。目标捕获区应在地块修复方案和监测计划中明确,并在相关平面图和剖面图上标明。

◇抽水井及监测井设计

抽水井和监测井应根据掌握的相关资料,结合现场条件进行科学设计。必要时,抽水井和监测井可统筹考虑,并同步设计,同时满足抽水和监测的有关要求,做到一井多用。如果垂向上存在多个含水层受到污染,为了防止串层污染,应针对每个目标含水层设计单独的抽水井和监测井,做好分层止水。

监测井群的布设应与抽出井群的布设同时进行。监测井群的数量和布设应由监测目的来确定。一般至少应布设三口井(图7-4),其中♯1井布设在地下水流上游,用来检测背景值;♯2井布设在污染羽中心部分,用来监测地下水水质和水量的变化,检验抽出效果;♯3井位于污染羽的下游,用来监测地下水水质的变化和污染羽的运行情况。关于监测井的详细设计,请参考《建设用地土壤污染风险管控和修复监测技术导则》(HJ 25.2—2019)和《地下水环境监测技术规范》(HJ 164—2020)。

图7-4 典型监测井群的布设方式

b) 地面处理系统设计

处理系统设计主要包括处理规模、处理工艺、辅助设施及排水去向等设计,其设计所需参数可通过小试和中试获取,并根据工程运行过程监测数据进行优化调整。处理系统整体应在考虑建设费用和运行费用的基础上确定成本投入。若污染地块及周边已有污水处理设施,应充分利用现有条件进行处理,节约建设成本。设计时应考虑二次污染的控制,并采取除臭和降噪措施,尤其是在含有挥发性有机污染物时,应采取相应处置措施。

污染地下水经抽出-处理技术处理后,常见的出水的排放方式如表7-8所示。根据出水的排放方式可选择合适的出水验收标准。

表 7-9　有机污染水体常规处理技术

技术	适用性	局限性
气提法	适用于去除大部分的 VOCs 和某些 SVOCs；运营管理成本低	不适于处理某些 SVOCs 和难挥发性有机污染物；须处理产生的尾气
颗粒活性炭法	适用于去除大部分有机污染物；可以去除某些重金属和其他污染物，运行管理成本相对较低	不适于处理某些有机污染物（通常是低相对分子质量的 VOCs）；需要预处理
聚合树脂法	适用于处理活性炭不能有效去除的有机污染物；有效去除高浓度的有机污染物；可以再生	适于去除单一组分的有机污染物，不适于去除多组分；运行管理成本高
生物法	适用于气提法和活性炭法难以去除的有机污染物；固定膜组分减少了微生物营养物质的损失	成本高；须处置产生的固体废物
高级氧化法	适用于原位去除所有类型的有机污染物；没有废气的产生	成本高；运行管理费用高；需要预处理
过滤法	运行管理成本低；易于管理	去除效率相对低；滤袋或滤膜须经常更换和处置
沉淀法	去除效率高，可有效去除各种无机污染物	人工成本高；运行管理成本高；须处置产生的固体废物
离子交换法	人工成本低；去除效率高，可有效去除各种无机污染物	去除高浓度无机污染物，经济成本高；去除地下水中多种无机污染物，可能存在困难或经济性不佳等情况

表 7-10　抽出-处理后可选择的出水排放方式

出水应用	潜在优点	潜在缺点
排放到地表水体	水体的排放不受流量费用的约束；雨水管道可能会收取费用	排放标准是基于环境水体标准，与饮用水标准对比甚至更严格，与其他排放选择相比上报更严谨，可能需要环境毒理学测试，可能需要去除地下水中某些特定的天然成分；排放到附近地表水体或雨水管道需要铺设管道；公众可能会有负面看法
出水回灌到地下	排放标准通常类似于饮用水标准；不需要去除地下水中某些天然组分；可以用来增强水力控制或者冲洗污染源；保护地下水源，尤其是地下水是单一的饮用水源	回注污染羽可能影响污染羽的捕获；回注井和渗透结构需要更多的维护；可能存在地表处理技术难以去除的污染物，回灌到地下会分散污染羽增加去除成本
排放到污水处理厂	相对较低的排放标准和监测要求，特别是对有机污染物；抽出-处理技术难以处理的某些污染物，污水处理厂可以处理；污水处理厂可以进一步处理某些组分，避免对地表水体的危害	对污水处理厂处理能力具有一定的要求；污水处理厂可能不愿接收某种成分的地下水或出水水质较好的地下水；大流量出水排放到污水处理厂，治理成本高

续表

出水应用	潜在优点	潜在缺点
出水再利用	可减少或消除设备或单位使用其他水源的需要,从而节约水自然资源并潜在地降低使用成本;成本相对较低,有很好的应用前景	需要满足相关法规和标准,可能需要更多的测试和监测;回用于工业生产过程中,需要进一步的处理,处理回用水满足标准或下游排放标准;设备出水利用设备是间歇性运行,而抽出-处理工程系统可能需要持续的运转,如果连续抽出与批处理在安排时间上不可用,回用是不可行的;需要准备一个备用排放点;当前的分析手段无法检测的污染物,如地表处理技术无法去除,会存在潜在的风险

c) 抽出-处理工程设计计算

◇抽出井

抽出井可用来观测地下水水位和污染物浓度。利用抽出井进行相关水文地质实验,如微水试验、抽水试验、注水试验、渗水试验等,可获得地块水文地质参数,如渗透系数、给水度(潜水含水层)、贮水率(承压含水层)、水力梯度、含水层厚度等。在条件不允许进行水文地质试验的情况下,可根据实际水文地质条件参考已有资料或取用常见水文地质参数的经验值。

设计地下水抽取系统时,关键工作之一就是选择合适的抽水井位置。如果仅用一口井,则应合理布设抽水井位置,以保证它的捕获区能完全覆盖污染羽;如果采用井群,则需要确定任意两口井之间的最大距离,且该距离要确保两井间没有污染物逃逸,该最大距离一旦确定,就可以绘出井群在含水层的捕获区。

在实际含水层中勾画出地下水抽水井的捕获区非常复杂。为了方便起见,理论上将含水层概化为等厚、均质、各向同性且地下水均为稳定流的理想情况。从单井问题入手,再扩展到群井问题。以下介绍常用的、较为简便的单井和多井抽出捕获区的计算和设计方法,可参考《地下水抽出-处理技术指南》及其他相关资料。

◇降落漏斗

当抽水井抽水时,抽水井周围的地下水水位将会下降,并随之产生一个地下水向井孔流动的水力梯度。越靠近井孔,水力梯度越大,并最终形成降落漏斗。在地下水抽出处理中,降落漏斗代表抽水井所能影响到的极限范围,因此对降落漏斗的准确判断至关重要。

含水层完整井稳定流公式已经讨论过。使用该公式可用于计算水位降深及含水层的水力传导系数/渗透系数;同时,该公式也可用于计算抽水的影响半径或地下水抽出速率。

• 承压含水层中地下水稳态流

$$Q=\frac{2.73Kb(h_2-h_1)}{\lg\left(\frac{r_2}{r_1}\right)} \tag{7-9}$$

Q 为抽水速率,m^3/d;h_1,h_2 为自含水层地板起算的静止水位,m;r_1,r_2 为距抽水井的距离,m;b 为含水层厚度,m;K 为含水层水力传导系数,m/d。

【例 7-23】承压含水层中抽水井影响半径

承压水层厚 9.1 m,测压水头为从含水层底板起算之上 24.4 m,从直径为 0.102 m 的完整井中抽水。抽水速率为 0.15 m^3/min,含水层岩性以砂为主,水力传导系数为 8.2 m/d。至稳定状态时,距抽水井 3 m 处的观测井水位降深为 1.5 m。

试求:a. 抽水井中的降深;b. 抽水井的影响半径。

解答:

a. 首先确定 h_1(在 r_1=3 m 处),h_1=24.4−1.5=22.9 m

为了确定抽水井降深,根据抽水井直径为 0.102 m,则其半径 r=0.051 m,

代入公式(7-9),有

$$0.15 \times 1\,440 = \frac{2.73 \times 8.2 \times 9.1(h_2 - 22.9)}{\lg\left(\frac{0.051}{3.0}\right)} \rightarrow h_2 \approx 21.0 \text{ m}$$

因此抽水井降深为 24.4−21.0=3.4 m

b. 水位降深为 0 处距抽水井的距离为影响半径,设影响半径为 r_{R1},令 $r = r_{R1}$,可得

$$0.15 \times 1\,440 = \frac{2.73 \times 8.2 \times 9.1(21.0 - 24.4)}{\lg\left(\frac{0.051}{r_{R1}}\right)} \rightarrow r_{R1} = 82 \text{ m}$$

类似结果还可以从观测井(r=3 m)的降深信息推导得到

$$0.15 \times 1\,440 = \frac{2.73 \times 8.2 \times 9.1(22.9 - 24.4)}{\lg\left(\frac{3}{r_{R1}}\right)} \rightarrow r_{R1} = 78 \text{ m}$$

【例 7-24】利用稳定流降深数据计算承压含水层抽水速率

据以下信息,计算承压含水层抽水速率:

含水层厚=9.1 m;井直径=0.1 m;抽水井类型为完整井;含水层水力传导系数=16.3 m/d;距抽水井 1.52 m 处的观测井稳定降深为 0.61 m;距抽水井 6.1 m 处的观测井稳定降深为 0.37 m。

解答: 将数据代入公式

$$Q = \frac{2.73 Kb(h_2 - h_1)}{\lg\left(\frac{r_2}{r_1}\right)} = \frac{2.73 \times 16.3 \times 9.1 \times (0.61 - 0.37)}{\lg\left(\frac{6.1}{1.52}\right)} = 161 \text{ m}^3/d$$

- 潜水含水层地下水稳定流

$$Q = \frac{1.366 K(h_2^2 - h_1^2)}{\lg\left(\frac{r_2}{r_1}\right)} \quad (7-14)$$

式中各项参数与公式(7-9)相同。

【例7-25】潜水含水层抽水影响半径

潜水含水层的厚度为12.2 m,利用直径为0.102 m的完整井抽水;抽水速率为0.15 m³/min;砂质含水层水里传导系数为8.2 m/d;距离抽水井3.0 m的观测井稳定降深为1.5 m。计算:a. 抽水井降深;b. 抽水井影响半径。

解答:

a. 首先确定 h_1(在距抽水井3 m处),有

$$h_1 = 12.2 - 1.5 = 10.7 \text{ m}$$

为了确定抽水井降深,令 r 为井的半径,$r = (0.102/2) = 0.051$ m,然后利用公式(7-14)

$$0.15 \times 1\,440 = \frac{1.366 \times 8.2 \times (h_2^2 - 10.7^2)}{\lg\left(\dfrac{0.051}{3.0}\right)}$$

化简得到 $h_2 \approx 9.0$ m

所以抽水井处的水位降深是 $12.2 - 9.0 = 3.2$ m

b. 水位降深为0处距抽水井的距离为影响半径,利用抽水井降深信息推导如下:

$$0.15 \times 1\,440 = \frac{1.366 \times 8.2 \times (9.0^2 - 12.2^2)}{\lg\left(\dfrac{0.051}{r_{RI}}\right)}$$

化简得到 $r_{RI} \approx 168$ m。利用观测井降深信息可以推导出类似结果

$$0.15 \times 1\,440 = \frac{1.366 \times 8.2 \times (10.7^2 - 12.2^2)}{\lg\left(\dfrac{3}{r_{RI}}\right)}$$

化简得到 $r_{RI} \approx 181$ m

【例7-26】利用潜水含水层稳定降深数据计算抽水速率

根据以下信息计算潜水含水层中抽水井的抽水速率:

含水层厚为9.1 m;井直径为0.102 m;抽水井类型为完整井;含水层水力传导系数为16.3 m/d;稳定降深;距离抽水井1.52 m处观测孔稳定降深为0.61 m;距抽水井6.1 m处观测孔稳定降深为0.37 m。

解答: a. 需要确定 h_1 和 h_2:

$$h_1 = 9.1 - 0.61 = 8.49 \text{ m}$$
$$h_2 = 9.1 - 0.37 = 8.73 \text{ m}$$

b. 将数据代入公式(7-14),可以得到:

$$Q = \frac{1.366 K (h_2^2 - h_1^2)}{\lg\left(\dfrac{r_2}{r_1}\right)} = \frac{1.366 \times 16.3 (8.73^2 - 8.49^2)}{\lg\left(\dfrac{6.1}{1.52}\right)} \approx 152 \text{ m}^3/\text{d}$$

◇捕获区分析

捕获区分析是指基于地下水流场变化特征对捕获区进行分析,根据平面流场和剖面水力梯度,分析水平或垂向捕获的程度。其中,水平捕获区根据流线与水位等值线正交构成的流网图确定;垂向捕获区根据含水单元的垂向水力梯度确定,并考虑污染物垂向运移到相邻含水层的可能性。捕获区计算包括流量计算和捕获区宽度计算。其中,流量计算指利用抽水井捕获污染羽计算所需的抽水流量。捕获区宽度计算指对于给定的抽水井,试算给定抽水流量下的捕获区宽度。

当水文地质条件较为简单时,如对于均质含水层,可采用公式法进行近似计算。假设含水层为均质各向同性、承压等厚无限大,地下水流为均匀稳定流,垂向水力梯度忽略不计,无补给,抽水井为完整井。抽水流量估算可采用公式(7-35)计算:

$$Q = B \times u \times W \tag{7-35}$$

式中,Q 为抽水井的流量,m^3/s;B 为含水层厚度,m;u 为地下水流速,m/s;W 为捕获区宽度,m。

捕获区宽度可采用公式(7-36)计算:

$$W = Q/Bu \tag{7-36}$$

• 单井抽水

假设含水层为等厚、均质、各项同性,单井抽出达稳定状态后,该井的捕获区如图7-6所示。根据含水层类型,其计算公式分别如下。

下图展示了单个抽水井的捕获区,Q/Bu 值越大,捕获范围越大,捕获区的三个特征值如下:y 趋近于 0 处的驻点;$x=0$ 处的侧流距离;$x=\infty$ 处 y 的渐进值。如果以上 3 个数据确定了,捕获区的大致形状可以勾画出来。

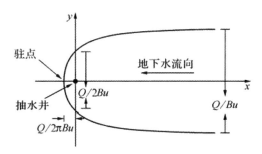

图 7-5 单井抽水的地下水捕获区

捕获区绘制步骤如下:

Ⅰ. 承压含水层

步骤1:按下式计算捕获区最大宽度 y_{max}(见图7-6)

$$y_{max} = \pm \frac{Q}{2KBi} \tag{7-37}$$

Q 为抽出量,m/d;K 为渗透系数,m/d 或(m/s);B 为含水层厚度,m;i 为水力梯

度,无量纲

步骤2:按下式计算驻点(x_0)的坐标:

$$x_0 = \frac{-Q}{2\pi KBi} \quad (7-38)$$

步骤3:分别将一组小于y_{max}的y值代入下式,计算相应x值。

$$x = \frac{-y}{\tan(2\pi KBiy/Q)} \quad (7-39)$$

步骤4:用以上所得(x,y)值绘制捕获区。

Ⅱ.潜水含水层(计算步骤与承压含水层相似)

步骤1:按下式计算捕获区最大宽度y(见图7-6)

$$y_{max} = \pm\frac{QL}{K(h_1^2 - h_2^2)} \quad (7-40)$$

h_1——天然水流条件下x处的地下水水头,m;

h_2——天然水流条件下x处的地下水水头,m;

L——h_1和h_2之间的距离。

步骤2:按下式计算驻点的(x)坐标

$$x_0 = \frac{QL}{\pi K(h_1^2 - h_2^2)} \quad (7-41)$$

步骤3:分别将一组小于y_{max}的y值代入下式,计算相应x值。

$$x = \frac{-y}{\tan(\pi K(h_1^2 - h_2^2)y/QL)} \quad (7-42)$$

步骤4:用以上所得(x,y)值绘制捕获区。

【例7-27】绘出抽水井的捕获区范围

通过以下信息绘出地下水抽水井的水力捕获区:抽水速率Q为$3.79\times10^{-3}\,\text{m}^3/\text{s}$;渗透系数$K$为$81.5\,\text{m/d}$;含水层厚度$B$为$15.24\,\text{m}$;地下水水力梯度$i=0.01$,无量纲。

解答:

a. 确定地下水流速(u),有

$$u = Ki = 81.5\,\text{m/d} \times 0.01 \approx 0.82\,\text{m/d} \approx 9.43\times10^{-6}\,\text{m/s}$$

b. 确定Q/Bu

$$\frac{Q}{Bu} = \frac{3.79\times10^{-3}\,\text{m}^3/\text{s}}{15.24\,\text{m}\times(9.43\times10^{-6}\,\text{m/s})} \approx 26.37\,\text{m}$$

c. 利用公式建立x,y数据集。首先给定y值,对于小的y值,选择一个较小的间距。按照下面列表中的数据得出图7-6。

y/m	x/m	y/m	x/m
0	0.00		
0.1	−4.20	−0.1	−4.20
0.5	−4.18	−0.5	−4.18
1	−4.12	−1	−4.12
3	−3.46	−3	−3.46
5	−1.99	−5	−1.99
7	0.68	−7	0.68
9	5.81	−9	5.81
10	10.54	−10	10.54
12	41.36	−12	41.36

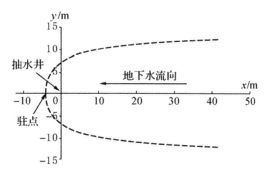

图 7-6 抽水井捕获区(例 7-27)

【例 7-28】确定捕获区的下游侧流距离

含水层中存在一个抽水井,含水层渗透系数为 41 m/d,水力梯度为 0.015,含水层厚度为 24.38 m,设计抽水速率为 3.15×10^{-3} m³/s。

计算下面的捕获区特征值,并画出该抽水处理井的捕获区:

a. 抽水井所在直线(与水流方向垂直)方向的捕获区的侧流距离;

b. 抽水井到驻点的距离;

c. 远离抽水井的上游捕获区的侧流距离。

解答:

a. 确定地下水流速(u),有

$$u = Ki = 41 \text{ m/d} \times 0.015 = 0.615 \text{ m/d} \approx 7.12 \times 10^{-6} \text{ m/s}$$

b. 确定 $Q/4Bu$

$$\frac{Q}{4Bu} = \frac{3.15 \times 10^{-3} \text{ m}^3/\text{s}}{4 \times (24.38 \text{ m}) \times (7.12 \times 10^{-6} \text{ m/s})} \approx 4.54 \text{ m}$$

c. 确定抽水井到下游驻点的距离($Q/2\pi Bu$),有

$$\frac{Q}{2\pi Bu} = \frac{3.15 \times 10^{-3} \text{ m}^3/\text{s}}{2\pi \times (24.38 \text{ m}) \times (7.12 \times 10^{-6} \text{ m/s})} \approx 2.89 \text{ m}$$

d. 确定远离抽水井上游捕获区的侧流距离($Q/2Bu$),有

$$\frac{Q}{2Bu} = \frac{3.15 \times 10^{-3} \text{ m}^3/\text{s}}{2 \times (24.38 \text{ m}) \times (7.12 \times 10^{-6} \text{ m/s})} \approx 9.07 \text{ m}$$

e. 利用公式建立 x,y 数据集。首先给定 y 值,对于小的 y 值,选择一个较小的间距。按照下面列表中的数据得出图 7-7。

x/m	y/m	备注
0	0	抽水井坐标
−2.89	0	井至下游的距离(驻点坐标)
0	4.54	与井同一直线上的侧流边界
0	−4.54	与井同一直线上的侧流边界
45.4*	9.07	抽水井上游侧流渐近线
45.4*	−9.07	抽水井上游侧流渐近线

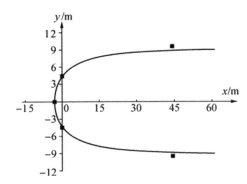

图 7-7 抽水井捕获区示意图(例 7-28)

- 多井抽水

表 7-7 总结了在垂直于地上流向布设一排抽水井的情况下,捕获区的部分特征距离。如表所示,在远离抽水井的上游,包络线分隔间距为 $n(Q/Bu)$,其中 n 为抽水井的数量,该分隔间距为井群所在直线方向上的包络线分隔间距的两倍。

多井抽水与单井抽水相同,井至下游驻点的距离为 $Q/2\pi Bu$。

表 7-7 多井抽水水力捕获区边界特征值

抽水井数量	最优井距	抽水井所在直线上的分隔流线间距	远离抽水井上游的分隔线间距
1	—	$0.5Q/Bu$	Q/Bu
2	$0.32Q/Bu$	Q/Bu	$2Q/Bu$
3	$0.40Q/Bu$	$1.5Q/Bu$	$3Q/B$
4	$0.38Q/Bu$	$2Q/Bu$	$4Q/Bu$

【例 7-29】确定多井捕获区的下游侧流距离

含水层中存在一个抽水井,含水层渗透系数为 41 m/d,水力梯度为 0.015,含水层厚度为 24.38 m,设计抽水速率为 3.15×10^{-3} m³/s。试确定最优井距,计算下述特征距离,并画出抽水井的捕获区。

a. 抽水井所在直线(与水流方向垂直)方向的捕获区的侧流距离;

b. 抽水井到驻点的距离;

c. 远离抽水井的上游捕获区的侧流距离。

解答:

a. 确定地下水流速(u),有
$$u = Ki = 41\text{ m/d} \times 0.015 = 0.615\text{ m/d} \approx 7.12\times10^{-6}\text{ m/s}$$

b. 确定两口井的最优井距 $0.32Q/4Bu$
$$\frac{0.32Q}{Bu} = \frac{0.32\times3.15\times10^{-3}\text{ m}^3/\text{s}}{(24.38\text{ m})\times(7.12\times10^{-6}\text{ m/s})} \approx 5.81\text{ m}$$

c. 确定抽水井到下游驻点的距离($Q/2\pi Bu$),有
$$\frac{Q}{2\pi Bu} = \frac{3.15\times10^{-3}\text{ m}^3/\text{s}}{2\pi\times(24.38\text{ m})\times(7.12\times10^{-6}\text{ m/s})} \approx 2.89\text{ m}$$

d. 确定与井在同一直线上捕获区的侧流距离($Q/2Bu$),有
$$\frac{Q}{2Bu} = \frac{3.15\times10^{-3}\text{ m}^3/\text{s}}{2\times(24.38\text{ m})\times(7.12\times10^{-6}\text{ m/s})} \approx 9.07\text{ m}$$

e. 确定远离抽水井上游的包络线侧流距离(Q/Bu)
$$\frac{Q}{Bu} = \frac{3.15\times10^{-3}\text{ m}^3/\text{s}}{(24.38\text{ m})\times(7.12\times10^{-6}\text{ m/s})} \approx 18.15\text{ m}$$

f. 利用公式建立 x, y 数据集。首先给定 y 值,对于小的 y 值,选择一个较小的间距。按照下面列表中的数据得出图 7-8。

x/m	y/m	备注
0	2.90	第一个抽水井坐标
0	−2.90	第二个抽水井坐标
−2.89	0	井至下游边界距离(驻点坐标)
0	9.07	与井同一直线上的测流边界
0	−9.07	与井同一直线上的测流边界
90.7*	18.15	抽水井上游测流渐近线
90.7*	−18.15	抽水井上游测流渐近线

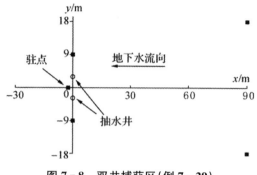

图 7-8 双井捕获区(例 7-29)

> **讨论**
> 1. 沿两口抽水井所在直线方向的侧流距离一般是单井的两倍;
> 2. 远离双井的上游侧流距离一般是单井的两倍;
> 3. 双井至下游驻点距离一般与单井相同。至下游驻点距离的计算公式为 $Q/2\pi Bu$,但实际上,两口井对下游的影响距离应当略大于 $Q/2\pi Bu$。

③井距和井的数量

地下水修复工作中,确定井的数量和井的间距非常重要。如果污染羽范围、地下水的流速和流向已经确定,可以利用下面的步骤确定井的数量和位置。

步骤1:利用含水层试验确定地下水抽取速率或者利用含水层介质参数估算抽水速率。

步骤2:在图中勾画出单井水力捕获区(参考例 7-28 或例 7-29),图件比例尺应与污染羽图件比例尺相同。

步骤3:将捕获区曲线与污染羽分布图叠加。

步骤4:如果捕获区能完全覆盖污染羽范围,那么设置一口抽水井即可,并将捕获区曲线中抽水井的位置复制到污染羽图件中。在确保捕获区完全覆盖污染羽的前提下,可通过降低抽水速率以缩小捕获区范围。

步骤5:如果单个抽水井捕获区不能够完全覆盖污染羽范围,那么就需要两个或者更多抽水井,直到捕获区范围能完全覆盖污染羽。同理,复制捕获区曲线中抽水井的位置到污染羽图件中。值得注意的是,由于井群抽水时,各井的影响范围可能会有重叠,因此,即便每口井的最大允许降深相同,井群抽水时的单井抽水速率会与抽水时的抽水速率有所差别。

【例 7-30】确定捕获区地下水污染羽的抽水井位与数量

某被污染的含水层,其水力传导系数为 41 m/d,水力梯度为 0.015,含水层厚度为 24.38 m,污染羽范围如图 7-9 实黑线所示。

假定单井的抽水速率为 3.15×10^{-3} m³/s。要求确定抽水处理井数量与位置。

解答：

a. 画出单井捕获区(同例7-28)，井位设在坐标系原点。图中虚线表示该井的捕获区边界线。如图7-9所示，通过对比可以发现，单井捕获区无法覆盖整个污染羽。

b. 画出双井捕获区(同例7-29)，如图7-9所示，两个空心圆为抽水井位置，实心方块的连线表示双井捕获区的边界。可以看出，双井捕获区能够完全覆盖污染羽范围。因此，应该布设两口抽水井。

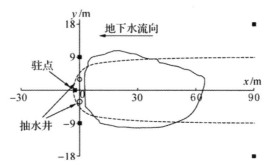

图7-9 污染羽及单井、双井捕获区(例7-30)

在实际修复方案设计中，由于存在含水层的非均质性以及污染羽的不规则形态等复杂因素，往往需要布置不规则分布的群井抽出，这样方能达到最佳捕获效果。不规则分布群井抽出的最优方案设计需统筹考虑污染羽及其所在地块的水文地质条件，建立相应概念模型和数学模型，确定数值模拟方法，选择或编写相应模拟软件，如MODFLOW、MT3D等，通过计算机模拟，对抽出井群进行优化设计，以达到经济高效捕获污染羽的目的。

1) 工程施工

工程施工应满足抽出-处理工程设计方案及相关施工技术规范要求，包括施工方案编制、施工过程控制及设备安装与调试。

2) 工程运行及监测

抽出-处理工程运行及监测应包括工程运行与维护、运行效果监测、工程运行状况分析。通过评估抽出-处理工程的运行状况，优化工程措施，保障风险管控目标和修复目标可达。若判断风险管控目标或修复目标不可达时，应根据实际情况选择调整工程设计方案或筛选其他技术。

3) 工程效果评估

在风险管控工程施工完工1年内或修复工程经初步判断达到修复目标后，根据风险管控目标或修复目标，开展风险管控或修复效果评估，确定抽出-处理工程效果。

4) 工程关闭

当确定目标污染物的浓度已经达到既定的修复目标或无需抽出-处理工程实施连续

2年均满足风险管控目标时,可选择关闭抽出-处理工程。

7.2.2.2 活性炭吸附

吸附过程是指利用吸附剂固体表面收集溶液中可溶性物质。活性炭是一种普遍使用的吸附剂,几乎能够吸附所有类型的有机化合物。活性炭颗粒具有较大的比表面积,吸附过程中有机化合物被活性炭表面吸附而离开液体,当活性炭耗尽时,流出污染物浓度会突然升高,此时应当更换活性炭。

1) 吸附等温线与吸附容量

吸附容量取决于溶液性质和活性炭本身的性质、污染物浓度以及温度。

吸附等温线描述了固体吸附质的浓度和指定温度下溶解于一定体积溶液中的溶质浓度之间的平衡关系。

给定条件下活性炭对特定物质的吸附容量可从等温吸附线中得到。

$$q = \frac{abC}{1+bC}, q = kC^n \tag{7-43}$$

式中,q 为吸附浓度(污染物质量/活性炭质量);C 为水体污染浓度(污染物质量/溶液体积);a、b、n、k 为常数。

通常设计工程师采用理论值吸附容量的 25%~50% 作为实际设计吸附容量

$$q = \frac{abC}{1+bC}, q_{实际} = (50\%)q_{理论} \tag{7-44}$$

给定活性炭的量时,可确定清除污染物的最大量

$$M_{removal} = q_{实际} M_{carbon} = q_{实际} V_{carbon} \rho_b \tag{7-45}$$

式中,M_{carbon} 为活性炭质量;ρ_b 为活性炭密度;V_{carbon} 为活性炭体积。

活性炭吸附器的吸附容量按如下步骤确定:

步骤1:利用公式确定理论吸附容量;

步骤2:利用公式确定实际吸附容量;

步骤3:通过计算确定吸附器中活性炭的数量;

步骤4:利用公式确定吸附器所能吸附的污染物最大量;

如上计算需要以下信息:

吸附等温线;水体污染物浓度,C_{in};活性炭体积,V_{carbon};活性炭密度,ρ_b。

【例7-31】 确定活性炭吸附器的吸附容量

在地下工程建设中,经常需要通过降水来降低地下水水位。某建筑地,承建商意外发现抽取的地下水存在甲苯污染,浓度为 5 mg/L。按照规定,地下水甲苯浓度必须低于 100 ppb 之后才能外排。为了避免工期延误,现利用 250 L 活性炭单元来治理地下水。

活性炭供应商提供了吸附等温线的信息。按照 Langmuir 模型,q(kg 甲苯/kg 炭) = $[0.004C_e/(1+0.002C_e)]$,C_e 单位为 mg/L。供应商还提供了以下信息:

每个 250 L 柱状活性炭填料层直径为 46 cm；

每个 250 L 柱状活性炭填料层高度为 91 cm；

活性炭密度为 479 kg/m³。

根据以上信息确定：

活性炭的吸附容量；

所需的活性炭单元的数量；

每个单元在耗尽前所能清除的甲苯数量。

解答：

a. 利用公式求出吸附容量理论值

$$q(\text{kg/kg}) = \frac{0.004C_e}{1+0.002C_e} = \frac{0.004 \times 5}{1+0.002 \times 5} = 0.02 \text{ kg/kg}$$

$q_{实际} = (50\%)q_{理论} = (50\%) \times (0.02) = 0.01 \text{ kg/kg}$

b. 一个柱状活性炭的内体积

$$(\pi r^2)h = (\pi) \times (0.46/2)^2 \times 0.91 = 151 \text{ L}$$

所需的活性炭单元的数量

$$V\rho_b = 151 \text{ L} \times 479 \text{ kg/m}^3 \approx 72.3 \text{ kg}$$

c. 活性炭耗尽前，每个吸附桶所能吸附甲苯的数量＝活性炭总数量×实际吸附容量

(72.3 kg/桶)×(0.01 kg 甲苯/kg 活性炭)＝0.723 kg 甲苯/桶

2）活性炭吸附系统设计

①空床接触时间

在确定液相活性炭系统的吸附容量时，设计中通用标准是采样空床接触时间 EBCT (Empty Bed Contact Time)。

典型的空床接触时间通常在 5～20 min 之间，这主要取决于污染物的性质。

有些化合物具有较强吸附性，那么它所需空床接触时间短。

以 PCB 和丙酮为两个极端为例，PCB 亲水性非常弱，因此极易吸附于活性炭的表面，而丙酮则不容易被活性炭吸附。

如果溶液流速一定，则可用空床接触时间来确定活性炭吸附器的体积

$$V_{\text{carbon}} = Q \times EBCT \tag{7-46}$$

②横截面积

活性炭吸附器的水力负荷通常设置为 12.2 m/h 或更少。这个参数可以用来确定吸附器所需的最小横截面积 A_{carbon}

$$A_{\text{carbon}} = \frac{Q}{表面负荷} \tag{7-47}$$

③活性炭吸附器高度

设计所需活性炭吸附器高度 H_{carbon} 可以通过下式确定

$$H_{\text{carbon}} = \frac{V_{\text{carbon}}}{A_{\text{carbon}}} \qquad (7-48)$$

④活性炭吸附器污染物去除率

活性炭吸附器的污染物去除率($R_{去除}$)可以利用下式计算

$$R_{去除} = (C_{\text{in}} - C_{\text{out}})Q \qquad (7-49)$$

在实际应用中,流出浓度(C_{out})应保证低于排放限值,该值通常非常低。

考虑安全因素,在设计计算中,C_{out}项可以从公式中删除,即污染物去除率等于质量负荷速率($R_{负荷}$)

$$R_{去除} \approx R_{负荷} = (C_{\text{in}})Q \qquad (7-50)$$

⑤活性炭更换/再生频率

活性炭一旦达到吸附容量,应当及时更换。两次更换的时间间隔或一批新的活性炭预期服役寿命可以通过活性炭所能吸附的污染物质量 $M_{负荷}$ 除以污染物去除速率 $R_{负荷}$

$$T = \frac{M_{负荷}}{R_{负荷}} \qquad (7-51)$$

⑥活性炭吸附器的结构

若使用多个活性炭吸附器,通常以串联或并联方式分布。如果两个吸附器串联,监测点可以设置在第一个吸附器流出口,从第一个吸附器流出高污染浓度溶液时就表明该吸附器已经达到吸附容量。此时,去掉第一个吸附器,第二个吸附器转为第一吸附器,以此类推,从而两个吸附器的吸附容量将被充分利用并达到设计浓度标准。

如果两个吸附器并联,那么对其中一个进行离线再生或维修时,系统仍能确保连续运行。

活性炭吸附器吸附系统设计可按如下步骤确定:

步骤1:利用公式确定理论吸附容量;

步骤2:利用公式确定活性炭吸附器所必需的体积;

步骤3:利用公式确定活性炭吸附器所必需的横截面积;

步骤4:利用公式确定活性炭吸附器所必需的高度;

步骤5:利用公式确定污染物去除率或加载率;

步骤6:利用公式确定活性炭吸附器所能吸附的污染物数量;

步骤7:利用公式确定活性炭服役时间;

步骤8:利用多个活性炭吸附器时,确定最优结构。

如上计算需要以下信息:

水体污染物浓度,C_{in};吸附等温线;活性炭密度,ρ_b;设计溶液流量;Q:设计水力负荷

【例7-32】设计用于地下水修复的活性炭吸附系统

地下工程建设中,经常需要通过降水来降低地下水水位。在某建筑工地,承建商意外发现抽取的地下水存在甲苯污染,浓度为 5 mg/L。按照规定,地下水甲苯浓度必须低

于 100 μg/L 之后才能外排。为避免工期延误,现利用 250 L 活性炭单元来治理地下水。根据下面的信息设计一套活性炭吸附系统(含活性炭吸附单元数量、配置、更换频率)。废水流量为 6.8 m³/h,每个 250 L 柱状活性炭填料层直径为 46 cm。

每个 250 L 柱状活性炭填料层高度为 91 cm,活性炭密度为 479 kg/m³,q(kg 甲苯/kg 炭)=$[0.004C_e/(1+0.002C_e)]$,C_e 单位为 mg/L。

解答:

a. 从例 7-30 的计算结果可知,活性炭实际吸附容量为 0.01 kg/kg 炭

假定空床接触时间为 12 min,利用公式求得所需活性炭吸附器的体积

$$V_{carbon} = Q \times EBCT = 6.8 \text{ m}^3/\text{h} \times 12 \text{ min} = 1.36 \text{ m}^3$$

b. 假定水力负荷为 12.2 m/h,活性炭吸附器所需横截面积:

$$A_{carbon} = \frac{Q}{\text{表面负荷}} = \frac{6.8}{12.2} = 0.557 \text{ m}^2$$

如吸附系统定做,则通常采用 0.557 m² 的横截面积和 2.44 m 高度的系统。但是如果不用现成的 250 L 吸附桶,为达到所需的横截面积,需要确定吸附桶数量。

250 L 吸附桶活性炭面积 $= \pi r^2 = \pi(46/2)^2 \approx 0.166 \text{ m}^2/$桶

c. 未达到所需水力负荷并联吸附桶数量 $= 0.557 \text{ m}^2 / 0.166 \text{ m}^2 \approx 3.36$ 桶

因此需要 4 个吸附桶并联,总横截面积为 $0.166 \text{ m}^2 \times 4 \approx 0.66 \text{ m}^2$

d. 采用公式确定活性炭吸附器的所需高度

$$H_{carbon} = \frac{V_{carbon}}{A_{carbon}} = \frac{1.36 \text{ m}^3}{0.66 \text{ m}^2} \approx 2.06 \text{ m}$$

e. 每个活性炭吸附桶高度为 0.91 m,为达到 2.06 m 的高度,串联所需吸附桶数量为

$N_{桶} = \dfrac{2.06 \text{ m}}{0.91 \text{ m}} = 2.26$,需要使用三个吸附桶串联。则总共 12 个桶,活性炭总体积 $= 250 \text{ L} \times 12 = 3 \text{ m}^3$。

f. 利用公式确定污染物去除率 $R_{去除} \approx R_{负荷} = (C_{in})Q$

$= 5 \text{ mg/L} \times 6.8 \text{ m}^3/\text{h} \times 1\,000 \text{ L/m}^3 = 0.816 \text{ kg/d}$

g. 采用公式确定活性炭吸附桶所能吸附的污染物数量

$$M_{去除} = q_{实际} \times V_{carbon} \times \rho_b = 0.01 \text{ kg} \times 0.25 \text{ m}^3 \times 479 \text{ kg/m}^3 \approx 1.2 \text{ kg}$$

h. 确定活性炭吸附桶的服役期

$$T = \frac{M_{负荷}}{R_{负荷}} = \frac{1.2 \text{ kg}}{0.816 \text{ kg/d}} = 1.47 \text{ d}$$

讨论

1. 需要注意的是,应当尽量减少管道连接所导致的水头损失。

2. 一个 208 L 活性炭吸附桶常需要几百美元。本例中 12 个吸附桶修复时间小于 11 d,同时活性炭废弃后的处置和更新所需花销也应当予以考虑。因此,本例中的处理方法相对昂贵。如需长时间处理,则应当选用更大的活性炭桶或采用其他技术。

7.2.2.3 空气吹脱

1) 技术介绍

空气吹脱法以清洁空气为载气,使之通过污染水体并相互充分接触。通过增强水中有机物挥发而达到去污的物理方法,是挥发性有机物(VOCs)污染地下水修复的常用方法之一。

空气吹脱系统通过促使水中溶解气体和挥发性物质穿过气液界面,向气相转移,从而达到脱除污染物的目的。目前,已有许多种成熟设备可供选用,包括板式塔、喷雾装置、扩散曝气和填料塔,其中填料塔是地下水污染治理中最常用的技术。

2) 空气吹脱系统设计

吹脱法所用填料塔中,被污染水体从塔顶喷下,在填料表面呈膜状向下流动;气体由塔底送入,从下而上同液膜逆流接触,完成传质过程。填料为挥发性有机气体从液相转移到空气流中提供表面积。根据质量守恒原理,从污染液中移除的污染物总量与进入到空气中的污染物总量相等。

$$Q_w(C_{in}-C_{out})=Q_a(G_{out}-G_{in}) \quad (7-52)$$

G_{in} 表示进气污染物浓度、G_{out} 表示出气污染物浓度、Q_w 表示液相流量、Q_a 表示空气流量,对于理想情况,流入空气不含污染物($G_{in}=0$),地下水可以完全清污($C_{out}=0$)

上式可以简化为:

$$Q_w(C_{in})=Q_a(G_{out}) \quad (7-53)$$

C_{in} 表示进水污染物浓度、C_{out} 表示出水污染物浓度,假设符合亨利定律,且流出空气与流出水处于平衡状态,则有理论推导

$$G_{out}=H^* C_{in}, H^* \times \left(\frac{Q_a}{Q_w}\right)_{min}=1 \quad (7-54)$$

式中,H^* 表示经某种方式转换后的无量纲亨利常数,(Q_a/Q_w) 是最小气水比(体积比),这是上面提及的理想案例的气水比。实际的气水比通常比理想状态最小气水比高几倍。吹脱因子 S 和无量纲亨利常数和气水比的乘积,常常用于吹脱设计。

$$S=H^* \times \left(\frac{Q_a}{Q_w}\right) \quad (7-55)$$

以上提及的理想案例中吹脱因子等于1。为了达到完全移除污染物的目的,理论上需要填料高度无限大。对于现场应用,S 值应该大于1。S 值通常为2~10,S 取值大于10 的系统经济性较低。此外,过高的气水比可能会导致"溢流"现象发生。

可按如下步骤确定给定液相流量条件下的空气流量:

步骤1:转换亨利常数为无量纲值;

步骤2:如吹脱因子已知或已选定,确定最小气水比,进入步骤4;

步骤3:如吹脱因子未知或待定,确定最小气水比,最小气水比乘以2～10之间数值以获得设计气水比,进入步骤4;

步骤4:通过乘以步骤2或步骤3确定的气水比下的液相流量确定所需空气流量;

如上计算所需信息:亨利常数 H;吹脱因子 S;设计流量 Q。

【例7-33】确定吹脱填料塔中的气水比

拟设计一个吹脱填料塔来减少抽取上来的地下水中氯仿的浓度。使之浓度从50 mg/L减少到0.05 mg/L,确定:①最小气水比;②设计气水比;③设计空气流量。根据下面的信息进行计算。

氯仿的亨利常数为128 atm;吹脱因子为3;水温15 ℃,抽取地下水流量为27 m³/h;

解答:

a. 亨利常数换算

$$H = \frac{H^* RT(1\,000\gamma)}{w}, H = \frac{H^* 0.082(273+15)(1\,000 \times 1)}{18} = 128, H^* \approx 0.098$$

b. 确定最小气水比

$$H^* \times \left(\frac{Q_a}{Q_w}\right)_{min} = 1 = 0.098 \times \left(\frac{Q_a}{Q_w}\right)_{min}, \left(\frac{Q_a}{Q_w}\right)_{min} = 10.25$$

c. 确定气水比

$$H^* \times \left(\frac{Q_a}{Q_w}\right) = S = 0.098 \times \left(\frac{Q_a}{Q_w}\right), \left(\frac{Q_a}{Q_w}\right) = 30.75$$

d. 通过溶液流量与气水比相乘得到空气流量

$$Q_a = Q_w \times \left(\frac{Q_a}{Q_w}\right) = 27 \text{ m}^3/\text{h} \times 30.75 = 830.25 \text{ m}^3/\text{h}$$

讨论

吹脱因子为3,意味着设计气水比与最小气水比的比值为3。设计气水比可以通过最小气水比与吹脱因子相乘得到。

① 填料塔直径

空气吹脱法设计的一个关键因素就是填料塔直径,填料塔直径取决于溶液流量。溶液流量越大,需要的塔体直径越大。典型的吹脱塔水力负荷维持在1 173 m/d或更小。这个参数通常用来确定吹脱塔所需横截面积 $A_{stripping}$

$$A_{stripping} = \frac{Q}{\text{表面负荷}} \tag{7-56}$$

② 填料高度

填料高度 Z 是指定移除效率时的另一个关键设计因素。吸附桶越高,移除效率也会越高。填料高度可以方便地通过传质单元概念来确定。

$$Z = HTU \times NTU \tag{7-57}$$

HTU 为传质单元的高度，NTU 为传质单元的数量

HTU 很大程度上依赖于水力负荷和整体质量转移速率 $K_L a$（注意 K_L 为速率常数 (m/s)，a 为比表面积 (m²/m³)，$K_L a$ 单位为 (1/s)。对于指定应用的 $K_L a$ 值，最好的确定方法是通过引导测试，也可以通过经验公式计算 $K_L a$ 的值。对于地下水修复中的吹脱填料塔，$K_L a$ 的值通常为 0.01～0.05(1/s)。HTU 具有长度量纲。

HTU 可通过下式确定：

$$HTU = \frac{L}{K_L a} \tag{7-58}$$

L 为液体水力负荷，量纲为长度/时间

NTU 可通过下式确定：

$$NTU = \left(\frac{S}{S-1}\right) \ln\left\{\frac{(C_{in})}{(C_{out})}\left[\frac{S-1}{S}\right] + \frac{1}{S}\right\} \quad (G_{in}=0 \text{ 时}) \tag{7-59}$$

式中，S 为吹脱因子；H^* 为无量纲亨利常数；C 为溶液污染物浓度；G 为气体中污染物浓度。

吹脱填料塔的规格可通过以下步骤确定：

步骤 1：确定吹脱填料塔所需横截面积，然后利用该面积确定吸附桶直径，进位至整数。

步骤 2：采用上述直径计算横截面积，再确定水力负荷，计算得到 HTU。

步骤 3：确定吹脱因子，如吹脱因子未知或待定，利用公式计算。

步骤 4：计算 NTU。

步骤 5：计算填料高度 Z。

如上计算所需信息：亨利常数；吹脱因子 S；设计流量 Q；设计水力负荷。

整体质量转移系数，$K_L a$；流入溶液污染物浓度，C_{in}；流出溶液污染物浓度，C_{out}；流入空气污染物浓度，G_{in}。

【例 7-34】用于地下水修复的吹脱填料塔规格

设计一个吹脱填料塔来减少抽取上来的地下水中氯仿的浓度，使浓度从 50 mg/L 减少到 0.05 mg/L。通过确定横截面积，填料高度和空气流量确定吹脱规格。

根据如下信息进行计算：

氯仿的亨利常数为 128 atm；吹脱因子 $S=3$；水温为 15 ℃；设计流量 $Q=27$ m³/h；设计水力负荷为 48.87 m/h；

整体质量转移系数，$K_L \cdot a = 0.01(1/s)$；流入溶液污染物浓度，C_{in}；

流出溶液污染物浓度，C_{out}；流入空气污染物浓度，$G_{in}=0$；

a. 亨利常数为 0.098，空气流量为 836.6 m³/h；

b. 计算横截面积

$$A_{stripping} = \frac{Q}{\text{表面负荷}} = \frac{27 \text{ m}^3/\text{h}}{48.87 \text{ m/h}} = 0.552 \text{ m}^2$$

吹脱柱直径为 $(4A/\pi)^{0.5}=(4\times 0.552)^{0.50}=0.839$ m,所以直径 $d=0.9$ m

c. 根据新得到的直径确定水力负荷,吸附桶横截面积

$$A=\frac{\pi d^2}{4}=\frac{\pi (0.9)^2}{4}=0.64 \text{ m}^2$$

吸附桶水力负荷为 $Q/A=(27 \text{ m}^3/\text{h})/(0.64 \text{ m}^2)=0.68 \text{ m/min}=0.011\ 4 \text{ m/s}$

d. 确定 HTU 的值

$$HTU=\frac{L}{K_L a}=\frac{0.011\ 4 \text{ m/s}}{0.01/\text{s}}=1.14 \text{ m}$$

e. 确定 NTU 的值

$$NTU=\left(\frac{S-1}{S}\right)\ln\left\{\frac{(C_{\text{in}})}{(C_{\text{out}})}\left[\frac{S-1}{S}\right]+\frac{1}{S}\right\} (G_{\text{in}}=0 \text{ 时})$$

$$NTU=\left(\frac{3-1}{3}\right)\ln\left\{\frac{(50)}{(0.05)}\left[\frac{3-1}{3}\right]+\frac{1}{3}\right\}=9.75$$

f. 确定填料高度

$$Z=HTU\times NTU=1.14 \text{ m}\times 9.75=11.12 \text{ m}$$

计算得到的填料高度为 11.12 m,意味着整个吹脱塔的高度超过 11 m。大多数工程无法接受这一高度。因此,可考虑将两个长度较小的吹脱塔串联完成。

> **讨论**
> 1. 吹脱塔的典型水力负荷为 1 173 m/d,远大于活性碳吸附器的典型水力负荷 293 m/d;
> 2. 计算得到填料高度为 9.36 m,这就意味着整个吹脱塔的高度超过 10 m,大多数工程都无法接受这一高度。因此,针对这个案例,可考虑采用两个长度较小的吹脱塔串联。

7.2.2.4 空气注入

① 概述

空气注入是一种向饱和含水层中注入空气(或者纯氧)的原位修复技术。其原理示意图如右图所示。

注入气体穿过含水层,继续向上迁移穿过毛细带、非饱和带,最终由非饱和带通风网络收集。空气(或氧气)注入可起到如下作用:① 促进含水层中溶解的 VOCs 挥发;② 为含水层生物修复提供氧气;③ 促进毛细带 VOCs 的挥发;④ 促进

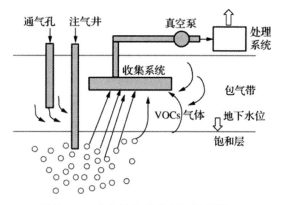

图 7-10 空气注入技术原理示意图

非饱和带 VOCs 的挥发。

② 空气注入的增氧效果

正如前面章节所述,通过回灌注入的地下水,即使水中的空气或氧气已达饱和,其氧气含量仍不能满足原位生物修复的需求,而空气注入过程可直接向污染羽持续补充空气(或氧气)。因此,通过增加污染羽中的溶解氧,以促进生物好氧降解作用是空气注入的主要目的之一。氧转移效率(E)常常用于评估空气注入效果,定义为:

$$\text{氧转移效率}(E) = \text{氧气溶解速率}/\text{氧气注入速率} \qquad (7-60)$$

在污水或废水处理行业,已经对氧转移速率进行过许多研究,但对于向地下含水层空气注入处理有机物的情形,可参考信息极少。氧转移效率的大小由许多因素决定,如注入压力、含水层注入点深度、地质情况等。

【例 7-35】确定空气注入过程氧气添加速率

在某烃类污染地块,设置三口空气注入井,井深至含水层污染羽。每个井的空气注入速率为 8.5 m³/h。假定氧转移效率为 10%,计算每口井向含水层的氧气转移的速率。若使用含饱和溶解氧的水注射,保证相同的氧气转移速率,那么注水速率应为多少?

解答:

a. 空气中氧气所占体积比约为 21%,相当于 210 000 ppmV。质量浓度转换,有

$$1 \text{ ppmV} = \frac{MW}{24.05}(20\ ℃) = \frac{32}{24.05} \text{mg/m}^3 \approx 1.33 \text{ mg/m}^3$$

所以,210 000 ppmV = 210 000 × 1.33 mg/m³ = 279 300 mg/m³

b. 每口井的氧气注入速率为 $(G)(Q)$ = (279 300 mg/m³) × (8.5 m³/h)
= 2 374 050 mg/h ≈ 56.98 kg/d

通过单口井向污染羽注入空气,可达到的氧气溶解速率为[使用公式(7-60)]

$$(56.98 \text{ kg/d}) \times 10\% \approx 5.70 \text{ kg/d}$$

c. 20 ℃时,饱和回注水中的溶解氧约为 9 mg/L。为供应 5.70 kg/d 的氧气,水的注入速率应达到

$$5.70 \text{ kg/d} = (5.70 \text{ kg/d}) \times (1\ 000\ 000 \text{ mg/kg}) = Q \times 9 \text{ mg/L}$$

所以,$Q \approx 633\ 333$ L/d ≈ 26.39 m³/h。

讨论

1. 氧转移效率为 10%,意味着所有添加到含水层中的氧气仅有 10%溶解到其中,尽管氧气转换率相对较低,注入氧气的 90%没有得到溶解,但仍可以作为非饱和带生物修复的氧源。

2. 尽管氧转移效率低,空气注入法仍能向含水层提供可观数量的氧气,采用氧气添加 8.5 m³/h 的空气注入速率在转移效率为 10%时等效于以 26.39 m³/h 的速率注入饱含空气的回灌水。

③ 空气注入压力

在空气注入工艺设计过程中,空气注射压力是重要内容之一。设计注气压力应克服:①注入点以上的水头高度对应的液体静压;②"进气压力",相当于使水进入饱和介质的毛细管压。

$$P_{injection} = P_{hydrostatic} + P_{capillary} \quad (7-60)$$

据报道,注气压力(表面压力)大约为 0.1~0.6 MPa。

下面的步骤可用于确定最小空气注射压力。

步骤1:确定注入点的静水压力值。按照下面的公式转换水头值为压力

$$P_{hydrostatic} = \rho g h_{hydrostatic} \quad (7-61)$$

式中,ρ 为水的密度,g 为重力加速度(9.81 m/s^2)。

步骤2:利用表3-3计算含水层介质的孔隙半径,然后利用公式(3-1)确定毛细上升高度(或直接从表3-3中获得毛细上升高度)。通过下面的公式将毛细上升高度转换为毛细压力

$$P_{capillary} = \rho g h_{capillary} \quad (7-62)$$

步骤3:空气最小注入压力为上述两个压力之和。

计算所需的信息包括:注入点深度,$h_{hydrostatic}$;水的密度,ρ;含水层岩性或介质孔隙大小。

【例7-36】确定空气注入所需要的空气注射压力

在例7-32所描述的污染含水层中设置三个空气注入井,每个井的空气注入速率为8.5 m/h。注气点水头值为 3.05 m,含水层介质为粗砂,确定所需最小注气压力。同时,为了对比,确定如果含水层地层岩性为黏土时的注气压力。

解答:

a. 根据公式(7-61)转换水头值为压力值

$$P_{hydrostatic} = \rho g h_{hydrostatic} = (1\,000 \text{ kg/m}^3) \times (9.81 \text{ m/s}^2) \times (3.05 \text{ m})$$
$$= 29\,920.5 \text{ (kg}\cdot\text{m)/(s}^2\cdot\text{m}^2) = 29\,920.5 \text{ N/m}^2 = 29\,920.5 \text{ Pa}$$

注意:在15.6 ℃时水的密度为 1 000 kg/m^3。也就是说,水的容重为 1 000 kg/m^3;15.6 ℃时 10.33 m 的水头值等于 1 个大气压或 101 325 Pa。

b. 根据表3-2,粗砂孔限半径 r 为 0.05 cm,利用公式(3-1)确定毛细上升高度,有
$$h_c = 0.153/r = 0.153/0.05 = 3.06 \text{ cm}$$

利用a中讨论,转换毛细上升高度为毛细压力,有
$$P_{capillary} = (3.06 \text{ cm}/1\,033 \text{ cm}) \times 101\,325 \text{ Pa} \approx 300.1 \text{ Pa}$$

c. 根据公式(7-60)确定最小注气压力(表面压力),有
$$P_{injection} = P_{hydrostatic} + P_{capillary} = 29\,920.5 \text{ Pa} + 300.1 \text{ Pa} = 30\,220.6 \text{ Pa}$$

d. 假如含水层地层岩性为黏土,从表3-3中可知,孔隙半径为 0.000 5 cm。根据公式(3-1)确定毛细上升高度为

$$h_c = \frac{0.153}{r} = \frac{0.153}{0.000\ 5} = 306 \text{ cm}$$

> **讨论**
> 1. 实际注气压力应大于计算所得最小注气压力,保证弥补在管道、配件、注射头(或者扩收器)等上的水头损失而引起的系统压力损失。
> 2. 砂质含水层进气压力相比于静水压力是微不足道的。但是,对于黏土介质含水层,进气压力和静水压力在同一数量级上。

④ 空气注入供电需求

对理想气体等温压缩(PV=常数)的压缩机所需功率($HP_{理论}$)可以表示为:

$$HP_{理论} = 1.666 \times 10^{-5} P_1 Q_1 \ln \frac{P_2}{P_1} \tag{7-63}$$

式中,$HP_{理论}$为所需功率,KW;P_1为进气压力,Pa;P_2为最终的输送压力,Pa;Q_1为进气条件下的空气流量,m³/min。

如下公式适用于单级压缩机对理想气体的等熵压缩过程

$$HP_{理论} = \frac{1.666 \times 10^{-5} k}{k-1} P_1 Q_1 \left[\left(\frac{P_2}{P_1} \right)^{(k-1)/k} - 1 \right] \tag{7-64}$$

式中,k为气体的定压比热容与定容比热容之比,对空气注入过程,$k=1.4$是较为合适的取值。

对活塞式压缩机,等熵过程的效率为70%～90%,等温压缩过程的效率为50%～70%,实际所需功率可用如下公式:

$$HP_{实际} = \frac{HP_{理论}}{E} \tag{7-65}$$

[例 7-37] 确定空气注入供电需求

所描述的污染含水层中设置三个空气注入井,每个井的空气注入速率为0.142 m³/min。用一个压缩机供应三口注气井。管道系统和喷射头的水头损失为6 895 Pa。利用例7-36中计算得到的注气压力,确定压缩机所需功率。

解答:

所需注入压力＝压缩机最终负载,根据例7-36计算结果,最小注入压力为30 220.6 Pa,有 P_2＝最小注入压力＋水头损失＝30 220.6 Pa＋6 895 Pa＝37 115.6 Pa(表面压力)

绝对压力 ＝ 37 115.6 Pa＋101 325 Pa＝138 440.6 Pa

b. 假定等温膨胀,利用公式(7-63)确定理论所需功率

$$HP_{理论} = 1.666 \times 10^{-5} P_1 Q_1 \ln \frac{P_2}{P_1}$$

$$=1.666\times10^{-5}\times101\,325\times3\times0.142\times\ln\frac{138\,440.6}{101\,325}=0.226\text{ kW}$$

假设等温(压缩过程)效率为60%,利用公式(7-63)确定实际所需功率

$$HP_{实际}=\frac{HP_{理论}}{E}=\frac{0.226}{60\%}=0.377\text{ kW}$$

c. 假定为等熵压缩过程,利用公式(7-64)确定理论所需功率为

$$HP_{理论}=\frac{1.666\times10^{-5}k}{k-1}P_1Q_1\left[\left(\frac{P_2}{P_1}\right)^{(k-1)/k}-1\right]$$

$$=\frac{1.666\times10^{-5}\times1.4}{1.4-1}101\,325\times3\times0.142\left[\left(\frac{138\,440.6}{101\,325}\right)^{(1.4-1)/1.4}-1\right]$$

$$\approx0.238\text{ kW}$$

假定等熵过程效率为80%,利用公式(7-65)确定理论所需功率为

$$HP_{实际}=\frac{HP_{理论}}{E}=\frac{0.238}{80\%}\approx0.298\text{ kW}$$

> **讨论**
>
> 通常,等熵压缩所需能量大于等效的等温压缩。但是,大多数空气注入应用中,注气入口和最终排气端的压力差异相对较小,因此,等温和等熵压缩的理论功率也是相近的,正如本例所阐明的结果。

7.2.3 生物修复技术

7.2.3.1 生物反应器

1) 概述

生物反应器也经常用于去除受污染地下水中的有机物。通常,对于从水或污水中去除的可溶性有机物的生物反应器可分为两种:悬浮式生长或附着生长生物反应器,最常用的悬浮生长类型是活性污泥工艺,附着生长类型则是滴滤工艺。

用于地下水修复的生物反应器系统通常比市政或工业污水处理厂规模小很多。这些反应器以能支持细菌生长的物质作为填充物,或采用其他能够使细菌附着生长的类似结构。由于生物反应过程相对复杂并受到多种因素影响,建议使用引导测试预测生物系统的性能

2) 地上生物修复系统设计

$$\frac{C_{\text{out}}}{C_{\text{in}}}=e^{[-kD(Q/A)^{0.5}]} \quad (7-66)$$

C_{out} 为反应器流出污染物浓度，mg/L；C_{in} 为流入反应器污染物浓度，mg/L；k 为相应于填充高度 D 的速率常数，m^2/h，D 为过滤长度，m；Q 为液体流量，m^3/h；A 为填充物横截面积，m^2。

生物反应器，水力负荷通常较小，为 1.22 m/h 或更小。如果水力负荷已知，那么就可以利用下面的公式确定生物反应器的横截面积：

$$A_{bioreactor} = \frac{Q}{表面负荷} \quad (7-67)$$

当使用某个填充高度的速率常数设计生物反应器的不同填充高度时，可以利用下面的经验公式来调整速率常数。

$$k_2 = k_1 \left(\frac{D_1}{D_2}\right)^{0.3} \quad (7-68)$$

式中，k_1 为深度为 D_1 的过滤器的速率常数；k_2 为深度为 D_2 的过滤器的速率常数；D_1 为反应器 1 的过滤深度；D_2 为反应器 2 的过滤深度。

对于附着式生长生物反应器的规格，可采用如下方法确定：

步骤 1：选择理想的填料高度 D；根据高度调整速率常数；

步骤 2：确定反应器的水力负荷；

步骤 3：确定所需横截面积。计算该横截面积对应的生物反应器直径，将数据向上舍入到整数；如计算所得横截面积过大，重新进入步骤 1，选择一个较大的填料高度，直至获得较合适的横截面积和填料高度。

如上计算所需要的信息：速率常数，k；流入水体中的污染物浓度，C_{in}；流出水体中的污染物浓度，C_{out}；污染水体的设计流量，Q

【例 7‑38】用于地下水修复的生物反应器规格

拟设计一个填料床生物反应器，用于降低抽取出来的地下水中甲苯浓度，使浓度从 4 mg/L 降低至 0.1 mg/L。填料高度选定为 0.91 m，确定生物反应器的直径。

根据以下信息计算：

20 ℃时速率常数，$k = -0.67(m \cdot h)^{-0.5}$（填料高度为 0.61 m 时）；

地下水抽水速率，$Q = 4.54 \ m^3/h$

求解：a. 利用公式调整速率常数

$$k_2 = k_1 \left(\frac{D_1}{D_2}\right)^{0.3} = 0.67 \times \left(\frac{0.61}{0.91}\right)^{0.3} \approx 0.594$$

b. 利用公式确定表面负荷，Q/A

$$\frac{C_{out}}{C_{in}} = e^{[-kD(Q/A)^{0.5}]} = \frac{0.1}{4} = e^{[-0.594 \times 0.91 \times (Q/A)^{0.5}]}$$

$$Q/A \approx 1.03 \ m/h$$

c. 利用公式确定所需横截面积

$$A_{\text{bioreactor}} = \frac{Q}{\text{表面负荷}} = \frac{4.54 \text{ m}^3/\text{h}}{1.03 \text{ m/h}} \approx 4.41 \text{ m}^2$$

生物反应器直径 $= (4A/\pi)^{0.5} = (4 \times 4.39/\pi)^{0.5} \approx 2.36$ m，所以 $d = 2.4$ m。

d. 假定填充物质仅占用了反应器体积的小部分，计算水力停留时间为

$$\frac{V}{Q} = \frac{(Ah)}{Q} = \frac{4.39 \text{ m}^2 \times 0.91 \text{ m}}{4.54 \text{ m}^3/\text{h}} \approx 52.7 \text{ min}$$

仅采用生物反应器处理，通常较难满足排除水体的排放浓度限值，因此，生物反应器常与活性炭处理技术联用。将活性炭吸附作为生物处理后的下一道工序。

> **讨论**
> 生物反应器的出水浓度非常难以达到 μg/L 级别，因此在排水前可以使用活性炭吸附器来做进一步处理。

7.2.3.2 原位生物强化修复技术

1) 概述

采用原位生物修复地下含水层中的有机污染物，常常通过强化土著微生物的活动来完成。大部分原位生物修复都是在有氧环境下进行的，通过向地下水污染羽中添加无机营养物和补充氧气以加强微生物活动。该技术典型流程包括：抽取地下水，并向水中补充氧气和无机营养物，通过注水井或渗水廊道将富含营养的地下水回灌。除了将地下水抽出外，还可以将释氧化合物（Oxygen-Releasing Compounds，ORCs）加入污染羽区域。

2) 基于增加溶解氧的强化生物降解

天然地下水的溶解氧（DO）浓度很低，即使达到溶解饱和状态，20 ℃时地下水中饱和溶解氧 DO_{sat} 浓度也仅为 9 mg/L 左右，在地下水污染羽中的有机污染物生物降解活动需要的溶解氧浓度远远高于该值。

向地下水中添加氧气可以通过空气或纯氧曝气的方式来进行。注入空气中的氧气可以将饱和溶解氧的浓度提高到 8~10 mg/L，而注入纯氧则可将溶解氧浓度提升至 40~50 mL。此外，也可以通过添加化学药剂（如过氧化氢或臭氧）来提高溶解氧浓度。1 mol 过氧化氢可以分解成 0.5 mol 氧气和 1 mol 水，而 1 mol 臭氧可以分解成 1.5 mol 氧气。

$$2H_2O_2 \rightarrow 2H_2O + O_2 \quad O_3 \rightarrow 1.5O_2$$

臭氧在水中的溶解度比氧气高 10 倍。过氧化氢和臭氧也可以在抽出的地下水回注入含水层前加入水中。需要注意的是，过氧化氢和臭氧是强氧化剂，在为生物降解提供氧气之前，它们有可能生成自由基将存在于含水层中的污染物或其他有机的和无机的化合物氧化。此外，过高的浓度会产生毒性，导致好氧微生物的反应活性受到抑制。

很多原位强化生物降解工艺还依赖于释氧剂，常见的释氧剂包括以固体或浆状的形

式注入饱和区域的过氧化钙和过氧化镁,这些过氧化物在与地下水水合反应时向含水层中释放氧气。过氧化镁比过氧化钙更为常用,因为其溶解度更低而能延长释氧时间。在整个活性期,释放到饱和区的氧气质量约占使用的过氧化镁质量的10%。

【例7-39】判断原位地下水生物修复中添加氧源的必要性

假设汽油在地下发生泄漏,经检测地下水样品中汽油平均浓度为20 mg/L。现拟采用含水层原位生物修复技术进行处理。含水层参数如下:

孔隙度为0.35,有机物含量为0.02,地下水温度为20 ℃,含水层颗粒干堆积密度为1.6 g/cm³,水层中DO浓度为4.0 mg/L。

根据以上信息,试说明为了支持生物降解汽油污染物,有必要向含水层中添加氧气。

分析:饱和含水层中的汽油会溶解到地下水中或吸附在含水层介质表面(假设不存在自由相)。由于只有地下水中污染物浓度已知,需要确定土壤吸附汽油量。另外,汽油是多种化合物的混合物,所以它的物理化学性质数据难以获得。在这种情况下,通常以汽油中的某种常见化合物的物化数据为准,如甲苯。

解答: 对于1 m³的含水层,分析如下。

a. 根据表3-5中甲苯的物理化学性质

$$\lg(K_{ow}) = 2.73 \rightarrow K_{ow} = 537.03$$
$$K_{oc} = 0.63 K_{ow} = 0.63 \times 537.03 \approx 338$$
$$K_p = f_{oc} K_{oc} = 0.02 \times 338 = 6.8 \text{ L/kg}$$

b. 吸附污染物的浓度

$$X = K_p C = (6.8 \text{ L/kg}) \times (20 \text{ mg/L}) = 136 \text{ mg/kg}$$

c. 确定目前含水层中污染物的总质量(对于1 m³的含水层)

含水层介质的质量为

$$(1 \text{ m}^3) \times (1.6 \text{ g/cm}^3) = (1 \text{ m}^3) \times (1\,600 \text{ kg/m}^3) = 1\,600 \text{ kg}$$

颗粒表面吸附污染物的总质量为

$$S \times M_s = (136 \text{ mg/kg}) \times 1\,600 \text{ kg} = 217\,600 \text{ mg} \approx 218 \text{ g}$$

含水层孔隙体积 $V_l = V\phi = (1 \text{ m}^3) \times 35\% = 0.35 \text{ m}^3 = 350 \text{ L}$

因此,溶解于地下水中污染物质量为 $C \times V_l = 20 \text{ mg/L} \times 350 \text{ L} = 7\,000 \text{ mg} = 7 \text{ g}$

含水层中污染物的总质量=溶解量+吸附量=7+218=225 g

d. 目前地下水中氧的量为

$$(V_l)(DO) = (350 \text{ L}) \times (4 \text{ mg/L}) = 1\,400 \text{ mg} = 1.40 \text{ g}$$

e. 使用3.08作为完全氧化的需氧比例,则需氧量为

$$3.08 \times 225 \text{ g} = 693 \text{ g} \gg 1.40 \text{ g}$$

因此,对于计算完全好氧生物降解的需氧量,含水层中地下水的含氧量可以忽略不计。

f. 如果将地下水抽出至地表并通入空气,20 ℃时水中饱和溶解氧浓度大约为9 mg/

L。这部分地下水回灌至污染区,含水层单位孔隙体积中加入氧的最大量,即达到气体饱和的水中含氧总量为

$$(V_1)(DO_{sat}) = (350 \text{ L}) \times (9 \text{ mg/L}) = 3\,150 \text{ mg} = 3.15 \text{ g}$$

为满足氧气需求,富氧水的含量(表示为污染羽单位孔隙体积的倍数)为 $693/3.15 = 220$

> **讨论**
> 1. 正如例 7-39(e)中所示,为满足氧需求,污染羽至少需要饱和氧水体为其体积的 220 倍。
> 2. 如果向抽取上来的水中充入纯氧,饱和溶解氧将高出约 5 倍,那么需水体积将减少到原来的 1/5。
> 3. 溶解相中污染物的比例=溶解相中污染物的质量/被污染的含水层的总质量,为 $7/225 \approx 3.1\%$。这表明,充斥在孔隙液体中的污染物仅占含水层污染物总量的小部分。

【例 7-40】确定生物修复中添加过氧化氢作为氧源的有效性

如例 1 阐明的,为了满足原位地下水生物修复的耗氧需求,无论是使用空气或纯氧饱和,都将需要大量的水。添加过氧化氢是解决这一问题普遍使用的方法。由于过氧化氢有杀死生物的潜在可能性,在实际应用中,水中过氧化氢的最大量通常保持低于 1 000 mg/L。请确定 1 000 mg/L 的过氧化氢所能提供的氧气量。

解答:

a. 1 mol 的过氧化氢可产生 0.5 mol 的氧气,即 $H_2O_2 \rightarrow H_2O + 0.5O_2$

过氧化氢摩尔质量 $= (1 \times 2) + (16 \times 2) = 34$ g/mol

氧气摩尔质量 $= 16 \times 2 = 32$ g/mol

b. 1 000 mg/L 过氧化氢的物质的量浓度

$$(1\,000 \text{ mg/L}) \div (34\,000 \text{ mg/mol}) = 29.4 \times 10^{-3} \text{ mol/L}$$

添加过氧化氢后水中氧气物质的量浓度(假设过氧化氢 100% 解离)为:

$$(29.4 \times 10^{-3} \text{ mol/L})/2 = 14.7 \times 10^{-3} \text{ mol/L}$$

则水中氧气质量浓度为:$(14.7 \times 10^{-3} \text{ mol/L}) \times (32 \text{ g/mol}) = 470$ mg/L

3) 基于添加营养物质的强化生物降解

地下水赋存介质中本身存在部分微生物活性营养物。但是,出现外来有机污染物时,为了生物修复需求,常常需要额外添加营养物成分。营养物对于微生物生长的促进作用主要通过可提供微生物所需氮、磷总量来评估,建议 C : N : P 物质的量之比为 120 : 10 : 1。通过外力添加的营养物质量浓度一般为 0.005%~0.02%。

【例 7-41】确定地下水原位生物修复营养物的需求

某处地下水含水层被汽油泄漏污染,地下水样品中的汽油平均浓度为 20 mg/L。拟采用含水层原位生物修复技术。含水层参数如下:

孔隙度为 0.35;有机物含量为 0.02;地下水温度为 20 ℃;含水层颗粒干堆积密度为 1.6 g/cm^3。

假设地下水中无可用于微生物修复的营养物质,而所需营养物成分的最优物质的量比例 C:N:P 为 100:10:1,确定为完成生物降解污染物所需的营养物总量。如果污染羽被 100 倍孔隙体积的富氧和富营养物的地下水冲洗处理,则回灌地下水中所需要的营养物浓度是多少?

解答:

对于 1 m^3 的含水层,分析如下。

a. 从例 1 中得知,含水层中污染物的总质量为 225 g。

b. 假设汽油与庚烷具有相同的分子式,即 C_7H_{16},则汽油分子的摩尔质量为 $7 \times 12 + 1 \times 16 = 100$ g/mol,汽油的物质的量为 $225/100 = 2.25$ mol。

c. 确定碳的物质的量。像分子式 C_7H_{16} 表示的那样,由于每个汽油分子中含有 7 个碳原子,那么碳的物质的量为 $2.25 \times 7 = 15.8$ mol。

d. 确定所需氮的物质的量(利用比例 C:N:P=100:10:1),有

所需碳的物质的量 $=(10/100) \times 15.8 = 1.58$ mol

所需营养物含氮总量 $=1.58 \times 14 \approx 22.1$ g/m^3

所需 $(NH_4)_2SO_4$ 的物质的量 $=1.58/2 = 0.79$ mol

所需 $(NH_4)_2SO_4$ 的量 $=0.79 \times [(14+4) \times 2 + 32 + 16 \times 4] = 104$ g/m^3

e. 确定所需磷的物质的量(利用比例 C:N:P=100:10:1),有

所需磷的物质的量 $=(1/100) \times 15.8 = 0.158$ mol

所需 $Na_3PO_4 \cdot 12H_2O$ 的物质的量 $=0.158$ mol

所需磷的量 $=0.158 \times 31 = 4.9$ g/m^3

所需 $Na_3PO_4 \cdot 12H_2O$ 的量 $=0.158 \times [23 \times 3 + 31 + 16 \times 4 + 12 \times 18] = 60$ g/m^3

f. 所需营养物的总量 $=104 + 60 = 164$ g/m^3

含水层孔隙体积 $=V\varphi=(1 \text{ m}^3) \times 35\% = 0.35$ m^3 $=350$ L

等价于 100 倍孔隙体积的水的总体积为 $100 \times 350 = 35\ 000$ L

所需营养物质质量分数的最小值

$=(164 \text{ g})/(35\ 000 \text{ L}) = 4.7 \times 10^{-3}$ g/L $\approx 0.047\%$

讨论

质量分数 0.000 5%(重量)是一个理论量。在实际操作中,需要添加量应高于理论值,以弥补到达污染羽之前被含水层介质吸附所造成的损失。这部分损失会使营养物的质量分数达到 0.005%~0.02%。

7.2.3.4 生物曝气

生物曝气是一种处理含水层中可生物降解有机污染物的原位修复技术。该技术通过向饱和含水层(或污染羽)中注入空气(或纯氧)和营养物质,以强化土著微生物的活性,进而促进微生物对有机组分的生物降解。除含水层外,生物曝气对毛细区污染物也有一定的去除作用,生物曝气与空气注入有些相似,但后者主要通过挥发作用去除污染物,而前者主要通过强化原位生物降解作用去除污染物。一般情况下,无论是在生物曝气工艺中还是在空气注入工艺中,挥发、生物降解均对污染物的去除发挥着不同程度的作用。相较而言,生物曝气法对半挥发性污染物更有效,所需空气注入速率较小,注入可间断性进行,能满足生物活动需要即可。然而,当污染含挥发性组分时,生物曝气宜结合土壤气相抽提(SVE)或生物通风共设,以防止污染气体的逸散。

生物曝气工艺设计方法基本与空气注入一致,详细说明与案例请参照7.2.2.4节。

7.2.4 化学修复技术

7.2.4.1 化学沉淀法

对于抽出地下水中或废水中可能含有的较高浓度的重金属,常采用化学沉淀法去除。在高 pH 值下,金属以难溶的氢氧化物形式存在。石灰或烧碱为常用的碱性添加剂。pH 值极大地影响金属氢氧化物的溶解性,相关反应方程式为

$$M(OH)_n \rightleftharpoons M^{n+} + nOH^- \tag{7-69}$$

式中,M 为重金属,OH^- 为氢氧根离子,n 为金属价态。

平衡公式可以表达为

$$K_{sp} = [M^{n+}][OH^-]^n \tag{7-70}$$

式中,K_{sp} 为平衡常数(又称为溶度积常数),$[M^{n+}]$ 为重金属物质的量浓度,$[OH^-]$ 为氢氧根物质的量浓度。例如,25 ℃时,$Cr(OH)_3$、$Fe(OH)_3$、$Mg(OH)_2$ 的 K_{sp} 分别为 $6×10^{-31}(mol/L)^4$、$6×10^{-36}(mol/L)^4$、$9×10^{-12}(mol/L)^3$。

【例 7-42】化学沉淀法清除金属镁

为了除去抽取地下水($Q=820 \ m^3/d$)中的镁离子,在连续流搅拌式反应器中加入氢氧化钠。反应器温度维持在 25 ℃,pH 值为 1,流入污水的镁离子浓度为 100 mg/L。氢氧化镁沉渣为沉淀污泥总重的 10%,试计算:

a. 污水经处理后的镁离子浓度(mg/L);

b. $Mg(OH)_2$ 的产出率(kg/d);

c. 污泥产出率(kg/d);

注意:25 ℃时 $Mg(OH)_2$ 溶度积为 $9\times10^{-12}(mol/L)^3$,Mg 的相对分子质量为 24.3。

解答:

a. 首先,写出沉淀反应方程式 $Mg(OH)_2 \rightleftharpoons Mg^{2+}+2OH^-$

pH=1 时,氢氧根浓度 $[OH^-]$ 为 10^{-3} mol 利用溶度积确定镁离子浓度

$$K_{sp}=[Mg^{2+}][OH^-]^2=9\times10^{-12}=[Mg^{2+}][10^{-3}]^2$$

$$[Mg^{2+}]=(9\times10^{-6}\text{mol/L})\times(24.3\text{ g/mol})=2.19\times10^{-4}\text{ g/L}\approx0.22\text{ mg/L}$$

b. 正如(a)中表示,每除去 1 mol 镁离子,就形成 1 mol $Mg(OH)_2$,由于 $Mg(OH)_2$ 的摩尔质量为 58.3 g/mol,因此

$Mg(OH)_2$ 的产出率=(Mg^{2+} 去除率)×(58.3/24.3)

$$=\{[Mg^{2+}]_{in}-[Mg^{2+}]_{out}\}Q\times(58.3/24.3)$$

$$=[100-0.22)\text{mg/L}]\times[820\text{ m}^3/\text{d}]\times1\,000\text{ L/m}^3]\times58.3/24.3$$

$$\approx196\text{ kg/d}$$

c. 由于沉渣产出量为污泥重量的 10%,故

污泥产出率=$Mg(OH)_2$ 产出率/(10%)=(196 kg/d)÷(10%)=1 960 kg/d

7.2.4.2 原位化学氧化

原位化学氧化(In Situ Chemical Oxidation,ISCO)是一种将氧化剂加入地下土壤或地下水中把污染物转化为危害较小的物质的技术。绝大多数 ISCO 技术应用于处理污染源区域来降低地下水污染羽中的污染物质流量,并以此缩短自然消减或其他修复手段所需要的修复时间。

使用 ISCO 技术修复含水层和修复非饱和带的工艺基本一致,关于氧化剂类型和需求量的具体信息参考 6.2.4 节。ISCO 技术在地下水修复与非饱和带修复之间的主要差异在于,在地下水修复中氧化剂需要被投加至饱和度为 100% 的饱和层。本节用一个案例来讨论关于 ISCO 技术在饱和带修复中的应用。

【例 7-43】计算氧化剂化学需求量

某地块的含水层受到四氯乙烯(PCE)的污染,由污染源形成的地下水污染羽区域的面积测定为 20 m²,在含水层中厚度为 2 m。PCE 在地下水样品中的平均浓度为 400 mg/L。含水层孔隙度为 0.35,有机物含量为 0.02,地下温度为 20 ℃,含水层土壤干堆积密度为 1.6 g/cm³。

拟使用原位氧化对地块进行修复,分别计算投加至污染区域的高锰酸钾和过硫酸钠的化学需氧量。

解答: 基于 1 m³ 含水层土壤进行计算如下。

a. 由表 3-5 得 $K_{ow}=10^{2.6}$

使用公式(3-17)计算 K_{oc},有:

$$K_{oc} = 0.63 K_{ow} = 0.63 \times 10^{2.6} = 0.63 \times 398 = 251$$

用公式(3-15)计算 K_p 值

$$K_p = f_{oc} K_{oc} = 0.02 \times 251 = 5.02 \text{ L/kg}$$

使用公式(3-14)计算吸附于土壤上的 PCE 的浓度,有

$$S = K_p C = (5.02 \text{ L/kg}) \times (400 \text{ mg/L}) = 2008 \text{ mg/kg}$$

b. 计算在含水层中的 PCE 总质量(1 m^3),有

含水层土壤质量 = $(1 \text{ m}^3) \times (1600 \text{ kg/m}^3) = 1600 \text{ kg}$

吸附于土壤表面 PCE 质量

$= S \times M_s = 2008 \text{ mg/kg} \times 1600 \text{ kg} = 3212800 \text{ mg} \approx 3210 \text{ g}$

含水层空隙体积 = $V\phi = (1 \text{ m}^3) \times 35\% = 0.35 \text{ m}^3 = 350 \text{ L}$

溶解于地下水中 PCE 的质量 = $C \times V_1 = 400 \text{ mg/L} \times 350 \text{ L} = 140000 \text{ mg} = 140 \text{ g}$

含水层中 PCE 总质量 = 溶解质 + 吸附质 = $140 \text{ g} + 3210 \text{ g} = 3350 \text{ g}$

c. PCE(C_2Cl_4)的相对分子质量 = $12 \times 2 + 35.5 \times 4 = 166 \text{ g/mol}$

高锰酸钾($KMnO_4$)的相对分子质量 = $39 \times 1 + 55 \times 1 + 16 \times 4 = 158 \text{ g/mol}$

PCE 的物质的量 = $(3350 \text{ g})/(166 \text{ g/mol}) = 20.2 \text{ mol}$

根据化学反应式,1 mol PCE 的高锰酸钾化学需求量为 4/3 mol,因此,1 m^3 含水层的 $KMnO_4$ 的化学需求量为 $4/3 \times (20.2 \text{ mol}) = 26.9 \text{ mol}$

即 $KMnO_4$ 需求质量为 $26.9 \text{ mol} \times 158 \text{ g/mol} = 4250 \text{ g} = 4.25 \text{ kg}$

整个污染区域(40 m^3) $KMnO_4$ 的化学需求量 = $(4.25 \text{ kg}) \times 40 \text{ m}^3 = 170 \text{ kg}$

d. 过硫酸钠($Na_2S_2O_8$)的相对分子质量 = $23 \times 2 + 32 \times 2 + 16 \times 8 = 238 \text{ g/mol}$

根据表 6-3 及之前的讨论,过硫酸钠的化学需求量是高锰酸钾的 1.5 倍,有 $Na_2S_2O_8$ 的化学需求量(1 m^3 含水层) = $3/2 \times (26.9 \text{ mol}) = 40.35 \text{ mol}$

即 $Na_2S_2O_8$ 的化学需求质量为 $(40.35 \text{ mol}) \times (238 \text{ g/mol}) = 9600 \text{ g} = 9.6 \text{ kg}$

整个污染区域(40 m^3) $Na_2S_2O_8$ 的化学需求量 = $(9.6 \text{ kg}) \times 40 \text{ m}^3 = 384 \text{ kg}$

7.2.4.3 高级氧化工艺

高级氧化工艺(Advanced Oxidation Process,AOP)是指利用紫外线照射协助氧化的工艺。在 AOP 中,高功率的紫外线(UV)灯通过石英套管照射被污染水体,并添加过氧化氢、臭氧(或二者组合)等氧化剂。受紫外线照射,被激活的氧化剂形成具有强氧化能力的羟基基团,使污水中大分子难降解有机物氧化成低毒或无毒的小分子物质。

在典型的 AOP 中,通常使用计量泵混合或管道静态混合器完成氧化剂注入和混合。地下水依次流经一个或多个紫外线(UV)反应器。通常,将反应器内水流视作活塞流,其反应遵循一级反应动力学。公式(6-79)描述了活塞流反应器的进水浓度、出水浓度、停留时间及反应速率常数之间的关系。

$$\frac{C_{\text{out}}}{C_{\text{in}}} = e^{-k(V/Q)} = e^{-k\tau}$$

式中，C 为地下水中污染物浓度，V 是反应器体积，Q 是地下水流量，k 为速率常数，τ 为水力停留时间。

【例 7-44】高级氧化处理反应器规格的设计

选择紫外线(UV)/臭氧处理法去除抽出地下水中的三氯乙烯(TCE，浓度为 400 ppb)。通过中式试验发现，水力停留时间为 2 min 时，该反应器可将 TCE 浓度从 400 ppb 降低到 16 ppb。但是，TCE 的排放限值为 3.2 ppb。假设反应器里的水流是理想活塞流，且反应器遵循一级反应动力学关系，你推荐使用多少个反应器？

解答：

a. 根据公式(6-79)确定反应速率常数

$$\frac{C_{\text{out}}}{C_{\text{in}}} = e^{-k\tau} = \frac{16}{400} = e^{-2k}$$

解得 $k \approx 1.61$

b. 再次根据公式(6-79)确定将 TCE 浓度降低到排放限制一下所需要的停留时间

$$\frac{C_{\text{out}}}{C_{\text{in}}} = e^{-k\tau} = \frac{3.2}{400} = e^{-1.61k} \rightarrow \tau = 3.0 \text{ min}$$

因此，需要两个反应器。

c. 再次根据公式(6-79)确定 TCE 的最终出水浓度（因为使用两个反应器，$\tau = 4$ min），有

$$\frac{C_{\text{out}}}{C_{\text{in}}} = e^{-k\tau} = \frac{C_{\text{out}}}{400} = e^{-1.61 \times 4} \rightarrow C_{\text{out}} = 0.64 \ \mu\text{g/L}$$

【例 7-45】高级氧化处理反应器规格的设计

选择紫外线(UV)/臭氧处理法去除抽出地下水中的三氯乙烯(TCE，浓度为 400 μg/L)。抽水流量为 550 m³/d。通过中式试验发现，系统电能消耗与处理水量和 lg(进水浓度/出水浓度)的乘积成正比，比例系数有 1.6 kw·h/m³。假设 TCE 进水浓度为 400 μg/L，出水浓度为 16 μg/L，系统一天 24 小时运行，那么一天需要消耗多少电能？

解答：

a. lg(进水浓度/出水浓度)＝lg(400/16)≈1.4

b. 每天需要处理的水量＝(550 m³/d)×(1d)＝550 m³

c. 每天消耗的电能＝(1.6 kWh/m³)×(550 m³)×1.4＝1 232 kWh

讨论

如果电费为 1 元/kWh，那么每天的电能消耗则为 1 232 元。

7.3 典型案例

7.3.1 地块概况

上海市某地块将作为《土壤环境质量建设用地土壤污染风险管控标准(试行)》中第一类用地开发利用。根据地块环境调查评估结果,土壤和地下水存在污染需治理修复。地块位于上海市中心城区,涉及工业用途,规划为第一类用地,地块总面积 7 000 m², 地块调查发现1处土壤监测点,2处地下水监测点存在污染物超标。超标情况如下:第一,土壤监测点位-7,即修复区Ⅰ,砷最大检出浓度 38.9 mg/kg,超过第一类用地筛选值 20 mg/kg;第二,地下水监测点位-3,即修复区Ⅱ,砷最大检出浓度 0.173 mg/L,超过《地下水质量标准》中Ⅲ类标准限值 0.01 mg/L;第三,地下水监测点位-4,即修复区Ⅲ/Ⅳ,苯并(a)芘最大检出浓度 174 μg/L,超过《地下水质量标准》中Ⅲ类标准限值 0.01 μg/L,总石油烃最大检出浓度 63 900 μg/L,超过上海市建设用地地下水污染风险管控筛选值补充指标,第一类用地筛选值 0.6 mg/L。

7.3.2 地下水修复

7.3.2.1 地块布置

现场放线划定施工区域,在地下水施工区域外围设置拉森钢板桩;在修复区域安装水处理设备、临时蓄水池、废气处理装置等修复设施。

7.3.2.2 抽提井布置

根据地块地质、水文条件及相关修复工程经验,通过现场微水试验确定抽提井影响半径,按正三角布井法布置抽提井;抽提井布置在污染晕下游边缘区域和污染最严重的区域,达到污染去除和污染源控制的目的。为防止抽提运行过程中目标区域地下水补给速度过慢,造成抽提工作量不足的情况,在地下水污染目标区域专门布设注水井。

7.3.2.3 地下水修复中试

修复地块布置完成,环保设施安装后,根据修复方案及小试结果,现场进行地下水修复中试。将污染区域地下水抽提至水处理设备内进行处理,中试水样体量为 30 m³,将其均分为3组进行中试,根据中试确定最优加药量。地下水中砷的修复流程:地下水抽出

→初沉池→氧化反应池→混凝/絮凝池→沉淀池→暂存养护→自检。地下水中苯并(a)芘、总石油烃的修复流程:地下水抽出→初水质水量调节→气、液分离(废气收集与处理)→氧化池→pH值调节→絮凝、混凝调节→斜管沉淀池→出水→暂存养护→自检。

7.3.2.4 地下水修复

1) 地下水砷污染修复

从抽提井抽出污染水进行地面加药反应、絮凝沉淀、砂滤和活性炭过滤,再进入暂存池,检测达标后纳管排放,沉淀物按照危废处置,检测未达标的水重复处理。

2) 地下水苯并(a)芘、总石油烃污染修复

将抽水管置于井底采用抽水泵抽提,水泵运行可以将轻质非水相液体(LNAPL)、地下水及井筒中的气体抽出,其产生的压力使抽提井周边自由相LNAPL、地下水和土壤气体以气水混合物的形式被抽提,依次进入气水分离器和油水分离器,进行多相分离;通过控制抽提速率,使抽水造成的水面下降与真空形成的水面上升保持平衡,潜水面保持静止状态,有助于减少自由相污染物沿着漏斗面下降时在含水层的残留。有机气体经过催化氧化处理达标后,通过15 m排气筒达标排放;浮油收集后作为危废处置;地下水进行氧化、絮凝沉淀处理,砂滤罐过滤,活性炭过滤,修复后的地下水进入暂存池,检测达标后纳入市政污水管网;沉淀物按照危废处置;未达标的水重复处理。

3) 地下水抽提与注水

整个抽提过程持续61 d,平均日处理量达到35.3 m^3,最大日处理量达到97 m^3。为防止抽提过程中地下水补给速度慢,造成抽提工作量不足,在修复区域分别建设注水井。在实际修复期间,降雨频繁,地下水补给较好,抽提过程中注入的自来水仅为200 m^3。

4) 修复后地下水自检

① 异位修复地下水自检。本项目地下水修复理论污染总方量为3 730 m^3,按分批抽出方式进行修复,以不大于500 m^3 为一个自检单元,共计采集修复地下水8个批次。砷污染地下水修复后主要监测指标为:砷、pH值、化学需氧量(COD)、氨氮、硫酸盐、悬浮物;苯并(a)芘、总石油烃污染地下水修复后主要监测指标为:苯并(a)芘、pH值、COD、5日生化需氧量(BOD_5)、氨氮、硫酸盐、悬浮物、石油烃 C_6-C_9、石油烃 C_{10}-C_{40}。经监测,水质均达到修复目标,并符合纳管排放标准。

② 原位地下水自检。通过对地块内监测井水位测量统计,使用Suffer软件绘制出地下水流向,在每个地下水修复区上游设置1口地下水监测井,修复区下游设置2口地下水监测井,修复区内部设3口监测井,井深均为8 m。在修复工程完成后进行采样检测,砷污染区域、有机污染区域各采集6个地下水样,共采集地下水样12个,监测结果均满足修复方案提出的修复计划值。

思考题

1. 简述地下水污染的类型和途径。
2. 简述地下水污染的特点。
3. 污染物在地下水中的存在形态有哪些?
4. 简述达西定律的内容。
5. 达西流速和渗流流速有何不同?
6. 渗透率和渗透系数有何不同?
7. 简述导水系数、给水度和释水系数。
8. 如何确定地下水流向和水力梯度?
9. 地下水抽水井分为哪几类?
10. 简述承压含水层完整井稳态流公式中各符号含义。
11. 简述潜水含水层完整井稳态流公式中各符号含义。
12. 如何利用含水层实验确定非稳态条件下的承压含水层抽水的水位降深?
13. 地下水中污染物的溶解羽迁移方式有哪些?
14. 污染羽弥散的含义是什么?
15. 地下水迁移的阻滞因子如何求算?
16. 地下水的迁移速率如何求算?
17. 简述地下水修复技术的分类。
18. 简述污染地下水修复技术"抽出-处理"的工作内容及技术参数。
19. 地下水修复技术监测井布设的原则是什么?
20. 简述地下水抽出井工程施工的关键步骤。
21. 地下水抽出井的布设有哪几种方式?
22. 污染地下水抽出处理技术的修复策略有哪几种?
23. 简述污染地下水修复技术中原位生物修复技术的设计要点。
24. 地下水生物反应器的直径如何设计?
25. 地下水空气吹脱技术是原位修复技术还是异位修复技术?常用设备是什么?
26. 地下水修复技术中活性炭吸附技术是原位修复技术还是异位修复技术?常用设备是什么?设计要点有哪些?

第八章

修复与风险管控工程二次污染控制

8.1 修复与风险管控工程二次污染

8.1.1 二次污染来源

地块确认为污染地块后,在管控或修复前或工程进场前未规范设置围挡、标示标牌等导致周边居民进行地块内种菜或拾荒、开挖等活动可能导致污染迁移。在污染土壤开挖和堆放过程中未做好堆存场所的建设,污染土壤直接堆放三防措施不完善的场所,可能导致污染物随扬尘和雨水等造成水平和垂直方向上的迁移扩散,尤其是挥发和半挥发等有机污染物,可能进入大气使地块内和周边环境具有异味,引起投诉或信访事件的发生。

污染土壤或地下水转运过程中如未做好拦挡或封闭措施导致其遗撒,也可能造成运输沿线二次污染。

污染修复过程也可能导致二次污染,如:淋洗修复技术尤其是涉及修复土壤回填等,使用修复剂过量或淋洗药剂残留还会对地下水造成污染。淋洗废水未进行完全搜集处理或跑冒滴漏等也可能造成区域土壤和地下水二次污染。固化稳定化等修复如填埋地点未选好或防渗措施未做好容易造成污染物泄漏迁移。苯等有机污染物地块在热脱附等修复过程中,如修复设施周边未做好密封和废气处理等会造成周边空气中污染物浓度超标。

地块管控或修复过程中往往会使用大型机械,可能还会造成噪声污染。尤其是对管控或修复地块周边敏感点较多的,噪声污染和大气污染问题需特别关注。

8.1.2 二次污染防治

8.1.2.1 拆除过程

严格落实《企业拆除活动污染防治技术规定(试行)》《企业设备、建(构)筑物拆除活动污染防治技术指南》(T/CAEPI 16—2018)相关要求,做好拆除方案。除强调拆除方案备案外,还应当强化拆除过程的事前、事中、事后监管,做到拆除有据、过程合规、结果可查、资料齐备。加强拆除企业资质管理,保证规范操作。拆除方案编制单位与拆除施工单位加强工作衔接,对拆除现场作业人员开展培训,拆除过程实施环境监理,保证施工方案落实到位。同时地块拆除完成后可进行环境保护验收。加强后续环节与拆除过程的衔接,后续调查、管控或修复过程如发现前期拆除过程中有造成二次污染或污染扩散等现象应及时进行信息反馈,由行政管理部门或业主进行协调商讨后续工作方案、费用等是否会发生变更。

8.1.2.2 调查过程

调查是修复工作的前期阶段,但也是极其重要的一个环节。调查结果的精度可能会直接影响到后期修复工程量。从现有修复项目来看,目前已出现多例因前期调查工作不到位,导致修复不到位,后期开发使用过程中出现中异味、人员毒害等情况,在社会上造成一定的不良影响。因此,在调查过程中应严格按照相关规范开展土壤污染调查,保证调查结果的真实可靠。调查涉及采样钻探,也是二次污染预防重点关注的环节。调查单位在调查前应做好现场踏勘及人员访谈工作,弄清地块情况,制定科学合理的调查方案。对于硬化情况较好的地块应提前做好二次污染防治方案和环境保护措施,调查过程中采集的土壤应做到分层堆放分层回填,尤其对污染土壤应进行合理处置,不随意堆放。采样过程中应尽量减少破坏面积,采样后及时进行恢复,防止因采样过程中人为破损造成污染迁移。强化采样人员专业技能和环保意识,采样过程中的废水、固废等应规范处置,不乱排乱放,做到人走场清,防止新增污染或造成污染扩散和迁移。从顶层设计强化调查过程二次污染防治,加强行政监管。调查评审强化现场踏勘、现场采样规范和二次污染防治等环节内容。

8.1.2.3 修复或管控实施方案

修复或管控实施方案是修复工程实施的依据,方案所选技术、平面布局及施工时序等直接关系到工程实施和二次污染防治的难易程度。因此,管控或修复实施方案的编制应结合地块污染物类型、污染程度、方量及污染地块所在地的地形、交通、地质条件等综合考虑选择最优修复技术。

不同污染类型、修复技术对于二次污染防治要求差别极大。对于有机污染土壤应着重强化大气污染防治措施,对于重金属污染土壤应强化开挖运输过程中的扬尘和遗撒,如采用淋洗修复技术则应强化废水的二次污染防治等。修复实施方案或施工组织设计应从大气、地表水、噪声、固废、地下水等多方面考虑施工过程中应落实的二次污染防治措施,保证施工过程中不造成扰民或二次污染。在管控或修复工程实施前,地块责任人应做好管控或修复实施方案编制单位与施工单位的技术交底工作,施工单位根据实施方案编制施工组织设计,落实二次污染防治措施。

8.1.2.4 修复或管控过程

地块进入污染地块名录后,应严格按照污染地块进行管理,及时设置围挡、标示标牌等,防止周边居民和其他人员进入地块。地块责任人及时对地块残留废水、固废等进行合法合规处置,并定期安排人员进行巡视,检查地块内情况并做好相关记录。

管控或修复工程前做好实施方案及相关设计文件,保证后期工程实施。工程施工前预先做好前期准备工作,保证后期管控或修复平面布置合理,三防措施及设施落实到位。管控或修复过程严格落实方案或设计文件中二次污染防治措施,加强污染土壤开挖、运输过程管理。对污染区域与非污染区域的分隔与围挡,尽量缩短运输路线,在挖掘施工过程中喷雾降尘。污染土壤应堆放在三防措施良好的区域，运输污染土壤的车辆应经常进行清洗。在挥发和半挥发污染土壤挖掘与处理过程中，应尽量减少有机物的暴露时间，必要时可采取覆膜等措施防止异味的产生和扩散。

对于异位修复的土壤，应在负压环境下进行预处理和修复施工作业，同时对尾气进行收集处理，达标后排放。采用淋洗等方法修复污染土壤时，淋洗废水应尽量循环使用减少处理量，最终的淋洗废液和底泥应进行合法合规的处置。修复过程中应规范施工，科学布局，合理安排施工顺序和时间，定期做好设备设施维护与保养，降低施工噪声对周边环境的影响。尤其针对地块位于城市中心城区及周边涉及敏感点较多的地块，应提前谋划车辆运输路线，避开学校和集中居民区等敏感点，严格制定施工时间安排表，明确严禁施工作业时间。确需夜间作业施工的，应提前做好沟通和手续完善工作，防止造成信访事件和群体事件的发生。

施工单位做好过程中自主验收和监测，确保实施方案或施工组织设计中的二次污染防治措施、设施和制度等落实到位，并达到二次污染防治的效果和目标。

监理单位应严格按照相关规范落实监理职责，充分理解二次污染防治的重要性，熟悉实施方案或施工组织设计中的二次污染防治措施内容，对施工单位在管控或修复过程中的二次污染落实情况、质量及效果进行监督，发现问题及时与施工方进行沟通协调，确保规范、安全文明施工。

效果评估单位应对施工单位施工过程中的二次污染防治效果进行监测评估，一旦发现不符合相关要求应立即反馈，施工单位和监理单位针对问题做出应对方案，确保各项监测指标达标。土壤修复项目与一般的建设项目相比有其特殊性，最大的特点在于其施工对象是针对污染土壤或地下水。污染土壤的处理处置是关注重点，但在运输、处理过程中如何避免有害物质污染大气、水源和土壤本身也是修复工程项目的难点。因此，对管控或修复过程中的监督检查工作就显得极其重要。

施工期间在大气、水、噪声、固体废物、生态保护等方面采取措施避免二次环境污染。主要采取以下措施：

① 大气污染防治措施，包括地块内洒水降尘、建设车辆冲洗平台、定期采样进行大气污染物浓度监测等。

② 水污染防治措施，包括地块内雨水及施工废水采用一体化污水处理设备处理后方可达标排放，处理好的水可用于地块内洒水或绿化浇水；定期监测地块周边地表水体环境质量。

③ 噪声污染防治措施，包括安装噪声在线监控设施，以便实时了解噪声排放情况，避免对地块及周边产生噪声污染。

④ 固体废物污染防治措施，主要是施工过程中弃用的塑料包装、建材用料等建筑垃圾，要注意及时收集妥善处置。

⑤ 生态环境保护，主要是防止地块及临近区域因地块修复治理发生水土流失，如坡

度较大的区域采取放坡或砌挡土墙等方式做好防范措施。此外,注意保护好地块、取土场及周边区域的生态环境,避免发生水土流失。

8.2 修复与风险管控工程中的异味控制

异味物质主要包括苯系物、卤代烃、含硫化合物、含氮有机物、含氧有机物等物质,被广泛应用于农药、化工和药品等行业。由于管理粗放、意外泄漏或废物处置不当等,恶臭异味物质极易进入土壤环境中。污染地块修复工程常常会产生废气、废水、噪声等二次污染。其中,一些有刺激性异味的气体污染物可能通过挥发等途径释放到大气中,引发异味污染。这些异味物质不仅会对空气质量造成威胁,降低地块的再利用价值,还会对人体健康产生负面影响,如不采取有效措施,甚至会引发突发性事件。2021年12月29日,生态环境部等多部门联合印发了《"十四五"土壤、地下水和农村生态环境保护规划》,要求"严控农药类等污染地块风险管控和修复过程中产生的异味等二次污染"。

在众多类型的修复地块中,焦化厂、农药厂、化肥厂等地块修复容易产生异味,这些地块在土壤修复过程中常有一些挥发性物质释放到空气中。异味污染物大部分为挥发性有机污染物 VOCs(Volatile Organic Compounds),部分属于无机污染物(硫化氢、氨、二硫化碳)。本书重点介绍挥发性有机污染物的产生及去除技术。

8.2.1 挥发性有机物简介

挥发性有机物是指常温下饱和蒸气压大于 133.32 Pa 以气态分子形态逸散到空气中的有机化合物,也指常压下沸点在 50~260 ℃ 以下的有机化合物,或在常温常压下任何能挥发的有机固体或液体。环保意义上的定义是指活泼的一类挥发性有机物,即会产生危害的那一类挥发性有机物。

我国常见的 VOCs 包括烷烃、芳香烃类、烯烃类、卤烃类、酯类、醛类、酮类和其他化合物等 8 类,可以分为总挥发性有机物(Total Volatile Organic Compounds,TVOCs)、极易挥发性有机物(Very Volatile Organic Compounds,VVOC)、挥发性有机物(VOC)、半挥发性有机物(Semi-Volatile Organic Compounds,SVOC)几大类。

VOCs 种类繁多,有些物种基本没有毒性,因此对人体及动物基本无害。但有些种类如甲醛、芳香烃特别是多环芳烃、二噁英类等具有较强的致癌、致畸、致突变等生物毒性,一些卤代烃和含氮化合物等也具有毒性,对人体健康有显著的毒害作用。植物本身是可以产生并排放一些 VOCs 的,人为排放的 VOCs 对植物的毒害在通常情况下应该也是微不足道。但是,VOCs 经大气光化学反应产生的一些污染物,例如臭氧和过氧乙酰硝酸酯等一些氧化性较强的气态污染物,不但会危害人体健康,而且会伤害植物,严重时甚至导致植物死亡。

常见的中毒反应表现为头痛、恶心、呕吐、乏力等,严重时会出现抽搐、昏迷,并会伤害到人的肝脏、肾脏、大脑和神经系统,造成记忆力减退等严重后果。

除了对人体会产生危害以外,挥发性有机物对环境也会产生严重的危害,比如说会诱发雾霾天气,破坏臭氧层,造成温室效应等。

8.2.2　风险管控与修复工程中的 VOCs

在土壤/地下水修复与管控过程中,往往会导致有机类关注污染物(COSs)从土壤/地下水转移到大气中。通常来讲,含有机污染物的气流在排入大气前需要进行相应的处理。完整的修复项目必须包括废气排放控制方案的制订与执行。废气排放控制通常费用较高,可能会影响某项待选修复工艺的成本效益。

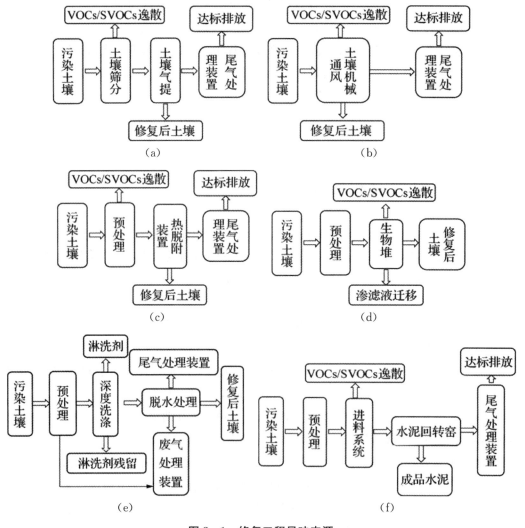

图 8-1　修复工程异味来源

在土壤/地下水修复过程中,包括土壤气相抽提、低温热脱附、土壤洗脱、固化稳定化、地下水曝气、生物曝气、气提及生物修复等工艺,都会产生含有VOCs的尾气(图8-1)。本章内容涵盖了一些常用尾气处理技术的设计计算。

8.2.3 VOCs治理技术

8.2.3.1 概述

目前的挥发性有机污染物的治理包括破坏性方法、非破坏性方法和这两种方法的组合。

破坏性方法(销毁技术)包括燃烧、生物氧化、热氧化、光催化氧化,低温等离子体及其集成的技术,主要是由化学或生化反应,用光、热、微生物和催化剂将VOCs转化成CO_2和H_2O等无毒无机小分子化合物。

非破坏性法,即回收利用法,主要是碳吸附、吸收、冷凝和膜分离技术,通过物理方法控制温度、压力或用选择性渗透膜和选择性吸附剂等来富集和分离挥发性有机化合物。

传统的挥发性废气处理常用吸收、吸附法去除,燃烧去除等。在最近几年中,膜分离法、半导体光催化剂的技术和低温等离子体技术得到了迅速发展。

2024年9月,生态环境部发文,对特定条件下的一些技术进行限制,如"采用水洗+活性炭吸附法处理含氯、含硫等有机废气,且水洗废水未有效处理"等情况属于限制类技术。而光催化及其组合净化技术,低温等离子体及其组合废气净化技术,光解(光氧化)及其组合废气净化技术,以及无原位再生系统的VOCs蜂窝状活性炭吸附净化技术将考虑被淘汰。

8.2.3.2 吸附法

1) 概述

技术原理:采用颗粒活性炭/活性炭纤维作为吸附材料,吸附饱和后的吸附材料利用热源将吸附质气化,解析出的高浓度有机蒸汽被脱附介质带入冷凝单元,经冷凝、分离,回收有机溶剂。依据脱附介质不同,有水蒸汽脱附—溶剂回收吸附技术和热氮气脱附—溶剂回收技术。优点:适用于低浓度的各种污染物;活性炭价格不高,能源消耗低,应用起来比较经济;通过脱附冷凝可回收溶剂有机物;应用方便,只要同空气相接触就可以发挥作用;活性炭具有良好的耐酸碱和耐热性,化学稳定性较高。

缺点:吸附量小,物理吸附存在吸附饱和问题,随着吸附剂的消耗,吸附能力也会变弱,使用一段时间后可能会出现吸附量小或失去吸附功能;吸附时,存在吸附的专一性问题,对于混合气体而言,可能吸附性会减弱,同时也可能因分子直径与活性炭孔径不匹配,导致无法有效吸附或出现脱附现象;活性炭吸附只是将有毒害气体转移,并没有达到分解有害气体的功效,可能会带来二次污染。不适合高浓度废气,不适合含水或含粒状物的废气。

活性炭吸附是土壤或地下水修复项目最普遍使用的 VOCs 尾气控制工艺,可高效去除废气中的各类 VOCs,适用范围广,最常用的气相活性炭是颗粒状活性炭。

活性炭吸附容量在一定条件下可视为相对固定的,本质上是因为其有效吸附点是有限的。一旦被吸附的污染物占据了大部分可用的吸附点位,去除效率就会显著降低。如活性炭吸附设备超负荷运行,则会突破临界点而造成活性炭系统排放气体中的 VOCs 浓度急剧上升。最终,活性炭达到饱和而耗尽,耗尽而废弃的活性炭需进行再生处理或安全废弃处置。

活性炭吸附系统的进气通常需要两个预处理环节,以对其工况进行优化。第一个环节是冷却,第二个环节是除湿。VOCs 的吸附通常是放热过程,因此在低温环境下有利。根据经验,需要将待处理废气的温度降至 54.4 ℃ 以下。另外,废气中的水蒸气会与 VOCs 竞争有效吸附点位,因此待处理废气的相对湿度通常应降至 50% 或更低。举例来说,空气吹提设备的尾气中水蒸气通常是饱和的。在尾气排放前利用活性炭吸附处理 VOCs 时,需要先对尾气进行降温处理(如利用水冷),将水分冷凝析出,之后再升温(如利用电加热)以降低其相对湿度。

2)颗粒状活性炭吸附系统规模设计

市场上最常用的气相活性炭吸附器有两种,一种是桶式活性炭吸附系统(饱和活性炭送往别处再生),另一种是在现场配置饱和活性炭再生装置的多层活性炭吸附床系统(当部分吸附床在吸附环节时,其余吸附床处于再生环节,如此循环交替运行)。颗粒状活性炭吸附系统的规模设计主要基于以下参数:

- 含 VOCs 气流的体积流量;
- VOCs 的浓度或者质量负荷;
- 活性炭的吸附容量;
- 活性炭的预期再生频率。

气体的设计流速决定了活性炭吸附器的横截面积、引风机及其电机的规格、还有烟道的尺寸。其他三项参数(VOCs 质量负荷、活性炭吸附容量和再生频率)决定了活性炭吸附器的尺寸、数量,以及活性炭的用量。气相活性炭吸附系统的设计原则与液相活性炭吸附系统基本相似,可参见 7.2 节。

3)吸附等温线与吸附量

气体的设计流速决定了活性炭的吸附器的横截面积,引风机及其电机的规格,还有烟道尺寸。

活性炭的吸附量受活性炭种类、目标 VOCs 种类、目标 VOCs 浓度、温度及是否存在其他竞争有效吸附区域的物质的影响。对于大部分的VOCs来说,吸附等温式可以用幂函数曲线拟合,即Freundlich吸附等温线公式(参见公式7-9)。

$$q = a(P_{VOCs})^m \tag{8-1}$$

式中,q为吸附平衡容量,单位质量活性炭吸附VOCs的质量,P_{VOCs}为VOCs在废气流中的气体分压,单位为Pa;a,m为经验常数。

一些VOCs物质相对应的Freundlich吸附等温线公式的经验常数如表8-1所示。

表8-1 部分VOCs在等温线公式中的经验常数

污染物	吸附温度/℃	a	m	P_{VOCs}范围/Pa
苯	25	0.126 0	0.176	0.689 5～334.75
甲苯	25	0.208 4	0.11	0.689 5～334.75
间二甲苯	25	0.283 1	0.0703	6.895～334.75
苯酚	40	0.221 1	0.153	0.689 5～206.85
氯苯	25	0.199 3	0.188	0.689 5～68.95
环己烷	37.8	0.079 4	0.21	0.689 5～334.75
二氯乙烷	25	0.081 4	0.281	0.689 5～275.8
三氯乙烷	25	0.255 4	0.161	0.689 5～275.8
氯乙烯	37.8	0.003 0	0.477	0.689 5～334.75
丙烯腈	37.8	0.022 0	0.424	0.689 5～334.75
丙酮	37.8	0.013 2	0.389	0.689 5～334.75

应当注意,这些Freundlich等温线公式的经验常数只是对应特定类型的活性炭,不适用于其他类型的活性炭。

现场实用时,实际的吸附容量要低于吸附平衡容量。通常基于安全设计考虑,取平衡吸附容量的25%～50%作为设计吸附容量。因此

$$q_{实际} = (50\%)(q_{理论}) \tag{8-2}$$

定量计算活性炭对污染物最大去除量或吸附容量$M_{去除}$可以用以下公式:

$$M_{去除} = q_{实际} \times M_{GAC} = q_{实际} \times [(V_{GAC})(\rho_b)] \tag{8-3}$$

式中,M_{GAC}是活性炭质量,V_{GAC}是活性炭体积,ρ_b为活性炭的容积密度。

按以下步骤确定活性炭吸附器的吸附容量。

步骤1:使用公式(8-1)计算理论吸附容量;

步骤2:使用公式(8-2)计算实际吸附容量;

步骤3:计算吸附单元中的活性炭的用量;

步骤4:使用公式(8-3)计算吸附设备可以吸附污染物的最大容量。

计算所需的信息包括:

吸附等温线;废气流中目标污染物浓度,P_VOC;活性炭的体积,V_GAC。
活性炭的容积密度,ρ_b。

【例 8-1】计算活性炭吸附器的吸附容量

某个土壤通风项目拟使用活性炭吸附器处置尾气。废气中的污染物为间二甲苯,浓度为 800 ppmV。抽提引风机出口的气体流速为 5.66 m³/min,气体温度接近环境温度。计划使用两个容量为 453.6 kg 的活性炭吸附器。计算单个活性炭吸附器在达到饱和状态前对间二甲苯的最大吸附容量。使用表 8-1 中的吸附等温式数据。

解答:

a. 将间二甲苯的浓度由 ppmV 转换成标准压力单位 Pa,有

$$P_\text{VOC} = 800 \text{ ppmV} = 8 \times 10^{-4} \text{ atm} = q_\text{实际} \times [(V_\text{GAC})(\rho_\text{b})]$$
$$= (8.0 \times 10^{-4} \text{ atm}) \times (101\,325 \text{ Pa/atm}) = 81.06 \text{ Pa}$$

从表 8-1 查询相关的经验常数,使用公式(8-1)计算平衡态的吸附容量

$$q = a(P_\text{VOC})^m = 0.283 \times (81.06)^{0.0703} \approx 0.385 \text{ kg/kg}$$

b. 实际的吸附容量可以使用公式(8-2)计算

$$q_\text{实际} = (50\%)(q_\text{理论}) = 0.5 \times (0.385 \text{ kg/kg}) = 0.193 \text{ kg/kg}$$

c. 活性炭达到饱和状态前吸附设备可以吸附二甲苯的质量为

最大吸附量 = 活性炭质量 × 实际的吸附容量 = 453.6 kg × 0.193 kg/kg = 87.54 kg

4) 活性炭吸附器的常用横截面积和高度

为了达到有效吸附,必须尽可能降低经过活性炭时废气的流速。废气流速设计取值通常低于 0.3 m/s,最大取值一般不超过 0.5 m/s。该设计参数一般用于计算活性炭吸附器的横截面积(A_GAC):

$$A_\text{GAC} = \frac{Q}{\text{气体流速}} \tag{8-4}$$

式中,Q 是废气进气流量。吸附设备的设计高度一般在 0.6 m 以上,以便提供足够的吸附区。

【例 8-2】计算活性炭吸附器的横截面积

例 8-1 所提及的修复项目中,453.6 kg 的活性炭吸附器没有现货。为了避免项目延期,建议使用 208 L 成品活性炭吸附桶(208 L)作为临时解决方案。208 L 吸附桶所用的活性炭与 453.6 kg 吸附器所用种类一致。供货商同时提供了活性炭吸附筒的技术参数:

每个 208 L 活性炭吸附桶的填料层直径为 0.46 m;

每个 208 L 活性炭吸附桶的填料层高度为 0.92 m;

活性炭的容积密度为 448.517 kg/m³。

根据以上数据计算:

a. 每个 208 L 吸附桶中需要填充活性炭的质量;

b. 每个 208 L 吸附桶在活性炭达到饱和状态前可吸附二甲苯的质量；

c. 所需吸附桶的最少数量。

解答：

a. 每个 208 L 吸附桶中需要填充活性炭的体积

$$(\pi r^2)h = \pi(0.46/2)^2 \times 0.92 \approx 0.15 \text{ m}^3$$

每个 208 L 吸附桶中需要填充活性炭的质量为

$$V(\rho_b) = 0.15 \text{ m}^3 \times 448.517 \text{ kg/m}^3 \approx 67.28 \text{ kg}$$

b. 每个 208 L 吸附桶在活性炭达到饱和状态前可吸附二甲苯的质量为

(GAC 的质量)×(实际吸附量) = 67.28 kg/桶×(0.193 kg 二甲苯/kgGAC)

$$\approx 12.985 \text{ kg 二甲苯/桶}$$

c. 假设设计废气流速为 18.288 m/min，则使用公式(8-4)计算该活性炭吸附桶的横截面积，有

$$A_{GAC} = \frac{Q}{\text{气体流速}} = \frac{5.66}{18.288} \approx 0.309\ 5 \text{ m}^2$$

如果吸附系统为定制产品，则定制一套横截面积为 0.31 m² 的设备可以满足工艺要求。然而，可用吸附桶(208 L)的横截面积是固定的，因此必须根据其制式规格及需要达到横截面积计算需要使用的吸附桶数量。

单个 208 L 吸附桶内活性炭的填充横截面积为

$$(\pi r^2) = \pi(0.46/2)^2 \approx 0.166 \text{ m}^2$$

为了达到工艺要求的流体负荷率，需要并联的吸附桶数量为

$$(0.31 \text{ m}^2)/(0.166 \text{ m}^2) \approx 1.87 \text{ 桶}$$

因此，将两个吸附桶并联使用可以提供需要的横截面积，两个吸附桶的总横截面积为：$0.166 \times 2 = 0.332 \text{ m}^2$

5) 计算活性炭吸附器的污染物去除速率

活性炭吸附器的污染物去除速率($R_{去除}$)可以使用下列公式计算

$$R_{去除} = (G_{in} - G_{out})Q \tag{8-5}$$

在实际应用中，排气口污染物浓度(G_{out})必须低于排放限值，通常很低。因此，基于安全考虑，在设计时一般会忽略公式(8-5)中的 G_{out} 值。因此，污染物的去除速率等于设备的污染物质量负荷率($R_{负荷}$)

$$R_{去除} \approx R_{负荷} = (G_{in})Q \tag{8-6}$$

污染物质量负荷率等于废气流速与污染物浓度的乘积。如前文所述，废气中的污染物浓度常以 ppmV 或者 ppbV 表示。在质量负荷的计算中，必须把浓度转换成质量浓度单位

$$1\ \text{ppmV} = \begin{cases} \dfrac{MW}{22.4}[\text{mg/m}^3], 0\ ℃ \\ \dfrac{MW}{24.05}[\text{mg/m}^3], 20\ ℃ \\ \dfrac{MW}{24.5}[\text{mg/m}^3], 25\ ℃ \end{cases} \quad (8-7)$$

【例 8-3】计算活性炭吸附器的去除速率

续例 8-2,二甲苯的排放限值为 100 ppbV,计算两个 208 L 吸附桶的污染物去除速率。

解答:

a. 公式(8-7)将污染物浓度单位由 ppmV 转换成 mg/m³。二甲苯($C_6H_4(CH_3)_2$)的相对分子质量 = 12×8+1×10 = 106 g/mol。

在 25 ℃时,1 ppmV = 106/24.5 ≈ 4.327 mg/m³

则 800 ppmV = 800×4.327 mg/m³ ≈ 3.462 g/m³

b. 使用公式(8-6)计算污染物的去除速率,有

$$R_{去除} \approx (G_{in})Q = 3.462\ \text{g/m}^3 \times 5.66\ \text{m}^3/\text{min} \approx 0.019\ 6\ \text{kg/min}$$
$$= 28.2\ \text{kg/d}$$

6) 更换(或再生)频率

一旦活性炭达到饱和状态,需要进行再生或者安全废弃。两次再生处理之前的时间间隔或一批全新活性炭的预期使用时间可以通过活性炭吸附量除以污染物去除速率($R_{去除}$)计算,如下

$$T = \dfrac{M_{去除}}{R_{去除}} \quad (8-8)$$

【例 8-4】计算活性炭吸附器的更换(或再生)频率

续例 8-2,二甲苯排放限值为 100 ppbV,计算两个 208 L 吸附桶的使用寿命。

解答:

根据例 8-3,每个吸附桶中的活性炭在达到饱和状态前可以吸附 12.985 kg 的二甲苯。使用公式(8-7)计算两个吸附桶的使用周期,有

$$T = \dfrac{M_{去除}}{R_{去除}} = \dfrac{2\times(12.985\ \text{kg})}{0.295\ \text{kg/min}} \approx 88\ \text{min} < 1.5\ \text{h}$$

7) 活性炭需求量(现场再生)

如果废气中污染物的浓度高,可以考虑使用配有现场再生设备的活性炭吸附系统。带有现场再生设施活性炭吸附系统,其活性炭需求量与污染物负荷、活性炭的吸附量、活性炭更换时间间隔,以及活性炭吸附单元/床在再生作业段和吸附作业段之间的分配比例有关。

活性炭的需求量可以用下列公式计算

$$M_{GAC} = \dfrac{R_{去除}\ T_{ad}}{q}\left[1+\dfrac{N_{des}}{N_{ad}}\right] \quad (8-9)$$

式中，M_{GAC} 为活性炭总需求量，T_{ad} 为两次再生处理之间的吸附作业时长，N_{ad} 为处于吸附作业段的活性炭吸附床数量，N_{des} 为处于再生(解吸)作业段的吸附床数量。

【例 8-5】计算活性炭用量(配合现场再生设施)

续例 8-3，现场配有再生设备的活性炭吸附系统处置废气中的高浓度污染物，该系统由三个吸附器组成，其中两个处于吸附作业段，另外一个处于再生作业段。吸附作业周期为 6 h。计算整个系统活性炭的需求量。

解答：

整个系统所需的活性炭数量可以使用公式(8-9)计算，有

$$M_{GAC} = \frac{R_{去除} T_{ad}}{q}\left[1+\frac{N_{des}}{N_{ad}}\right] = \frac{(0.019\ 6\ \text{kg/min}) \times (360\ \text{min})}{0.193\ \text{kg/kg}}(1+1/2) \approx 54.8\ \text{kg}$$

因此，共需要填充 54.8 kg 的活性炭(单个吸附板需要填充约 18.3 kg，假设平均分配)。

8.2.3.3 液体吸收法

技术原理：液体吸收法是利用吸收液与有机废气的相似相溶性原理而达到处理有机废气的目的。通常为强化吸收效果，用液体石油类物质、表面活性剂和水组成的混合液来做吸收液。

这种吸收剂具有无毒不污染，捕集后解吸率高，回收节省能源，可反复使用的优点。

技术优点：工艺流程简单、吸收剂价格便宜、投资少、运行费用低，适用于废气流量较大、浓度较高、温度较低和压力较高情况下气相污染物的处理，在喷漆绝缘材料黏结金属清洗和化工等行业得到了比较广泛的应用。

技术缺点：对设备要求较高，需要定期更换吸收剂，同时设备易受腐蚀；回收效率低，对于环保要求较高时，很难达到允许的油气排放标准；设备占地空间大，能耗高。

8.2.3.4 冷凝工艺

冷凝法是用来回收 VOCs 的一种有效方法，其基本原理是利用气态污染物在不同的温度和压力下具有不同饱和蒸汽压，通过降低温度和增加压力，使某些有机物凝结出来，使 VOCs 得以净化和回收。

冷凝式油气回收设备采用多级复叠或自复叠制冷技术，系统流程虽然相对复杂，但其关键部件压缩机和节流机构已全部实现本土化生产，投资和运行成本较低。

根据换热管工作原理可分为制冷剂回路和气体回路两部分，换热管连接两部分。在气体循环部分，低温冷媒在换热器中与热的有机溶剂混合气体进行热交换，有机溶剂液化后回收，制冷剂流入储液罐。

优点：冷凝法是利用物质在不同温度和压力下沸点不同的特性进行回收，适合沸点较高的有机物，该方法具有回收纯度高、设备工艺简单、能耗低的优点；并有设备紧凑、占用空间小、自动化程度高、维护方便、安全性好、输出为液态油可直接利用等优点。

缺点：单一冷凝法要达标需要降到很低的温度，耗电量巨大，不是真正意义上的"节能减排"。

8.2.3.5 膜分离法

常用的处理废气中 VOCs 的膜分离技术包括蒸汽渗透（VP）气体膜分离和膜接触器等，VP 过程常与冷凝或压缩过程集成。目前，气体膜分离技术已大量应用于空气中富集氧气、浓缩氮气及天然气分离等工业中。

技术原理：膜分离有机蒸气回收系统是通过溶解-扩散机理来实现分离的。气体分子与膜接触后，在膜的表面溶解，进而在膜两侧产生浓度梯度，因为不同气体分子通过致密膜的溶解扩散速度有所不同，使得气体分子由膜内向膜另一侧扩散，最后从膜的另一侧表面解吸，最终达到分离目的。

技术优点：分离因子大、分离效果好（即净化效果好），而且膜法净化操作简单、控制方便、操作弹性大。

技术缺点：投资大；膜国产率低，价格昂贵，而且膜寿命短；膜分离装置要求稳流、稳压气体，操作要求高。

8.2.3.6 催化燃烧法

一类 VOCs 处理方法是所谓破坏性技术，即通过化学或生物的技术使 VOCs 转化为二氧化碳、水以及氯化氢等无毒或毒性小的无机物。燃烧法即属于此类技术。

技术原理：催化燃烧技术是指在较低温度下，在催化剂的作用下使废气中的可燃组分彻底氧化分解，从而使气体得到净化处理的一种废气处理方法。该法适用于处理可燃或在高温下可分解的有机气体。

技术优点：为无火焰燃烧，安全性好；对可燃组分浓度和热值限制较小；起燃温度低，大部分有机物和 CO 在 200~400 ℃ 即可完成反应，故辅助燃料消耗少，而且大量地减少了 NO_x 的产生；可用来消除恶臭。

技术缺点：工艺条件要求严格，不允许废气中含有影响催化剂寿命和处理效率的尘粒和雾滴，也不允许有使催化剂中毒的物质，以防催化剂中毒，因此采用催化燃烧技术处理有机废气必须对废气做前处理。同时，该法不适于处理燃烧过程中产生大量硫氧化物和氮氧化物的废气。

1) 概述

催化焚烧，也称为催化氧化，是另外一种被广泛应用于处理含 VOCs 尾气的焚烧技术。在焚烧过程中加入贵金属或碱金属作为催化剂，焚烧温度一般可设为 315.6~648.9 ℃，低于直接热氧化系统的焚烧温度。

燃烧三"T"（温度、停留时间和湍流度）也是催化焚烧的重要设计参数。此外，催化剂的种类对系统的性能及运行成本有显著的影响。

2) 稀释空气

催化焚烧炉对可燃气体浓度的限制一般为 372.6 kJ/m³ 或 314.01 J/g(等于大部分 VOCs 物质 LEL 的 20%),相比直接焚烧炉要低。主要原因是较高的 VOCs 浓度会在焚烧时产生大量的热,导致催化剂失活。因此,必须使用稀释空气将废气中污染物的浓度降至其 LEL 的 20% 以下。

当需要稀释空气时,稀释空气的流量可以通过公式(8-10)计算

$$Q_{\text{dilution}} = \left(\frac{H_w}{H_i} - 1\right) Q_w \tag{8-10}$$

式中,Q_{dilution} 为需要的稀释空气流量,单位为 m³/h;Q_w 为待处置的废气流量,单位为 m³/h。H_w 为废气流的热值,单位为 J/m³;H_i 为焚烧系统补充气流的安全热值,单位为 J/m³(或 J/g)。

【例 8-16】计算所需稀释空气的流量

续例 8-8,使用配有再生式换热器的催化焚烧设备处理含有浓度为 800 ppmV 二甲苯的尾气,其流量为 0~5.66 m³/min。计算所需稀释空气的流量。

解答:

根据例 8-8 中的计算,尾气热值为 438.39 kJ/m³ 或 0.37 kJ/g,超过了 372.59 kJ/m³ 或 0.314 kJ/g 的限值。因此,需要使用稀释空气,可以使用公式(8-10)计算稀释空气的流量,有

$$Q_{\text{dilution}} = \left(\frac{H_w}{H_i} - 1\right) Q_w = \left(\frac{0.37}{0.314} - 1\right) \times 5.66 \approx 1.01 \text{ m}^3/\text{min}$$

> **讨论**
>
> 对于含 800 ppmV 二甲苯的尾气,催化焚烧炉必须使用稀释空气来降低浓度,以保护催化剂并确保系统安全、稳定运行,但是直接焚烧炉通常对可燃气体浓度的适应性相对催化焚烧炉更强。

3) 补热需求

使用催化焚烧炉处理由土壤/地下水修复过程中产生的尾气,一般需要使用电热器进行补热。如果使用天然气作为燃料,可以使用公式(8-9)计算助燃气体的流量。在计算补热需求之前,需用以下两个公式计算尾气的适宜温度 T_{out},既在保证去除效率的同时又不影响催化剂的功效。该参数可以根据经过换热器而进入催化反应床之前的废气温度 T_{in},以及废气的热含量计算。

$$T_{\text{out}} = T_{\text{in}} + 0.745\,5 H_w \tag{8-11}$$

另外,该公式经调整后,可用于计算为达到催化反应床需要的适宜温度,入流废气应

达到的温度为

$$T_{in} = T_{out} - 0.7455 H_w \quad (8-12)$$

式中，H_w 为废气的含热量，单位为 kJ/m^3。根据以上两个公式，流入催化反应床废气的热含量每增加 13.41 kJ/m^3，需要将废气温度提高 10 ℃。

【例 8-17】计算催化反应床的温度

续例 8-13，使用配有再生式换热器的催化焚烧设备处理含有浓度为 800 ppmV 二甲苯的尾气，流量为 $Q=5.66 \ m^3/min$。经过热交换器后，稀释废气的温度为 287.78 ℃。计算催化反应床的温度。

解答：

在经过稀释后，稀释废气的含热量为 372.59 kJ/m^3。使用公式(8-11)计算催化反应床的温度，有

$$T_{out} = T_{in} + 0.7455 H_w = 287.78 + 0.7455 \times 372.59 = 565.55 \text{ ℃}$$

讨论

计算得出温度为 565.55 ℃，在典型催化反应床的温度区间内(537.78～648.89 ℃)。

4) 催化反应床的体积

催化反应床的流入气体流量主要为废气、稀释空气(和/或助燃空气)与助燃气体之和，可以使用公式(8-13)计算，即

$$Q_{inf} = Q_w + Q_d + Q_{sf} \quad (8-13)$$

式中，Q_{inf} 为入流气体流量，单位为 m^3/min。

在大部分情况下，进入催化反应床的混合气体流量 Q_{inf} 近似等于标况下流出催化反应床的气体流量 Q_{fg}。在实际条件下，尾气流量可以使用公式(8-14)计算

$$Q_{fg,a} = Q_{fg}\left(\frac{T_c+273}{25+273}\right) = Q_{fg}\left(\frac{T_c+273}{298}\right) \quad (8-14)$$

式中，$Q_{fg,a}$ 为实际的尾气流量，单位为 m^3/min。

因为废气在催化反应床停留时间很短，通常使用空间速率来代表气体流量与催化反应床体积之间的关系。空间速率的定义为进入催化反应床含 VOCs 尾气的体积流量除以催化反应床的体积，该参数是停留时间的倒数。表 8-2 提供了催化焚烧炉的典型设计值。值得注意的是，用于计算空间速率的流量是基于在标准条件下的入流气体流量，而不是基于催化反应床或出流气体流量。

表 8-2 催化焚烧炉的典型设计值

目标去除率/%	催化反应床入流气体温度/℃	催化反应床出流气体温度/℃	空间速率/(1/h)	
			碱性金属	贵金属
95	315.56	537.8～648.9	10 000～15 000	30 000～40 000

催化反应床的规格可由以下公式计算，即

$$V_{\text{cat}} = \frac{60 Q_{\text{inf}}}{SV} \tag{8-15}$$

式中,V_{cat} 为催化反应床的体积,单位为 m^3;Q_{inf} 为催化反应床总入流气体流量,单位为 m^3/min;SV 为空间速率,单位为 $(1/h)$。

【例8-18】计算催化反应床的体积

续例8-13,使用配有再生式换热器的催化焚烧设备处理含有浓度为800 ppmV 二甲苯的尾气,其流量为 $Q=5.66\ m^3/\text{min}$。设计空间速率为 12 000(1/h)。计算催化反应床的规格。

解答:

a. 使用公式(8-13)计算在标况下的尾气流量,有

$$Q_{\text{fg}} \approx Q_{\text{inf}} = Q_{\text{w}} + Q_{\text{d}} + Q_{\text{sf}} = 5.66 + 1.0 + 0 = 6.66\ m^3/\text{min}$$

b. 当空间速率为 1 2000(1/h),使用公式(8-15)计算催化反应床的规格

$$V_{\text{cat}} = \frac{60 Q_{\text{inf}}}{SV} = \frac{60 \times 6.66}{12\ 000} \approx 0.033\ m^3$$

> **讨论**
> 催化设备的规格为 $0.033\ m^3$,小于直接焚烧设备的燃烧室规格 $0.1\ m^3$。

8.2.3.7 生物处理技术

1) 概述

利用微生物(细菌、真菌、原生动物等)的代谢活动使恶臭物质氧化降解为二氧化碳、水蒸气、NO_3^-、SO_4^{2-} 等无害物质的过程,微生物在氧化降解污染物时获得能量维持自身生长和繁殖。

技术优点:适用范围广,处理效率高,工艺简单,费用低,无二次污染。

技术缺点:对高浓度、生物降解性差及难生物降解的 VOCs 去除率低。

对于 VOCs 的治理,单一的技术很难达到国家现在的排放标准。针对不同的废气处理,将不同的技术相结合会达到更好的效果。例如,在去除 VOCs 之前要进行预处理除尘;在处理大风量、低浓度且没有回收价值的有机废气时,可以选择转轮浓缩吸附+蓄热式催化燃烧联合技术,有回收价值的有机废气可以选择吸附浓缩技术+冷凝回收技术联用;在处理高浓度有机废气时可以选择冷凝+吸附技术、吸附浓缩+冷凝回收/燃烧技术等。

合理的联合技术解决了单一处理技术无法处理不同 VOCs 的难题,这也是以后在处理 VOCs 方面的主流选择。

2) 土壤生物过滤器

土壤生物滤床的技术原理为:将含 VOCs 的尾气通入活性微生物富集的土壤介质

中,通过微生物降解 VOCs。气流与生物过滤床的温度与湿度是本技术设计的关键参数。

土壤生物滤床技术适合处理流量相对较大、浓度相对较低的 VOCs 气流,例如,甲烷含量低于 1 000 ppmV 的尾气。进气 VOCs 的最大浓度为 3 000~5 000 mg/m³。为达到最佳处理效率,尾气的温度应为 20~40 ℃,相对湿度为 95%。过滤材料的湿度应维持在其质量的 40%~60%,pH 应为 7~8。典型生物滤床系统的设计横截面积一般为 10~2 000 m²,废气处理量可达 100~1 500 000 m³/h。生物滤床介质的厚度一般为 0.91~1.22 m。每平方米过滤区的表面负荷率一般为 100 m³/h。生物滤床所需的横截面积可以使用以下公式计算气流量:

$$A_{\text{biofilter}} = \frac{气流量}{表面负荷} \tag{8-16}$$

【例 8-19】计算生物滤床的规格

续例 8-13,使用生物过滤设施处理含有浓度为 800 ppmV 二甲苯的尾气,流量为 $Q = 5.66$ m³/min。计算该项目所需使用生物滤床的规格。

解答:

a. 尾气中含有浓度为 800 ppmV 的二甲苯,相当于 6 400 ppmV 的甲烷(每个二甲苯分子含有 8 个碳原子)。该浓度超过甲烷的限值(1 000 ppmV)。根据文献记载,进气中的 VOCs 浓度最高可达 3 000~4 000 mg/m³。虽然本案例中二甲苯的浓度在此区间内(800 ppmV 的二甲苯换算为浓度为 3 460 mg/m³),但是根据保险原则还是需要将尾气稀释。进气中的最佳二甲苯浓度必须根据中试研究结果进行测算。在该案例中,暂将尾气稀释 4 倍,因此流入生物滤床系统的气体流量为 22.65 m³/min。

b. 每平方米生物过滤系统横截面上的表面负荷率为 100 m³/h。将 22.65 m³/min 的单位转换为 m³/h,有

$$Q = 22.65 \text{ m}^3/\text{min} \times 60 \text{ min/h} = 1 359 \text{ m}^3/\text{h}$$

使用公式(8-16)计算所需横截面面积,有

$$A_{\text{biofilter}} = \frac{气流量}{表面负荷} = \frac{1 359 \text{ m}^3/\text{h}}{100 \text{ m}^3/(\text{m}^2 \cdot \text{h})} \approx 13.6 \text{ m}^2$$

c. 生物过滤层的厚度采用标准的设计,取 1.22 m。

> **讨论**
> 如果生物过滤层的构造为圆柱形,其直径大约为 4.16 m。

8.2.3.8 热氧化

热处理也被普遍用于处理含 VOCs 的气体。常用的热处理工艺包括热氧化、催化焚烧、内燃机焚烧。热处理系统的关键参数设计归纳为燃烧三"T",即焚烧温度(Combustion Temperature)、停留时间(Residence Time 或称 Dwell Time)、湍流度

(Turbulence)。这三个参数决定了焚烧设备的规格和对污染物的去除效率。例如,为了确保良好的热处理效果,含 VOCs 废气应在高温下的热氧化器内停留足够长时间(一般为 0.3~1 s),设备的焚烧温度应至少比废气中目标污染物的自燃温度高出 37.8 ℃。此外,焚烧设备内必须维持足够的湍流度,以确保气体充分混合均匀,目标污染物得以完全焚烧。其他需要考虑的重要参数包括进气的热值、辅助燃料需求量及助燃空气的需求量。

1) 气体流量与温度的关系

气体流量通常以 m³/min 或 m³/h 表示。因为气体的流量是关于温度的函数,气流经过热处理工艺的不同温度段,因此气体流量又细分为实际的气体流量(Q_a)与标准气体流量(Q_s)。前者表示在实际温度下的气体流量,后者表示在标准条件下的气体流量,标准条件是比较的基础。在实施具体项目的时候,必须将项目所在地的相关法规所规定的标准温度作为设计条件。除了特殊说明外,本章节采用 25 ℃ 作为标准温度。

实际的气体流量和标准气体流量可以使用下列公式进行转换,该公式假设理想气体定律有效,有

$$\frac{Q_a}{Q_s} = \frac{460+T}{460+77} \tag{8-17}$$

式中,T 为实际的温度,单位为℉,加上 460 是为了将温度的单位由华氏度转化为兰氏度(Degree Rankine)。需要注意的是,如果温度的单位是摄氏度,则实际的气体流量和标准气体流量可以使用下列公式进行转换。公式(8-18)中的加 273 是为了将温度的单位由摄氏度转化为开氏度(Degree Kelvin)。

$$\frac{Q_a}{Q_s} = \frac{273+T}{273+25} \tag{8-18}$$

【例 8-10】实际气体流量和标准气体流量的转换

采用热氧化器处理土壤通风工艺产生的废气,为了达到要求的污染物去除率,焚烧设备的工作温度为 760 ℃,在焚烧设备出口的实际气体流量为 15.574 m³/min。如果以 Q_s 单位表示,出口气体流量是多少?从设备末端的排气烟囱排出气体的温度是 93.33 ℃,烟囱的直径为 0.10 m,计算气体从烟囱中排放的流速。

解答:

a. 使用公式(8-18)将 Q_a 转换为 Q_s,有

$$\frac{Q_{a,760℃}}{Q_s} = \frac{273+T}{273+25} = \frac{273+760}{298} = \frac{15.574}{Q_s}$$

因此,$Q_s = 4.493$ m³/min。

b. 使用公式(8-18)计算烟囱出口的气体流量,有

$$\frac{Q_{a,93.33℃}}{Q_s} = \frac{273+T}{273+25} = \frac{273+93.33}{298} = \frac{Q_{a,93.33℃}}{4.493}$$

因此,当气体温度为 93.33 ℃时,$Q_{93.33℃} = 5.523$ m³/min。

尾气排放速度为

$$v = \frac{Q_{a,93.33\ ℃}}{A} = \frac{Q_{a,93.33\ ℃}}{(\pi r^2)} = \frac{5.523\ m^3}{\pi[(0.10/2)^2 m^2]} = 703.2\ m/min$$

> **讨论**
>
> 如果在给定温度条件下的实际气体流量已知,可以使用以下公式计算其他给定条件下的气体流量,即
>
> $$\frac{Q_{a,T_1(℃)}}{Q_{a,T_2(℃)}} = \frac{273 + T_1}{273 + T_2}$$
>
> 可以使用该公式,通过已知燃烧室出口的气体流量直接计算案例中烟囱尾气流量,即
>
> $$\frac{Q_{a,760\ ℃}}{Q_{a,93.33\ ℃}} = \frac{273 + T_1}{273 + T_2} = \frac{15.574}{Q_{a,93.33\ ℃}} = \frac{273 + 760}{273 + 93.33}$$
>
> 因此,在 93.33 ℃ 时,$Q_{a,93.33\ ℃} = 5.523\ m^3/min$

2) 气流的热值

有机物一般具有一定的热值,因此在焚烧过程中有机物也可作为焚烧能源。若废气中有机物的含量越高,则其可提供的热值越高,相应焚烧所需的辅助燃料就越少。如果没有可作为能源的有机物,则可以使用 Dulong 公式,有

$$热值(J/g) = 338.2C + 1\ 442.12\left(H - \frac{O}{8}\right) + 95.366S \quad (8-19)$$

C、H、O、S 是有机物分子中碳、氢、氧、硫元素的质量百分比。公式(8-19)用来计算固体废物的热值。气流所含有的热值可以用以下公式计算：

含 VOCs 的气流热值(J/m^3)

= VOCs 的热值(J/g) × VOCs 的质量浓度(g/m^3) (8-20)

含 VOCs 的质量气流热值(J/g)可以通过将尾气所含热值(J/m^3)除以尾气的密度计算。

含 VOCs 的气流热值(J/g) = VOCs 的热值(J/m^3)/气流密度(g/m^3) (8-21)

标准条件下的气体密度可以通过以下公式计算,即

气流密度(g/m^3) = 40.863 MW

其中,MW 为相对分子质量。因为空气主要含有 21% 的氧气($MW=32$),以及 79% 的氮气($MW=28$),一般将空气的相对分子质量定为 29。因此,空气的密度约为 1 185.03 kg/m^3(=40.863×29)。这一数据也适用于含 VOCs 的尾气,前提是 VOCs 的浓度不是极高。

【例 8-11】计算气流的热值

续例 8-1,考虑使用热氧化器处置尾气。气流中二甲苯的浓度为 800 ppmV,计算其热值。

解答：

a. 使用 Dulong 公式（见公式(8-19)）计算纯二甲苯的热值，有

二甲苯($C_6H_4(CH_3)_2$)的相对分子质量 $= 12 \times 8 + 1 \times 10 = 106$ g/mol

碳原子的质量百分比 $= (12 \times 8)/106 = 90.57\%$

氢原子的质量百分比 $= (1 \times 10)/106 = 9.43\%$

$$\text{热值}\left(\frac{J}{g}\right) = 338.2C + 1\,442.12\left(H - \frac{O}{8}\right) + 95.366S$$

$$= 338.2 \times 90.57 + 1\,442.12\left(9.43 - \frac{0}{8}\right) + 95.366 \times 0 = 44\,230 \text{ J/g}$$

b. 为了计算二甲苯浓度为 800 ppmV 的气体所含热值，必须首先计算气体中二甲苯的质量浓度（在例 8-3 中计算），有

$$800 \text{ ppmV} = 800 \times (4.33 \times 10^{-6} \text{ g/m}^3) = 3.464 \times 10^{-3} \text{ g/m}^3$$

c. 使用公式(8-20)将热值的单位转换成 J/g，有

含二甲苯气流的热值(J/g) $= (153\,212 \text{ J/m}^3)/(1\,185.03 \text{ g/m}^3) \approx 129.29$ J/g

使用公式(8-21)计算含二甲苯气体的热值，有

热值(J/m^3) $= (44\,230 \text{ J/g}) \times (3.464 \times 10^{-3} \text{ g/m}^3) \approx 153\,212 \text{ J/m}^3$

讨论

1. 使用 Dulong 公式计算二甲苯的热值为 44 230 J/g，与文献中记载的数据 43 380 J/g 相近。

2. 碳原子的质量百分比为 90.57%，以 90.57 代入 Dulong 公式中，而不要使用 0.905 7。

3) 稀释气体

某些气流含有足够的有机物支持持续焚烧（例如，无须额外消耗辅助燃料，可以节省成本）。这是直接焚烧适于处置含有高浓度有机物气体的主要原因。然而，出于安全性考虑，往往将待进入焚烧炉处理的有害气体中可燃性组分的浓度限制在最低爆炸限值(LEL)的 25%。当焚烧设施配有 VOCs 浓度在线监测设备、工艺自动控制系统和关停装置时，可燃性气体浓度的限值可上调至 LEL 的 40%~50%。表 8-3 列举了部分空气中可燃气体的最低爆炸限值(LEL)及最高爆炸限值(UEL)。

当尾气中含有的 VOCs 浓度超过其最低爆炸限值的 25% 时（例如，在大多数运用 SVE 工艺的项目运行初期），必须使用稀释气体将尾气中的 VOCs 浓度降至其最低爆炸限值的 25% 以下，这样气体才可进入焚烧设备进行处理。在大多数情况下，浓度为最低爆炸限值的 25% 的气体的含热量约等于 409.376 J/g 或者 484 366 J/m³。

表 8-3 空气中部分有机物的 LEL 和 UEL

有机物	最低爆炸限值 LEL,体积分数/%	最高爆炸限值 UEL,体积分数/%
甲烷	5.0	15.0
乙烷	3.0	12.4
丙烷	2.1	9.5
正丁烷	1.8	8.4
正戊烷	1.4	7.8
正己烷	1.2	7.4
正庚烷	1.05	6.7
正辛烷	0.95	3.2
乙烯	2.7	36.0
丙烯	2.4	11.0
1,3-丁二烯	2.0	12.0
苯	1.3	7.0
甲苯	1.2	7.1
乙苯	1.0	6.7
二甲苯	1.1	6.4
甲醇	6.7	36.0
二甲醚	3.4	27.0
乙醛	4.0	36.0
丁酮	1.9	10.0

【例 8-12】计算气体中有机物浓度为 LEL 的 25% 时的热值

尾气中含有高浓度的苯,苯的热值为 42 356.46 J/g。计算苯浓度为最低爆炸限值的 25% 时尾气的热值。

解答:

a. 根据表 8-3,最低爆炸限值时,苯占空气体积的 1.3%。

25% 最低爆炸限值 = 25% × 1.3% = 0.325% 体积 = 3 250 ppmV

苯(C_6H_6)的相对分子质量 = 12×6+1×6 = 78

将 ppmV 转换成 mg/m^3,有:在 25 ℃时,1 ppmV = 78/24.5 ≈ 3.184 mg/m^3

3 250 ppmV = 3 250×(3.184 mg/m^3) ≈ 10.35 g/m^3

b. 使用公式(8-13)计算尾气所含的热值,有:

$$热值(J/m^3) = (42\ 356.46\ J/g) \times (10.35\ g/m^3) \approx 438.39\ kJ/m^3$$

c. 使用公式(8-14)将热值的单位转换成 kJ/g,有:

含苯气流的热值$(kJ/g) = (438.39 \text{ kJ/m}^3)/(1\,185.03 \text{ g/m}^3) = 0.37 \text{ kJ/g}$

热值计算所得结果(438.39 kJ/m³ 或 0.37 kJ/g),与含有 25% LEL 浓度 VOCs 的热值数据(484.37 kJ/m³ 或 0.41 kJ/g)非常接近。

当需要稀释气流中污染物浓度时,稀释空气的体积流量可用以下公式计算,有

$$Q_{\text{dilution}} = \left(\frac{H_w}{H_i} - 1\right) Q_w \tag{8-22}$$

式中,Q_{dilution} 为需要的稀释空气流量,单位为 m³/h;Q_w 为待处置的废气流量,单位为 m³/h;H_w 为废气流的热值,单位为 J/m³;H_i 为焚烧系统补充气流的安全热值,单位为 J/m³。

【例 8-13】计算所需稀释空气的流量

使用直接焚烧设备处理流量为 566 m³/min 的尾气,尾气的热值为 697.8 J/g。根据设备运行安全规定,将进入热氧化器气体中污染物的浓度限制为不超过 LEL 的 25%。计算所需要的稀释空气流量。

解答:

若取 409.4 J/g 作为 25%污染物 LEL 的热值。使用公式(8-21)计算稀释空气流量,有

$$Q_{\text{dilution}} = \left(\frac{H_w}{H_i} - 1\right) Q_w = \left(\frac{697.8}{409.4} - 1\right) \times (566 \text{ m}^3/\text{min}) \approx 398.7 \text{ m}^3/\text{min}$$

4) 助燃空气

如果废气中的含氧量较低(低于 13%~16%),则需要向其中加入助燃空气提高废气中的含氧量,确保燃烧器的火焰强度保持稳定。如果废气流的组分已知,则设计者可以计算完全焚烧所需氧气的化学计量流量。在实践中,会加入过量的助燃空气以确保完全焚烧。以下案例展示了如何计算焚烧填埋场废气所需要的助燃空气的化学计量流量与实际的流量。

【例 8-14】计算焚烧填埋场废气所需助燃空气的化学计量流量与实际的流量

计划使用焚烧设备处理垃圾填埋场废气,参数如下:体积 60% 为甲烷(CH_4),体积 40% 为二氧化碳(CO_2),$Q = 5.66$ m³/min。助燃空气的过量系数设为 20%,焚烧温度为 982.22 ℃。计算:

a. 所需助燃空气的化学计量流量;
b. 所需助燃空气的总量;
c. 流入焚烧器的气体总流量;
d. 流出焚烧器的气体总流量。

解答:

a. 甲烷的入口流量 = 60% × (5.66 m³/min) = 3.396 m³/min
   二氧化碳的入口流量 = 40% × (5.66 m³/min) = 2.264 m³/min

甲烷完全焚烧的化学方程式为 $CH_4 + 2O_2 \rightarrow CO_2 + 2H_2O$

所需氧气的化学计量流量=(3.396 m³/min)×(2 mol 氧气/1 mol 甲烷)=6.792 m³/min

所需空气的化学计量流量=氧气流量/空气含氧量=(6.792 m³/min)÷(21%)≈32.34 m³/min

b. 总助燃空气流量=(1+20%)×(32.34 m³/min)=38.808 m³/min

助燃空气中氮气的流量=79%×(38.808 m³/min)=30.66 m³/min

c. 流入焚烧设施的气体总流量

=3.396(甲烷)+2.264(二氧化碳)+38.808(空气)=44.468 m³/min

d. 流出氧气流量=20%×6.792≈1.358 m³/min

流出氮气流量=流入焚烧器的氮气流量= 30.66 m³/min

流出二氧化碳流量=填埋场废气中二氧化碳流量+焚烧产生的二氧化碳流量=2.264+3.396(甲烷:二氧化碳=1:1)=5.66 m³/min

流出水蒸气流量=焚烧产生的水蒸气流量(甲烷:水蒸气=1:2)=2×3.396=6.792 m³/min

流出气体总流量=1.358+30.66+5.66+6.792=44.47 m³/min

5) 补充燃料用量

当土壤或地下水修复工艺产生的尾气中 VOCs 浓度极低时,其所含热值可能不足以支持燃烧。在这种情况下,需要添加补充燃料。使用以下公式计算补充燃料的需求量(基于天然气),有

$$Q_{sf} = \frac{D_w Q_w [3.24 C_p (1.1 T_c - T_{he} - 0.1 T_r) - H_w]}{D_{sf}[H_{sf} - 3.56 C_p (T_c - T_r)]} \quad (8-23)$$

Q_{sf}——补充燃料的流量,单位为 m³/min;

D_w——废气流的密度,单位为 g/m³(通常为 183.76 g/m³);

D_{sf}——补充燃料的密度,单位为 g/m³(甲烷密度为 653.55 g/m³);

T_c——焚烧温度,单位为℃;

T_{he}——经过热力交换的废气流温度,单位为℃;

T_r——基准温度,25 ℃;

C_p——空气在 T_c 和 T_r 两温度间的平均热容,单位为 J/(g·℃);

H_w——废气流的热含量,单位为 J/g;

H_{sf}——补充燃料的热值,单位为 J/g(甲烷的热值为 50.24 J/g)。

如果经过热交换器的废气流温度(T_{he})并非额定值,可以使用以下公式计算(注意:热交换器的作用是收集氧化器尾气的余热用于加热流入废气),即

$$T_{he} = \frac{HR}{100} T_c + \left(1 - \frac{HR}{100}\right) T_w \quad (8-24)$$

式中，HR 是热交换过程中的热回收率，单位为%（如果没有特殊说明，一般可以假设为 70%）；T_w 是进入热交换装置前废气流的温度，单位为℃。

在上述公式中，T_{he} 是经过热能交换器的废气流温度（如果没有设置热能交换器进行热能回收，则 $T_{he}=T_w$）。

【例 8-15】计算补充燃料的用量

续例 8-11，使用配有同向流换热器的热氧化器处置含有浓度为 800 ppmV 二甲苯的尾气流（$Q=5.66$ m³/min）。焚烧温度设置为 982.2 ℃，计算助燃气体甲烷所需的流量。

解答：

a. 假设热回收率为 70%，排气井中的废气温度为 18.33 ℃，从换热器中排出的废气温度为 T_{he}，可以使用公式(8-24)计算，有

$$T_{he}=\frac{HR}{100}T_c+\left(1-\frac{HR}{100}\right)T_w=\frac{70}{100}\times 982.2+\left(1-\frac{70}{100}\right)\times 18.33\approx 693\ ℃$$

b. 根据图 8-1，温度为 982.22 ℃下空气的平均比热值为 0.344 J/(g·℃)。

c. 根据例 8-7，废气的热含量为 129.33 J/g。

d. 使用公式(8-23)计算助燃气体的流量，有

$$Q_{sf}=\frac{D_w Q_w[3.24C_p(1.1T_c-T_{hc}-0.1T_r)-H_w]}{D_{sf}[H_{sf}-3.56C_p(T_c-T_r)]}$$

$$=\frac{1\,183.76\times 5.66[3.24\times 0.34(1.1\times 982.2-693-0.1\times 25)-129.33]}{653.55\times[50\,241.6-3.56\times 0.344(982.22-25)]}=0.062\,5\ \text{m}^3/\text{min}$$

6）燃烧室体积

流入焚烧炉的气体是由废气、稀释空气（或者助燃燃空气）、助燃气体组成，其总量由以下公式计算

$$Q_{inf}=Q_w+Q_d+Q_{sf} \qquad (8-25)$$

式中，Q_{inf} 为入流气体流量，单位为 m³/min。

大部分情况下，设计人员可以假设在标准条件下，进入燃烧室的混合气流的流量 Q_{inf}，近似于流出燃烧室的尾气流量 Q_{fg}。假设因 VOCs 和助燃气体焚烧所导致的经过燃烧室前后气流体积的变化很小，往往在土壤或地下水修复过程中所产生的稀释 VOCs 气流都按此计算。

在实际条件下的尾气流量可以使用公式(8-25)或以下公式计算，即

$$Q_{fg,a}=Q_{fg}\left(\frac{T_c+273}{25+273}\right)=Q_{fg}\left(\frac{T_c+273}{298}\right) \qquad (8-26)$$

式中，$Q_{fg,a}$ 为实际的尾气流量，单位为 m³/min。

燃烧室体积（V_c）由 $Q_{fg,a}$ 和停留时间 τ（单位为 s）决定，使用以下公式计算

$$V_c=\left[\left(\frac{Q_{fg,a}}{60}\right)\tau\right]\times 1.05 \qquad (8-27)$$

该公式本质就是"停留时间＝体积/流量"。1.05 是安全系数,是针对工业实践中气体流量微小波动的经验系数。表 8-4 列出了热处理系统的设计数据。

表 8-4 热处理系统的典型设计值

目标去除率/%	非卤代有机物		卤代有机物	
	焚烧温度/℃	停留时间/s	焚烧温度/℃	停留时间/s
98	871	0.75	982	1.0
99	982	0.75	1 093	1.0

【例 8-16】计算热氧化器的规格

续例 8-15,使用配有再生式换热器的热氧化器处理含有浓度为 800 ppmV 二甲苯的尾气流($Q=5.66$ m³/min)。为了使去除率达到 99%(或更高)的标准,将焚烧温度设置为 982.2℃。计算热氧化器的规格。

解答：

a. 使用公式(8-25)计算在标准条件下尾气的流量,有

$$Q_{fg} \approx Q_{inf} = Q_w + Q_d + Q_{sf} = 5.66 + 0 + 0.062\ 5 = 5.722\ 5\ \text{m}^3/\text{min}$$

b. 使用公式(8-26)计算在实际条件下尾气的流量,有

$$Q_{fg,a} = Q_{fg}\left(\frac{T_c + 273}{25 + 273}\right) = 5.722\ 5 \times \left(\frac{982.22 + 273}{298}\right) \approx 24.10\ \text{m}^3/\text{min}$$

c. 根据表 8-3,要求的停留时间为 1 s。使用公式(8-27)计算燃烧室的规格,有

$$V_c = \left[\left(\frac{Q_{fg,a}}{60}\right)\tau\right] \times 1.05 = \left[\left(\frac{24.10}{60}\right) \times 1\right] \times 1.05 \approx 0.42\ \text{m}^3$$

8.3 典型案例

8.3.1 污染地块概况

某地块位于某市经济开发区,占地面积约 368 亩,主要产品为合成氨、尿素、二氧化碳、甲醇、碳酸二甲酯。地块拆迁后处于闲置状态,后期规划为第二类工业用地。在地块再次流转或进行二次开发利用前,地块使用权人于 2019 年委托专业单位开展了该地块的环境调查和风险评估工作。根据建立的暴露概念模型及确定的暴露途径和模型参数,基于保守考虑,在第二类用地方式下,分别计算风险评估关注污染物的最大检出浓度对人体健康产生的致癌风险和非致癌危害商,从而确定了地块内的高风险污染物。地块风险计算结果见表 8-5。

表 8-5 地块风险计算结果　　　　　　　　　　　　　单位：mg/kg

序号	污染物	CAS	最大值	致癌风险（×10^{-6}）	危害商	是否作为超风险污染物
1	$C_{10} \sim C_{40}$	/	20 600	/	4.59	是
2	苯并[a]芘	50-32-8	8.8	5.80	0.47	是

表 8-6 污染物及修复目标值　　　　　　　　　　　　单位：mg/kg

序号	污染物	CAS	检出限	最大值	建议修复目标值
1	$C_{10} \sim C_{40}$	/	10	20 600	4 500
2	苯并[a]芘	50-32-8	0.1	8.8	1.5

根据计算结果，在第二类用地方式下，该地块两种污染物超过了可接受的风险水平，需开展土壤修复工作。在对比健康风险评估确定的风险控制值的前提下，修复目标值选用了《土壤环境质量建设用地土壤污染风险管控标准（试行）》中第二类用地筛选值。污染物及修复目标值见表 8-6。经鉴别污染土壤属于一般固体废物，且主要污染物 $C_{10} \sim C_{40}$、苯并[a]芘为有机污染物，污染土壤采用回转窑高温煅烧，可将有机污染物完全分解，达到无害化处置的目的，因此实施了水泥窑协同处置的修复技术路线。

8.3.2 工程施工阶段环境管控

8.3.2.1 主体修复工程开挖环节

开挖前开展放样工作：定出各拐点位置，用石灰粉画出清运范围，并插上醒目的标志牌。为有效控制大面积开挖造成二次污染，开挖遵循"分区、分层、分段、分块、对称、平衡、限时"原则，严格按拐点坐标开挖，做到"横向到边，纵向到底"。开挖至规定范围人工清扫后按照 HJ25.2 和 HJ25.5 的规定基坑自检。根据《施工组织设计》，若自检样品的污染物浓度大于修复目标值，则应向监理、发包人汇报，征得许可后，其对应的单元区域应进一步扩挖，扩挖深度/侧向为 0.5～1.0 m，直至开挖边界满足修复目标要求，确保污染土壤清挖彻底。

譬如 3# 基坑侧壁 3 处样品（S4/1.2 m、S5/0.2 m、S5/1.2 m）石油烃（$C_{10} \sim C_{40}$）检测值大于修复目标值（4 500 mg/kg）。开展了扩挖工作，扩挖面积为 39.8 m²，扩挖深度为 1.5 m。

表 8-7 3# 基坑石油烃（$C_{10} \sim C_{40}$）采样监测结果统计

序号	编号	检测结果/(mg/kg)
1	S1/0.2	576
2	S1/1.2	27

续表

序号	编号	检测结果/(mg/kg)
3	S2/0.2	306
4	S2/1.2	104
5	S3/0.2	226
6	S3/1.2	902
7	S4/0.2	612
8	S4/1.2	5 300
9	S5/0.2	4 610
10	S5/1.2	19 400
11	S6	188
12	S7	757
13	S8	255

8.3.2.2 预处理及暂存环节

污染土壤采用了生石灰混料干化、筛分机筛分的预处理工艺,预处理后各项指标均符合《水泥窑协同处置固体废物环境保护技术规范》(HJ 622—2013)及水泥窑处置单位接收要求:含水率≤20%,粒径≤50 mm等。正常工况下污染土壤预处理后直接外运,因天气等原因无法外运则暂存于预处理大棚,预处理大棚底部铺设厚度1.5 mm的高密度聚乙烯膜后采用20 cm抗渗混凝土进行地面防渗与硬化。通过地面防渗硬化,保证污染土壤及渗滤液不会对白区土壤造成二次污染。预处理大棚废气经布袋除尘+活性炭吸附装置处理后经15 m高排气筒有组织排放。做好预处理大棚维护检修工作,重点排查"三防"(防扬散、防流失、防渗漏)的落实情况。大棚配备出入库记录表并按照《关于发布〈一般工业固体废物管理台账制定指南(试行)的公告〉》(公告2021年第82号)制定台账,详细记录名称、产生(出场)时间、产生(出场)数量、出库日期、出库去向、经办人等信息。

8.3.2.3 运输环节

污染土壤约1.2万 m^3 运输至江苏某水泥有限公司进行水泥窑协同处置。污染土壤转移前向移出地和接受地生态环境主管部门报备并得到了批准。签订了运输、处置合同,在合同中约定污染防治要求及相关责任。污染土运输前开展了运输方案技术交底,严格监督执行。

1) 进出场管理

① 场外运输采用了自卸式密闭汽车陆运。运输车辆做好表层覆盖、内衬防渗等措施,并由专人检查封闭措施是否符合要求,严格防止运输过程的二次污染。

② 车辆清洗。运输污染土壤的车辆驶出地块时通过洗车台等洗车装置清洗。尤其在雨雪等天气,确保车轮及车身清洗干净无附着,允许车辆进出场。

③ 应急设施配备。运输车辆配备应急处置设备,如铁铲、扫帚、防尘网、防渗贮藏袋等应急包装袋及装卸清扫工具,当运输过程出现污染土壤遗撒和泄露事故时可进行应急处置。

2) 运输管理

① 实时定位管理。安装 GPS 定位系统,建立监控中心,对运输车辆进行实时动态监控和管理,包括车辆的跟踪、调度、监督,行车数据全程记录、安全报警等;监控中心预先设定行驶路线,当车辆的实际行驶路线与设定不符时,监控中心应立即采取控制措施。

② 转移联单管理。运输由项目部指定专人负责,车辆统一编号,经监理核实后,污染土壤运至终端单位(某水泥公司)。具体实施顺序为:发放转移联单→污染土壤出场及到达终端处置单位→卸土→核实。对污染土壤运输采用严格的转移联单制度,装载方、运输司机、接收方和监督方都必须填写转移联单,根据转移联单的编号、出场时间、到场时间确定车辆运行情况。

8.3.2.4 下游处置环节

安排专人在终端单位接车,比对出场重量、接收重量,确保污染土壤运输过程不遗撒、不丢失,跟踪污染土壤处置全流程。要求水泥厂按相关技术规范检测水泥熟料中可浸出重金属含量及水泥产品质量并提供检测报告;提供污染土壤处置期间的污染物检测报告,核查检测数据是否符合相关排放标准;提供污染土壤消纳证明,明确污染土壤处置完成情况,确保处置过程合法合规。

8.3.2.5 建筑垃圾处置环节

筛分预处理产生的建筑渣石冲洗后进行浸出检测,检测达标后综合利用。按每 500 m³ 采集一个样品,检测指标为本工程污染物石油烃($C_{10} \sim C_{40}$)和苯并[a]芘,苯并[a]芘浸出浓度执行《地下水质量标准》(GB/T14848—2017)标准值(Ⅳ类标准)0.5 μg/L,石油烃($C_{10} \sim C_{40}$)浸出浓度执行《上海市建设用地土壤污染状况调查 风险评估 风险管控与修复方案编制 风险管控与修复效果评估工作的补充规定(试行)》二类用地 1.2 mg/L。

8.3.2.6 结论

根据施工单位自检、环境监理抽检及效果评估验收检测结果,该地块修复后满足预期修复目标,土壤污染物石油烃($C_{10} \sim C_{40}$)检测值小于修复目标值(4 500 mg/kg)、苯并[a]芘检测值小于修复目标值(1.5 mg/kg)。规范开挖、预处理、暂存、运输、下游处置等主体修复工程保证了修复质量。

8.3.3 二次污染防治

8.3.3.1 大气污染防治

1）路面硬化

施工现场出入口、场内主要道路、脚手架底部、主要操作地块以及生活、办公区主要道路浇筑厚度不小于 20 cm，强度不低于 C15 的混凝土硬化。基坑边坡车辆出入通道采用混凝土浇筑或铺满钢板（钢板铺设道路在底部铺设草帘或防尘网）等硬化抑尘措施，并及时打扫清洁。

2）围挡喷淋

围挡上方铺设给水管及水雾喷头，喷头朝向工地内，增压泵每 200 m 设置一个，增压泵扬程 200 m，抑制扬尘向修复范围外环境扩散。

3）裸土覆盖

12 h 内不施工作业的裸土（清洁土）使用防尘网百分之百覆盖，无作业的区域不允许有裸土。

4）湿法作业

开挖作业时，雾炮机挪至下风向，面向作业区，呈 45°仰角喷洒。喷洒异味工位时雾炮机箱体添加气味抑制剂。洒水车不间断作业，喷洒异味工位时洒水车车厢添加气味抑制剂。保持工地出入通道路面潮湿，一旦露白，立即洒水。

5）车辆出入清洗

出入口设置洗车台，配套浇筑符合标准的排水沟和沉淀池。若清洗效果不佳则换高压水枪冲洗，落实"一支水枪、一名专人、一本登记本"的"三个一"要求，确保车身、车轮、牌照及混凝土搅拌车出料口冲洗干净、泥浆水有序排放，排水沟和沉淀池及时清理。

6）废气预处理

大棚逸散废气采用了布袋除尘＋活性炭吸附处理后经 15 m 高排气筒有组织排放的治理措施。

根据自检报告、环境监理抽检报告、效果评估单位监测报告，周边环境空气质量满足相关标准要求。

8.3.3.2 水污染防治

1）有效收集地块废水

基坑废水（含降雨）：污染土壤开挖形成基坑，地下水水位过高产生基坑废水；基坑开挖形成暴露面,施工期正值雨季,雨水汇入基坑。机械冲洗废水:运输车辆等工程机械在出场前于冲洗平台进行冲洗,冲洗产生冲洗废水。建渣冲洗废水:筛分产生的建渣冲洗后综合利用,产生建渣冲洗废水。施工废水(基坑废水含降雨、机械冲洗废水、建渣冲洗废水)通过软管泵抽提至进水袋经污水处理站处理。日常做好基坑、冲洗平台、建渣冲洗区废水收集记录。

2)优先申请临时排水许可

本工程取得了行政部门出具的《建设工地临时污水排入排水管网备案证》,许可内容:生活区污水、施工废水。

3)有效处理地块废水

调节单元:进水袋调节水量、均匀水质,从而使污水比较均匀地进入后续处理单元。混凝沉淀单元:开启混凝单元搅拌机,投加NaOH,将废水pH值调至8~9,然后投加混凝剂PAC,使废水中的悬浮物微粒失稳,胶粒物相互凝聚使微粒增大,形成絮凝、矾花,絮凝体进入沉淀区泥水分离,沉淀区设有斜管填料,泥水分离后的污泥沉积至泥斗内,上清液溢流至芬顿与沉淀系统进行处理。芬顿及沉淀单元:先投加酸调节废水的pH值至酸性,再投加双氧水和硫酸亚铁进行芬顿反应,两者在酸性条件下形成的强氧化机制能有效去除有机物,芬顿反应后通过加碱将废水的pH值回调,再投加PAM进行絮凝,上清液溢流提升至两级过滤系统处理。两级过滤单元:石英砂过滤器和活性炭过滤器精细过滤废水。

4)废水达标排放

一袋一检,检测达标后纳管排放,若检测不达标则重新进入污水处理系统二次处理。检测因子确定:污染土壤中苯并[a]芘和石油烃(C_{10}~C_{40})超GB 36600中第二类用地筛选值。故选择了接管常规因子(pH值、色度、化学需氧量、悬浮物、氨氮、总氮、总磷)、污染土壤超标因子(石油类、苯并[a]芘)作为废水检测因子。根据污水外排检测报告,所有批次数据均满足污水处理厂纳管标准。

8.3.3.3 噪声污染防治

噪声来源主要为挖掘机、筛分机、运输车辆等工程机械。其中,筛分机噪声值较大,因此在预处理大棚内开展筛分等预处理作业;车辆在行经噪声敏感建筑物集中区控制车速,减速慢行;对受到施工干扰的单位和居民在施工前予以通知,说明施工期拟采取的噪声防治措施,并取得理解。

8.3.3.4 固废污染防治

次生污染物水处理污泥等属于危险废物,委托有资质单位处置,并按照《危险废物管理计划和管理台账制定技术导则》(HJ 1259—2022)制定了台账记录。

8.3.3.5 结论

修复过程产生的废水、废气、噪声和固废得到有效防治,二次污染防治措施得当,周边环境质量持续稳定达标。

8.3.4 污染事故应急措施

依法制定应急预案并备案,若发生突发环境事件,立即采取有效措施消除或者减轻对环境的危害,并按相关规定向事故发生地有关部门报告,接受调查处理。运输阶段可能出现的突发环境事件:污染土壤遗撒,车辆交通事故等。应对措施:加强运输过程管控,车辆出场前严格检查,确认封闭措施符合要求,车轮及车身清洗干净无附着,方可允许车辆出场。同时配备巡视小组,实行跟踪巡视,特别注意道路拐弯等容易造成遗撒处。一旦发现遗撒,责令运输方立即停止运输,封闭遗撒区域,禁止其他人员、车辆进入,及时清理干净。如发生翻车事故或大面积污染土壤遗撒事故,迅速用苫布或塑料布覆盖污染土壤,并立刻通知环保、交通、城管、公安等相关部门协调指挥,做到遗撒处污染土壤全部清理干净。出现交通事故时,组织人员保护现场,立即上报应急领导小组,组织应急小组人员调派车辆,将污染土壤进行安全转移,并配合交管部门调查事故原因。发现人员伤亡时,及时送到附近医疗机构进行救治;如遇重大交通事故,及时上报相关部门,并配合交管部门、公安部门等开展事故调查和事故善后处理等工作。

思考题

1. 修复与风险管控工程中的二次污染有哪些来源?
2. 修复或管控过程中二次污染如何防治?
3. 什么是异味污染?什么是VOCs?
4. VOCs来源有哪些?工业VOCs的污染源有哪些?
5. VOCs的危害有哪些?
6. VOCs有哪几类?
7. 哪些污染地块修复技术会产生VOCs?
8. VOCs的治理技术有哪几类?
9. 简述VOCs治理技术中活性炭吸附技术的优缺点。
10. 简述颗粒状活性炭吸附系统规模设计的参数。
11. 活性炭再生的频率如何求算?
12. 热氧化技术治理VOCs的关键设计参数有哪些?
13. 催化焚烧温度一般设置为多少?
14. 简述土壤生物过滤器处理VOCs的技术原理和过程。

第九章

污染地块风险管控与修复效果评估

9.1 概述

通过资料回顾与现场踏勘、布点采样与实验室检测，综合评估污染地块风险管控与土壤修复是否达到规定要求或地块风险是否达到可接受水平。评估的原则包括：① 整体性原则：污染地块涉及土壤和地下水污染状况调查、风险评估、风险管控及修复、效果评估等环节，环环相扣。要从整体上把握，而不是孤立审查各环节的报告，必要时，可以对前一环节报告是否能够满足本环节工作的要求进行评审。如：评审风险评估报告时，应当对土壤污染状况调查的数据是否能够满足风险评估的要求进行评审，对数据不满足要求的应该在风险评估阶段开展补充调查；② 实事求是原则：在风险管控、修复、效果评估等后续环节工作的实施过程中，可能发现未调查出的污染（包括污染物或污染区域），要正确区分客观不确定性和弄虚作假，实事求是，分类处理。

在进行污染地块风险管控和修复效果评估后，需要形成正式的风险管控效果评估报告、修复效果评估报告，其要点主要包括以下四点：

（1）土壤污染风险管控、修复效果评估程序与方法是否符合国家相关标准规范的要求。

（2）风险管控效果评估报告、修复效果评估报告是否包括以下内容：是否达到土壤污染风险评估报告确定的风险管控、修复目标且可以安全利用等内容。

（3）是否达到土壤污染风险评估报告确定的风险管控、修复目标且可以安全利用。一般存在3种情况：未达到土壤污染风险评估报告确定的风险管控、修复目标，不可以安全利用；达到土壤污染风险评估报告确定的风险管控、修复目标且可以安全利用；不确定，需要进一步补充调查，并再次进行效果评估。

（4）报告是否通过。包括3种情况：通过，无需修改；通过但需修改，并提出修改要求和修改后的审核方式；未通过，并提出明确具体的整改要求。

9.2 风险管控与土壤修复效果评估

根据《污染地块风险管控与土壤修复效果评估技术导则》（HJ 25.5—2019），污染地块风险管控与土壤修复效果评估的工作内容包括：更新地块概念模型、布点采样与实验室检测、风险管控与修复效果评估、提出后期环境监管建议、编制效果评估报告。

9.2.1 更新地块概念模型

应根据风险管控与修复进度,以及掌握的地块信息对地块概念模型进行实时更新,为制定效果评估布点方案提供依据。

9.2.2 布点采样与实验室检测

布点方案包括效果评估的对象和范围、采样节点、采样周期和频次、布点数量和位置、检测指标等内容,并说明上述内容确定的依据。原则上应在风险管控与修复实施方案编制阶段编制效果评估初步布点方案,并在地块风险管控与修复效果评估工作开展之前,根据更新后的概念模型进行完善和更新。根据布点方案,制定采样计划,确定检测指标和实验室分析方法,开展现场采样与实验室检测,明确现场和实验室质量保证与质量控制要求。

9.2.3 风险管控与土壤修复效果评估

根据检测结果,评估土壤修复是否达到修复目标或可接受水平,评估风险管控是否达到规定要求。对于土壤修复效果,可采用逐一对比和统计分析的方法进行评估。若达到修复效果,则根据情况提出后期环境监管建议并编制修复效果评估报告;若未达到修复效果,则应开展补充修复。对于风险管控效果,若工程性能指标和污染物指标均达到评估标准,则须判断风险管控达到预期效果,可继续开展运行与维护;若工程性能指标或污染物指标未达到评估标准,则判断风险管控未达到预期效果,须对风险管控措施进行优化或调整。

9.2.4 提出后期环境监管建议

根据风险管控与修复工程实施情况与效果评估结论,提出后期环境监管建议。

9.2.5 编制效果评估报告

汇总前述工作内容,编制效果评估报告,报告应包括风险管控与修复工程概况、环境保护措施落实情况、效果评估布点与采样、检测结果分析、效果评估结论及后期环境监管建议等内容。

污染地块风险管控与土壤修复效果评估工作程序见图 9-1。

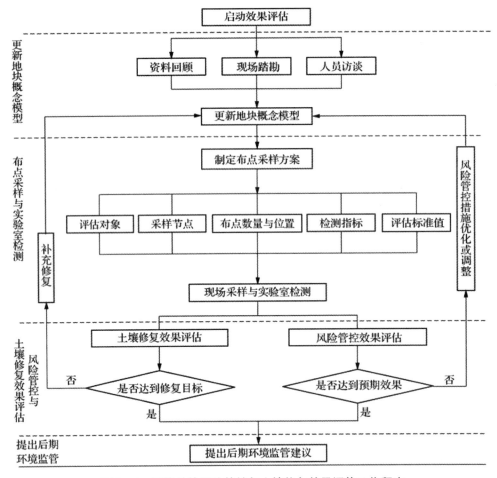

图 9-1 污染地块风险管控与土壤修复效果评估工作程序

9.3 风险管控与地下水修复效果评估

根据《污染地块风险管控与地下水修复效果评估技术导则》(HJ 25.6—2019),地下水修复和风险管控工作的内容包括:制定地下水修复和风险管控效果评估布点和采样方案,评估修复是否达到修复目标,评估风险管控是否达到工程性能指标和污染物指标要求。

对于地下水修复效果,当每口监测井中地下水检测指标持续稳定达标时,可判断达到修复效果。若未达到评估标准但判断地下水已达到修复极限,可在实施风险管控措施的前提下,对残留污染物进行风险评估。若地块残留污染物对受体和环境的风险可接受,则认为达到修复效果;若风险不可接受,需对风险管控措施进行优化或提出新的风险管控措施。

对于风险管控效果,若工程性能指标和污染物指标均达到评估标准,则判断风险管控达到预期效果,可对风险管控措施继续开展运行与维护;若工程性能指标或污染物指标未达到评估标准,则判断风险管控未达到预期效果,应对风险管控措施进行优化或调整。

9.4 典型案例

9.4.1 地块概况

某地块占地面积约为 18.8 万 m^2,原为煤制气厂,主要包括某煤气总公司重油制气生产区、轻油制气区以及原煤制气剩余区(M 区)三个部分。根据环境调查报告,土壤样品中超过《土壤环境质量建设用地土壤污染风险管控标准》第一类用地筛选值的污染物包括:1,1,2-三氯乙烷、1,2,3-三氯苯、1,2,3-三氯丙烷等有机物及重金属砷、铅、镍。地下水需要修复的污染物主要为 1,2,4-三甲苯、1,2-二氯乙烷、1,3-二氯丙烷等有机物。

9.4.2 地块修复方案

9.4.2.1 修复范围及理论修复工程量

污染土壤总量约为 149 948 m^3,污染地下水约为 44 919 m^3。主要修复技术为原位化学氧化修复技术、原位热脱附技术、水泥窑协同处置、地下水抽出处理技术。

重油制气区:污染土壤修复面积约为 22 501 m^2,修复工程量达 69 830 m^3,修复深度为 0~8 m。

轻油制气生产区及煤制气剩余区域(M 区):污染土壤面积为 18 967 m^2,污染主要集中在 M 区的西半侧区域,其中煤制气剩余区域(M 区)土壤修复深度为 0~12 m,修复面积为 18 267 m^2,修复工程量为 77 918 m^3。

污染地下水修复面积为 4 432 m^2,修复深度为 6 m,修复工程量为 3 184 m^3。

9.4.2.2 修复目标值

土壤目标污染物及修复目标值见表 9-1,地下水目标污染物及修复目标值见表 9-2。

表 9-1 污染土壤修复目标值　　　　　　　　　　单位:mg/kg

序号	污染物名称	修复目标值	出处
1	1,1,2-三氯乙烷	0.500 0	DB11/T811—2011
2	1,2,3-三氯苯	63.000 0	RSL—2016
3	1,2,3-三氯丙烷	0.050 0	DB11/T811—2011
4	1,2,4-三甲苯	58.000 0	RSL—2016
5	1,2,4-三氯苯	24.000 0	RSL—2016
6	1,2-二溴-3-氯丙烷	0.005 3	RSL—2016
7	1,2-二溴乙烷	0.036 0	RSL—2016
8	2,4-二硝基甲苯	1.540 0	HERA1.2[①] 计算
9	2,6-二硝基甲苯	0.360 0	RSL—2016
10	2-甲基萘	240.000 0	RSL—2016
11	4-硝基苯酚	26.600 0	HERA1.2 计算
12	7,12-二甲基苯并(a)蒽	0.0019	HERA1.2 计算
13	$C_{10} \sim C_{14}$	1 110.000 0	HERA1.2 计算
14	$C_{15} \sim C_{28}$	22 300.000 0	HERA1.2 计算
15	$C_6 \sim C_9$	762.000 0	HERA1.2 计算
16	N-亚硝基二正丙基胺	0.078 0	RSL—2016
17	苯	0.640 0	DB11/T811—2011
18	苯并(a)蒽	0.634 0	HERA1.2 计算
19	苯并(a)芘	0.466 0	二期专家论证
20	苯并(b)荧蒽	0.636 0	HERA1.2 计算
21	苯并(g,h,i)苝	366.000 0	HERA1.2 计算
22	苯并(k)荧蒽	6.190 0	HERA1.2 计算
23	苊烯	755.000 0	HERA1.2 计算
24	蒽	3770.000 0	HERA1.2 计算
25	二苯并(a,h)蒽	0.220 0	二期专家论证
26	二苯并呋喃	73.000 0	RSL—2016
27	二氯甲烷	12.000 0	DB 11/T811—2011
28	菲	366.000 0	HERA1.2 计算
29	间和对-二甲苯	59.000 0	RSL—2016
30	邻苯二甲酸二(2-乙基己)酯	39.000 0	RSL—2016
31	氯仿	0.220 0	DB 11/T811—2011

续表

序号	污染物名称	修复目标值	出处
32	萘	50.000 0	DB 11/T811—2011
33	镍	90.500 0	HERA1.2 计算
34	芘	377.000 0	HERA1.2 计算
35	铅	400.000 0	DB 11/T811—2011
36	䓛	61.400 0	HERA1.2 计算
37	砷	20.000 0	DB 11/T811—2011
38	四氯化碳	2.000 0	DB 11/T811—2011
39	芴	503.000 0	HERA1.2 计算
40	茚并(1,2,3-cd)芘	0.636 0	HERA1.2 计算
41	荧蒽	503.000 0	HERA1.2 计算

注[1]：HERA 为中国科学研究院南京土壤研究所开发的风险评估软件。

表 9-2 地块内污染地下水修复目标值　　　　　　单位：mg/L

序号	污染物名称	最终确认修复目标值	出处
1	1,2,4-三甲苯	0.015 0	RSL—2016
2	1,2-二氯乙烷	0.030 0	DZ/T 0290—2015 中 III 类
3	1,3-二氯丙烷	0.370 0	RSL—2016
4	2,4-二甲基苯酚	0.360 0	RSL—2016
5	2,6-二硝基甲苯	0.005 0	DZ/T 0290—2015 中 III 类
6	2-甲基萘	0.360 0	RSL—2016
7	4-氯苯胺	0.000 4	RSL—2016
8	苯	0.022 4	HERA[1] 计算
9	苯并(a)芘	0.141 0	HERA 计算
10	苯乙烯	19.700 0	HERA 计算
11	蒽	0.001 8	DZ/T 0290—2015 中 III 类
12	二(2-氯异丙基)醚	1.520 0	HERA 计算
13	二苯并呋喃	0.007 9	RSL—2016
14	二氯甲烷	7.350 0	HERA 计算
15	甲苯	45.900 0	HERA 计算
16	间和对-二甲苯	1.010 0	HERA 计算
17	邻苯二甲酸二(2-乙基己基)酯	1 410.000 0	HERA 计算

续表

序号	污染物名称	最终确认修复目标值	出处
18	邻-二甲苯	1.250 0	HERA 计算
19	萘	0.100 0	DZ/T 0290—2015 中 Ⅲ 类
20	芘	0.000 1	RSL—2016
21	四氯化碳	0.011 1	HERA 计算
22	锑	0.005 0	DZ/T 0290—2015 中 Ⅲ 类
23	荧蒽	0.000 2	DZ/T 0290—2015 中 Ⅲ 类

9.4.2.3 修复技术路线

本项目采用的具体技术路线如下：
(1) 重度有机污染土壤：采用原位热脱附技术；
(2) 中轻度有机污染土壤：采用原位化学氧化技术；
(3) 重金属污染土壤：采用固化稳定化修复技术；
(4) 污染地下水：采用抽出处理技术。

9.4.3 修复效果评估

9.4.3.1 更新地块概念模型

对照修复设计阶段地块概念模型（地块地理位置、地块周边敏感目标、地块历史使用情况、地块未来规划用地方式、地质与水文地质情况、关注污染物情况、污染物暴露概念模型）而更新地块概念模型。内容包括：项目周边地块情况、地块修复概况、修复实施方案变更情况、地质与水文地质变化情况、地质与水文地质变化、施工过程发生的问题及处理、施工过程对地块的影响分析、修复工程完成后污染介质处置终点、潜在受体与周边环境情况。

9.4.3.2 布点采样方案

根据《污染地块风险管控与土壤修复效果评估技术导则》（HJ 25.5—2019），在审阅分析污染地块修复工程相关资料的基础上，结合现场踏勘结果，明确采样布点方案，确定污染地块修复工程评估监测内容，制定评估监测方案。

1) 土壤修复效果评估采样布点
① 评估范围
土壤效果评估采样范围包括原位化学氧化修复后的土壤、原位热脱附修复后土壤、

水泥窑协同处置清挖修复后基坑及侧壁、潜在二次污染区域。

现场施工结束后对二次污染区域进行调查及采样效果评估。本工程可能产生二次污染的来源包括污染土壤的清挖运输过程、水处理区域污水、危废转运过程、洗车池污水等。

② 采样节点

修复区域效果评估采样节点：施工工程量达到修复方案要求，施工单位自检检测结果低于修复目标值，并经监理单位核实后，效果评估单位进场采样。

潜在二次污染区域效果评估采样节点：现场修复工作结束后，现场所有污染介质清理完成后，效果评估单位进场采样。

③ 布点数量与位置

a. 基坑坑底及侧壁

对于基坑底部表层，采用系统布点的方法，先随机布置第一个采样点，以此构建网格，在每个网格交叉点采样，原则上修复效果评估内部采样网格不大于 40 m×40 m，存在或可能存在非水相液体区域，污染物浓度高的区域采样网格不大于 20 m×20 m。网格大小根据采样面积和采样数量确定。

对于基坑侧壁，采用等距离布点法，按边长确定采样点数量后，分段分层布点。当修复深度小于或等于 1 m 时，侧壁不进行垂向分层采样。当修复深度大于 1 m 时，侧壁应进行垂向分层采样，第一层为表层土(0～0.2 m)，0.2 m 以下每 1～3 m 分一层，不足 1 m 时与上一层合并。各层采样点之间垂向距离不小于 1 m，采样点位置可依据土壤异常异味和颜色，并结合地块污染状况确定。

基坑坑底和侧壁的样品以去除杂质后的土壤表层样为主(0～20 cm)，不排除深层采样。

b. 原位修复后的土壤

对于原位修复地块，水平方向上采用专业布点与系统布点相结合的方法进行布点。垂直方向上采样深度不小于调查评估确定的污染深度以及修复可能造成污染迁移的深度，根据土层性质设置采样点，原则上垂向采样点之间距离不大于 3 m，根据实际情况而定。应结合地块污染分布、土壤性质、修复设施设置等，在高浓度污染物聚集区、修复效果薄弱区、修复范围边界等位置增设采样点。

化学氧化修复后土壤的检测指标应包括产生的二次污染物，因此效果评估时将选取部分点位样品进行全扫，评估化学氧化是否氧化完全。

c. 潜在二次污染区域

土壤修复评估范围应包括修复过程中的潜在二次污染区域，潜在的二次污染区域包括修复设施所在区、固体废物或危险废物堆存区、运输车辆临时道路、土壤或地下水待检区、废水暂存处理区、修复过程中污染物迁移涉及的区域或其他可能的二次污染区域。

潜在的二次污染区域土壤应在此区域开发利用前进行采样，原则上根据修复设施的类型、运行流程以及潜在二次污染来源等的分布、特性等资料,综合分析判断采样点的合理位置,采集的样品以去除杂质的土壤表层样为主(0~20 cm),不排除深层次采样。

2) 地下水修复效果评估采样布点

① 评估范围

根据《污染地块地下水修复和风险管控技术导则》(HJ 25.6—2019)等相关要求,对于地下水抽出修复技术,其修复效果评估的范围包括上游、内部、下游,以及修复可能涉及的两侧扩散区域等潜在二次污染区域。

② 采样节点

根据《污染地块地下水修复和风险管控技术导则》(HJ 25.6—2019)等相关要求,需初步判断地下水中污染物浓度稳定达标且地下水流场达到稳定状态时方可进入地下水修复效果评估阶段,原则上采用修复工程运行阶段监测数据进行修复达标初判,至少需要连续4个批次的季度监测数据。若地下水中污染物浓度均未检出或低于修复目标值,则初步判定达到修复目标;若部分浓度高于修复目标,可采用均值检验或趋势分析检验方法进行修复达标初判。当均值置信上限低于修复目标,且浓度稳定或持续降低,则初步判断达到修复目标。

若修复过程未改变地下水流场,则地下水水位、流量、季节变化等与修复开展前应基本相同;若修复过程改变了地下水流场,则需达到新的稳定状态,地下水流场受周边影响较大情况除外。

③ 布点数量与位置

根据《污染地块地下水修复和风险管控技术导则》(HJ 25.6—2019)等相关要求,地下水采样点原则上应优先设置在修复设施运行薄弱区、污染源浓度高的区域、水文地质条件不利的区域,可充分利用地块调查评估与修复实施等阶段设置的监测井,现有监测井应符合修复效果评估采样条件,原则上原监测井数量不应超过修复效果达标评估时监测井总数的60%。原则上修复效果评估范围上游至少设置1个采样点,内部至少设置3个采样点,下游至少设置2个采样点。原则上修复效果评估内部采样网格不大于80 m×80 m,存在或可能存在非水相液体区域,污染物浓度高的区域采样网格不大于40 m×40 m。

9.4.3.3 现场采样与实验室分析

采样的工作内容是按照现场确定的采样点位规范采集样品。本项目修复地块样品采集由专业技术人员在参与修复单位施工人员配合下完成。专业技术人员按照规范完成采样工作后,将样品立即送往实验室检测。本案例采样工作组由具有丰富地块调查经验的人员组成。

在现场采样工作正式开展之前,进行人员统筹安排,准备好所需的设备及材料,根据

《土壤环境监测技术规范》中相关采样要求进行土壤样品采集。结合地质调查结论及采样布点方案,在一个采样点的不同深度采集土壤样品。

本案例效果评估工作土壤样品和地下水样品的分析测试优先参照《土壤环境质量建设用地土壤环境风险管控标准(试行)》(GB 36600—2018)和《土壤环境监测技术规范》(HJ/T 166)中的指定方法,如国内暂无指定方法,则借鉴美国EPA标准方法。

为确保现场采样质量符合规范要求,在采集10%平行样品的同时另外采集部分平行样品编成密码样,根据《建设用地土壤污染状况调查质量控制技术规定(试行)》外部质控密码平行样分析结果比对设置要求中的规定,选取《土壤环境质量建设用地土壤污染风险管控标准(试行)》(GB 36600—2018)建设用地土壤污染第一类用地筛选值和管制值为土壤密码平行样比对分析结果评价依据。当两个土壤样品比对分析结果均小于或等于第一类筛选值或均大于第一类筛选值且小于或等于第一类管制值,或均大于第一类管制值时,判定比对结果合格;否则应当比较两个比对分析结果的相对偏差(RD),在最大允许相对偏差范围内为合格,其余为不合格。

9.4.3.4 效果评估

1) 原位化学氧化修复区

原位化学氧化修复区共33个区块,分批次对33个区块进行效果评估采样,经过两次补充修复,共计采集送检土壤样品1 878个,质控样品190个。经采样检测评估,一标段原位化学氧化33个修复区块土壤检测结果均低于修复目标值。

2) 原位热脱附区

原位热脱附T1区经过一次效果评估采样及一次补充修复采样后达标,共计采集送检土壤样品182个,质控样品20个;T2区经过一次效果评估采样及两次补充修复采样后达标,共计采集送检土壤样品283个,质控样品30个;T1、T2区降至常温后再次对表层样品取样,采集10个点位,采集送检10个土壤样品,质控样品1个;T1、T2区原污染最重点位柱状样品采样,共采集4个土壤点位,送检17个土壤样品。经采样检测评估,原位热脱附区土壤检测结果均低于修复目标值。

3) 水泥窑协同处置清挖基坑

水泥窑协同处置清挖基坑采集坑底点位15个,侧壁点位25个,采集送检样品数115个。经采样检测评估,土壤检测结果均低于修复目标值。

4) 地下水修复区域

地下水修复区域共布设24口监测井,其中有11口监测井采集到地下水,13口地下水监测井未采集到地下水。采集10个批次共330个地下水样品进行检测。经采样检测评估,10个批次地下水样品中目标污染物均低于修复目标值,并持续稳定达标。

5) 潜在二次污染区域

潜在二次污染区域共采集18个二次污染控制点位,采集送检样品数18个。经采样检测评估,土壤检测结果均低于修复目标值,修复过程未造成土壤的二次污染。

综上,土壤及地下水修复工程达到了修复效果。

思考题

1. 风险管控与土壤修复效果评估工作的程序是怎样的?
2. 为何本阶段要更新地块概念模型?
3. 风险管控与土壤修复效果评估现场采样布点的依据是什么?
4. 风险管控与土壤修复效果评估实验室检测如何进行质量控制?
5. 风险管控与土壤修复效果评估工作需要针对哪些方面进行评估?
6. 风险管控与土壤修复效果评估报告应包括哪些内容?

参考文献

[1] 全国土壤普查办公室.中国土壤[M].北京:中国农业出版社,1998.

[2] 龚子同.中国土壤系统分类:理论、方法、实践[M].北京:科学出版社,1999.

[3] 赵其国,史学正.土壤资源概论[M].北京:科学出版社,2007.

[4] 杰夫.土壤及地下水修复工程设计[M].2版.北京:电子工业出版社,2016.

[5] 仵彦卿.土壤-地下水污染与修复[M].北京:科学出版社,2018.

[6] 刘松玉,杜延军,刘志彬.污染场地处理原理与方法[M].南京:东南大学出版社,2018.

[7] 宋敏,徐海涛,骆永明,等.土壤污染修复原理与应用[M].北京:化学工业出版社,2022.

[8] 生态环境部土壤生态环境司,生态环境部南京环境科学研究所.土壤污染风险管控与修复技术手册[M].北京:中国环境出版集团,2021.

[9] 张甘霖,杨金玲.城市土壤演变及其生态环境效应[M].上海:上海科学技术出版社,2023.

[10] 陈鸿汉,谌宏伟,何江涛,等.污染场地健康风险评价的理论和方法[J].地学前缘,2006,13(1):216-223.

[11] 肖业宁,展漫军,张磊.某典型工业污染场地修复技术筛选及应用[J].环境科技,2015,28(3):31-34.

[12] 孙宁,张岩坤,丁贞玉,等.我国土壤环境管理名录制度实施中的问题分析和对策[J].环境工程学报,2020,14(10):2589-2594.

[13] 刘星.对疑似污染地块土壤环境管理的思考-基于重点行业企业用地土壤污染状况调查[J].中国环境管理,2021,13(6):119-123.

[14] 郑红光,史怡,丁爱中,等.我国污染地块土壤恶臭异味修复管控现状、挑战及对策[J].环境保护,2024,52(6):56-59.

[15] 中华人民共和国生态环境部.土壤环境词汇:HJ 1231—2022.土壤环境词汇[S].北京:中国环境出版集团,2023.

[16] 中华人民共和国生态环境部.地下水环境监测井建井技术规范:HJ 164—2020[S].北京:中国环境出版集团,2021.

[17] 中华人民共和国生态环境部.建设用地土壤污染状况调查技术导则:HJ 25.1—2019[S].北京:中国环境出版集团,2021.

[18] 中华人民共和国生态环境部.建设用地土壤污染风险管控和修复监测技术导则:HJ 25.2—2019[S].北京:中国环境出版集团,2021.

[19] 中华人民共和国生态环境部.建设用地土壤污染风险评估技术导则:HJ 25.3—2019[S].北京:中国环境出版集团,2020.

[20] 中华人民共和国生态环境部.建设用地土壤修复技术导则:HJ 25.4—2019[S].北京:中国环境出

版集团,2020.

[21] 中华人民共和国生态环境部.污染地块风险管控与土壤修复效果评估技术导则:HJ 25.5—2018[S].北京:中国环境出版集团,2019.

[22] 中华人民共和国生态环境部.污染地块地下水修复和风险管控技术导则:HJ 25.6—2019[S].北京:中国环境出版集团,2020.

[23] 中华人民共和国生态环境部.建设用地土壤污染风险管控和修复术语:HJ 682—2019[S].北京:中国环境出版集团,2020.

[24] 中华人民共和国生态环境部,自然资源部.建设用地土壤污染状况调查、风险评估、风险管控及修复效果评估报告评审指南[EB/OL].[2019-12-17]. https://www.mee.gov.cn/xxgk2018/xxgk/xxgk05/201912/t20191220_749629.html.

[25] 中华人民共和国生态环境部.污染地下水抽出—处理修复技术指南[EB/OL].[2024-10-20] https://www.mee.gov.cn/xxgk2018/xxgk/xxgk05/202206/W020220613594603325414.pdf.

后　记

在习近平生态文明思想引领下，我国始终把生态文明建设作为关系中华民族永续发展的根本大计，持续深入打好污染防治攻坚战，为加快形成绿色发展方式，积极稳妥推进碳达峰碳中和，加强生态保护和修复，美丽中国建设已迈出重大步伐，我们必将为促进人类可持续发展、建设清洁美丽世界作出中国贡献，提出中国方案。

污染地块土壤及地下水修复涉及多学科和多领域技术。我国污染地块土壤及地下水修复工程技术体系已有技术指南出台，但是仍需要进一步发展，以满足复杂污染地块的绿色生态精准修复。有些工程技术尚处于实验室研究阶段，有待于进一步深入研究和实际场景示范及规模技术推广。

本教材所述及的污染地块未涉及复杂污染地块，对于污染地块的分区分层修复和深层地下水的修复工程技术内容尚未有针对性的介绍。本教材未涉及污染农田土壤及地下水的修复工程问题，未涉及放射性污染地块的修复问题。

本教材对污染地块的健康风险评估过程和模型进行了介绍，但是未涉及生态风险评估问题。

污染地块土壤及地下水修复是系统工程，需要管理方、地块所有权人以及工程方等多方协作。技术体系也需要因地制宜，一地一策。因此，污染地块土壤及地下水修复工程技术仍有较大发展空间。期待更多高效新技术的出现，助力打赢打好污染防治攻坚战，践行"绿水青山就是金山银山"的发展理念。

本教材编委会
2025 年 4 月